Karsthydrogeologie

Josef G. Zötl

Springer-Verlag
Wien New York

Professor Dr. Josef G. Zötl
Abteilung für Hydrogeologie, Institut für Baugeologie
Technische Hochschule in Graz

Mit 114 Abbildungen und 2 Ausschlagtafeln

Softcover reprint of the hardcover 1st edition 1974

Library of Congress Cataloging in Publication Data

Zötl, Josef.
Karsthydrogeologie.

1. Hydrogeology. 2. Karst. I. Title.
GB1005.Z63 551.4'9 74-14920

ISBN 978-3-7091-8371-7 ISBN 978-3-7091-8370-0 (eBook)
DOI 10.1007/978-3-7091-8370-0

Vorwort

In den letzten beiden Jahrzehnten verging kein Jahr, in dem nicht karsthydrogeologische Probleme an mich herantraten. Dabei kam ich zur Überzeugung, daß die Karsthydrogeologie sowohl einen Pfeiler der wissenschaftlichen Erforschung des Wassers im Untergrund als auch eine unentbehrliche Hilfe für die Lösung technischer Probleme darstellt.

Sehen wir von kürzeren Zusammenfassungen ab, so ist „Die Hydrographie des Karstes" von O. Lehmann (1932) die letzte umfassende Behandlung des Themas. O. Lehmann brach mit der Methodik seiner Vorgänger, aus deduktiven Schlüssen eine Theorie aufzustellen, und baute sein Werk auf die Untersuchung der physikalischen Bedingungen für die Bewegung des unterirdischen Wassers in Klüften und Hohlräumen auf. Der Umstand, daß er seine Betrachtungen praktisch bei dem Studium der theoretischen Gesetzmäßigkeiten bewenden ließ, wurde ihm zum Verhängnis: Denn, während er eine überaus gründliche physikalische Betrachtung der Vorgänge, ja faktisch eine theoretische Begründung der Karstwasserhydraulik entwickelte und sich in sie vertiefte, verlor er den Blick für die natürlichen Gegebenheiten und die Einwirkung anderer Faktoren auf den Ablauf und die Entwicklung der unterirdischen Wasserbewegung in Karstgebieten. So endet das Ziel seiner Arbeit, die richtige Deutung der Karstphänomene und ihrer hydrologischen Wirksamkeit, tragisch. Alle seine (aufgrund richtiger theoretischer Überlegungen) gezogenen Schlußfolgerungen erwiesen sich als unrichtig. Er pries die Untersuchungen von G. Kyrle am Lurhöhlensystem (1927) als Musterbeispiel derartiger Studien und tat die Ansichten des erfahrenen Höhlenforschers H. Bock (1913) zum selben Objekt mit wenig freundlichen Worten ab, — 1952 wurde durch einen großangelegten Salzungsversuch unter der Leitung von V. Maurin (1953) die Richtigkeit der Annahmen von H. Bock bestätigt. K. W. M. Wiebels physikalische Erklärung der Funktion der Meermühlen von Argostolion (Kephallinia; 1874) erfuhr eine in ätzender Schärfe gehaltene „Widerlegung", doch umfassende karsthydrogeologische Aufnahmen und ein abschließender Färbeversuch (V. Maurin und J. Zötl, 1960, 1967) erwiesen die Richtigkeit der Schlüsse von K. W. M. Wiebel, und eine hydraulische Begründung dieses Phänomens durch Th. Glanz (1965), verbunden mit der Konstruktion eines Modells, beraubte auch die theoretisch-physikalischen Überlegungen von O. Lehmann der Glorie der Unfehlbarkeit. Und da O. Lehmann sich nur auf diese stützte — es fehlten die Einbeziehung der Chemie, die Durchführung von Feldarbeiten, die richtige Anwendung und Bewertung von Markierungsversuchen und die damals noch nicht entwickelten Isotopenmessungen —, so erwies sich letzten Endes auch seine spitze Feder gegen A. Grund und dessen Vorstellungen als nicht gerechtfertigt.

Steckt in diesen Gegebenheiten ein Stück persönlicher Tragik, so ist die Wirkung dieses Werkes ebenso bedauerlich. Unter der Faszination dieser gelehrten theoretischen physikalischen Abhandlung erstarb für mehr als zwei Jahrzehnte die Diskussion über die Grundfragen der Karsthydrologie, man beschränkte sich (in Einzelfällen bis in die Gegenwart) auf das Zitat von O. LEHMANN.

Erst die Entwicklung neuer Arbeitsmethoden begann die Grundfesten dieses blinden Glaubens zu erschüttern. Schon die intensive Behandlung chemischer Probleme (vor allem durch A. BÖGLI 1964, 1969 u. a.) erbrachte Ergebnisse, die mit den Lehrsätzen von O. LEHMANN nicht mehr vereinbar waren. Den Durchbruch aber brachten die Ergebnisse zahlreicher Felduntersuchungen, für die sich schließlich eine konsequente Methodik von der ersten Feldaufnahme bis zum abschließenden Markierungsversuch herauskristallisierte. Es waren zuerst vor allem technische Fragestellungen im Zuge von Tunnel- oder Speicherbauten, die den Einsatz objektiver, von Spekulationen befreiter Methoden verlangten. Es spricht für den Techniker, daß der Forderung eines möglichst breit gesteckten Untersuchungsrahmens fast immer entsprochen wurde. So konnte ich selbst Dutzende von Feldversuchen durchführen, viele gemeinsam mit V. MAURIN. Die Entwicklung von einzelnen Methoden nahm sprunghaft zu und meinem engen Kontakt mit dem Speläologischen Institut in Wien (Direktor Dr. F. BAUER), dem geologischen Landesamt für Baden-Württemberg (Herrn Oberlandesgeologen Dr. W. KÄSS) und dem Forschungsinstitut für Radiohydrometrie in München (Prof. Dr. F. NEUMAIER, Prof. Dr. H. MOSER und Mitarbeiter) verdanke ich viele Anregungen. Hier zeichnet sich auch bereits der Kreis ab, der erstmals durch eine Fachtagung über diese Themen der Entwicklung der Methoden wesentlichen Antrieb verlieh. Aber mit dem letztgenannten Institut klingt auch bereits der Einsatz von Isotopenmethoden in der Karsthydrogeologie an, in deren Rahmen ich mich gern der fruchtbaren Zusammenarbeit mit der Bundesversuchsanstalt Arsenal in Wien (Dr. J. MAIRHOFER, w. Hofrat Prof. Dr. E. SCHROLL und Mitarbeiter) und mit der Sektion für Isotopenhydrologie der International Atomic Energy Agency (IAEA; Leiter Dr. R. PAYNE) in Wien erinnere. Es ist mir eine angenehme Pflicht, gerade dieser Institution zu danken, in deren Rahmen ich auch T. DINÇER kennenlernte, von dem ich gerade in der Beurteilung der Bedeutung der Umweltisotope für die Hydrogeologie viel erwarb.

All dieses Rüstzeug hat mich erst ermutigt, meine Erfahrungen in der Karsthydrogeologie zusammenzufassen, wobei nicht verschwiegen werden soll, daß ich den unmittelbaren Anstoß hiezu meinem Freund F. RONNER, dem Direktor der Geologischen Bundesanstalt in Wien, verdanke.

Auch für die Ausführung des Buches selbst fehlte es nicht an freundschaftlicher Hilfe. So hat Prof. Dr. C. JOB (Balneologisches Institut der Universität Innsbruck) das Kapitel „Chemie" überarbeitet, und viele Autoren, die ich um die Erlaubnis zur Verwendung ihrer Forschungsergebnisse anschrieb, haben mir darüber hinaus Photos oder Originalzeichnungen zur Verfügung gestellt, wofür ich besonders den Herren Prof. Dr. A. GERSTENHAUER (Universität Düsseldorf), Dr. R. APEL und Dr. H. VILLINGER (Geologisches Landesamt München) und Dipl.-Ing. H. Behrens (Institut für Radiohydrometrie in München) zu Dank verpflichtet bin. Hilfe für Reisen in ausländische Karstgebiete fand ich bei vielen Fachkollegen, wobei ich besonders H. Paloc vom BRGM für seine Führungen in den Grands Causses und im Gebiet der Vaucluse Dank schulde.

Die Bearbeitung des Kapitels über die elektronische Datenverarbeitung als Hilfsmittel der Karsthydrogeologie hat Dipl.-Ing. D. Bormann übernommen. Ein so wesentliches Werkzeug der modernen Forschung sollte besser ein Fachmann darstellen, ich habe ihm für die Bereitwilligkeit zur Mitarbeit zu danken. Sicherlich ist mir in der Befangenheit der Niederschrift dieser Worte die Nennung des einen oder anderen Helfers entgangen. Nicht vergessen möchte ich, meiner Frau für das Verständnis und den Verzicht auf viele gemeinsame Freizeitstunden zu danken, was erst die nebenberufliche Bearbeitung des Buches ermöglichte.

Zum Inhalt selbst sei gesagt, daß die Auswahl und Begrenzung der Musterlandschaften eine subjektive ist, das Buch wird sicherlich im Vergleich mit vielen in jüngster Zeit erschienenen Gemeinschaftswerken sowohl den Vorzug als auch die Nachteile der Arbeit eines einzigen Autors (der auch schon einer Hilfe bedurfte) aufzeigen.

Die Literaturzitate beschränken sich mit sehr wenigen Ausnahmen auf Publikationen, die mir selbst zugänglich waren, was durch die zahlreichen Seitenangaben im Text unterstrichen wird. Die Photos stammen, wenn nicht anders angegeben, von mir.

Abschließen möchte ich das Vorwort mit einem Dank an den Verlag, insbesondere Herrn Dir. Dr. W. Schwabl und Frau Dr. Erna Ungersbäck, nicht nur für die angenehme Atmosphäre der Besprechungen, sondern auch für die Geduld, die eine krankheitsbedingte Unterbrechung meiner Arbeit erforderte, und nicht zuletzt für die gute Ausstattung des Buches.

Graz, Sommer 1974 Der Verfasser

Inhaltsverzeichnis

Seite

1. **Die geologischen, chemischen und klimatischen Grundlagen der Karsthydrogeologie** 1
   1.1. Die Verkarstung im Kalk und im Dolomit 1
   1.2. Gipskarst und Salzlösung 9
   1.3. Verkarstung und Klima 15
      1.3.1. Der Karst im Bereich der Permafrostzone 15
      1.3.2. Der Karst der feuchtheißen Tropen 17
      1.3.3. Karstwässer in ariden Gebieten 20
      1.3.4. Pseudokarst und Thermokarst 22

2. **Die Wasserzirkulation in verkarsteten Gesteinen** 23
   2.1. Die Entwicklung der Karsthydrogeologie 23
   2.2. Methoden der hydrogeologischen Forschung in Karstgebieten 30
      2.2.1. Hydrogeologische Aufnahme- und Meßarbeiten 31
      2.2.2. Die Markierung von Karstwässern 44
         2.2.2.1. Die Verwendung von Salzen als Markierungsmittel . . . 46
         2.2.2.2. Die Färbung unterirdischer Wässer 50
         2.2.2.3. Entwicklung und Anwendung der Sporentrift zur Verfolgung unterirdischer Karstwasserwege 56
         2.2.2.4. Der Einsatz radioaktiver Isotope zur Markierung unterirdischer Wässer 60
         2.2.2.5. Aktivierungsanalytische Verfahren zur Markierung unterirdischer Wässer 62
         2.2.2.6. Die Triftung von Bakterien zur Verfolgung unterirdischer Wasserwege 64
         2.2.2.7. Der Einsatz von Schaum- und Duftstoffen sowie von Schallimpulsen zur Untersuchung der Zusammenhänge von Karstwässern 65
         2.2.2.8. Die Vorbereitung und Durchführung von Markierungsversuchen 68
         2.2.2.9. Beispiele kombinierter Markierungsversuche und daraus gewonnene Erfahrungen 70
      2.2.3. Isotopenmethoden zur Untersuchung von Karstwässern 94
         2.2.3.1. Allgemeine Bemerkungen über die Umweltisotope und ihre Nutzung im Rahmen der Karsthydrogeologie 94
         2.2.3.2. Die Beurteilung des Wasserhaushaltes im Seichten Karst der östlichen Kalkhochalpen aufgrund der Ergebnisse von Isotopenmessungen an Wässern des Toten Gebirges 102
         2.2.3.3. Karstwasserstudien mittels der Messung der Umweltisotope in der Südwest-Türkei zwischen dem Küstenbereich von Antalya und dem Becken von Konya 110
         2.2.3.4. Die Ergebnisse von Isotopenmessungen an der Vaucluse . . 115
         2.2.3.5. Randbemerkungen zur Isotopenbestimmung in Karstwässern 118
      2.2.4. Die elektronische Datenverarbeitung (EDV) als Hilfsmittel für den Hydrologen und Hydrogeologen (von D. Bormann) 119
         2.2.4.1. Einleitung und Zielsetzung 119
         2.2.4.2. Merkmale der EDV 120
         2.2.4.3. Beispiele für die Benützung von Programmen über eine Datenstation 122

2.2.4.4. Modelle und Simulation 132
2.2.4.5. Weitere Modelle aus der Praxis 138
2.2.4.6. Zusammenfassung 140
2.3. Musterlandschaften und Phänomene der Karstentwässerung 141
2.3.1. Die nordostalpinen Karstmassive 141
2.3.2. Die Schwäbische und Fränkische Alb 154
2.3.3. Die zentral- und südfranzösischen Karstgebiete (Grands Causses) . . 164
2.3.4. Der dinarisch-griechische Karst 174
2.3.5. Die Meerwasserschwinden von Argostolion (Kephallinia) . . . 193
2.3.6. Dolomitentwässerung und Erdfälle in Transvaal (Südafrikanische Union) 198
2.3.7. Die Donauversickerung in Baden-Württemberg 203

3. Beispiele hydrogeologischer Erfahrungen im Zuge des Ausbaues technischer Objekte in Karstgebieten 206
3.1. Karsthydrogeologie und Tunnelbau 206
3.1.1. Der Schneealpenstollen 206
3.1.2. Der Triebwasserstollen des Ennskraftwerkes Altenmarkt . . . 211
3.1.3. Der Plöckentunnel der Ölleitung Triest—Ingolstadt 217
3.1.4. Allgemeine Bemerkungen 220
3.2. Speicheranlagen im verkarsteten Gebirge 222
3.2.1. Ein Beispiel einer mißglückten Speicheranlage 222
3.2.2. Ein absolut dichter Speicherraum in den Kalkhochalpen 226
3.2.3. Allgemeine Bemerkungen 232
3.3. Karstwasser und Grundwasser in Talfüllungen 239
3.4. Karstwasser und Trinkwasserversorgung 246
3.4.1. Die Wasserversorgung der Stadt Wien 246
3.4.2. Der Karstwasseranteil an der Wasserversorgung der Stadt Salzburg 249
3.4.3. Das Trinkwasserwerk Mühlau der Stadt Innsbruck 250
3.4.4. Allgemeine Bemerkungen 251

4. Zusammenfassung und Ausblick 255

Literatur 263
Sach- und Ortsverzeichnis 284

Berichtigungen

S. 2, Zeile 3 von unten lies: die meist dünnbankigen Kalke statt: die meisten dünnbankigen Kalke.

S. 3, Zeile 25 von unten lies: Dolomitverkarstung statt: Dolomitenverkarstung.

S. 54, Zeile 15 von oben lies: noch im Erprobungsstadium statt: kaum noch im Erprobungsstadium.

S. 107, Zeile 1 von oben lies: MÜLLNER, 1896 statt: 1886.

S. 110, Zeile 6 von unten lies: in Ponore statt: ein Ponore.

S. 140, Zeile 21 von unten lies: 60.000 statt: 600.000.

S. 217, Zeile 10 von unten lies: Sandsteinen statt: Standsteinen.

S. 224, Zeile 5 von unten lies: 1962 statt: 1972.
Unterschrift zu Abb. 103 lies: Die Hauptverwerfung II liegt weiter talaufwärts statt: Die Hauptverwerfung II liegt weiter talauswärts.

1. Die geologischen, chemischen und klimatischen Grundlagen der Karsthydrogeologie

1.1. Die Verkarstung im Kalk und im Dolomit

Kalke und Dolomite sind Karbonatgesteine, ihre chemischen Daten sind $CaCO_3$ bzw. $MgCa(CO_3)_2$. Die Karbonatgesteine zeigen eine begrenzte Lösungsbereitschaft, die in erster Linie vom CO_2-Gehalt des Wassers, aber auch von der Reinheit des Karbonatgesteins, dessen Klüftigkeit bzw. tektonischer Beanspruchung, der Temperatur und anderen Faktoren abhängt.

Die Niederschläge (in flüssiger oder fester Form) nehmen bereits in der Luft CO_2 auf. Mit dem Eintritt des Wassers in den Boden steigt die Möglichkeit zur CO_2-Aufnahme um ein Vielfaches, weil die Bodenluft infolge der mikrobiellen Zersetzung des Humus mit CO_2 angereichert ist. Die Kleinlebewesen im Boden machen aus den organischen Resten Kohlendioxyd frei, das dann in die Bodenluft und in das Sickerwasser diffundiert. Die Mächtigkeit der Bodenkrume ist dabei von wesentlichem Einfluß. Ob ein *nackter* oder (von einer Bodenkrume und Vegetation) *bedeckter* Karst vorliegt, ist daher nicht nur für die Morphologie bzw. Fragen des Oberflächenabtrages, sondern auch für die Entwicklung des unterirdischen Entwässerungssystems von Belang [1]. Die Größe des korrosiven Kalkabtrages ist z. B. nach A. Bögli (1971, S. 84) an der Oberfläche des bewaldeten Karstbereiches des Muotatales um 22% höher als im nackten Karst. (Vgl. auch D. Aubert, 1967; F. Bauer, 1964; J. Corbel, 1959; A. Gerstenhauer, 1972; J.-J. Miserez, 1971; H. Paloc, 1964; M. Sweeting, 1964; M. Sweeting und A. Gerstenhauer, 1960).

In der vereinfachten Darstellung des Lösungsvorganges im Karbonatgestein folgen wir C. W. Correns (1939, S. 186 ff.) und A. Bögli (1960, S. 4 ff.).

Zunächst wird eine geringe Kalkmenge durch das Wasser direkt (ohne Mitwirkung der Kohlensäure) gelöst, wobei die gelösten Mengen einem Lösungsgleichgewicht mit dem Lösungsprodukt K_L zustreben:

$$[Ca^{\cdot\cdot}] \cdot [CO_3''] = K_L \quad (1)$$

A. Bögli verweist darauf, daß der Lösungsvorgang als Ionenreaktion sehr rasch abläuft.

Ist Kohlendioxyd im Wasser gelöst, so geht ein Bruchteil davon (nach A. Bögli, 1960, S. 5 bei 4° C nur 0,7‰) in Kohlensäure (H_2CO_3) über, während der Großteil nur physikalisch gelöst bleibt. Von der dissoziierten Kohlensäure vereinigen sich nun die $H^{\cdot}$-Ionen mit den CO_3''-Ionen aus dem Kalk zu HCO_3'-Ionen, wobei diese reversible Reaktion zugunsten des Hydrocarbonations verschoben ist:

---

[1] Vom „bedeckten" Karst trennen möchte ich den Begriff des „überdeckten" Karstes, der dann vorliegt, wenn jüngere Ablagerungen, z. B. tertiäre Sedimente, das Karbonatgestein überdecken.

$$K_2 = \frac{[H^{\cdot}] \cdot [CO_3'']}{[HCO_3']} = 2{,}7 \cdot 10^{-10} \text{ bei } 18^\circ \text{ C} \quad (2)$$

Durch die Assoziation der $H^{\cdot}$-Ionen mit den CO_3''-Ionen aus dem Kalk wird das Gleichgewicht der Gleichung (1) gestört und es wird solange Kalk gelöst, bis das Lösungsprodukt wieder erreicht ist. Andererseits muß $CaCO_3$ aus dem Wasser ausgefällt werden, wenn aus der Lösung $H^{\cdot}$-Ionen weggeführt werden. Die Konzentration der gasförmig gelösten, sogenannten „freien" Kohlensäure ist daher der bedeutendste Faktor für die Kalklösung bzw. für den Verkarstungsvorgang.

Neben dem Partialdruck (die atmosphärische Luft enthält normal 0,03% CO_2, d. s. 0,0003 atm) beeinflußt den CO_2-Gehalt des Wassers vor allem die Temperatur. Während sich die Lösungsfähigkeit des reinen, CO_2-freien Wassers mit zunehmender Temperatur leicht erhöht, nimmt bei Temperaturerhöhung der Gehalt an freier Kohlensäure stark ab (bei einer Erwärmung von 0 auf 20° C etwa um die Hälfte). Von weiterem Einfluß ist der Druck, der die Löslichkeit des CO_2 im Wasser und damit dessen Lösungskraft erhöht, was unter Umständen bei Quellen, die aus größerer Tiefe aufstoßen, von Einfluß sein kann. Der Druck erhöht aber auch die Dissoziation der Kohlensäure und damit die Lösungsfähigkeit des Wassers bei gleichbleibendem Kohlensäuregehalt. Schließlich sind noch die Größe der Teilchen und die Kristallgestalt von Einfluß auf die Löslichkeit des Gesteins. Sind die Teilchen klein, so ist eine erhöhte Löslichkeit gegeben und Aragonit (rhombische Kristallgestalt) ist je nach der Temperatur um 7 bis 9% leichter löslich als Kalzit (rhomboedrisch).

Für die Hydrogeologie verkarsteter Küstenbereiche ist die Frage von Bedeutung, ob Meerwasser im selben Maße auf die Karbonatgesteine lösend wirkt wie Süßwasser. C. W. Correns hat sich eingehend mit diesem Problem beschäftigt und kommt zu dem Ergebnis, daß die Lösungsfähigkeit des Meerwassers fast dieselbe ist wie jene des Süßwassers (1960, S. 189).

Von großer hydrologischer Bedeutung ist die Frage der *Dolomitverkarstung.*

Noch heute stößt man gelegentlich auf die in den ersten Arbeiten von A. Grund (1903) vertretene Meinung, daß Dolomit nicht verkarstungsfähig sei. Es ist dies eine Auffassung, die schon von W. Knebel (1906) widerlegt wurde.

Ursache der irrigen Meinung waren hauptsächlich die durch den strukturbedingten grusigen Zerfall des Dolomites veränderten Oberflächenformen im Vergleich zum Kalk, wie sie im alpinen und dinarischen Bereich auftreten.

Die Verkarstung geht im Dolomit aber nur andere Wege. Zunächst ist zu vermerken, daß der Übergang vom Kalk zum Dolomit ein fließender sein kann. Sehr häufig haben wir es mit dolomitischem Kalk zu tun, dessen Dolomitkristalle durch kohlensauren Kalk verkittet sind. Ein Beispiel dafür, daß die Grenzen zwischen Kalk und Dolomit dadurch völlig verfließen können, bietet das östliche Hochschwabgebiet in den österreichischen Kalkhochalpen, wo zum großen Teil eine Abgrenzung des Wettersteindolomites vom Wettersteinkalk unmöglich ist. Im dolomitischen Kalk lösen sich die Kalkteilchen leichter als die Dolomitkristalle, wodurch der durch die engscharige Zerbrechung bedingte Zerfall zu feinem Dolomitgrus gefördert wird. So treten im alpinen Dolomitkarst einerseits weichere und ruhigere Formen auf, insbesondere auf den Hochflächen, andererseits aber auch die durch die Oberflächenerosion zerrissenen Hänge. Gegensätzliche Verhältnisse finden wir in den Grands Causses, wo in den Tälern des Tarn und der Dourbie der Dolomit als Wandbildner aufscheint und die meisten dünnbankigen Kalke die sanfter geformten Hangpartien aufbauen.

Auch die Höhlenbildung wurde früher im Dolomit ausgeschlossen. Das ist ebenfalls unrichtig, denn die Höhlen sind im Dolomit zwar seltener als im Kalk, aber doch vorhanden (z. B. im Schloßberg von Graz).

Nach G. Linck (1912) lösen sich Magnesiumkarbonate zwar verschieden leicht nach ihrem Wassergehalt, doch ist die Löslichkeit der Magnesiumkarbonate bei den in der Natur herrschenden Verhältnissen erwiesen. Bei reinen, wässerigen Lösungen steigt die Löslichkeit mit der Temperatur, erreicht aber bei 16° C ihr Maximum (1790 mg/l reinen Wassers), bei 35° C werden nur noch 983 mg/l gelöst (G. Linck, 1912, S. 257). CO_2 erhöht auch in diesem Fall die Löslichkeit sehr stark, doch wirkt sich damit auch hier aus, daß mit steigender Temperatur der CO_2-Gehalt des Wassers sinkt.

Laborversuche über den Einfluß des $MgCO_3$-Gehaltes von Karbonatgesteinen führten auch A. Gerstenhauer und K. H. Pfeffer (1966) durch, mit dem Resultat einer Herabsetzung der Lösungsfreudigkeit mit steigendem Anteil von Magnesiumkarbonat. K. Priesnitz (1967) bemerkt richtig, daß für die quantitative Bewertung die einzelnen Faktoren der Verkarstung isoliert werden müssen, d. h. zur Erfassung des Faktors „Chemismus" nur Gesteine ähnlicher Struktur, Kristallart, Kristallgröße, Kristallverzahnung und Oberflächenbeschaffenheit herangezogen werden dürfen (S. 497).

Dennoch liegt in der von ihm kritisierten Einschränkung von A. Gerstenhauer und K. H. Pfeffer, aus dem Laborversuch zunächst nur auf Tendenzen und Relationen in der Natur zu schließen und nicht die im Versuch gewonnenen absoluten Werte direkt zu übertragen, die weise Erfahrung, daß die Vielfalt der Natur (selbst wiederum meistens dem Auge verborgen) kaum jemals die Erfassung aller Faktoren erlaubt.

In der Zeit von 1969 bis 1971 wurden von A. Gerstenhauer (1972, S. 120) Messungen mit einem CO_2-Gasmeßgerät über den CO_2-Gehalt in Böden des Bergischen Landes und den Einfluß der Schwankungen des Gasgehaltes auf die Kalklösung durchgeführt. Das Ergebnis ist nicht zuletzt bezüglich der klimatischen Einflüsse bedeutend, zeigt es doch, daß in einem gewissen Rahmen weniger die CO_2-Variationen in der Bodenluft von Bedeutung sind als die Menge des karstmorphologisch wirksam werdenden Wassers. Heute steht die Dolomitenverkarstung außer Frage. Interessante lokale Variationen dazu beschreibt H. Paloc (1964), Detailuntersuchungen zur Dolomitlösung finden sich bei J.-J. Miserez (1971, S. 107 f).

Es sind in diesem Zusammenhang auch Untersuchungen der Karrenbildung von Interesse. Daß Karren nicht nur im Kalk sondern auch im Dolomit auftreten, hat schon H. Lindner (1930) durch Beispiele vom Untersberg, vom Kratzer in den Allgäuer Alpen und von der Brentergruppe belegt (S. 14). In jüngster Zeit haben A. Pluhar und D. C. Ford (1970) Dolomitkarren im Bereich der Niagarafälle beschrieben. Von Bedeutung für die Beurteilung des unterschiedlichen Lösungsvorganges in den Karbonatgesteinen sind die Beobachtungen von F. Tucan (1911) über den Einfluß der Gesteinsstruktur auf die Karrenbildung. F. Tucan konnte aufzeigen (S. 343), daß die verzahnt struierten Kalke in Kroatien zur Ausbildung typischer Rillenkarren und zu starker Zerschrattung neigen, die Dolomite mit unverzahnten Kristallindividuen, wie sie in diesen Gegenden vorkommen, aber diese regelmäßigen Kleinlösungsformen vermissen lassen. Beide Karbonatgesteine sind jedoch gleichmäßig von Kluftkarren durchzogen. Diese Beobachtungen von F. Tucan wurden später von H. Schneiderhöhn (1920) ergänzt. Er berichtet (S. 292) von wohlausgebildeten Rillenkarren im Dolomit mit verzahnten Kristallen im Otavibergland im ehem. Deutsch-Südwest-Afrika, während dort diese Formen auf den Plattenkalken mit unverzahnten Kristallen vollkommen fehlen. Es zeigt sich aus den angeführten Untersuchungs- und Beobachtungsergebnissen, daß neben der chemischen Beschaffenheit der Karbonatgesteine eine ganze Reihe weiterer Faktoren deren Lösung und Verkarstung beeinflußt. Natürlich sind sehr reine Kalke für die Verkarstung prädestiniert. Großräumig durchgeführte Vergleichsmessungen an Quellen in den nordostalpinen

Karstmassiven haben aber z. B. gezeigt, daß die Karbonathärten der Wässer (und damit die derzeitige chemische Abtragung) aus den Dolomitbereichen generell höher liegen als jene von Wässern aus den reinen Kalkstöcken (J. Zötl, 1961). Die massigen Kalke mit ihren gut vorgezeichneten und bereits großlumig entwickelten Kluft- und Schichtfugenwegen bieten im allgemeinen dem Wasser eine viel kleinere Angriffsfläche als der feinmaschig zerbrochene Dolomit oder gar die Schotterkörper aus Kalkgeröllen.

Somit gelangen wir von den grundsätzlichen und allgemeinen Faktoren der Karbonatgesteinslösung und Verkarstung zu deren Wirkung speziell im Berginneren.

Damit das Wasser im Bergleib seine lösende Wirkung ausüben kann, müssen ihm Wege offen stehen. Die Porosität oder Gesteinsdurchlässigkeit kann in jungen Kalkablagerungen, nur teilweise zementierten Kalkbreccien, oolithischen oder kavernösen Kalken außergewöhnlich groß sein. S. N. Davis und R. J. M. De Wiest (1967, Tabelle 10.1. S. 348) geben bis zu 29,5% an [1], G. Matthess (1970, S. 33) nennt das Extrem von 66,6%. Häufig gemessene Werte liegen zwischen 9 und 11%. Von den Extremen abgesehen, muß jedoch bezüglich der Wasserbewegung im primären Porenraum darauf verwiesen werden, daß die *nutzbare* Porosität meistens nur einen Bruchteil der Gesamtporosität ausmacht. Ein gutes Beispiel hiefür ist nicht zuletzt der Dolomit, der zwar durch die Volumsreduktion bei der Umwandlung von Kalzit in Dolomit etwa 3% primäre Porosität aufweisen kann, durch die Kleinheit der Dolomitkristalle aber kaum eine nutzbare Porosität besitzt (S. N. Davis und J. R. M. De Wiest, S. 353). S. N. Davis und J. R. M. De Wiest (S. 354) weisen mit Recht darauf hin, daß für die Erschrotung von Wasser die primäre Porosität erst dort von Interesse wird, wo sie einen gewissen Grad der Durchlässigkeit ergibt, der für Wasser wesentlich über den Maßstab der Ölproduktion hinausgeht.

In den kompakten älteren Kalken liegt die primäre Porosität wohl generell unter 4%, in vielen Fällen, insbesondere bei kristallinen Kalken, unter 1,0%. Obwohl auch hier theoretisch keine völlige Undurchlässigkeit vorliegt, kann diese Gesteinsdurchlässigkeit sowohl für die praktische Wassererschrotung als auch für die Entwicklung der unterirdischen Verkarstung vernachlässigt werden.

Betrachten wir die Verbreitung der Karbonatgesteine im Aufbau der Erdkruste, so tritt klar zutage, daß der Anteil von Kalken mit nennenswerter Gesteinsdurchlässigkeit minimal ist. Die großen Flächen der Karstgebiete nehmen die kompakten paläozoischen und mesozoischen Kalke ein. Wäre dieses Karbonatgestein völlig fugenlos, so würde sich der Lösungsvorgang auf die Landoberfläche beschränken. Es sind die Kluftsysteme, Störungen und Schichtfugen, die dem Wasser die Wege in das Bergesinnere öffnen. Damit wird die Tektonik zu einem entscheidenden Faktor der Wasserwegigkeit und Verkarstung im Gebirgskörper. Die angewandte Hydrogeologie verwendet die Begriffe „Gebirgsdurchlässigkeit" (im Gegensatz zur Gesteinsdurchlässigkeit) und „sekundäre Porosität" (S. N. Davis und R. J. M. De Wiest, 1967, S. 354),

---

[1] (Im Text bis 32,4%, S. 354.)

die aber bereits auch die durch die Lösung verursachten Hohlformen einschließen.

O. LEHMANN (1932) nannte die nutzbaren Wege „Urhohlräume" und widmete den physikalischen Bedingungen der in ihnen möglichen Wasserbewegung breiten Raum. Die Grenze der hydrographischen Wegsamkeit sieht O. LEHMANN bei großkapillaren Weiten bis zu 2 und 3 mm (1932, S. 16). Diese theoretischen Erwägungen über die hydrographische Wegsamkeit sind notwendig. Sollen sie aber zum Verständnis der Wasserzirkulation im verkarsteten Gebirgskörper führen, so müssen sie durch Untersuchungen des Kluft- und Spaltennetzes einerseits und der chemischen Lösungsvorgänge im Berg andererseits ergänzt werden.

Von den offenen Fugen sind die durch die mechanische Beanspruchung des Gesteins entstandenen (teils tektonischer Art) die häufigsten und wirksamsten (Klüfte, Verwerfungen). Schichtfugen (Bankungsflächen) werden einerseits in Tiefen, wo bereits mit mehr oder minder horizontaler Wasserbewegung zu rechnen ist (oder war), bedeutsam, oder dort, wo die Schichten eine Steilstellung erfuhren und der Wasserwegigkeit in die Tiefe dienen. Wasserführende Klüfte können bis in große Tiefen reichen. A. THURNER (1967, S. 45) verweist darauf, daß sie in Alpentunneln noch bei 2000 bis 3000 m Überlagerung angefahren wurden (vgl. auch Kap. 3.1.).

Die physikalische Verwitterung durch Insolation und Frostsprengung setzt schließlich auch vor allem an den schon gegebenen Schwächezonen an und führt gemeinsam mit den anderen Faktoren zu einer oberflächennahen Auflockerung des Festgesteins.

Schließlich ist im Hochgebirge die Öffnung von Fugen durch die Vorgänge der Bergzerreißung infolge der Gebirgsentspannung von örtlich großer Bedeutung (über die Entspannungsvorgänge s. A. KIESLINGER, 1958 und L. MÜLLER, 1963, 1969). L. MÜLLER (1963, S. 174) schätzt den Auflockerungsbereich der Entspannungszone auf 50 bis 100 m, wobei sicherlich starke regionale Differenzierungen vorliegen. Ist eine entsprechende starke Oberflächenverwitterung gegeben, so tritt die höchste Durchlässigkeit oft nicht direkt an der Oberfläche sondern erst in einer gewissen Tiefe auf (vgl. Ergebnisse der Untergrunddichtung Dießbachstaudamm, H. BRANDECKER, V. MAURIN und J. ZÖTL, 1965, S. 93 ff.).

Der Einfluß der Morphologie zeichnet sich endlich in den übersteilten Talflanken der in den Kaltzeiten des Pleistozäns von mächtigen Talgletschern durchflossenen Gebirgstäler ab, wo die Folgen des Talzuschubs die talparallelen Randbereiche der Gebirge stark auflockern (vgl. J. STINI, 1941, 1942).

Die Ausbildung aller Fugen, auch der Entspannungs- und Entlastungsklüfte, ist stark beeinflußt von der Gesteinsbeschaffenheit. Ein gutes Beispiel hiefür sind die meterbreiten Entspannungsklüfte im harten und spröden Marmor der Schareckgruppe (Ostalpen, Hohe Tauern), deren Fortsetzung in den benachbarten weicheren Schiefern kaum noch zu verfolgen ist. Daß selbst die Bankung auf die mechanische Beanspruchung von Einfluß ist, zeigte K. H. HEITFELD (1965, S. 20 f.) mit dem Hinweis auf größere Kluftweiten aber geringere Kluftdichte in dickeren Bänken als den geringmächtigen petrographisch gleichartiger Gesteine.

Es versteht sich, daß ein Zusammenfallen der Entlastungserscheinungen mit den tektonischen Kluftsystemen besonders wirksam ist. Vor allem schält sich aus dem Gesagten die für die Verkarstung im Berg bedeutsame Erfahrung heraus, daß die Anzahl der offenen Fugen im allgemeinen ebenso von der Oberfläche gegen das Berginnere als auch vom Gebirgsrand gegen die zentralen Bereiche hin abnimmt.

Tief in den Gebirgskörper eingreifende Fugen können den tektonischen Störungen folgen, insbesondere in den kompakten, reinen Kalken. Hier fällt das tektonisch beanspruchte Gestein meist bevorzugt der chemischen Lösung anheim, während glatt geschliffene Harnische oft eine erstaunlich große Resistenz aufweisen (A. Bögli, 1969, S. 403). Andererseits können Störungen besonders in unreinen Kalken von tonigen Zerreibungsprodukten begleitet sein, die jede Wasserzirkulation unterbinden. In diesem Fall stellen sie dann keine Leitlinien für die Entwicklung der unterirdischen Verkarstung dar sondern eine Trennlinie für die Entwicklung verschiedener karsthydrographischer Einheiten.

In den Kalkhochalpen, wo über der Vegetationsgrenze der nackte Gesteinskörper bloßliegt, widerspiegeln die Kluftsysteme und Störungen sichtbar die bewegte tektonische Vergangenheit der Karstmassive. Abb. 1 ist ein Ausschnitt aus der von B. Toussaint (1971) durch Luftbildauswertung und Begehungen gewonnenen Kluftkarte des Tennengebirges. Die von B. Toussaint dazu entworfene karstmorphologische Karte zeigt die deutliche Auswirkung dieser Systeme auf die Formen der Oberflächenverkarstung, seine karsthydrographischen Untersuchungen den Einfluß von Klüften und Störungen auf die Entwicklung der unterirdischen Entwässerung (vgl. Abschnitt 2.3.1.). Es ist erwähnenswert, daß auch in anderen Massiven der Nördlichen Kalkalpen das NW-NE-Diagonalkluftpaar dominiert.

Alle Faktoren, die wir bisher bezüglich der notwendigen Wegigkeit des Gesteins für die Verkarstung im Berginneren erwogen haben, gelten vor allem für den Gebirgsbereich über den ständig wassererfüllten Hohlräumen (vadose Zone). Natürlich reichen Spalten („Urhohlräume" O. Lehmanns) auch in größere Tiefen. Der Lösungs- bzw. Verkarstungsvorgang aber findet in der phreatischen Zone neue Bedingungen vor, die eng an den Prozeß der sogenannten *Mischungskorrosion* gebunden sind [1].

Daß die Mischung verschieden harter Gewässer Korrosionserscheinungen mit sich bringt, ist der Praxis in der Wasserversorgung seit langem bekannt. Das Verdienst der Anwendung dieser Erfahrung zur Klärung von unterirdischen Verkarstungsvorgängen aber gehört A. Bögli (1964). Den Kern des Vorganges faßt A. Bögli selbst mit den Worten zusammen: Mischen sich zwei Gleichgewichtswässer verschiedenen Kalkgehaltes, dann enthält die Mischung überschüssiges CO_2 und ist kalkaggressiv. Die zusätzlich gelöste Kalkmenge wächst mit dem Ausmaß des Unterschiedes der Ausgangskonzentrationen

[1] Als „phreatische" Zone wird in der Literatur der Bereich bezeichnet, in dem ein ständig wassererfülltes Kluftsystem vorliegt. Im Gegensatz dazu steht die „vadose" Zone, die nur zeitweise (hauptsächlich nach Niederschlägen oder bei Schneeschmelze) vornehmlich vertikal durchflossen wird.

(1969, S. 399). Zur Illustration des Ausmaßes der Wirkung diene Tabelle 1 aus A. Bögli (1964, S. 80).

Die Erkenntnis dieses Vorganges ist von eminenter Bedeutung für die Klärung der Verkarstungsbedingungen im Berginnern.

Beim vertikalen Eindringen des Wassers in die vadose Zone des Gebirgs-

Abb. 1. Klüfte und Störungen im westlichen und zentralen Tennengebirge nach einer Luftbildauswertung von B. Toussaint (1971). Die stärker gezeichneten Systeme treten in der Karstmorphologie des Gebietes besonders hervor. Die Kreise und Nummern beziehen sich auf von B. Toussaint dargestellte Kluftrosen (1971, Tafel III). Das dominierende NW-NE-Kluftpaar ist nicht zu übersehen. Das Kluftbild erlaubt eine schematische Vorstellung von dem im Bergleib im Kluftsystem bestehenden Karstwasserkörper. (Die gezahnte Linie deutet die orographische Begrenzung des Plateaubereiches an)

körpers ist das freie CO_2 durch die ablaufende Kalklösung zunächst rasch verbraucht. Die Bildung großer Lösungsräume im phreatischen Raum konnte vor der Erkenntnis der Wirkung der Mischungskorrosion nicht erklärt werden. Auch das Auslaugen feiner Schichtfugen weit unter der Größe des von O. Lehmann (1932) vorausgesetzten notwendigen Ausmaßes der „Urhohlräume" als Leitlinien für die Entwicklung großer Horizontalhöhlen wird nunmehr plausibel, ebenso die Tatsache, daß die größten Höhlen nicht an der Eintrittstelle des Wassers liegen sondern im Innern des Gebirges (A. Bögli, 1969

S. 399). Die Erkenntnisse der Wirkung der Mischungskorrosion wurden damit zu einem fundamentalen Pfeiler der theoretischen Speläologie, woran die Tatsache nichts ändert, daß gelegentlich Fehldeutungen bzw. Überbewertungen örtlicher Wirkungen der Mischungskorrosion erfolgen (D. AUBERT, 1967, S. 371).

Sind einmal erweiterte Wasserwege im Berginnern vorhanden, ist für die weitere Lösungstätigkeit die Art des Fließens des unterirdischen Wassers von hohem Belang.

Tabelle 1. *Durch Mischungskorrosion (W_1 + W_2) bei 17° C zusätzlich lösbare Kalkmenge berechnet von* A. BÖGLI *(1964)*

Ausgangs-konzentrationen W_1 mg/l	W_2 mg/l	Mischungsverhältnis T und die zusätzlich lösbare Kalkmenge in mg/l 9 : 1	3 : 1	1 : 1	1 : 3	1 : 9
10	120	0,8	1,7	2,5	2,1	1,0
10	240	5,5	11,9	16,0	11,6	5,4
10	320	12,1	25,6	31,7	21,7	9,4
10	400	22,3	44,9	51,5	33,3	14,7
80	120	0,2	0,3	0,5	0,3	0,2
80	240	3,4	6,8	8,8	6,3	3,0
80	320	8,5	17,0	20,6	14,1	6,4
80	400	16,6	31,9	36,5	23,7	11,4
120	180	0,5	1,0	1,3	0,9	0,3
120	240	2,0	4,0	5,2	3,8	2,0
120	320	6,2	12,2	15,0	10,1	4,6
120	400	13,0	34,6	28,4	17,8	8,4
180	240	9,5	1,0	1,1	1,1	0,6
180	320	3,0	6,0	7,4	5,2	2,4
180	400	7,9	15,1	17,7	11,7	5,5

Zunächst ist zu beachten, daß im allgemeinen die Geschwindigkeit, mit der ein fester Stoff durch Reaktion mit einem gelösten angegriffen wird, durch die Geschwindigkeit bestimmt wird, mit der die mit dem festen Körper reagierenden Ionen durch Diffusion an dessen Oberfläche gelangen (H. REMY,1959, S. 888). Dem turbulenten Fließen wird daher eine mehrfach höhere Lösungstätigkeit zugeschrieben als dem laminaren, weil die Adhäsionsschicht des Wassers am Fels verringert oder abgerissen und die Lösung des Karbonatgesteins beschleunigt wird. Ob der Vergleich von F.-D. MIOTKE (1972, S. 101) der Strömungslinien um einen in der Luft verbrennenden Kohlewürfel mit jenen um einen im Wasser sich lösenden Salzwürfel dieser Beweisführung dienen kann, ist insofern fraglich, als es sich bei letzterem um einen physikalischen Lösungsvorgang, bei der Verkarstung aber um eine chemische Lösung handelt. Es scheint mir hingegen, daß die Frage der Verweildauer mit einzukalkulieren ist und die Temperatur- (und damit Klima-)verhältnisse von wesentlichem Einfluß sind.

Das Produkt der unterirdischen Lösung sind jedenfalls Hohlräume verschiedenster Natur und Gestalt, um deren Erforschung und Studium sich die Höhlenkunde (Speläologie) bemüht. Hier handelt es sich bereits um einen selbständigen Forschungskreis, der seinen Ausdruck nicht zuletzt in den in allen höher entwickelten Ländern bestehenden nationalen „Höhlenvereinen" findet [1].

[1] Der Wert dieser hauptsächlich von begeisterten „Nichtwissenschaftlern" getragenen Arbeit ist kaum abzuschätzen. Abgesehen von der exakten Vermessung Hunderter Kilometer unterirdischer Hohlräume und deren Erkundung, sind die dabei gewonnenen Erfahrungen

Abschließend wäre zum Kapitel Kalklösung noch zu vermerken, daß neben der Kohlensäure in manchen Gebieten auch andere chemische Faktoren wirksam sein können. So weist D. F. MOREHOUSE (1968, S. 1—10) auf den möglicherweise hohen Lösungsanteil von schwefeliger Säure, erzeugt durch Oxydation von Sulfiden. Es ist für verschiedene grundsätzliche Fragen der Karsthydrologie von Bedeutung, daß die Entstehung von Säuren durch die Oxydation von Sulfiden hauptsächlich im Bereich über und am ständigen Wasserspiegel erfolgt.

1.2. Gipskarst und Salzlösung

Obwohl zunächst zwischen der Lösung von Karbonatgesteinen einerseits und Gips und Salz andererseits ein grundlegender Unterschied besteht — die Lösung von Karbonatgesteinen ist ein chemischer Prozeß, die Lösung von Gips und Salz hingegen ein physikalischer Vorgang — so sind die Lösungsergebnisse zunächst für den Gips so gleichartig, daß sie mit Fug und Recht als Formen der Verkarstung bezeichnet werden können. Mit Ausnahme von großen Poljen [1], die auch in vielen Kalkgebieten fehlen, finden wir alles, was wir als Karstphänomene bezeichnen — Karren, Dolinen, Schächte und Höhlen — auch in den Gipsbereichen. Andere Fragen sind die Verbreitung dieser Sedimente und die Erhaltung bzw. Beständigkeit ihrer Karstformen.

So möchte ich doch zwischen den Gips- und Salzbereichen unterscheiden, wohl auch — wie zugegeben — aufgrund subjektiver Erfahrungen und Schlüsse.

Der Hauptgrund liegt darin, daß der Gipskarst noch eine Verbreitung über verschiedene Klimabereiche hinweg aufzuweisen hat. Anders ist es mit den typischen Karstphänomenen wie Karren, Höhlen, Stalaktiten und Stalagmiten in Salzstöcken. Sie treten meiner Erfahrung nach nur mehr in den Salzdiapiren arider Gebiete auf, wie sie etwa im Raume des Toten Meeres zu beobachten sind (Abb. 2). Das ist eine wesentliche Einschränkung auf Gebiete mit nur episodischen Niederschlägen. Da auch in der Tiefe der Salzgebirge wesentlich andere Voraussetzungen für die Lösung und deren Folgen herrschen (etwa im norddeutschen Raum), ja, der Geologe für die Arbeit im Salzgebirge seine besonderen Erfahrungen benötigt, möchte ich die Salzlösung und alle ihre Folgen eher von der eigentlichen Karsthydrographie ausklammern bzw. als Sonderform bezeichnen. Diese Zurückhaltung mag vom Salzgeologen mit Einverständnis, vom erpichten Karstforscher mit gegensätzlicher Meinung quittiert werden.

Betreffend den *Gipskarst* ist zunächst festzustellen, daß das Primärsediment Anhydrit ($CaSO_4$) nur in sehr geringem Ausmaß bzw. sehr langsam

---

auch für die verschiedensten Wissenschaftszweige von außerordentlicher Bedeutung. So finden wir mit Recht im Herzen der Grands Causses ein Denkmal für E. A. MARTEL, eine Auszeichnung, die dem ebenso verdienten und bedeutendsten Höhlenforscher des deutschsprachigen Raumes, dem Grazer H. BOCK, nicht zuteil wurde (vgl. Kap. 2.1.).

[1] Kleinere Formen dieser Art finden sich am Südharzrand (W. KOCKERT, 1972, S. 269).

wasserlöslich ist. Erst die Umwandlung in Gips ($CaSO_4 . 2 H_2O$), die mit dem Kontakt des Anhydrites mit dem Wasser beginnt, ergibt ein gut lösliches und verkarstungsfähiges Produkt, wobei zunächst eine Volumszunahme um etwa 60% eintritt[1]. Sehr wichtig ist, daß die Löslichkeit von Gips beachtlich steigt, wenn im Wasser Chloride enthalten sind (vgl. W. KOCKERT, 1972, S. 264, Abb. 2).

Abb. 2. Rillenkarren im Salzgestein der Umrahmung des Toten Meeres

So löst beispielsweise eine 3,5%ige Kochsalzlösung 6,4 g Gips pro Liter Wasser (bei 21° C), eine 17,5%ige Kochsalzlösung jedoch 9,3 g pro Liter Wasser (bei 17° C; D. PFEIFFER und J. HAHN, 1972, S. 197). Da Anhydrit und Gips sehr oft mit Salzablagerungen vergesellschaftet sind oder benachbart liegen, kann die Lösung sowohl gleichzeitig in beiden Sedimenten vor sich gehen als auch von Salzlagern kommendes Wasser die Gipslösung fördern.

Salzablagerungen sind gleichwohl als Kochsalz- wie Kalium- und Magnesiumchloride sehr gut wasserlöslich. Eine konzentrierte Kochsalzlösung enthält bei 10° C 356 g NaCl pro Liter Wasser.

Die Sulfat- und Chloridsedimente wurden örtlich und zeitlich, bedingt durch die jeweilige Verteilung von Land und Meer in der Erdgeschichte, in recht verschiedenem Ausmaß abgelagert. In den *Ostalpen* beispielsweise gibt es lokal (wirtschaftlich) bedeutende Gips- und Anhydritlagerstätten nur in den Nördlichen Kalkalpen. Sie gehören der unteren und mittleren Trias an

---

[1] Nach A. MOYE (1906, S. 53) erfolgt bei der Umwandlung von Anhydrit in Gips eine Volumsvermehrung in dem Maße, daß sich 1 cm^3 Anhydrit (spez. Gewicht 2,9) in 1,577 cm^3 Gips (spez. Gewicht 2,32) umsetzt. Nach W. ENGELHARDT (1945) wird der Anhydrit nicht durch Wasseraufnahme zu Gips umgewandelt, sondern die Umbildung verläuft über eine $CaSO_4$-Lösung (vgl. W. KOCKERT, 1972, S. 264).

(Skythische und Karnische Stufe, E. SPENGLER, 1951, S. 304 ff.), wobei sie jedoch in den Hochalpen weniger wegen ihrer Karstphänomene als ob der Abbaue bekannt sind. Ausnahmen sind große Gipsdolinen etwa im Bereich des Lunzer Sees (Rätikon). Sonst finden sich an Gipsvorkommen gebundene Karsterscheinungen eher in einzelnen Gebieten der Kalkvoralpen (G. GÖTZINGER, 1957).

Die Steinsalzvorkommen der Ostalpen konzentrieren sich ebenfalls auf die Nördlichen Kalkalpen, wo sie im Bayerischen, Salzburgischen und im Salzkammergut seit altersher abgebaut wurden und noch heute genutzt werden. Die Salzlager gehören hier der untersten Trias an und sind oft tektonisch mit Gips oder Ton verknetet (Haselgebirge). Dies ist der Grund, daß das Salz hier vorwiegend in Laugwerken abgebaut wird. Andererseits haben überlagernde tonige Schichten die Salzlager vor natürlicher Auslaugung bewahrt, wodurch sie trotz lokaler Mächtigkeit in der Karstgenese der Nördlichen Ostalpen kaum eine Rolle spielen. Im großen und ganzen kann man demnach sagen, daß es in den Ostalpen zwar nicht an Gips- und Salzvorkommen fehlt, sich ihre Bedeutung für die Verkarstung und Karstentwässerung im Vergleich zu den Bereichen der Karbonatgebirge aber auf eng begrenzte Gebiete beschränkt, und daß eine gewisse Berücksichtigung in bautechnischer Hinsicht (Vorkommen aggressiver Wässer, s. Kapitel 3.1.) notwendig ist.

Ganz anders sind die Verhältnisse in Mittel- und Norddeutschland. Alleine die Salzvorkommen werden hier auf eine Menge geschätzt (etwa 100.000 km³), die etwa der Verbreitung der Kalke in diesem Gebiet gleichkommt (D. PFEIFFER und J. HAHN, 1972, S. 196).

Die erste große Ablagerungsperiode fällt hier in das Obere Perm und zwar in die Zeit des Mittleren und Oberen Zechsteins. Im Zusammenhang seichter Meeresbedeckung mit ariden Klimaverhältnissen herrschten günstige Verdunstungsbedingungen, wobei man für die Gips- und Salzablagerungen in chronologischer Reihe die vier Zyklen der Werra-, Staßfurt-, Leine- und Aller-Serie unterscheidet. Allein in Nordhannover wurden zu Beginn des Oberen Zechsteins 500 m („Älteres") Steinsalz abgelagert, insgesamt aber liegen nahezu 800 m Salzsedimente im Mittleren und Oberen Zechstein und die verschiedenen Anhydritlagen erreichen über 80 m Mächtigkeit. Die Salzmassen bilden infolge tektonischer Bewegungen und ihres geringeren spezifischen Gewichtes zum Teil Salzdome oder Diapire, die beim Aufsteigen vielfach benachbarte jüngere Gesteine mit hochschleppten (vgl. D. PFEIFFER und J. HAHN, 1972, S. 190, Abb. 1). In der Norddeutschen Tiefebene kennt man mehr als 300 solcher Salzdome, von denen viele in und über die mobilen Grundwasserzonen reichen und somit Lösungserscheinungen aufweisen.

Weitere Anhydrit- und Salzablagerungen erfolgten in der Trias (Gips im obersten Buntsandstein, Röt, Salz im mittleren Muschelkalk und wieder Gips im mittleren Keuper), im obersten Jura (Salzserie in den Mergeln von München) und schließlich noch im Tertiär, allerdings beschränkt auf den oberen Rheingraben (D. PFEIFFER und J. HAHN, 1972, S. 195).

Obwohl die morphologischen Erscheinungsformen wie Karren, Dolinen, Schlotten und Höhlen sowohl in Karbonat- wie in Gipsarealen auftreten und der Begriff des Gipskarstes mit vollem Recht eingeführt wurde, liegen für die Entwässerung im Anhydrit-Gips-Bereich doch andere Voraussetzungen vor als im Karbonatgebirge. Schon W. BIESE (1931, S. 63) weist darauf hin, daß die Verkarstung sich in der Regel auf den Gipsmantel eines Anhydritstockes beschränkt und dessen Kern unberührt läßt. Kleinere Fugen, die tiefer in den Anhydrit hineingreifen, werden bei Eindringen des Wassers durch die mit der Umwandlung in Gips verbundene Volumsvergrößerung geschlossen und ein weiterer Wassereintritt damit unterbunden. Klüfte, die so breit sind, daß sie durch den Quellungsbetrag nicht geschlossen werden, sind eine Ausnahme; sie sind dann der Ausgangspunkt für eine rasche Erweiterung und die Bildung von Klufthöhlen. Im allgemeinen kann sich aber im Anhydritstock kein zusammenhängender Kluftwasserkörper ausbilden, die Wasserzirkulation — und damit die Verkarstung — konzentriert sich auf den Gipsmantel. Dieselbe Aussage macht A. Herrmann (1966, S. 99), wenn er meint, daß im Gegensatz zum Kalkkarst, bei dem die Verkarstung unter günstigen Vorflutverhältnissen den ganzen Gebirgskörper erfassen kann, diese im Gipskarst auf die meist verhältnismäßig kleinräumigen vergipsten Bereiche von Anhydritlagen in Oberflächennähe und entlang von Zerrüttungszonen beschränkt bleibt.

Noch nicht geklärt ist, warum Anhydritlager verschiedener geologischer Formationen eine unterschiedliche Vergipsungsbereitschaft zeigen (A. Herrmann, 1966, S. 100). Im einzelnen ist die Mächtigkeit der in Gips umgewandelten Zone vom Grad der Zerklüftung, dem Schichtfallen des Anhydritlagers und von der Art der (unterschiedlich durchlässigen) Deckschichten abhängig.

Bei den für den Gipskarst geschilderten Gegebenheiten nimmt es nicht wunder, daß die eingehenden Untersuchungen von W. Biese (1931, S. 46 ff.) bezüglich der Entstehung der Südharzer Gipshöhlen zu einer strengen Bindung der Laughöhlen an das Vorflutniveau kommen. W. Biese belegt diese Tatsache auch durch eine Tabelle, die die jeweiligen Differenzen zwischen den tiefsten Punkten der Laugungshöhle und dem Vorfluter ausweist (1931, S. 47). Diese generell gültige Tatsache unterliegt natürlich auch Ausnahmen (St. Kempe, 1970).

Wenig wissen wir über die Tiefe von Salzlagen und die Bewegung von Solewässern. Dies hängt in den alpinen Bereichen vor allem damit zusammen, daß durch den Abbau von Salzlagern im Laugverfahren einerseits künstliche Vorfluter geschaffen wurden, während andererseits natürliche Austritte von Solewässern in Hinsicht auf das Salzmonopol vielfach „verschlagen" wurden. Immerhin wurden z. B. die Solquellen von Bad Hall (O.Ö.) schon von den Kelten und Römern genutzt. Aus größeren Tiefen aufgeschlossene Solwässer bezeugen, daß die Wasserzirkulation in Salzstöcken ihrer eigenen Gesetzlichkeit unterliegt.

Einen interessanten Vortrag über Tiefenwasser, Solquellen und Solewanderung im Bereich des Münsterschen Beckens hielt K. Fricke bei der Tagung der Dt. Geol. Ges. in Bad Harzburg (1960; Ztschr. Dt. Geol. Ges. 1961). Hier treten außerhalb des Zechsteinsalzgebietes Solquellen auf, im Deckgebirge z. T. mit artesischem Auftrieb. Ungeachtet der Lage der Beobachtungsstelle ist in der Regel eine Zunahme des Salzgehaltes mit der Tiefe festzustellen, obwohl Bohrungen und Solaustritte entlang von Störungen das Bild zunächst verwirren. Besonders kompliziert werden die Verhältnisse, wo Kluftzonen süßwasserführender Turonkalke von mineralwasserführenden Störungszonen gekreuzt werden und Süßwasser- und Solequellen nebeneinander zutage treten. K. Fricke erläutert die komplizierten Verhältnisse (1961, S. 38—40). Die großräumigen Zusammenhänge bestätigen vor allem die Auswirkungen des hydrostatischen Druckes, als deren Folge z. B. der Salzgehalt der Solquellen nach starken Niederschlägen in den entsprechenden Einzugsgebieten nicht vermindert sondern verstärkt wird. Die Eigenständigkeit der Salzlösung wird durch diese Untersuchungen besonders betont.

Der faszinierendste Bericht über Solwässer in großen Tiefen und deren Bewegung ist für mich die Beschreibung der Solen und ihrer Bewegung in den

Tiefenhorizonten des Angara-Lena-Beckens durch E. V. PINNEKER (1967, S. 289 ff.). Dieser Bereich stellt ein von den umgebenden Landschaften gut abgegrenztes artesisches Becken mit einem Ausmaß von rund 500.000 km² dar. Die Schichten der Tafeldecke fallen in nördlicher Richtung flach ein. Auf dem Grund liegen sandigtonige Sedimete des späten Präkambriums, sie sind von der mächtigen Schichtenfolge des Unteren Kambriums (im mittleren Teil Halogengesteine und oben Sulfat-Karbonat-Gesteine) überlagert. Im nördlichen Teil erscheinen Karbonatablagerungen des mittleren Kambriums, diesen folgen hauptsächlich sandig-tonige Gesteine des Mittel- und Oberkambriums, des Ordoviciums, Silurs, Karbons und Perms. Die gesamte Mächtigkeit der Sedimentdecke erreicht 3000 m. Die Salzkonzentration der Wässer nimmt mit der Tiefe zu. Die unterirdischen Wässer treten im oberen Teil des Profils als Süß- oder Salzwässer und im unteren Teil (von 350—750 m) allgemein als Solen auf (E. V. PINNEKER, 1967, S. 291) [1]. Im artesischen Angara-Lena-Becken unterscheidet man drei soleführende Formationen.

Diese soleführenden Horizonte fallen entsprechend der Schichtenlagerung von den Gebirgszügen Ost-Sajan und Baikal-Hochland nach dem Inneren der Sibirischen Tafel ein.

Der Austritt der Wässer vollzieht sich an den tektonischen Brüchen und Schwächezonen. Die Solen dringen aus den tiefen Schichten in die höheren ein, an der Oberfläche erscheinen sie als zahlreiche Salzquellen.

In der gegenwärtigen Epoche geht ein unmittelbares Eindringen der Infiltrationswässer in den peripheren Teilen der Sibirischen Tafel, im Baikalgebiet, Ost-Sajan-Gebirge und an den Ausläufern des Jenisseigebirges vor sich. Der Austritt der Solen aus tieferen Horizonten des artesischen Angara-Lena Beckens geschieht sowohl über innere Elemente der geologischen Struktur als auch über große Flüsse. So findet sich im Norden des artesischen Angara-Lena-Beckens eine umfangreiche Entlastungszone von Solen an der Oberfläche, wobei die Salz- und Solequellen an den Kreuzungsstellen der Brüche und Antiklinalstrukturen mit Flüssen liegen. Ihre gesamte Schüttung wird auf 1 Million m³/Tag geschätzt; die Salzergiebigkeit ist 7,750.000 t/Jahr (E. V. PINNEKER, 1963). Das Alter der Solen liegt zwischen 1 und 65 Mill. Jahren.

Ein nicht minder interessanter Fall ist der durch fossile Pollen erbrachte Nachweis des Austrittes von Wässern aus den Zechsteinsalzen des Raumes von Fulda in den Quellen von Bad Nauheim (Abb. 3 nach H. DOMBROWSKI, 1967). Die Herkunft der in den Nauheimer Quellen gelösten Mineralsalze war bis zur Auffindung der Pollen ein immer wieder auftretendes Diskussionsobjekt (H. DOMBROWSKI, 1967, S. 267). Durch über 30, zum Teil bis in das kristalline Grundgebirge abgeteufte Tiefbohrungen wußte man, daß es im Untergrund des Bereiches von Bad Nauheim keine Salzlager gibt. Die Bohrungen hatten aber einen klüftigen, wasserführenden, mitteldevonischen Massenkalk angefahren, den das Mineralwasser durchfließt. Als Ursprungs-

[1] Unter „Solen“ versteht man Wässer, deren Mineralgehalt höher ist als der mittlere Salzgehalt des Ozeanwassers, d. h. höher als 35 g/kg oder höher als 36 g/l.

gebiet der Wässer kamen zunächst zwei Salzlager in Betracht, die miozänen Salze des Mainzer Beckens oder die viel älteren Salze des Zechsteinsalzlagers im Bereich von Fulda.

Durch das Auffinden dieses fossilen Blütenstaubes konnte die Annahme, daß die hauptsächlichsten Mineralien der Bad Nauheimer Quellen (und wahrscheinlich auch der anderen Taunusrandquellen) aus den östlich des Vogelsberges gelegenen Zechsteinsalzlagern herstammen würden, eindeutig ent-

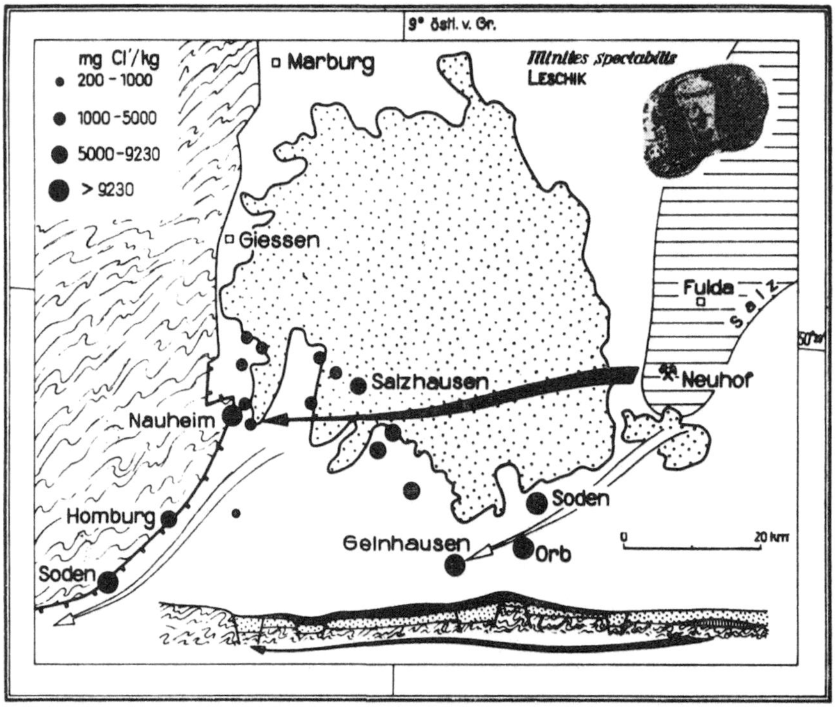

Abb. 3. Wanderung der Mineralwässer von den Zechsteinsalzlagen bei Fulda zu den Quellen von Bad Nauheim (nach H. Dombrowski, 1967, S. 269, Abb. 1). Waagrecht schraffiert = Zechsteinsalze; punktiert = Vogelsbergmassiv; gewellt = Taunusmassiv; gezähnelte Linie = Ostrand des Taunus, entsprechend der Verwerfungslinie, an der die Taunusrandquellen entspringen

schieden werden. Dieser fossile Blütenstaub stammt nachweisbar aus dem Zechstein. Zur Zeit des Tertiärs waren die fraglichen Nadelholzarten, von welchen die gefundenen Pollen herstammen, bereits ausgestorben (H. Dombrowski, 1967, S. 268).

Von technischem Interesse ist, mit welchen Injektionsmitteln man den Zufluß von Wasser und Salzlösungen in den Bergbau unterbinden kann. Eine Besprechung der einzelnen Injektionsgüter (Zemente, Tonsuspensionen, Zement-Injectol-Suspensionen, Wasserglas, Chromlignin und verschiedene Polymere) gibt W. Kockert (1972 a).

1.3. Verkarstung und Klima

Daß die Verkarstung in ihrer Wirksamkeit und Intensität an gewisse klimatische Bedingungen gebunden ist, ergibt sich bereits aus ihrer Abhängigkeit von Temperatur und Niederschlagsmenge. In vollariden Gebieten fehlen die für den rezenten Verkarstungsprozeß notwendigen Voraussetzungen. Andererseits wurden schon frühzeitig die exotischen Formen feuchttropischer Karstgebiete beschrieben. Aus dieser Gegenüberstellung ergeben sich noch keine Probleme. Anders ist dies bei dem Vergleich kaltfeuchter und feuchtheißer Klimabereiche.

Da ist zunächst die bereits erwähnte grundsätzliche Tatsache, daß mit zunehmender Wassertemperatur die Aufnahmefähigkeit des Wassers für freies CO_2 stark abnimmt (bei einer Erwärmung von 0° auf 20° C auf etwa die Hälfte). J. Corbel (1957, 1959, 1960), war der beredte Vertreter einer exzessiven Verkarstung in kalten Klimabereichen. Er errechnete, daß in kalten Regionen bei gleicher Niederschlagsmenge wie in feuchtheißen Gebieten ein zehnfach höherer Kalkabtrag vorliegen würde und brachte vergleichende Analysen, die für tropische Gewässer einen um 50% geringeren Kalkgehalt zeigten als bei Flüssen gleicher Wasserführung in kalthumiden Gebieten. Auch M. M. Sweeting (1960) kommt durch Vergleichsuntersuchungen in Tasmanien (41° 30′ s. Br.) und NW-Australien (18° s. Br.) zu ähnlichen Auffassungen durch Meßergebnisse, nach denen sich die Karstwässer der kühleren Bereiche aggressiver und weniger gesättigt erwiesen. Im Gegensatz zu J. Corbel lassen M. M. Sweeting und A. Gerstenhauer (1960) jedoch die Möglichkeit offen, daß der Lösungsbetrag im Endresultat trotzdem in den feuchten Tropen höher sein kann. Der scheinbare Widerspruch fällt mit der Anerkennung der Tatsache, daß der *Kalkumsatz*, d. h. der Wechsel von Wiederausfällung des Kalkes und neuer Lösungstätigkeit des Wassers, in den warmen Regionen sehr rasch vor sich geht, sodaß die abfließenden Wässer zwar einen absolut geringeren Kalkgehalt aufweisen, jedoch durch den raschen Wandel letzten Endes einen höheren Gesamtabtrag bewirken. Die offensichtlich viel stärkeren Sinterbildungen sowohl in den heute wärmeren Gebieten als auch in wärmeren Klimaphasen unserer derzeit gemäßigten Bereiche (vgl. die verbreiteten Sinterablagerungen der postglazialen Wärmezeit bzw. Travertinhorizonte wärmerer Zwischeneiszeiten) weisen auf die Richtigkeit der Berücksichtigung dieses Faktors. Der bisher behandelten grundsätzlichen Frage nach dem quantitativen Einfluß des Klimas auf den Verkarstungs- bzw. Lösungsprozeß müssen wir die nicht minder wichtige Frage nach dem karsthydrogaphischen Ausdruck der Klimaextreme folgen lassen.

1.3.1. Der Karst im Bereich der Permafrostzone

Die Karsthydrographie der extrem winterlichen Kontinentalgebiete wird am stärksten durch das Auftreten der Dauerfrostzone (Permafrostzone, Ewige Gefrornis) beeinflußt und N. A. Gvozdetskiy (1954) hat mit Recht den Karst innerhalb der Verbreitungsgebiete der Ewigen Gefrornis als eigenen geographischen Typus ausgeschieden.

Die Südgrenze der Permafrostzone im Untergrund Eurasiens zieht vom äußersten Norden des europäischen Rußlands (70° n. Br.) zum mittleren Jenissei (65° n. Br.) und reicht im oberen Flußgebiet des Jenissei am weitesten nach Süden (etwa 50° n. Br.). Für die unterirdische Wasserzirkulation ist von Bedeutung, daß die Mächtigkeit der Ewigen Gefrornis bei ihrer S-Grenze in Zentral- und Ostsibirien 20 bis 50 m beträgt und auf 300 bis 400 m im N Sibiriens zunimmt. Die sommerliche Auftauzone macht im N einige Dezimeter, an der S-Grenze etwa 1,5 bis 2,5 m aus.

Die Dauerfrostzone kann über weite Areale im selben Gestein bzw. einer Gesteinsfolge gleicher Permeabalität als wasserstauender Horizont wirken, ähnlich wie eine Tonlage in gröberen Lockersedimenten. Auch im verkarstungsfähigen Gestein ist daher eine (sommeraktive) Wasserzirkulation über der Permafrostzone und der Grundwasserbereich unter derselben zu trennen, wobei letzterer oft als gespanntes Karstwasser vorliegt. I. V. Popov (1972, S. 394) betont, daß die gegenwärtige *Oberflächenverkarstung* in den Karbonatgesteinen der Sibirischen Tafel an die Wasserzirkulation oberhalb der Dauerfrostzone gebunden erscheint. Was jedoch die *Zirkulation des Karstwassers* betrifft, so bin ich der Meinung (und das Auftreten von Folgequellen bestätigt dies), daß die Karstwässer unter der Ewigen Gefrornis nicht zuletzt auf Grund des artesischen Druckes Wege durch die Permafrostzone finden. Dies schafft Zirkulations- und Lösungsbedingungen, die sich wesentlich von jenen in anderen Klimabereichen unterscheiden. Dies gilt sowohl für den Karbonat- als auch für den Sulfatkarst und die Salzlösung.

Übrigens beeinflussen sich Wasser und Permafrost gegenseitig. Führt die Permafrostzone zur Ausbildung gespannter Karstwasserkörper, so verliert andererseits unter großen Flüssen infolge der Wassertemperatur unter deren winterlicher Eisdecke die Dauerfrostzone an Mächtigkeit bzw. fällt gänzlich weg. Eine Folge davon ist, daß sich Höhlen und Dolinen vielfach auf die Uferbereiche großer Flüsse beschränken. Selbst um große Karstquellen ist ein Zurücktreten der Ewigen Gefrornis zu beobachten (I. V. Popov, 1972, S. 393). Derselbe Autor berichtet, daß trotz der Dauerfrostzone Kalkareale der Sibirischen Tafeln in etwa 1150 m Seehöhe so stark in die Tiefe entwässern, daß es zu einer Vegetationsveränderung kommt, d. h., inmitten der Taiga Steppenareale auftreten und Marschen und Sümpfe durch die Verkarstung des Untergrundes austrocknen.

Natürlich spielen auch in den Bereichen der heutigen Dauerfrostzone die paläoklimatischen Verhältnisse eine nachwirkende Rolle. So konnten im Flußgebiet der oberen Lena eine mittelkambrische, vor- und nachjurassische Verkarstung, am östlichen und südöstlichen Rand der Sibirischen Tafel in den Karbonatgesteinen der Angaraserie (unteres Kambrium, Mächtigkeit etwa 2000 m) eine tertiäre, frühquartäre und rezente Verkarstung unterschieden werden (I. V. Popov, 1972, S. 392), wobei hier (so wie in anderen Klimabereichen) die rezente Verkarstung besonders dort rasch hydrographisch wirksam wird, wo eine Reaktivierung alter Karstformen möglich ist. Diese Regenerierung ist dort erleichtert, wo in die Tafel eingeschnittene Täler Höhenunterschiede von 200 bis 300 m zur lokalen Erosionsbasis schaffen. In ihrer Umgebung finden sich dann die oberflächlich abflußlosen Gebiete mit Schluckstellen und Bachschwinden, in denen der Niederschlag fast zur Gänze in den Untergrund versinkt und die erwähnten Änderungen in der Vegetation auftreten.

Schließlich soll nicht unerwähnt bleiben, daß den paläoklimatischen Formen im heutigen Dauerfrostgebiet auch Poljen beachtlicher Ausdehnung im Jenisseigebiet zuzurechnen sind. In ihnen werden paläogene Seeablagerungen (I. V. Popov, 1972, S. 389) und Ponordolinen bis zu 100 m Durchmesser beschrieben. So wie bei den Poljen SE-Europas ist ihre Anlage tektonisch vorgezeichnet.

Als Beispiel eines Überganges von den Verkarstungsbedingungen im Bereich des Dauerfrostbodens zu den mitteleuropäisch-alpinen Verhältnissen könnte die Beschreibung des Karstgebietes von Björkliden im schwedischen Lappland dienen (G. Knutsson, L. Carlsson und M. Nord, 1967). Diese Untersuchungen ergaben, daß die Annahme von J. Corbel (1952), daß in diesem Gebiet nördlich des Polarkreises eine intensive Lösung unter der Schneedecke auftritt, nicht richtig ist (S. 254). Zum Beginn der Schneeschmelze vollzieht sich infolge des gefrorenen Bodens (Bodenfrostdauer sieben bis acht Monate) der Abfluß fast ausschließlich in den Oberflächengerinnen. Auch das Auftauwasser im Boden oberhalb der Frostschicht kann nicht infiltrieren, was zu Solifluktionserscheinungen führt. Erst nach dem Auftau der Bodengefrornis sind für Schmelz- und Bodenwässer die Wege in den Untergrund offen und in diesen vier bis fünf Monaten ist die Karstwasserführung stark niederschlagsabhängig. In diese Zeit fällt auch die hauptsächliche Verkarstungsphase, wobei der Haupteffekt deren Beginn zu dieser Jahreszeit mit einem noch hohen Anteil von Schmelzwässern zugeschrieben und die Wirksamkeit der sog. „Abkühlungskorrosion“ und der „Mischungskorrosion“ in Betracht gezogen wird (G. Knutsson et al., 1967, S. 254, vgl. auch A. Bögli, 1964, und M. M. Sweeting, 1964).

1.3.2. Der Karst der feuchtheißen Tropen

Wie bereits erwähnt, scheint der schnellere Kalkumsatz durch Lösung und Wiederausfällung im Verein mit den hohen und starkregenartigen Niederschlägen für die zweifellos intensiven Abtragungsvorgänge in den Karstgebieten der feuchtheißen Tropen verantwortlich zu sein. Übergangsformen zeigt diesbezüglich zum Teil der derzeitige mediterrane Karst, der im Vergleich zum mitteleuropäischen eine viel stärkere rezente Sinterverkleidung von Höhleneingängen und Quellaustritten aufweist. Außenstalaktite sind letztlich auch ein Phänomen des tropischen Karstes (A. Gerstenhauer, 1964). Zu den oben erwähnten Faktoren kommt noch die Einwirkung der üppigen tropischen Vegetation (vgl. H. Lehmann, 1953 und H. Lehmann, K. Krömmelbein und W. Lötschert, 1956) und nicht zuletzt der Einfluß von Mikroorganismen auf die Lösungsvorgänge (B. Smyk und H. Drzal, 1964). Und alle diese klimatischen Faktoren vereinigen sich mit den auch in allen anderen Klimabereichen wirksamen geologisch-tektonischen Gegebenheiten wie Reinheit der Karbonatgesteine, deren Schichtung und Klüftung usw.

Vereinfachend darf man sagen, daß die Karstrandebene, d. h. eine korrosive Verebnung im Vorflutniveau, die Auflösung des Randes der Kalkmassive in Kegel oder Türme (Mogoten), die tiefreichenden, steilwandigen Dolinen (Cockpits) und in deren Folge Uvalas und intramontane Poljen die typischen Formen des tropischen Karstes sind (Abb. 4, 5, 6)[1]. Die Niveaugebundenheit

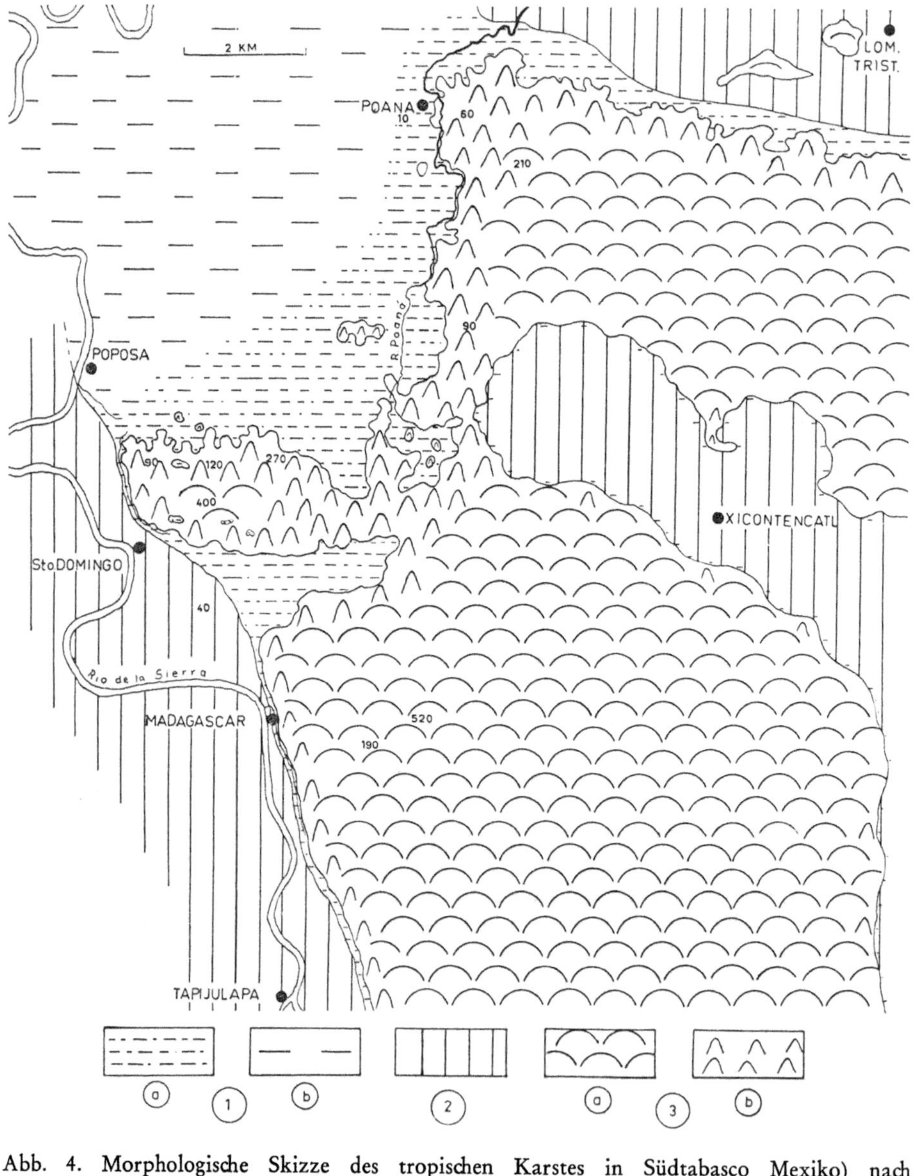

Abb. 4. Morphologische Skizze des tropischen Karstes in Südtabasco Mexiko) nach A. Gerstenhauer, 1960, S. 30, Abb. 7. *1 a* Karstrandebene (korrosive Verebnung, z. Teil versumpft), *1 b* Aufschüttungsebene, *2* Hügelland in nichtkarbonatischen Tertiärsedimenten, *3 a* Karstkuppen mit relativ geringen Hangneigungen, *3 b* steile, turmähnliche Vollformen

[1] Herrn Prof. Dr. A. Gerstenhauer bin ich für die Überlassung der Abbildungen zu Dank verpflichtet.

Abb. 5. Mogoten am Rand des Karstmassivs zur Karstrandebene. Photo: A. GERSTENHAUER, 1959

Abb. 6. Karstrandebene bei Poana (Tabasco, Mexiko). Photo: A. GERSTENHAUER, 1959

des südchinesischen Tropenkarstes hat J. GELLERT (1961) überzeugend dargestellt.

Neben anderen zeigten vergleichende morphogenetische Studien, daß wir es primär mit klimamorphologischen Formen zu tun haben (D. BALÁZS, 1972, S. 54). Ihre Variationen und deren Zusammenhang mit geologischen Bedingungen und anderen Faktoren decken nicht zuletzt moderne morphometrische Techniken auf, wie sie P. W. WILLIAMS (1971) bei seiner Analyse von tropischen Karstgebieten in Neu Guinea angewendet hat.

Sind es für den Morphologen die zweifellos faszinierenden exotischen Vollformen des tropischen Karstes, so ergeben sich für die Karsthydrogeologie gerade im tropischen Karst bedeutsame Erkenntnisse. Zu diesen zählt die unbestrittene Bindung der korrosiven Karstrandebene an die Erosions- bzw. Korrosionsbasis, d. h. an das Vorflutniveau. Auch ältere, höher liegende Korrosionsebenen werden mit einem ehemals wirksamen Vorflutniveau in Zusammenhang gebracht (z. B. in N-Puerto Rico; A. GERSTENHAUER, 1964). Dies ist sowohl für offene Fragen der Karsthydrologie im allgemeinen bedeutsam als auch ein Hinweis auf die Notwendigkeit, das Studium der Hydrographie eines Gebietes mit der Untersuchung seiner Morphogenese zu verbinden; beide stehen in enger Wechselbeziehung. Rest- oder Altformen sind auch Zeugen der Hydrogenese. In vielen Karstgebieten in heute gemäßigten Klimazonen glaubt man Altformen bzw. die Reste eines ehemaligen tropischen Karstes feststellen zu können (vgl. J. BÜDEL, 1951, A. GERSTENHAUER, 1963, S. GILEWSKA, 1964, V. PANOS, 1964, P. Z. SZABÓ, 1964, J. ZÖTL, 1964). Die augenscheinlichsten Zeugen aber sind wohl einerseits die in den Alpen heute noch über den Tälern ausstreichenden mächtigen Höhlensysteme (Eisriesenwelt im Tennengebirge, Höhlen im Dachsteinmassiv) und andererseits Reste von Karstrandebenen und Mogotenformen im mediterranen Bereich und dessen weiterem Hinterland (Abb. 7, 8). Von den hier im Bild illustrierten Beispielen liegt die Karstrandebene auf NE-Ithaka heute in 460 m bis 480 m Sh, ihre Entstehung wird in das Oberpliozän gesetzt, in ein semiarides tropisches Klima, ähnlich jenem von heute in großen Teilen NW-Australiens. Abb. 8 ist ein Ausschnitt der Karsthochfläche nordwestlich von le Caylar (Causse du Larzac, Grands Causses) in etwa 750 bis 800 m Sh. (bezüglich hydrogenetischer Phasen in den Grands Causses vgl. auch Kap. 2.3.3.).

1.3.3. Karstwässer in ariden Gebieten

Die Frage nach den Karsterscheinungen in ariden Gebieten findet zunächst ein widersprüchliches Echo. Die logische Folgerung, wo kein Niederschlag da keine Verkarstung, ist richtig, doch kann die Wasserführung im Untergrund in ariden Bereichen zum großen Teil von versickerten Wässern aus niederschlagsreicheren Zeiträumen bestritten werden. Darin begründet sich z. B. die Tatsache, daß die stärksten Wasseraustritte der östlichen arabischen Tafel (Oasengebiet von Al Hasa in Saudi Arabien) ausschließlich Karstquellen sind. Es ist daher nicht selten, daß in den ariden Gebieten zwar die Verkarstung durch rezente Niederschläge nicht nennenswert ist, die unterirdische Entwässerung aber sehr wohl alten Karstwassersystemen folgt und diese weiterbildet.

Abb. 7. Karstrandebene und Karstturm im NE der Insel Ithaka

Abb. 8. Reste von vermutlichen Erbformen einer Mogotenlandschaft in den Grands Causses

1.3.4. Pseudokarst und Thermokarst

Der Einfluß der klimatischen Verhältnisse auf die Verkarstung wird durch die Formen in den tropischen Kalkgebieten zweifellos am besten illustriert. Es zeigt sich nun, daß unter den feuchttropischen Bedingungen nicht nur die Karbonatgesteine einer verstärkten Lösung unterliegen, auch Silikatgesteine werden hier stärker durch das Wasser angegriffen. Karrenförmige Rinnen an freiliegenden Granitblöcken kann man vereinzelt schon im gemäßigt-humiden Klimabereich, z. B. im Gebiet der Böhmischen Masse, finden. Besonders schöne Beispiele werden aber aus Brasilien beschrieben, wobei weitere Karstphänomene wie Dolinen und Höhlen in Granitbereichen auftreten. Man hat diese Formen als „Pseudokarst", gelegentlich auch als Granitkarst bezeichnet. Da mir der Begriff „Karst" an einen gewissen *Formenschatz* und nicht an eine Einzelform gebunden erscheint, halte ich seine Anwendung nur dann gerechtfertigt, wenn tatsächlich eine Formengesellschaft (also z. B. Karren, Dolinen, Gruben, Höhlen etc.) und nicht etwa nur Aushöhlungen allein (z. B. Tafoni) vorliegen. In feuchttropischen Gebieten tritt diese Formengesellschaft tatsächlich auch in Granitarealen auf und der Begriff „Granitkarst", oder, da es sich nicht immer um reine Granite handelt, „Pseudokarst" hat als Sonderform feuchttropischer Bereiche noch seine Berechtigung.

Anders scheinen mir die Verhältnisse beim sogenannten „Thermokarst" zu liegen. Was soll dieser Begriff ausdrücken? Vor allem dolinenartige Einsenkungen und Erdfälle im Lockergestein durch subkutane Abschmelzvorgänge hauptsächlich an der Grenze der Ewigen Gefrornis. Hier kann man weder von einer Formengemeinschaft des Karstes sprechen, noch von Vorgängen, die irgend etwas mit einer Verkarstung zu tun haben. Da der Untergrund nicht aus Karbonatgestein besteht, haben diese Formen nichts mit den beschriebenen Verkarstungsprozessen der Permafrostzone zu tun. Wie sehr es sich hier um einen künstlichen Modebegriff handelt, zeigt, daß beispielsweise früher niemand daran dachte, etwa die Sölle als Karstformen anzusprechen. Wie weit dies schließlich führt, illustriert ein Aufsatz von M. M. Zhukov (1963, S. 266), der vorübergehende Formen eines „Thermokarstes" entlang der Autobahn Donetz—Zhdanow in der südlichen Ukraine beschreibt. Hier kam es während eines Schneesturms im März 1960 durch Verwehungen zu lokalen Schneeanhäufungen beträchtlicher Höhe. Durch Staubstürme wurden diese Schneehaufen Anfang April von einer dicken Schicht Tschernosom überdeckt. Das Abtauen des Schnees unter dieser Decke hatte ein Relief entsprechend dem des „Thermokarstes" verursacht (M. M. Zhukov, 1963, S. 266). Weder die Genese der Formen noch der Mechanismus der unterirdischen Entwässerung hat hier noch etwas mit Karst zu tun.

2. Die Wasserzirkulation in verkarsteten Gesteinen

2.1. Die Entwicklung der Karsthydrogeologie

Einen Abriß der Entwicklung karsthydrogeologischer Hypothesen seit dem Altertum gibt D. PFEIFFER (1963). Ist diese Betrachtung auch vorwiegend von historischem Interesse, so sind doch einige Feststellungen von allgemeiner hydrogeologischer Bedeutung. Dies gilt sowohl für den Hinweis, daß für die alten Griechen auf Grund des geologischen Aufbaues des Landes die Phänomene der Karsthydrographie zum Inbegriff der Auffassungen über den Wasserhaushalt überhaupt wurden, als auch für die Feststellung der Verlagerung der Beobachtungsgebiete spezieller Karstentwässerung im Laufe der Zeit vom Mittelmeerraum nach Mittel- und Südosteuropa und schließlich über die ganze Welt (S. 43). Obwohl das Interesse an karsthydrographischen Phänomenen im 18. Jahrhundert stark zunahm und trotz sehr schematischer Darstellungen den tatsächlichen Verhältnissen beachtlich näher kam (Abb. 9), erschöpfte sich die Behandlung karsthydrographischer Probleme bis zur letzten Jahrhundertwende mit der Beschreibung örtlicher Phänomene oder verblieb ohne spezielle Fragestellung im Rahmen allgemeiner Karstuntersuchungen. Noch in dem Werk von J. CVIJIC (1893) wird das „Grundwasser" verkarsteter Gebirge im Zuge der Besprechung von Dolinen, obertägigen Karstflüssen und Poljen nur kurz behandelt. Die Reihe der klassischen karsthydrographischen Arbeiten beginnt mit der „Karsthydrographie" von A. GRUND (1903). Es ist bemerkenswert, daß die fachliche Ausgangsstellung der einzelnen Forscher (Geographie, Speläologie, technische Geologie) für die so verschiedenen grundsätzlichen Auffassungen bestimmend war.

A. GRUND kam in seinem ersten Werk (1903) zu der Ansicht, daß gleichmäßig verteiltes „Karstwasser" mit vertikalen und horizontalen Bewegungsbahnen oberhalb des stagnierenden „Grundwassers" zur Erosionsbasis fließe. A. GRUND nahm eine vom Meer landeinwärts ansteigende Fläche an, unterhalb deren die ganzen Klüfte mit stagnierendem Wasser erfüllt seien (1903, S. 173). Eine strikte Unterscheidung von stark verkarsteten Wasserbahnen und dem (oft kaum verkarsteten) Kluftwasserkörper in tieferen Bereichen des Karbonatgebirges habe ich bei A. GRUND nicht gefunden. Durch eine Reihe unzutreffender Verallgemeinerungen, wie der Annahme von gleichmäßiger Klüftung mit stagnierendem Grundwasser bis in unbekannte Tiefen (S. 173), der Gewißheit von Wassererschrotungen durch tiefe Bohrungen (S. 172) und der Ignorierung tatsächlich vorhandener Höhlengerinne, hat A. GRUND seinen späteren Gegnern soviel Material geliefert, daß, trotz nachträglicher Richtigstellung, wesentliche Prinzipien seiner Theorien durch die Kritik seiner Gegner untergingen. Aber selbst wenn keine einzige Auffassung von A. GRUND richtig gewesen wäre, was nicht der Fall ist, bliebe ihm das Verdienst, die Diskussion um die Probleme der Karsthydrographie in Gang gebracht zu haben.

Noch im Jahre der Veröffentlichung der Karsthydrographie von A. GRUND referierte A. PENCK (1904) über das Karstphänomen. Seine Darlegungen unterstrichen die prinzipiellen Auffassungen von A. GRUND und wurden später zwar angefochten aber nicht widerlegt. W. KNEBEL (1905) lehnte den Versuch von A. GRUND ab, die Klüftigkeit des Karstgesteins aus der bekannten Niederschlagsmenge und der Neigung des Karstwasserspiegels zu

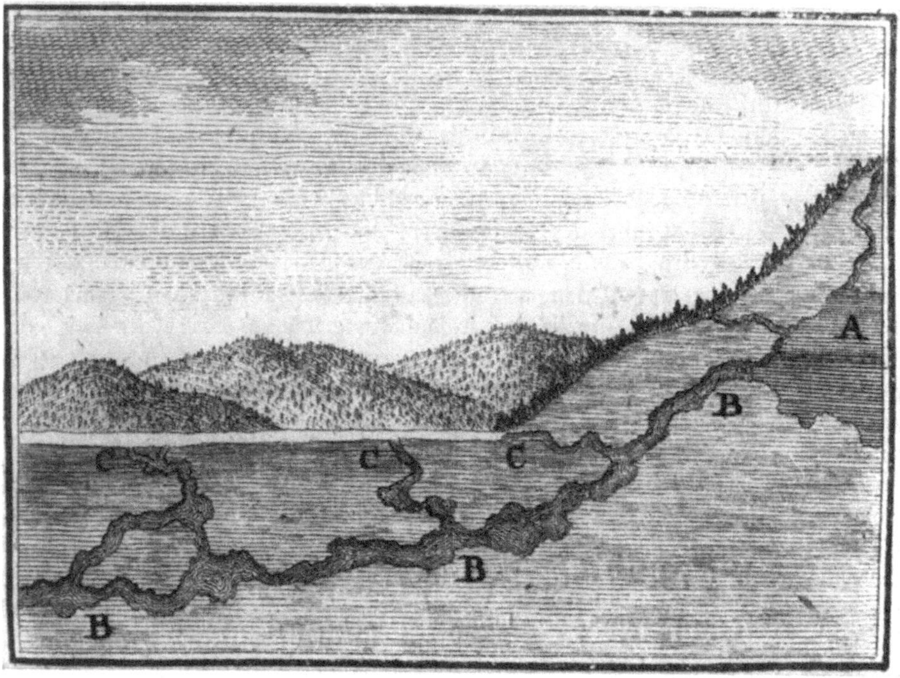

Abb. 9. „Durchschnitt des Gebirges, um das An- und Ablaufen des Zirknitzer Sees zu erklären". Text zur 27. Vignette in GRUBER, T. (1781, S. 131). Die Darstellung nähert sich bereits einem möglichen Schema, entsprechend dem Fortgang „welchen die Naturgeschichte seit wenigen Jahren in den österreichischen Staaten gewinnet" (IGNAZ Edler VON BORN im Vorwort zu T. GRUBER, 1781, S. 2). Photographische Vergrößerung Universitätsbibliothek Graz, 1972

ermitteln (S. 17 ff.), auch die irrige Ansicht bezüglich der Stellung des Dolomits in der Reihe der verkarstungsfähigen Gesteine erfuhr die erste berechtigte Korrektur (S. 24 bis 26). W. KNEBEL behielt die Bezeichnung „Grundwasser" bei, das sich nach ihm stets über der wasserundurchlässigen Basis der Karbonatgesteine bildet (S. 15) bzw. durch die Gleichgewichtslage mit dem Meere sich in eine untere stagnierende und obere strömende Zone scheidet (S. 90 ff.). Die Ignorierung der Höhlengerinne durch A. GRUND faßte W. KNEBEL dahingehend auf, daß A. GRUND die Existenz solcher Flüsse überhaupt verwerfe. W. KNEBEL kam mit seiner überaus sachlichen Kritik schließlich zu einer Ablehnung der Theorien GRUNDS und nahm eine fortschreitende Vereinsamung des unterirdischen Systems durchflossener Klüfte an.

W. LOZINSKI (1907) führte Untersuchungen im galizischen Karst durch, wobei er die Tatsache der unterirdischen Gerinne betonte, im übrigen aber die Theorien von A. GRUND anerkannte (S. 701).

In dem von F. Lukas bearbeiteten Nachlaß von E. Richter (1907) befaßte sich auch dieser mit der Wasserbewegung im verkarsteten Gebirge. E. Richter teilte im allgemeinen die Ansichten von A. Grund, schlug u. a. aber vor, das „Grundwasser" in der Auffassung von A. Grund im Karst besser als „Kluftwasser" zu bezeichnen (S. 476).

Die Landeskunde Istriens gab N. Krebs (1907) Gelegenheit, die Ansichten von A. Grund und W. Knebel mit seinen eigenen Beobachtungen zu vergleichen. N. Krebs formulierte seine Ansicht dahingehend, daß, wenn auch manche Adern dominieren und den Charakter von Flüssen annehmen, diese Gewässer doch unterirdisch in Verbindung stehen (S. 56 f.). Gegen N. Krebs (und A. Grund) nahm F. Katzer bereits 1908 mit der Ansicht Stellung, daß das Grundelement der Karsthydrographie die unterirdischen Gerinne seien. F. Katzer äußerte sich bald darauf (1909) eingehend zu den Problemen der Karsthydrographie und lehnte über weitere Flächen in Zusammenhang stehendes Grundwasser im Karst strikte ab (S. 43). Für ihn gibt es für die Höhenlage der unterirdischen Karstgerinne und deren Austritte „keine fixierbare Grenze" (S. 79). Die von F. Katzer wieder aufgegriffene Scheidung von nacktem und bedecktem Karst, wie die von ihm ausgehende Trennung von Seichtem und Tiefem Karst fanden jedoch eine feste Verankerung in der Karstliteratur [1]. F. Katzer und A. Grund wurden nun die Gegenpole einer sich durch Jahre hinziehenden regen Diskussion. Beide Parteien stützten sich auf die umfangreichen Arbeiten von Ph. Ballif (1896).

L. R. Sawicki (1909) behandelte ebenso wie N. Krebs (1909) und J. Cvijic (1909) die speziellen Fragen einer zyklischen Entwicklung im Karst. Aber nicht nur neue Gedanken zur Entwicklung der Karsthydrographie wurden geäußert, in Rede und Gegenrede begann auch eine bedauerliche Schärfe einzusetzen. G. A. Perko (1909) nahm uneingeschränkt mit F. Katzer gegen A. Grund Stellung, E. A. Martel (1910) lehnte in einer erweiterten Besprechung von Perkos Aufsatz einen Grundwasserspiegel („nappe d'eau de fond", S. 128) im Karst ab. Kein Wunder, wenn man den Höhlenfluß von Bramabiau (vgl. Kap. 2.3.3., Abb. 66, 67) in den Grands Causses kennt, eines Gebietes, dessen Erforschung das Lebenswerk von E. A. Martel darstellt.

Während N. Krebs (1910) im zweiten Abschnitt der Besprechung der offenen Fragen der Karstkunde sich neuerlich um eine vernünftige Verbindung von Karstwasser- und Höhlenflußtheorie bemühte und die Bedeutung der Erosionsbasis betonte (S. 141), nahm L. Waagen (1910) energisch gegen A. Grund Stellung. L. Waagen faßte seine Meinung nochmals kurz zusammen, wobei er in Katzers Trennung von Seichtem und Tiefem Karst einen Angelpunkt für die Beurteilung der Karsthydrographie erblickte (S. 398). Endlich kam in diesem Jahr auch A. Grund selbst noch zweimal zu Wort. Er gab den Begriff des stagnierenden Grundwassers auf und trennte nur mehr Sickerwasser mit Vertikal- und Karstwasser mit Horizontalbewegung (1910, S. 138) und bestätigte die Tatsache vorhandener Höhlengerinne (S. 145 f.). Auch bezüglich der Dolomitverkarstung wurden Zugeständnisse gemacht (S. 169). Das Wesentliche blieb für A. Grund der zusammenhängende Karstwasserkörper und das Bestehen eines Karstwasserspiegels (S. 158).

Um diesen Karstwasserspiegel oder das Karstwasserniveau (A. Grund, 1910 a, S. 612) kristallisierte sich nun weiterhin die Diskussion. K. Keilhack (1912) bezog eine mit F. Katzer übereinstimmende Stellung, und Th. Schenkel (1912) konnte sich mit der Grundwassertheorie „gar nicht befreunden" (S. 31).

Einem unfruchtbaren Wortwechsel zwischen L. Waagen (1911) und A. Grund (1912) sowie zwischen F. Katzer (1912) und A. Grund (1912) folgten Veröffentlichungen von

---

1 Um die Definition von Begriffen der Karstkunde und Karsthydrogeologie bemühten sich in jüngster Zeit vor allem D. Pfeiffer (1961), H. Trimmel (1968) u. a. Die Begriffe „Seichter" und „Tiefer" Karst wurden im Sinne von F. Katzer beibehalten. Unklarheiten bestehen zum Teil in der Anwendung der Begriffe „nackter" und „bedeckter Karst". Als „nackter" Karst werden in diesem Buch Karstareale ohne Boden- und Vegetationsdecke bezeichnet, sind letztere vorhanden, so handelt es sich um einen „bedeckten" Karst. Von diesem möchte ich den „überdeckten" Karst unterscheiden, der vorliegt, wenn jüngere Ablagerungen eine alte Karstoberfläche überlagern. R. Apel (1971) verwendet die Begriffe „bedeckter" und „überdeckter" Karst im gleichen Sinne (S. 290, 294), D. Pfeiffer (1961, S. 56) bezeichnet letzteren als „abgeschirmten" Karst.

H. Bock (1913), der die Höhlenflußtheorie vertrat. Aber entgegen seiner sonst weitgehend mit F. Katzer übereinstimmenden Auffassung, betonte H. Bock die Bedeutung der Erosionsbasis für die Karsthydrographie, wobei er sogar annahm, daß die Entwässerung des Karstmassivs nicht tiefer gehen könne als der Horizont der oberirdichen Aufnahmebehälter (1913 b, S. 11). Die bedeutendste Studie dieser Zeit sind wohl die Untersuchungen von K. Terzaghi im kroatischen Karst (1912/13). In dieser überaus exakten Arbeit zog K. Terzaghi mit Einschränkungen die Karstwassertheorie von A. Grund der Annahme geschlossener Karstgerinne vor (S. 317), wies aber mit Recht u. a. die Annahme von A. Grund zurück, daß das verkarstete Gebirge einheitlich geklüftet sei (S. 318).

Ohne Annäherung der extremen Standpunkte klang schließlich die Diskussion ab. W. Teppner (1913) gab eine Zusammenfassung ohne eigene Stellungnahme, A. Grund (1914) setzte sich mit Sawickis Auffassung über den geographischen Zyklus im Karst auseinander. Auch J. Cvijic (1918) stellte die gegensätzlichen Auffassungen nochmals einander gegenüber und lehnte das stagnierende Grundwasser, aber auch F. Katzers selbständige Karstgerinne ab (S. 13). J. Cvijic nahm nunmehr ganz allgemein drei karsthydrographische Stockwerke an, deren unterstes die ständig mit Wasser gefüllten Spalten darstellen. Als Erosionsniveau galt ihm die jeweils örtliche Erosionsbasis oder das Gleichgewichtsniveau in einer gewissen Tiefe unter dem Meeresspiegel (S. 36). H. Lindner (1922) kam bei seinen Studien im Karstgebiet des Frankenjura zu mit A. Grund übereinstimmenden Ergebnissen.

Nochmals brachte die Festschrift für J. Cvijic eine kurze Belebung des Themas. N. Krebs (1924) blieb bei der Beschreibung des Adelsberger Beckens bei seiner bereits bekannten Auffassung, dasselbe gilt auch für A. Penck (1924, S. 171).

1928 unternahm G. Kyrle, der sich in seinem Grundriß der theoretischen Speläologie (1923) zur Theorie der Höhlenflüsse bekannt hatte (S. 48 f.), den Versuch, sichere Grundlagen für die Verfolgung von Höhlengewässern zu schaffen, was ihm jedoch mißlang (vgl. V. Maurin, 1952, V. Maurin und J. Zötl, 1959). Interessant sind Überlegungen von F. Fiala (1930), der das Pontische Meer als Erosionsbasis für die Entwicklung des südslowakischen Karstes heranzog (S. 28).

Bei einer Besprechung der „Hydrographie souterraine“ vom J. Cvijic durch O. Lehmann (1928) kritisierte dieser die Stellung der Erosionsbasis bei Cvijic und seine Annahme eines zusammenhängenden Kluftwassersystems, die ihm als Zugeständnis an den Standpunkt von A. Grund erschienen, ohne daß dies näher begründet werde (S. 105). Mit seinem Werk „Die Hydrographie des Karstes“ (1932) beschloß O. Lehmann die Reihe der klassischen Werke der Karsthydrographie in der deutschsprachigen Literatur.

Obwohl schon A. Grund durch die Forschungsergebnisse amerikanischer Geologen zu der Korrektur seiner Ansichten bewogen wurde (vgl. A. Grund, 1912, S. 138), blieb die amerikanische Literatur lange Zeit weitgehend unberücksichtigt. Erst H. Cramer (1935) verglich die Untersuchungen von W. M. Davis (1930) mit eigenen Untersuchungsergebnissen und den Auffassungen von O. Lehmann. W. M. Davis versuchte als Geomorphologe einen weiträumigen Entwicklungsgedanken und gleicht diesbezüglich am ehesten A. Grund, wenn er auch andere Ansichten vertrat. Nach W. M. Davis sollen die Höhlen *unter* dem Erosionsniveau bzw. unter dem Grundwasserspiegel (water table) entstehen (S. 485). W. M. Davis vertrat eine zwei- und eine einzyklische Hypothese der Höhlenentwicklung, wogegen A. C. Swinnerton (1932) eine einzyklische durch die seitliche Bewegung des Grundwassers im Bereich des Grundwasserspiegels annahm (S. 665 f.).

Planmäßige hydrogeologische Arbeiten finden sich in den Folgen der „Water-Supply Paper“. Diesen Veröffentlichungen kommt insofern Bedeutung zu, als den Autoren, von rein praktischen Gesichtspunkten ausgehend, eine vorgefaßte grundsätzliche Meinung in bezug auf allgemeine Fragen meist fremd ist. U. a. beschäftigte sich A. M. Piper (1932) mit Grundwasserproblemen in Tennessee und kam zu karsthydrographisch sehr bemerkenswerten Ergebnissen. Bezüglich der Wasserzirkulation schied A. M. Piper das meteorische Wasser, das als Regen fällt, zum Grundwasser durchsickert und frei zirkuliert, vom gebundenen Wasser (connate water), das durch Überdeckung nicht mehr ausfließen kann, nicht zirkuliert und bis in große Tiefen vorkommt (S. 74 f.). Übereinstimmend mit O. E. Meinzer (1923) kam A. M. Piper zur Feststellung, daß sich durch das Zusammentreffen von Wasser aus vielen Versickerungsstellen unterirdische Flüsse bilden können, die aber gleich den Oberflächenströmen ungefähr im Niveau des Grundwasserspiegels fließen. Zu Überschwemmungszeiten können sie einiges von ihrem Wasser durch Versickerung in kleine Spalten verlieren, in tieferen Lagen aber werden sie durch den Grundwasserkörper genährt, der alle Spalten unterhalb des Grundwasserspiegels einnimmt. Daß nicht alles austretende Wasser direkt von den Versinkungsstellen zu den Quellen fließt, beweist A. M. PIPER durch genaue Messungen, die u. a. für eine Quelle in Neu-Mexiko eine Speicherung von mehr als 10 Mill. m^3 ergaben (S. 77). Durch die ins Englische übersetzte Hydrographie souteraine von J. CVIJIC kam A. M. PIPER zu anregenden Gedanken über eine zyklische Entwicklung im Karst, die der theoretischen Entwicklung einer obertägigen Piedmontfläche nahekommen. Die Wirkung der Erosionsbasis geht nach A. M. PIPER dahin, daß die Zirkulation des unterirdischen Wassers durch die Austrittspunkte in die Oberflächenströme kontrolliert wird.

Zur Karsthydrographie und zur Entstehung der Höhlen in den Mississippian Kalksteinregionen von Kentucky nahm J. H. GARDNER (1935) Stellung. Da große Höhlen vielfach an das Schichtfallen geknüpft sind, entwickelte er für diese, insbesondere für die Mammuthöhle in Kentucky und die Karlsbadhöhle in Neu-Mexiko die Hypothese, daß durch Tieferlegung der Erosionsbasis Schichtfugen freigelegt und durch den Wechsel von unterirdischem statischem Wasser zum „mobilen" der Höhlenbildung freigegeben würden. Dadurch stehe das Alter einer großen Höhle in direktem Zusammenhang mit dem Alter des Oberflächentales, mit dem sie in Verbindung steht (S. 1262).

Die größte Breitenwirkung und nachhaltigste Beeinflussung karsthydrologischer Überlegungen im deutschen Sprachgebiet erzielte zweifellos die „Hydrographie des Karstes" von O. LEHMANN (1932). Seine Thesen wurden bis in die Gegenwart insbesondere in der geographischen Fachliteratur in vielen Fällen kritiklos übernommen.

Die Bedeutung der Arbeit von O. LEHMANN lag zunächst darin, daß er die Methode änderte. Er begann nicht mit der Deutung einzelner Phänomene oder Beobachtungen, sondern untersuchte mit großer Gründlichkeit die physikalischen und hydromechanischen Gesetze der Bewegungen des Wassers sowohl in offenen Gewässern, die dem Sohlengefälle folgen, als auch in geschlossenen überkapillaren Röhren und Kapillarräumen (Kap. II, S. 37—71). Er arbeitete damit erstmalig die Definition der karsthydrographisch wegsamen Klüfte heraus und kam zu dem Schluß, daß innerhalb der großkapillaren Weiten von 2 oder 3 mm die Trennung der hydrographisch wegsamen und unwegsamen Fugen zu suchen sei (S. 16). O. LEHMANN sammelte weiters die Ergebnisse verschiedener Laboruntersuchungen über die Löslichkeit der Karstgesteine (S. 28—37) und schloß, daß „die weitaus meisten Querschnittsunterschiede (der Höhlen und unterirdischen Hohlräume), sicherlich alle, die über das Verhältnis 1 : 25 hinausgehen, als ursprünglich angesehen werden müssen" (S. 36). O. LEHMANN führte diese Ansicht bis zur Entwicklung von Spaltentälern weiter (S. 174 f.) und faßte schließlich zusammen (S. 194): „Der größtenteils durch unterirdische felsige Hohlräume erfolgende Abfluß im Karst entwickelt sich in leicht löslichen Gesteinen, sobald darin folgende Arten ursprünglicher Hohlräume vorhanden sind oder tektonisch entstehen:

1. Weite Urhöhlen, deren Durchmesser die Größenordnung von Metern haben.

2. Überkapillare und großkapillare Fugen und Röhren."

Die Kritik muß zunächst damit einsetzen, daß O. LEHMANN nicht erklären kann, wie er sich die tektonische Gestaltung eines so vielfältigen Querschnittwechsels benachbarter und völlig verschieden großer Höhlenräume vorstellt. Es ist weiters ein empfindlicher Mangel, daß O. LEHMANN bei dem überaus wichtigen Kapitel der Löslichkeit der Karstgesteine und der Beurteilung der Auswirkung dieses Faktors keine einzige Analyse von Quellwässern angibt oder verwertet, und dies zu einer Zeit, wo bereits hochinteressante Untersuchungsergebnisse von Quellenanalysen vorlagen. O. LEHMANN kam so zu einer gewaltigen Überschätzung seiner tektonischen „Urhohlräume", die nach dem Urteil des erfahrenen Geologen J. STINI „zumindest stark einzuschränken sind" (1951, S. 230). Es ist wohl notwendig, einerseits auf das Verdienst O. LEHMANNS hinzuweisen, daß er den Einfluß zweifellos vorhandener offener tektonischer Fugen auf die Entwicklung der Karstentwässerung aufgezeigt hat, andererseits ist aber in der Beurteilung der Anzahl und Ausdehnung dieser Hohlräume mehr Vorsicht walten zu lassen, als O. LEHMANN dies tut. Das beste Maß für das Problem dieser Urhohlräume scheint mir ein Vergleich mit den Verhältnissen zu sein, wie wir sie in den Bereichen der wasserstauenden Festgesteine treffen. Hier getätigte unterirdische Aufschlußarbeiten trafen immer wieder offene Spalten, ja selbst Wassereinbrüche kommen vor. Es ist nun aber nicht einzusehen, warum gerade in den Bereichen der Karbonatgesteine, und nur auf diese beschränkt, eine solche Vielfalt von großen tektonischen Hohlräumen entstehen soll. Letzten Endes sind die Höhlen eben doch ein *Karst*phänomen, daß ihre Anlage tektonisch vorgezeichnet sein kann, wird niemand bestreiten.

Damit sind wir bei der Beurteilung der Schlüsse, die O. LEHMANN aus den von ihm aufgezeigten theoretischen physikalischen Gesetzen zieht.

So wie mit der Beurteilung der Urhohlräume, verläßt O. LEHMANN auch dort, wo er mit der theoretischen Anwendung von physikalischen Gesetzen für die Erklärung der Brackwasserquellen und der Entwässerung geschlossener Karstpoljen auf die Erläuterung von karsthydrographischen Musterlandschaften überleitet, den Boden exakter Arbeit. Daß er dabei Berichte von K. W. WIEBEL (1874), PH. BALLIF (1896), A. FORSTER (1922), P. SCHAUFELBERGER (1929), H. SCHARDT (1917), F. SOUTTER (1913) u. a. über ihm selbst unbekannte Gebiete zu deuten versuchte und Untersuchungen, mit deren Durchführung er nichts zu tun hatte, seinen Auffassungen dienstbar machen wollte, ist wohl die Hauptursache seiner Fehlurteile.

O. LEHMANN rückte die Bedeutung seiner Untersuchungen schließlich selbst in den Hintergrund, als er unter massiven persönlichen Angriffen auf verdiente Forscher, wie A. GRUND, H. BOCK und K. W. M. WIEBEL, Beschreibungen von ihm unbekannten Gebieten gab, die keineswegs richtig sind. So konnten wir uns selbst überzeugen, daß die Angaben von K. W. M. WIEBEL (1874) über die örtlichen Verhältnisse bei den Meeresschwinden von Argostoli (Kephallenia, Ionische Inseln; vgl. V. MAURIN und J. ZÖTL, 1960) viel mehr den Tatsachen entsprechen als jene von O. LEHMANN. Auch vom Toten Gebirge stellte O. LEHMANN Behauptungen bezüglich der Quellenanzahl auf (1932, S. 8), die völlig unrichtig sind.

Auch O. LEHMANNS Beurteilung der Ergebnisse von Färbe- und Salzungsversuchen, insbesondere der Monographie von C. KYRLE (1928) ist widerlegt (V. MAURIN, 1952, V. MAURIN und J. ZÖTL, 1959).

Es ist unter diesen Umständen nicht möglich, den Schlüssen O. LEHMANNS, seiner Verneinung eines zusammenhängenden Karstwassersystems (S. 15) insbesondere im Tiefen Karst und vor allem der Ablehnung einer Zuordnung der Quellenaustritte an örtliche Erosionsbasen (S. 20) zu folgen. Seine Folgerungen knüpfen nirgends an unter karsthydrologischen Gesichtspunkten durchgeführte Untersuchungen an, Quellentypen, Wasserführung und der Chemismus von Quellwässern fanden keine Erwähnung, ebensowenig der Umstand, daß die Entwässerung des Karstes in den verschiedenen Klimabereichen eine Abwandlung erfahren könnte. Der Fortschritt durch das Werk von O. LEHMANN ist in der Darlegung theoretischphysikalisch-hydraulischer Grundlagen für die Entwicklung der Karsthydrographie zu suchen, worauf auch der Titel des Werkes zu beschränken gewesen wäre.

Eine Belebung konnte die im Gefolge von O. Lehmanns „Hydrographie des Karstes" eher stagnierende Diskussion karsthydrogeologischer Grundfragen erst wieder mit der Anwendung neuer Arbeitsmethoden erfahren.

Eine karsthydrogeologisch bedeutsame neue Methodik brachte die Markierung unterirdischer Wässer mit dem Ziele, die Entwässerung geschlossener großräumiger Areale zu erfassen.

Der Einsatz von Markierungsmitteln zur Verfolgung unterirdischer Wasserwege hat seine eigene Entwicklungsgeschichte (vgl. Kap. 2.2.2.) und es ist schwer verständlich, daß neben dem technisch seit einem Jahrhundert möglichen Einsatz quantitativ einwandfrei nachweisbarer Medien untaugliche Mittel bis in die Gegenwart zur Anwendung kamen.

Ein entscheidender Faktor ist weiters, daß bis zum Beginn der zweiten Hälfte dieses Jahrhunderts Markierungsmittel — sowohl taugliche als auch untaugliche — nur zur Untersuchung örtlicher Fragestellungen, hauptsächlich zum Nachweis des Zusammenhanges einer Versickerungsstelle und eines einzelnen Wasseraustrittes, angewendet wurden.

Den ersten Versuch, mit dem Einsatz von Uranin in eine zentral in einem Gebirgsstock gelegene Schwinde dessen gesamten Entwässerungsmechanismus zu erfassen, führte in den nordöstlichen Kalkhochalpen F. Dosch im Jahre 1955 (F. Dosch, 1956) im Bereich des Hochschneeberges durch. Das verblüffende Ergebnis, nämlich das Auftreten des zentral im Gebirgsmassiv eingesetzten Farbstoffes in Quellen um den gesamten Gebirgsstock, war eine echte Anregung zur systematischen Untersuchung der nordostalpinen Kalkstöcke. Dem stand vorläufig noch die Aufwendigkeit dergestalter Untersuchungen entgegen. F. Dosch beschäftigte allein 15 Personen für die Probennahme, insgesamt waren 26 Mitarbeiter eingesetzt, wobei die Farbbeimengung in einzelnen Wasseraustritten bis zu 22 Tagen anhielt. Dabei handelt es sich beim Hochschneeberg im Vergleich zu den übrigen Karstmassiven der nordöstlichen Hochalpen um einen relativ kleinen Bereich. Routinemäßige großräumige Untersuchungen dieser Art konnten mit wirtschaftlich tragbaren Kosten erst durchgeführt werden, nachdem Markierungsmittel gefunden waren, deren Nachweis durch eine vereinfachte dauernde Quellenbeobachtung möglich war. Dies war einerseits mit dem Einsatz gefärbter Lycopodiumsporen (A. Mayr, 1953; J. Zötl, 1957; F. Bauer, J. Zötl und A. Mayr, 1959; V. Maurin und J. Zötl, 1959) andererseits mit der Entwicklung von Aktivkohledetektoren für den Uraninnachweis gegeben (W. B. White, 1967; F. Bauer, 1967; 1972; s. Kapitel 2.2.2.).

Es muß betont werden, daß die wissenschaftliche Karsthydrogeologie im Falle der Anwendung von Tracern zur Klärung des Entwässerungsmechanismus von Karstmassiven in erster Linie Nutznießer der Bearbeitung technisch-wirtschaftlicher Probleme war. Die Wasserwirtschaft bediente sich rasch der neuen Forschungsmittel sowohl zur Klärung technischer Fragen im Speicher- und Stollenbau als auch zur Lösung von Problemen der Versorgungswasserwirtschaft. Daß man gerade von der technischen Seite durchwegs ein weitgehendes Verständnis für die Anliegen der Grundlagenforschung aufbrachte, machte erst die Fortschritte der karsthydrologischen Forschung in Mitteleuropa und deren führende Stellung möglich, was auch einmal mit Dank vermerkt werden sollte, da für die Grundlagenforschung allein in diesen Jahrzehnten niemals die notwendigen Mittel vorhanden gewesen wären. Daß dies letzten Endes auch wieder der Wasserwirtschaft zugute kam, weil heute weder ein (scheinbar) rein örtliches Problem nicht ohne Kenntnis des Gesamtgebietes untersucht, noch eine Zweckforschung ohne Grundlagenforschung betrieben werden kann, ist eine erst in der Folge gewonnene Erkenntnis.

Hatte schon die Möglichkeit des großräumigen Einsazes von Markierungsmitteln Ergebnisse gebracht, die der Karsthydrogeologie völlig neue Aspekte gaben, so erwuchs der karsthydrogeologischen Forschung aus dem Studium des

Gehaltes der Wässer an Umweltisotopen eine revolutionierende Möglichkeit neuer Arbeitsmethoden. Die Messung von Tritium, Deuterium, Oxygen-18 und Carbon-14 in den Karstwässern ergibt Möglichkeiten, die man zur Zeit O. LEHMANNS nicht einmal ahnen konnte. Der Höhepunkt der Impfung der atmosphärischen Niederschläge mit Tritium im Jahre 1963 durch die Wasserstoffbomben fiel in eine Zeit, in der die Publikation der ersten umfassenden Ergebnisse großräumiger Markierungsversuche noch im Gange war. Die ältesten systematischen Messungen des Tritiumgehaltes im Niederschlag liegen zum Beginn der 50er Jahre (Ottawa). Heute wird der Deuteriumgehalt auf $\pm$ 2‰, der Gehalt an Oxygen-18 bei Routinemessungen mit einer Genauigkeit von $\pm$ 0,2‰ bestimmt und die Messung der Umweltisotope ist aus der modernen karsthydrologischen Forschung nicht mehr wegzudenken (vgl. Kap. 2.2.3.). Die Spanne dieser völlig neuen Forschungsmethoden reicht von der Ermittlung der Verweildauer des Wassers im Untergrund und der Feststellung der mittleren Höhe der Einzugsgebiete von Quellen bis zur Erarbeitung von Typen karsthydrographischer Landschaften. Dabei sind die Möglichkeiten für die Anwendung der Umweltisotope in der Karsthydrogeologie zur Zeit keineswegs erschöpft. Ein Netz von Stationen für Routinemessungen gleich denen für die Niederschlagsbeobachtung ist erst im Entstehen und eine Fülle von Untersuchungsergebnissen ist bisher unzugänglich, weil sie in Consultingarbeiten oder Untersuchungen von UN-Organisationen eingeschlossen sind.

Die neuen Bedingungen für ein erfolgreiches Arbeiten in der Karsthydrogeologie haben aber nicht nur die Arbeitsmethoden an sich geändert und erweitert, sie erfordern auch eine Kooperation verschiedener Wissenschaften. Die Lenkung eines Forschungsvorhabens kann wohl noch in einer Hand liegen, die Durchführung ist dem Einzelnen unmöglich geworden. Dieser neue Arbeitsstil verhindert aber auch sowohl ein Festfrieren und Verkrampfen starrer Theorien als auch die unfruchtbare (und persönliche) Deklaration von Lehrmeinungen, wie sie bis 1932 im Vordergrund stand.

2.2. Methoden der hydrogeologischen Forschung in Karstgebieten

Schon die Entwicklung der Karsthydrogeologie ist in ihren bedeutendsten Etappen mit Änderungen in der Methodik bzw. der Anwendung neuer Methoden verknüpft.

Der wichtigste Grundsatz für faktisch alle in der Karsthydrogeologie anzuwendenden Methoden ist, daß weder eine Einzelmessung noch die Ergebnisse der Betrachtung eines einzelnen Phänomens allgemeinen Schlußfolgerungen zu Grunde gelegt werden dürfen. Eine Isotopenmessung an einer einzelnen Quelle sagt genau so wenig über den generellen Ablauf der unterirdischen Entwässerung aus wie eine Einzelmessung der Wassertemperatur. Desgleichen ist auch ein nur einer speziellen Fragestellung dienender Markierungsversuch nur dann beweiskräftig, wenn das Beobachtungsgebiet so groß ist, daß es auch den negativen Rahmen einschließt. Erst die Erfassung geschlossener Karstareale und ganzer Gebirgsstöcke brachte einen Einblick in die Grundzüge der unterirdischen Karstentwässerung.

2.2.1. Hydrogeologische Aufnahme- und Meßarbeiten

Dem Studium der Literatur über das Untersuchungsgebiet (deren Auswahl sich nicht auf die geologischen Beschreibungen beschränken soll) folgt die *Quellenaufnahme*. Sie beginnt mit der Festlegung der topographisch-geologischen Situation, die Lage, Quelltypus (vgl. J. STINI, 1933) und spezielle Anmerkungen (z. B. Fassung, Bewuchs, Ableitungen usw.) enthält.

Ein kleines Problem birgt dabei bereits die *Numerierung* des aufzunehmenden und in die großmaßstäbliche topographische Karte einzuzeichnenden Wasseraustrittes. Die zunächst am einfachsten scheinende Methode, die Quellen in der Reihenfolge ihrer Auffindung mit fortlaufenden Nummern zu bezeichnen, resultiert bei großräumigen Arbeiten nicht nur in drei- bis vierstelligen Zahlen, sondern macht auch (unvermeidliche) Nachträge schwierig. Die prinzipiell in den Water-Supply Papers des Geological Survey der USA gehandhabte Numerierung nach dem Koordinatensystem mag sowohl wegen der meist beträchtlichen Ausdehnung der beschriebenen Gebiete als auch wegen des Umstandes, daß Bereiche verschiedensten geologischen Aufbaues und ebenso Quellen wie Brunnen bezeichnet werden, für die dort gegebenen Verhältnisse die zweckmäßigste sein. In Österreich empfehlen wir im Einvernehmen mit dem Hydrographischen Zentralbüro (HZB) bzw. dem Speläologischen Institut beim Bundesministerium für Land- und Forstwirtschaft eine Quellennumerierung, der die Gruppierung der Haupt- und Nebenflüsse zu Grunde liegt. Das für jede einzelne Quelle anzulegende Formblatt weist neben allen Erhebungsdaten die Zugehörigkeit zu den Flußgebieten I. (II.) bis V. Ordnung auf, wobei in jeder kleinsten Einheit die Nummernreihe wieder von vorne beginnt.

Zur Messung der *Temperatur* der Quellwässer sind unbedingt geeichte Wasserthermometer zu verwenden und selbst hier, die der Reserve dienenden noch miteinander zu vergleichen.

Bei der großen Anzahl der im Zuge einer Aufnahme und den späteren Kontrollen zu tätigenden Messungen ist der Verlust von Thermometern einfach unvermeidlich und schon bei jeder Aufnahme ein Reservethermometer mitzuführen, kann viel Mühe und Ärger ersparen. Metallhüllen mit Schöpfbehälter zwecks wenigstens kurzzeitlicher Fixierung der Quecksilbersäule bzw. der Wassertemperatur sind nahezu unerläßlich; das Thermometer mit Schutzhülle ist so lange im Wasser zu belassen, bis auch Schutzhülle und Schöpfer die Wassertemperatur angenommen haben. Richtige Ablesungen ohne diese Behelfe sind nur möglich, während sich das Thermometer im Wasser befindet, da die Quecksilbersäule beim Herausnehmen des Thermometers aus dem Wasser sofort auf die Lufttemperatur reagiert.

Diese Hinweise mögen als überflüssig und allzu belehrend dünken. Dazu jedoch ein Beispiel: G. KYRLE (1928, S. 49) gibt bei der Beschreibung seiner Untersuchungen am Lurhöhlensystem in seiner Tabelle IV (Messungs- und Analysenergebnisse der Station H) zwischen dem 18. Februar 1927 21 Uhr und 19. Februar 20 Uhr eine Schwankung der Wassertemperatur an der Hammerbachquelle in Peggau von 3° C (6,0 bis 9,0° C) an. In Abständen von 1 bis 2 Stunden erfolgte systematische Messungen über mehrere Tage in den Jahren 1952, 1959, 1964, 1966 und 1971 ergaben aber, daß während dieser Zeiten niemals Temperaturschwankungen über Zehntelgrade hinaus zu verzeichnen waren, wobei auch bei diesen Messungen durch Personalwechsel bedingte Ablesefehler nicht auszuschließen sind. Die bei G. KYRLE angegebenen Schwankungen sind unmöglich. Es ist offensichtlich, daß die Thermometerablesungen am Hammerbach bei seinen Untersuchungen insbesondere während der Nacht nicht mit der notwendigen Sorgfalt vorgenommen wurden und bei den Ablesungen die Beeinflussung durch die Lufttemperatur nicht ausgeschaltet wurde. Dies bestätigen indirekt auch G. KYRLES in derselben Zeit am Schmelzbachursprung durchgeführten Messungen (1928, S. 47, Tabelle II). Hier liegen die Schwankungen der gemessenen Wassertemperatur zwischen 9,9 und 10,1° C, genau der in der Höhle gemessenen Lufttemperatur entsprechend (9,8 bis 10,2° C). G. KYRLE liefert aber auch ein Beispiel dafür, daß die Thermometer nicht miteinander verglichen wurden: Nach seinen Angaben betrug die Temperatur der Höhlenluft beim Schmelzbachursprung durchschnittlich 10,0° C, bei der benachbarten Station Laurinsquelle aber durchschnittlich 11,1° C (1928, S. 48, Tabelle III). Wie zahlreiche spätere

Kontrollen ergaben, ist eine Differenz von 1° C in der Lufttemperatur bei diesen einander nahe liegenden Höhlenbereichen auszuschließen.

Daß man diese, scheinbar letzten Endes geringfügigen Fehlmessungen nicht als belanglos abtun kann, beweisen ihre Auswirkungen. Schon G. Kyrle selbst „schließt" aus den in Wirklichkeit gar nicht bestehenden Temperaturschwankungen der Hammerbachquelle, daß die hier austretenden Wässer „ohne dazwischen geschaltete größere Staubecken" so rasch durchfließen, daß sie nicht die Gesteinstemperatur annehmen (1928, S. 52). Er sieht darin weiters eine Bestätigung seiner aus der mißglückten Markierung des Lurbaches gezogenen Schlüsse (vgl. Kap. 2.2.2.). Damit waren die Auswirkungen keineswegs abgeschlossen. Diese (unrichtigen) Daten und Schlußfolgerungen von G. Kyrle wurden kritiklos von anderen übernommen und O. Lehmann hat sie als wesentliche Stütze für seine grundsätzlichen karsthydrologischen Überlegungen herangezogen (1932, S. 123).

Die Temperaturmessungen an Karstquellen brachten durch die Aufnahme von Hunderten von Wasseraustritten eines mehr oder minder geschlossenen Karstareals einerseits und langzeitliche Meßreihen an zahlreichen Einzelobjekten andererseits wertvolle Erkenntnisse.

In den wasserstauenden Festgesteinen ist die Abnahme der Quellwassertemperaturen mit der Seehöhe des Quellaustrittes längst bekannt und eingehend beschrieben (F. Kerner, 1903, 1905).

Einzelmessungen in Karstgebieten zeigten eine scheinbar völlige Regellosigkeit der Temperaturen von Karstquellen (O. Lehmann, 1932, S. 10), was als wesentlicher Beweis für die Existenz zahlreicher unabhängiger Karstwassergefäße in einem Gebirgskörper gedeutet wurde. Es wirkte verwirrend, daß nicht selten orographisch tiefer gelegene Quellaustritte tiefere Wassertemperaturen aufweisen als höher gelegene.

Erst die Auswertung von mehr als tausend Messungen im Dachstein- und Hochschwabgebiet erbrachte gemeinsam mit den Ergebnissen von Markierungsversuchen die Erkenntnis des Zusammenhanges der Quellwassertemperatur mit der geologischen Situation einerseits und der Höhenlage des Einzugsgebietes andererseits. In diesen Gebieten ergab sich für die Aufnahmejahre, daß die Wässer aus dem großen Karstwasserkörper bei freiem (unverhülltem) Austritt mit ihren Sommertemperaturen in den Kalkbereichen um 1,5 bis 2,0° C, in den Dolomitgebieten um mehr als 2,0° C über dem *Jahresmittel der Lufttemperatur der mittleren Höhe des Einzugsgebietes* lagen (J. Zötl, 1961, S. 161/162). Die jährlichen Temperaturschwankungen dieser Quellaustritte sind gering, tägliche im allgemeinen nicht meßbar. Die Spanne des Temperaturunterschiedes zum langjährigen Jahresmittel der Lufttemperatur kann in den verschiedenen Jahren durchaus einer geringfügigen Verschiebung unterliegen, was bleibt, ist die Tatsache der Gebundenheit der Wassertemperatur an die mittlere Höhenlage des Einzugsgebietes (vgl. auch Kap. 2.3.1.).

Notwendig für diese Erkenntnis war, bereits bei der Quellenaufnahme eingehend die örtlichen geologischen Verhältnisse und den Typus der Quelle (Schichtgrenz-, Spalt-, Folge-, Schuttquelle etc.) zu erfassen [1].

---

[1] In der Bezeichnung der Quelltypen wird hier im allgemeinen die Terminologie von J. Stini (1933) verwendet.

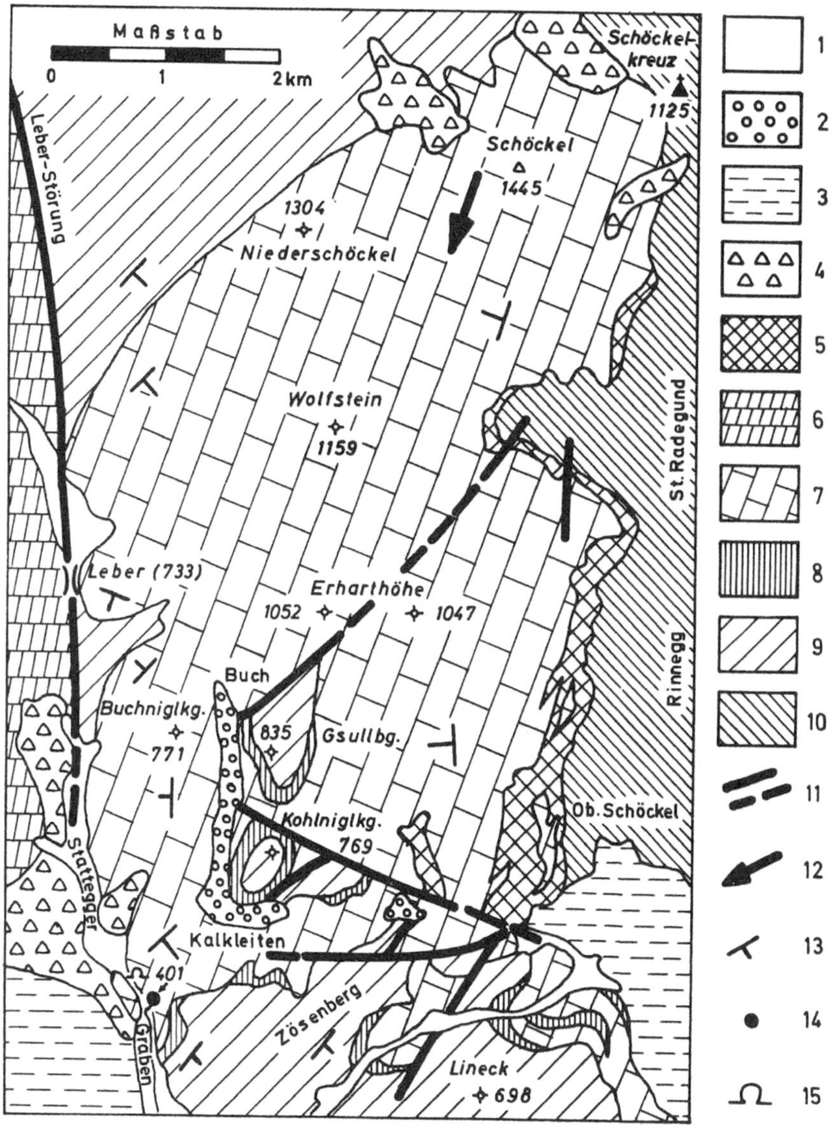

Abb. 10. Die Lage der Karstquelle Andritz-Ursprung bei Graz und der geologische Aufbau ihres Einzugsgebietes (nach V. MAURIN und J. ZÖTL, 1972, Fig. 3, S. 113; Geologie nach E. CLAR, 1933, 1935 und H. FLÜGEL, 1960, 1961).

1 Quartäre Talfüllung und junger Hangschutt, *2* dazische Verebnungsfläche mit Schottern und Roterden von Kalkleiten in etwa 700 m Sh., *3* neogene Lehme, Sande und Schotter (Sarmat bis Pannon), *4* Rotschutt und „Eggenberger Brekzie" (Helvet/Torton), *5* „Grenzzone des Schöckels" (Trias?), *6* Dolomite der Rannach, *7* Schöckelkalk (wie *6* und *8*), *8* Kalkschiefer, z. T. Tonschiefer („Übergangsschichten", Mitteldevon), *9* Phyllite, Grünschiefer, Tonschiefer am Schöckelnordrand bzw. auf der Leber, auf dem Zösenberg usw. (Mitteldevon?), *10* Altkristallin von Radegund, *11* Störungen, *12* Raumlage der Faltenachsen, *13* Schichtlagerung, *14* Andritzursprung, *15* Hochwasserübersprung (Frauenloch)

Dauerbeobachtungen von Quellen sind relativ selten. Ich selbst habe eine jahrelange tägliche Beobachtung einer großen Karstquelle betreut (V. MAURIN und J. ZÖTL, 1972). Es handelt sich um den *Andritzursprung*, einer großen, am nördlichen Stadtrand von Graz gelegenen Karstquelle.

Das Einzugsgebiet der Quelle stellt das bis 1445 m Seehöhe aufragende Massiv des Schöckels dar, das fast völlig aus nach diesem benannten Devonkalk besteht. Die auch auf den Hochflächen und Verebnungen fehlende Oberflächenentwässerung weist auf die Infiltration der Niederschlagwässer in den Bergkörper. Im Bereich des Andritzursprungs reicht der Schöckelkalk unter die angrenzenden Tertiär- und Quartärsedimente hinab, und die Quelle stößt als Waller in einem großen Quelltümpel auf (Abb. 10, 11).

Abb. 11. Die Karstquelle Andritz-Ursprung

Die Schüttung dieser typischen Karstquelle ist starken Schwankungen unterworfen, gemessene Extreme sind die Hochwasserführung vom 30. August 1938 mit 1640 l/s und das Niederwasser vom 19. Februar 1947 mit 54 l/s.

Faktoren, die die Schüttung beeinflussen, sind vor allem das Ausmaß und der Verlauf der Schneeschmelze und Niederschläge im Frühjahr und Spätherbst. Ob sich die Sommerniederschläge in der Quellschüttung auswirken, hängt vor allem von ihrer Intensität ab. Starkregen haben eine rasch ansteigende Schüttung zur Folge, während auch höhere und länger andauernde Niederschläge minderer Intensität in den Monaten Juli und August nahezu vollständig von der Evapotranspiration und der Speicherung in der Bodenkrume aufgebraucht werden können. Auf diesen Faktoren beruhen die Haupttypen der Ganglinien physikalisch-chemischer Meßwerte (Abb. 12).

Die Temperatur des Quellwassers ist nur sehr geringen Schwankungen unterworfen. Nach unseren eigenen Messungen betrug die Jahresamplitude 1962 nur 0,5° C, 1961 0,9° C. In den achtjährigen Messungen von 1946 bis

1953 lag sie zwischen 0,8 und 1,4° C. Ein echter Jahresgang konnte bisher in der Wassertemperatur nicht nachgewiesen werden, eher scheint sich eine Verschiebung der Schwankungsbreite über einen längeren Zeitabschnitt anzudeuten. Von kurzfristigem Einfluß sind nachgewiesenermaßen starke Schüttungsschwankungen im Gefolge von Starkregen (z. B. Oktober bis November 1961), sie können das Ausmaß einer Jahresschwankung erreichen.

Wöchentliche Messungen an großen Quellen im Dachsteingebiet in den Sommern 1954, 1955, 1956 und 1958 und im Hochschwabmassiv (1960), ergaben bei sämtlichen kontrollierten echten Karstwasseraustritten während der Sommermonate Temperaturschwankungen von maximal 0,5° C, ohne Rücksicht auf die Witterungsverhältnisse.

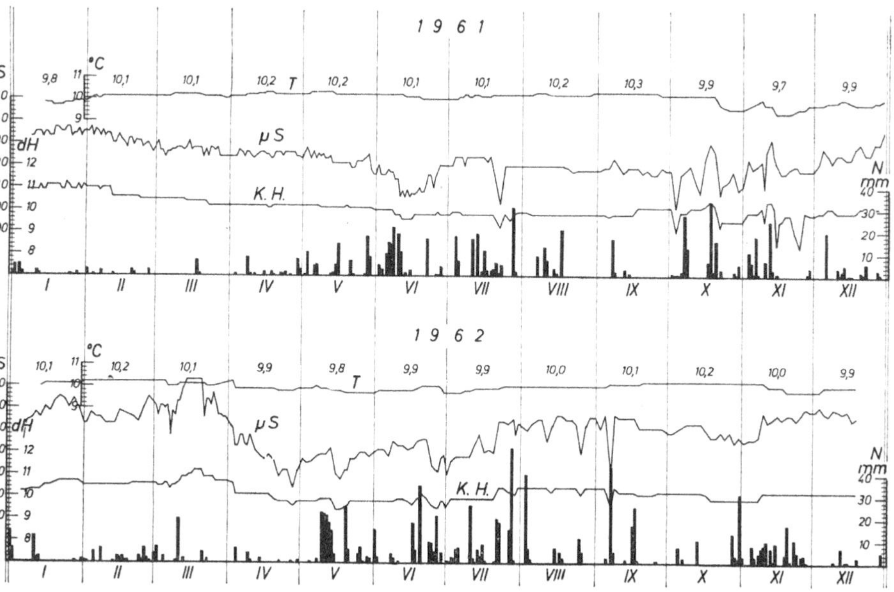

Abb. 12. Die Quellwassertemperaturen (°C), Werte der elektrolyt. Leitfähigkeit (µS) des Wassers aus dem Andritz-Ursprung und die Niederschläge bei der Station Graz-Andritz in den Jahren 1961 und 1962 (nach V. Maurin und J. Zötl, 1972, Fig. 8, S. 126)

Diese erstaunliche Beständigkeit von Karstwassertemperaturen kenne ich aus eigener Erfahrung auch aus griechischen Karstgebieten. So ergaben wiederholte eigene Temperaturmessungen an der Karstquelle „Phridi" auf der Insel Kephallinia im August—September 1959, 15,1° C, im Juli—August 1961 ebenfalls 15,1° C, im Februar—März 1963 15,0° C. Diese verblüffende Beständigkeit der Wassertemperatur war trotz Variationen im Salzgehalt dieser Brackwasserquelle gegeben (vgl. Abb. 7, V. Maurin und J. Zötl, 1961, S. 433). Noch überraschender ist, daß die bei einem dieser Quelle benachbarten großen Karstwasseraustritt (Karavomylos) im August 1959 gemessene Wassertemperatur von 14,9° C exakt die gleiche war, wie sie K. W. M. Wiebel 1874 (S. 55) berichtet.

In meiner „Hydrographie des nordostalpinen Karstes" (1961) habe ich mehrmals ausdrücklich darauf hingewiesen, daß ich meine Schlüsse bezüglich des Zusammenhanges von Karstwassertemperatur und mittlerer Höhenlage des Einzugsgebietes in der geschilderten Art zunächst auf die ostalpinen Bereiche beschränkt sehen möchte. Von mir selbst im September 1972 durchgeführte Temperaturmessungen an vielen großen Quellen der Grands Causses haben aber ebenfalls gezeigt, daß auch dort die mittlere Höhe des Einzugsgebietes der bedeutendste Faktor für die Temperatur des Quellwassers ist.

Die Beobachtungen in der Fränkischen Alb, daß sich die Quellen bezüglich Temperatur, Schüttung und Chemismus umso konstanter verhalten, je größer der Tiefenwasseranteil aus dem überdeckten Karst ist, sind leicht verständlich (R. APEL, 1971, S. 290). Hier sind zunächst zwei Faktoren zu beachten:

a) Die Schwankungsbreite: Sie ist umso größer, je mehr ein oberflächennaher Einfluß direkt durch Niederschläge und Schneeschmelze gegeben ist. Bei mehrjährigen Beobachtungen von 14 Karstquellen in der Frankenalb übertritt die höchste Jahresschwankung nicht 2,5° C (R. APEL, 1971, S. 306, Abb. 7).

b) Die Höhe der Wassertemperatur: Hier verliert sich im überdeckten Karst der Einfluß der Höhenlage des Einzugsgebietes und weicht wie bei allen (artesischen) Tiefengrundwässern der Auswirkung der geothermischen Tiefenstufe. Für die tiefen Karstbrunnen im Donautal bei Ingolstadt gibt R. APEL (1971, S. 305) 12,8° C (Brunnen II im Augraben), 14,5° C (Brunnen III am Krautbrückel, 150 m tief nach F. TRAUB, 1971, S. 358) und 16,4° (im Tiefbrunnen I bei Buschletten, 216,4 m nach F. TRAUB, 1971, S. 358) an, wobei bei letzterem die gemessene Jahresschwankung nur noch 0,4° C betrug. Dabei ist zu beachten, daß die Wassertemperatur bei der Wasserentnahme aus Tiefbrunnen auch vom Zufluß aus dem am stärksten zerklüfteten und demnach am stärksten wasserführenden Horizont wesentlich beeinflußt werden kann.

Sowohl im alpinen (z. B. im Toten Gebirge) als auch im außeralpinen Bereich können größere Temperaturschwankungen andeuten, daß die Quelle ihr Wasser nicht aus einem Karstwasserreservoir bezieht, sondern mit benachbarten Oberflächenwässern in direktem Zusammenhang steht. Systematische Temperaturmessungen an den Karstquellen der Laibach (Ljubljanica) und den Quellen der Bistra zeigten eine deutliche jahreszeitliche Beeinflussung bei jenen Quellen, die mit oberirdischen Wässern in Verbindung stehen (F. HABE, 1937).

Abschließend sei zum Kapitel Temperaturmessungen betont, daß diese alte konventionelle Untersuchungsmethode noch immer zu den wichtigsten Messungen gehört, wenn sie mit der notwendigen Exaktheit und im erforderlichen zeitlichen und räumlichen Umfang durchgeführt wird.

Ebenfalls mit den Aufnahmearbeiten im Gelände ist eine erste Messung oder Schätzung der *Quellschüttung* zu verbinden.

Auch hier mag die Einfachheit der Ausrüstung für die Erfassung erster Daten in Anbetracht der technischen Möglichkeiten unserer Zeit primitiv und wenig beachtenswert erscheinen, sie besteht aus Stoppuhr und Meßgefäß (1 l-Gefäß und 10 l-Plastikkübel).

Auch bei der Feststellung der Quellschüttung ist zwischen der einmaligen Messung im Zuge der Aufnahme und der Dauerbeobachtung zu unterscheiden. Letztere ist für die Erfassung der wirklichen Abflußmenge sehr wichtig, da im Gegensatz zur weitgehenden Konstanz der Quellwassertemperatur die Schüttung der Karstquellen häufig sehr hohen Schwankungen unterworfen ist. Die Dauerbeobachtung kann je nach der Schüttung mittels Stoppuhr und Meßgefäß, Meßwehr und Pegelanlage erfolgen. Verschiedene einfache Meßwehre sind in V. MAURIN und J. ZÖTL (1959, S. 79 ff.) beschrieben. Besonders sei in diesem Zusammenhang auf das von H. KESSLER entwickelte hyperbolische Meßwehr verwiesen, an dem die Schüttung (Abb. 13, Tabelle 2, 3) direkt in l/s abgelesen werden kann[1]. Bei größeren

---

[1] Dieses Wehr wurde mit Erfolg auch bei Abflußbeobachtungen an einer Bohrung im westlichen Hegau (s. H. BATSCHE et al., 1970, S. 49, Fig. 19) verwendet. Bezüglich verschiedener Meßwehre s. auch F. SCHAFFERNAK, 1935, S. 143 ff. und H. SCHNEIDER, 1973, S. 35—39.

Schüttungen (Maximum über 200 l/s) kommt man um die Errichtung eines Pegels und um Messungen mit dem hydrometrischen Flügel nicht mehr herum. Wenn irgendwie möglich, sollte man sich dann für die Installation eines Schreibpegels entschließen, weil erst damit die Gewähr sicherer Grundlagen für spätere Wasserhaushaltsberechnungen gegeben ist. Auch die Errichtung einer Schreibpegelanlage und die notwendigen Flügelmessungen zur Erlangung einer Schlüsselkurve sind durchaus für den Nichthydrauliker erlernbare Künste (vgl. F. SCHAFFERNAK, 1935). Es wird jedoch dringendst empfohlen, diese Arbeiten, schon beginnend mit der Auswahl der Örtlichkeit für derartige Anlagen, im Einvernehmen mit dem amtlichen hydrographischen Dienst durchzuführen. Nicht nur, daß der mit den karsthydro-

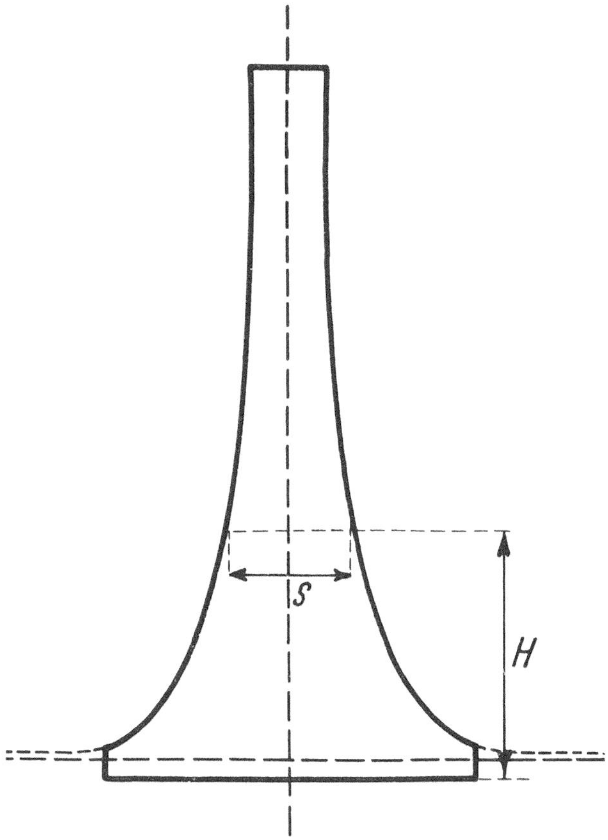

Abb. 13. Hyperbolisches Meßwehr nach H. KESSLER (Fig. 16, dazu Tab. 2 und 3, aus V. MAURIN und J. ZÖTL, 1959, S. 84)

logischen Untersuchungen Befaßte dadurch Nutznießer der Erfahrung dieser Fachleute wird und auch zu den benachbarten hydrographischen Anlagen des öffentlichen Dienstes Zugang erhält, ist es auch dringend geboten, im amtlichen hydrographischen Dienst jene Stelle zu sehen, die die natürliche (Informations-)Zentrale für alle hydrographischen Meßarbeiten darstellt. Diese Zusammenarbeit ist umso wichtiger, als die Installation einer Dauerbeobachtung der Karstwasserabflüsse zweckmäßigerweise eine Ausdehnung der Meßarbeiten auf die Erfassung der Niederschläge einschließt. Dies ist auch von wirtschaftlichen Gesichtspunkten her begrüßenswert; erst dadurch wird die Abflußmessung zu einem auswertbaren Faktor für die Berechnung des Wasserhaushaltes. Auch die Messung der Umweltisotope in den Quellwässern und ihre hydrogeologische Auswertung verlangt den Einschluß der Niederschlagswässer in diese Untersuchungen (vgl. Kap. 2.2.3.).

Tabelle 2. *Abmessungen des linearen Meßwehres nach* H. KESSLER, *1959*

Abmessungen in Millimeter bei Profil Nr. I		Profil Nr. II	
H	s	H	s
0	207,0	0	344
20	207,0	50	344
35	150,0	75	273
50	130,2	100	244
65	112,0	125	217
80	102,0	150	195
95	92,5	175	184
110	86,0	200	173
125	79,5	225	162
140	69,4	250	154
170	64,0	275	147
200	60,4	300	141
230	55,8	350	130
260	52,6	400	122
290	50,0	450	115
320	48,6	500	109
350	46,0	550	104
380	44,7	600	100
410	43,4	650	97

Tabelle 3. *Schüttung bei den in den Profilen I und II gegebenen Ausmaßen*

Profil I				Profil II					
H in cm	Q l/sec	H in cm	Q l/sec	H in cm	Q l/sec	H in cm	Q l/sec	H in cm	Q l/sec
2	0,7	21	20,6	2	1,5	21	51,5	41	110,2
3	1,7	22	21,6	3	2,9	22	54,1	42	113,2
4	2,8	23	22,6	4	4,6	23	57,0	43	116,2
5	3,9	24	23,6	5	6,8	24	60,0	44	119,1
6	4,9	25	24,6	6	9,5	25	63,1	45	122,2
7	5,9	26	25,6	7	12,1	26	66,0	46	125,2
8	7,0	27	26,6	8	14,7	27	68,9	47	128,2
9	8,0	28	27,6	9	17,3	28	71,9	48	131,1
10	9,1	29	28,6	10	20,0	29	74,9	49	134,1
11	10,1	30	29,7	11	22,5	30	77,8	50	137,0
12	11,2	31	30,7	12	25,1	31	80,6	51	140,0
13	12,2	32	31,7	13	27,6	32	83,7	52	142,9
14	13,3	33	32,7	14	29,4	33	86,6	53	145,9
15	14,3	34	33,7	15	33,4	34	89,6	54	148,8
16	15,3	35	34,7	16	36,3	35	92,6	55	151,8
17	16,4	36	35,7	17	39,3	36	95,6	56	154,8
18	17,5	37	36,7	18	42,2	37	98,5	57	157,7
19	18,5	38	37,7	19	45,2	38	101,5	58	160,7
20	19,5	39	38,8	20	48,1	39	104,4	59	163,6
		40	39,8			40	107,3	60	166,6

Neben den bereits diskutierten Messungen soll die erste Aufnahme der Karstquellen die Erfassung möglichst vieler *physikalisch-chemischer Grunddaten* einschließen.

Das zunächst als erstrebenswert erscheinende Wunschziel, von allen Wasseraustritten eines Karstmassivs chemische Vollanalysen zu erhalten, ist aus finanziellen und wohl auch zeitlichen Gründen nicht erreichbar. Bei der völlig gleichen Beschaffenheit der Wässer vieler Quellen, die einem einheitlichen Karstwasserkörper entstammen, wäre es zudem unnütz und unwirtschaftlich, von allen Wässern Vollanalysen zu machen [1]. Anders verhält es sich mit der Messung leicht zu bestimmender Kennwerte oder Grunddaten. Als solche werden Messungen verstanden, die einerseits rasch und einfach durchführbar sind und damit die Erfassung einer großen Zahl von Wasseraustritten ermöglichen, andererseits aber doch wesentliche Unterschiede in der chemischen Zusammensetzung von Wässern sofort erkennen lassen.

Eine methodisch nicht unwichtige Frage ist, ob man durch Mitnahme von Apparaten bereits am Quellort die Erhebungen durchführen soll oder mit der Aufnahme eine Entnahme von Wasserproben und deren Untersuchung in einem im Quartier eingerichteten Feldlabor vorziehen soll.

Die bei jeder Quelle notwendige Bereitstellung der Geräte bzw. der damit verbundene Zeitverlust und die Behinderung durch Schlechtwetter haben die Entnahme von Wasserproben und die Durchführung der Messungen an jedem Abend des Aufnahmetages am zweckmäßigsten erscheinen lassen. Für die Ermittlung von Grunddaten genügt ein halber Liter Wasser. Es ist daher nicht schwierig, die notwendige Anzahl von Kunststoffflaschen bei der Aufnahme mitzutragen. Die Flaschen sollen vollständig gefüllt sein (ohne Luftblase) und womöglich über einen doppelten Verschluß verfügen.

Grundsätzlich soll von jeder aufgenommenen Quelle eine Wasserprobe gezogen werden. Die Entnahme soll direkt am Quellmund erfolgen, soweit dieser zugänglich ist. Quellhorizonte mit einer Anzahl sehr nahe beieinander gelegenen Wasseraustritten müssen keineswegs einen einheitlichen Chemismus aufweisen; so können beispielsweise am Rande eines Talbodens Karstwasseraustritte unmittelbar neben Auftrieben von Grundwasser aus der Talfüllung liegen (vgl. Kap. 3.2.2.). In vielen Fällen wird schon die Temperatur Hinweise auf Unterschiede dieser Art geben.

Von der Bestimmung der *Härte* des Wassers gehen die Chemiker heute immer mehr ab und die Analysen enthalten das *Kationen- und Anionenverhältnis.*

Von den in natürlichen Wässern enthaltenen Ionen sind die 2-wertigen Kationen der Erdalkalien (Calcium, Magnesium) und die 1-wertigen Anionen Chlorid und Hydrogencarbonat ziemlich einfach und rasch zu bestimmen und ermöglichen eine orientierende Beurteilung der Wasserzusammensetzung. Ermittelt man dazu noch die Gesamtkonzentration durch Ionentausch, so kann auch die Konzentration der Alkalien (Natrium und Kalium) und der Sulfatgehalt ungefähr angegeben werden.

---

[1] Als Vollanalyse wird hier die Bestimmung der Kationen, Natrium (Na^+), Kalium (K^+), Kalzium (Ca^{++}) und Magnesium (Mg^{++}), sowie der Anionen Cl', SO_4'', HCO_3' NO_3 und eventuell F' verstanden. Erweiterte Untersuchungen beinhalten zusätzlich die Messung von Ammonium, Nitriten, Nitraten, Eisen, Mangan, Sulfiden und u. U. freiem CO_2. Eigene Richtlinien gelten für die sog. Heilwasseranalysen.

Bei chemischen Reaktionen reagieren stets äquivalente Mengen sowohl in der Natur, z. B. bei den Ionentauschprozessen, als auch im Laboratorium, wenn durch Titration der Verbrauch einer äquivalenten Menge eines Reagenzes bestimmt wird, um daraus die unbekannte Ionenkonzentration einer Wasserprobe zu bestimmen. Die Konzentrationsangabe in Milliäquivalenten pro Liter (me/l) ist daher den vertrauteren Konzentrationsangaben in Milligramm pro Liter (mg/l), ppm oder Härtegraden vorzuziehen. Ein me/l (= mval/l) entspricht dem relativen Atom- oder Molekulargewicht der Ionen in Milligramm dividiert durch ihre Wertigkeit. Dieses Konzentrationsmaß eliminiert die unterschiedlichen Atom- und Molekulargewichte der Ionen, welche für den Ablauf chemischer Reaktionen ohne Bedeutung sind und berücksichtigt die verschiedene Wertigkeit mit der die Ionen reagieren. Im folgenden soll der Vorgang einer *orientierenden Analyse* kurz beschrieben werden [1].

Die Bestimmung der *Hydrogencarbonationen,* welche praktisch die einzige Ursache für die leicht alkalische Reaktion der Karstwässer sind, erfolgt durch eine azidimetrische Titration.

100 ml Probewasser werden mit 3 Tropfen eines Mischindikators versetzt, der 0,02 g Methylrot und 0,10 g Bromkresolgrün in 100 ml 95%igem Äthylalkohol enthält. Titriert wird mit 0,05 n Salzsäure aus einer 10 ml Bürette (Teilung 0,02 bis 0,05 ml) von grün nach rotviolett. Der Umschlag des Mischindikators ist schärfer als der von Methylorange und kündigt sich durch einen warnenden Grauton an, sodaß Übertitrationen kaum erfolgen. Der Verbrauch (ml) mit 0,5 multipliziert ergibt den Hydrogencarbonatgehalt des Wassers in me/l. Durch weitere Multiplikation mit dem Milliäquivalentgewicht des Hydrogencarbonats (61,02 mg) erhält man die Konzentration in mg/l, bzw. mit dem Faktor 2,8 die Karbonathärte in deutschen Härtgraden [2].

Der Gehalt an *Calciumionen* läßt sich komplexometrisch titrieren. Wird eine Lösung des Natriumsalzes der Äthylendiaminotetraessigsäure (EDTA) einem Wasser beigefügt, das sowohl Calcium als auch Magnesium enthält, so verbindet es sich zunächst mit dem Calcium. Dieses kann daher direkt bestimmt werden, wenn der pH-Wert genügend erhöht wird, sodaß alles Magnesium als Hydroxyd ausfällt und ein Indikator verwendet wird, der freie Calciumionen anzeigt. Als Indikator eignet sich Calcon.

50 ml Probewasser werden mit 2 ml einer 5 n NaOH auf ein pH von 12 bis 13 gebracht und mit einigen Körnchen Calcon versetzt. Die hellrote Lösung wird mit 0,02 n EDTA

---

[1] Es besteht weder die Absicht, hier ein Lehrbuch der Wasserchemie zu imitieren, noch die Kooperation mit dem Wasserchemiker als entbehrlich zu bezeichnen, im Gegenteil. Man bedenke aber, daß für ein größeres Aufnahmegebiet tausend Wasseraustritte keine Ausnahme sind. Davon kann nur ein gewisser Prozentsatz vom Chemiker bearbeitet werden. Die Grundwerte aber sind von *allen* Quellen zu bestimmen. Für genauere Informationen über chemische Analysenverfahren wird auf „Deutsche Einheitsverfahren zur Wasseruntersuchung" (Verlag Chemie, Weinheim, Bergstr.) und auf „Standard Methods for Examination of Water and Wastewater" (American Public Health Association Inc. 1790 Broadway, New York 19) verwiesen. Für die Beratung zur Darstellung dieses Kapitels bin ich Prof. Dr. C. Job (Balneologisches Institut der Universität Innsbruck) zu besonderem Dank verpflichtet.

[2] Leider gibt es verschiedene Maßeinheiten für Härtegrade: 1 dH (deutscher Härtegrad) = 10 mg CaO/l Wasser = 1,785 fr.H (französische Härtegrade) = 1,25 engl. Härtegrade.

Tafel I.

Die Abhängigkeit der Quellwässer des Tennengebir
aus B. Toussaint, 1971)

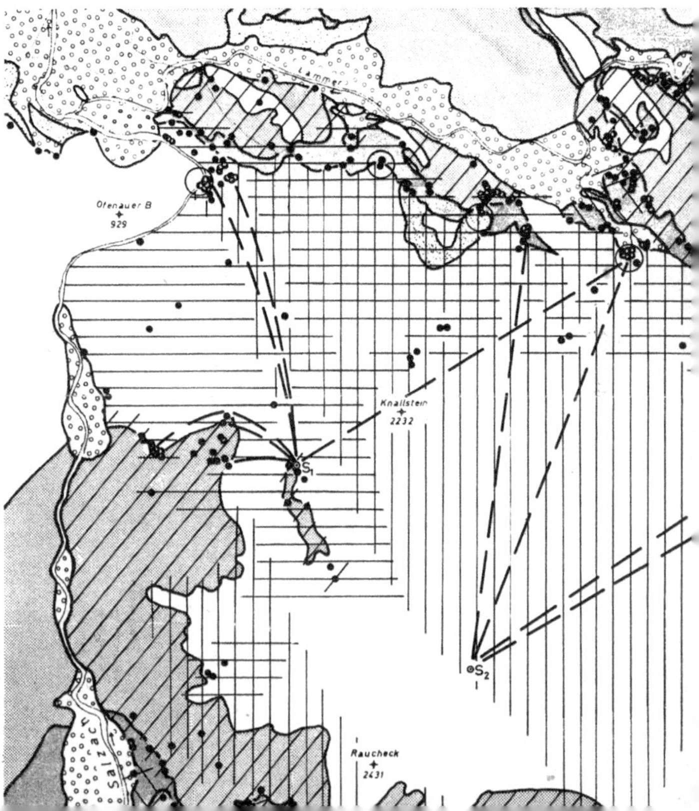

inzugsgebiet (Gesteinsbestand und Höhenlage;

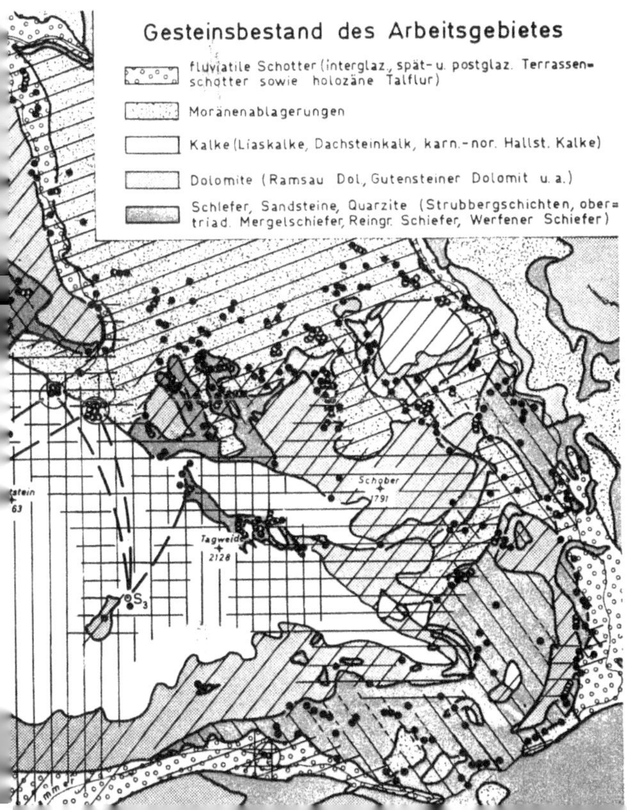

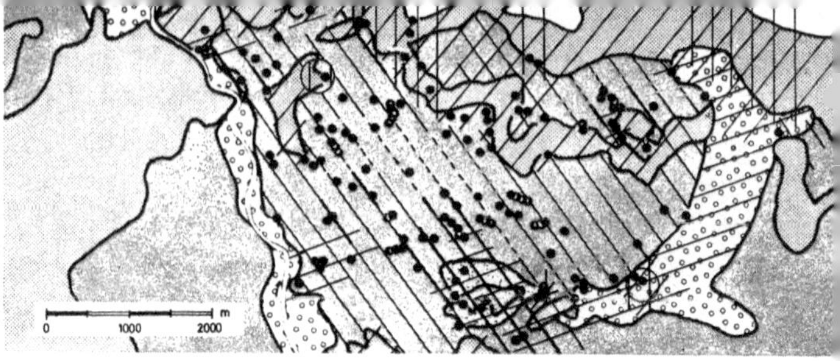

Erläuterung der benutzten Abkürzungen:

T: Temperatur in °C GH:

e.L.: elektrolytische Leitfähigkeit bei 16°C in µS KH:

Einzugsgebiet im Dachsteinkalk oberhalb der im Durchschnitt in 1630 m Sh. gelegenen k

Einzugsgebiet überwiegend im Dachsteinkalk unterhalb der Waldgrenze: T 5,8 - 7,1; e

Einzugsgebiet vorwiegend in Dolomiten: T 7,2 - 9,4; e.L. 211,9 - 291,8; KH 7,0 -

Einzugsgebiet vorwiegend in Lockersedimenten (Moränen, Schotter, Hangschutt): T 9,1

Einzugsgebiete in Ton- und Mergelschiefern, Sandsteinen, Quarziten und Haselgebirgs-E

a) Einzugsgebiet in Schiefern und Sandsteinen: T 5,5 - 18,3; e.L. 198,6 - 739,4; K

b) Einzugsgebiet in Quarziten: T 5,5 - 17,8; e.L. 29,8 - 251,6; KH 0,05 - 5,0; N

c) Einzugsgebiet in Haselgebirgs-Einschuppungen innerhalb der Werfener Schichten: T

Die ausgeschiedenen Gruppen sind repräsentativ für das jeweilige Einzugsgebiet; herausfallende Extremw

• Quelle ⊙ Quelle mit einer Sommerschüttung über 50 l/s

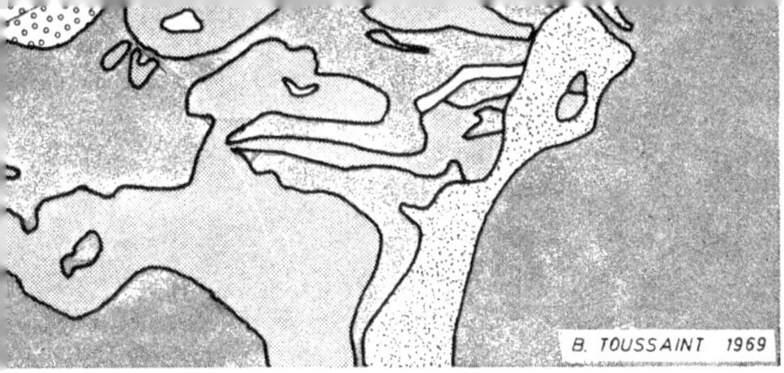

NKH: Nichtkarbonathärte in dHG

Ca/Mg: Calcium-Magnesium-Ionen-Verhältnis (Mg^{++} gleich 1 gesetzt)

T 2,7 - 5,7; e.L. 89,5 - 163,3; KH (≙ GH) 3,3 - 5,0; Ca/Mg i. allgem. über 20

H 5,1 - 7,4; NKH i. allgem. unter 1; Ca/Mg i. allgem. 10 - 20

unter 2,5; Ca/Mg i. allgem. unter 4

490,9; KH 11,0 - 18,2; NKH i. allgem. unter 3,5; Ca/Mg i. allgem. unter 5

der Werfener Schichten

allgem. unter 7; Ca/Mg i. allgem. unter 5

Ca/Mg i. allgem. unter 5

0 - 1858,5; KH 4,2 - 12,6; NKH über 7,1 (bis 78,1); Ca/Mg 0,8 - 23,5

Einflüsse bedingt

sstellen S_1 - S_3 — — nachgewiesene Karstwasserverbindungen

Springer-Verlag Wien · New York

aus einer 10 ml Bürette (0,02 bis 0,05 ml Unterteilung) nach hellblau titriert. Der Verbrauch (ml) ergibt mit 0,4 multipliziert den Calciumgehalt des Wassers in me/l. Zur Umrechnung in mg ist mit dem Milliäquivalentgewicht des Calciums (20,04 mg) zu multiplizieren.

Die Summe der *Calcium- und Magnesiumionen*, die sogenannte Gesamthärte des Wassers, läßt sich sehr einfach mit den Indikatorpuffertabletten der Fa. Merck (Nr. 8430) unter Zugabe von 1 ml 25%igen Ammoniak mit 0,02 n EDTA titrieren. Der Umschlag erfolgt von rot nach grün. Der Farbumschlag wird durch höhere Eisen-, Mangan- und Aluminiumgehalte gestört. 2 ml Triäthanolamin beseitigen die Störung, soferne die Konzentration der Störionen nicht allzu hoch ist. Der Verbrauch ergibt mit 0,4 multipliziert den Gesamterdalkaliengehalt (Ca^{++} + Mg^{++}) in me/l, die weitere Multiplikation mit dem Faktor 2,8 liefert die Gesamthärte in deutschen Härtegraden. Eventuell vorhandene Strontium- und Bariumspuren werden miterfaßt.

Der *Magnesiumgehalt* ergibt sich aus der Differenz zwischen dem Gesamtalkaliengehalt und dem Calciumgehalt der Probe. Zur Umrechnung der me/l in mg/l ist mit dem Milliäquivalentgewicht des Magnesiums (12,16 mg) zu multiplizieren.

Messungen der Gesamthärte (Ca^{++} + Mg^{++}) und der Karbonathärte (HCO_3') haben im Zuge großräumiger Aufnahmen in den nordostalpinen Kalkmassiven neben der Herausschälung von Kontaktwässern mit Gips- und Haselgebirgslagen auch die Trennung von Kalkkarst- und Dolomitkarstwässern erlaubt (vgl. Kapitel 2.3.1. und J. Zötl, 1961, S. 106). Diese Trennung ist natürlich viel genauer, wenn der Gehalt an Ca^{++}- und Mg^{++}-Ionen bzw. das *Calcium/Magnesium-Verhältnis* in Äquivalentprozenten (me/%) bestimmt wird.

R. Apel (1971, S. 341) hat das Calcium-Magnesium-Verhältnis von Kalk- und Dolomitwässern der Fränkischen Alb sehr schön herausgearbeitet. Abb. 14 zeigt die Diagramme der Meßwerte von R. Apel. R. Toussaint (1971, Tafel XIII) ist im Tennengebirge mit Hilfe dieser einfach zu bestimmenden Kriterien recht gut eine Klassifikation der Quellwässer nach Gesteinsbestand und Höhenlage des Einzugsgebietes gelungen (vgl. R. Toussaint, 1971, Tafel XIII; Kap. 2.2.1. Tafel I). Wesentlich für eine erfolgreiche Auswertung der Meßdaten ist deren Darstellung nicht nur im Diagramm, sondern vor allem auch im Kartogramm (vgl. J. Zötl, 1961, Tafel I—VII und B. Toussaint, 1971, Tafel V—XII).

Ein ausgesprochenes Schnellverfahren zur Bestimmung der Gesamthärte ist die *Durognostmethode* (Heyl/Hildesheim), bei der das Wasser in eine geeichte Plexiglasküvette gefüllt und mit einem Indikator versetzt wird. Das Titrationsreagens wird dann in Pillenform beigegeben, deren Anzahl bei Farbumschlag sogleich das Äquivalent der deutschen Härtegrade darstellt. Die Genauigkeit auf einen halben Härtegrad reicht für Routinemessungen völlig aus, das ganze Besteck findet in der Rocktasche Platz und kann u. U. im Feld bereits die Frage klären, ob ein Horizont von Wasseraustritten unterschiedliche Wässer führt oder nicht.

Bei typischen Karstwässern entspricht der Gehalt an Erdalkalien (Gesamthärte) dem Hydrogencarbonatgehalt (Karbonathärte). Anders, wenn eine Berührung mit Gips oder Salz gegeben ist; dann ist die Karbonathärte durch die Gegenwart von Erdalkaliensulfaten bzw. -chloriden kleiner als die Gesamthärte und es verbleibt ein Rest, den man als Nichtkarbonathärte bezeichnet. Man spricht auch von bleibender Härte, weil Erdalkalisalze im Gegensatz zu den Calciumcarbonaten beim Kochen des Wassers nicht ausfällen. Im alpinen Karstbereich reicht diese einfache Berechnung der Nichtkarbonathärte in vielen Fällen zur Ortung von Haselgebirgseinlagerungen aus, in den Küstengebieten ermöglicht sie eine überschlägige Beurteilung des Meerwassergehaltes von Brackwasserquellen. Gelegentlich kann die Karbonathärte größer als die Gesamthärte sein, dann enthält das Wasser Alkalihydrogencarbonate. Solche Wässer können z. B. vorliegen, wenn ein Teil der Erdalkalien durch den Kontakt des Wassers mit Tonmineralien oder mit humösen Bodenkolloiden gegen Alkalien ausgetauscht wurde.

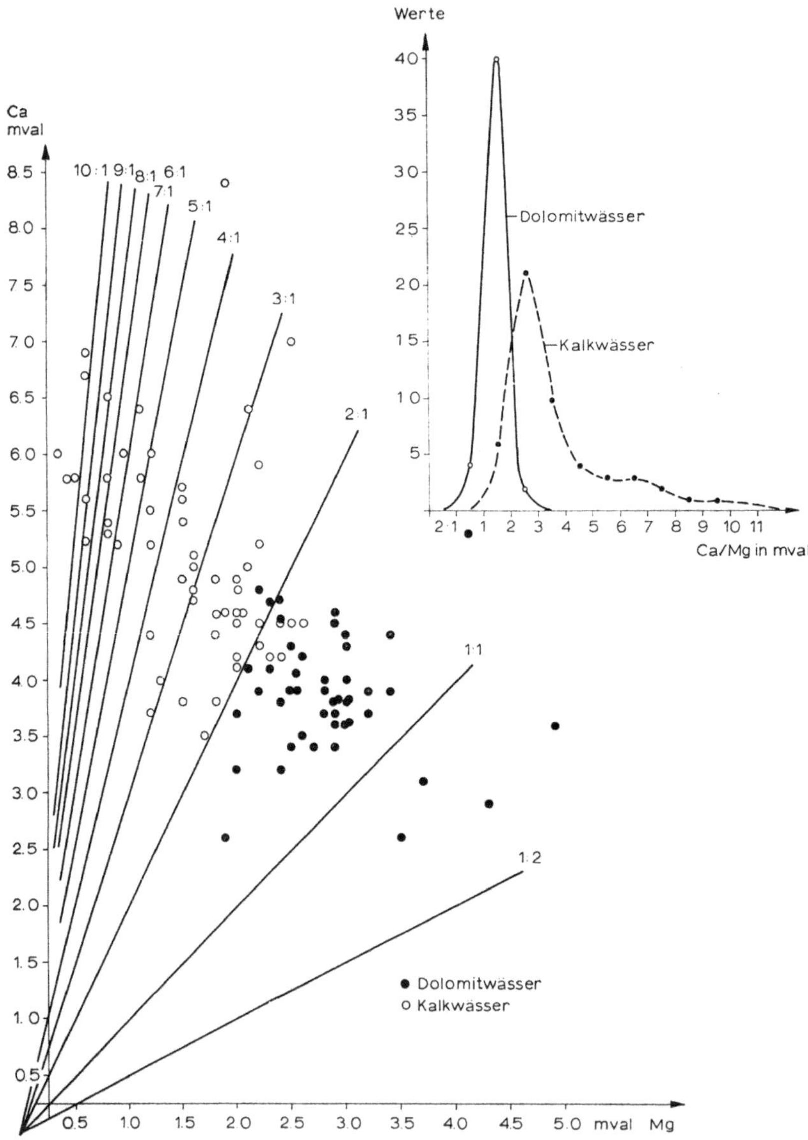

Abb. 14. Repräsentative Karstwasseranalysen zum Kalzium/Magnesium-Verhältnis aus der Fränkischen Alb (nach R. Apel, 1971, Fig. 17, S. 340). Geol. Bav. 64, 1971

Zumindest in den Küstenbereichen oder bei Kontaktwässern mit Salzgesteinen sollte auch die *Chloridbestimmung* routinemäßig durchgeführt werden.

Dazu werden 50 ml Probewasser mit 1 ml 1 n Salpetersäure angesäuert und nach Zugabe von 10 Tropfen Diphenylcarbazonindikator (0,2 g in 100 ml Äthylalkahol) mit 0,02 n Quecksilber(II)nitratlösung titriert. Quecksilber(II)Ionen verbinden sich mit Chloridionen zu praktisch undissoziiertem Quecksilber(II)chlorid. Wenn alle Chloridionen gebunden sind, bilden überschüssige Quecksilber(II)Iionen mit Diphenylcarbazon in salpetersaurer Lösung eine blauviolett gefärbte Komplexverbindung. Die erste Änderung des Farbtones der ursprünglich gelben Lösung zeigt den Titrationspunkt an. Bromid- und Jodidionen werden miterfaßt. Störungen durch höheren Eisengehalt können durch Zusatz von 2 Tropfen 5%iger Natriumpyrophosphatlösung ausgeschaltet werden. Der Verbrauch an 0,02 n Quecksilbernitratlösung ergibt mit 0,4 multipliziert den Chloridgehalt in me/l. Zur Umrechnung in mg/l ist mit dem Milliäquivalentgewicht des Chlorids (35,45 mg) zu multiplizieren.

Mit der Bestimmung des Calciums, Magnesiums, der Hydrogencarbonate und Chloride sind die in einem Feldlabor ausführbaren Ionenanalysen praktisch erschöpft. Von den wichtigeren Ionen fehlen auf der Kationenseite die Natrium- und Kaliumionen auf der Anionenseite die Sulfate. Natrium und Kalium sind flammenphotometrisch zwar sehr rasch meßbar, verlangen aber eine entsprechende Ausrüstung des Labors. Die Sulfatbestimmung ist verhältnismäßig zeitraubend. Eine überschlägige Berechnung dieser Ionen ist möglich, wenn man durch Kationenaustausch den Gesamtgehalt an gelösten ionisierten Stoffen ermittelt. Der Alkaligehalt, bzw. der Sulfatgehalt ergibt sich dann aus der Differenz zwischen der Gesamtionenkonzentration und dem Erdalkaligehalt bzw. der Summe der Hydrogencarbonate und Chloride. Zur Bestimmung der *Gesamtionenkonzentration* werden 50 ml Probewasser und ein gehäufter Teelöffel vorher gewaschener stark saurer Ionenaustauscher (z. B. Merck Nr. 4765) in einen 100 ml Schüttelzylinder gegeben und während 15 Min. mehrmals kräftig geschüttelt. Durch den Austauscher werden alle Kationen gegen H-Ionen ausgetauscht, die alkalimetrisch titriert werden können.

Der Inhalt des Schüttelzylinders wird über Schwarzbandfilter in einen 250 ml Erlenmeyerkolben filtriert und zweimal mit 20 ml destilliertem Wasser nachgewaschen. Sodann wird das Filtrat mit 3 Tropfen Mischindikator versetzt und mit 0,05 n NaOH bis zum Umschlag von violett nach grün titriert. Der Verbrauch (ml) ergibt direkt me/l, zu denen die me/l des vorher ermittelten Hydrogencarbonatgehaltes hinzuzuzählen sind, um die Gesamtkonzentration der im Wasser gelösten ionisierten Stoffe in me/l zu erhalten.

Verfügt man über die entsprechenden Analysenwerte, so ist ihre Darstellung in Vierstoff- und Dreistoffdiagrammen nach J. D. Hem (1959, S. 269) zweifellos imformativ. Abb. 15 übernimmt ein Beispiel der Charakterisierung von Karstwässern der Fränkischen Alb von R. Apel (1971, S. 335, Abb. 13) nach dieser Methode. Es handelt sich um Quell- und Brunnenwässer aus dem Seichten und Tiefen Karst der Gegenden von Neuburg a. d. Donau, Eichstätt, Kipfenberg und Erlingshofen. Im Vierstoffdiagramm sind HCO_3, $SO_4 + Cl + NO_3$, Ca + Mg und Na + K einander gegenübergestellt. Das linke Dreistoffdiagramm faßt die Kationen (Kalzium, Magnesium, Natrium + Kalium), das rechte die Anionen (Hydrogenkarbonat, Sulfat, Chlorid und Nitrat) zusammen (in mval/%). Im Vierstoffdiagramm liegen fast alle Werte in den beiden Feldern von 0—20% Na + K (bzw. 80—100% Ca + Mg) und 0—40% $SO_4 + Cl + NO_3$ (bzw. 60—100% HCO_3). Es handelte sich also mit einer Ausnahme durchwegs um Hydrogenkarbonatwässer. Nur ein Analysenwert zeigt über 40% SO_4 + Cl + NO_3 und weist die Probe als hydrogenkarbonatisch-sulfatisches Wasser aus.

Ist die eine bildliche Darstellung das Diagramm, so ist, wie bereits betont, bei einer entsprechenden Anzahl von Analysen die nächste und wichtigste Darstellung das *Kartogramm.* Gleichgültig ob man dabei die gemessenen Ionen, die früher üblichen Härtebestimmungen, oder eine Kombination beider verwendet (s. R. Apel, 1971, Beilage 6: Darstellung des Magnesiumanteiles

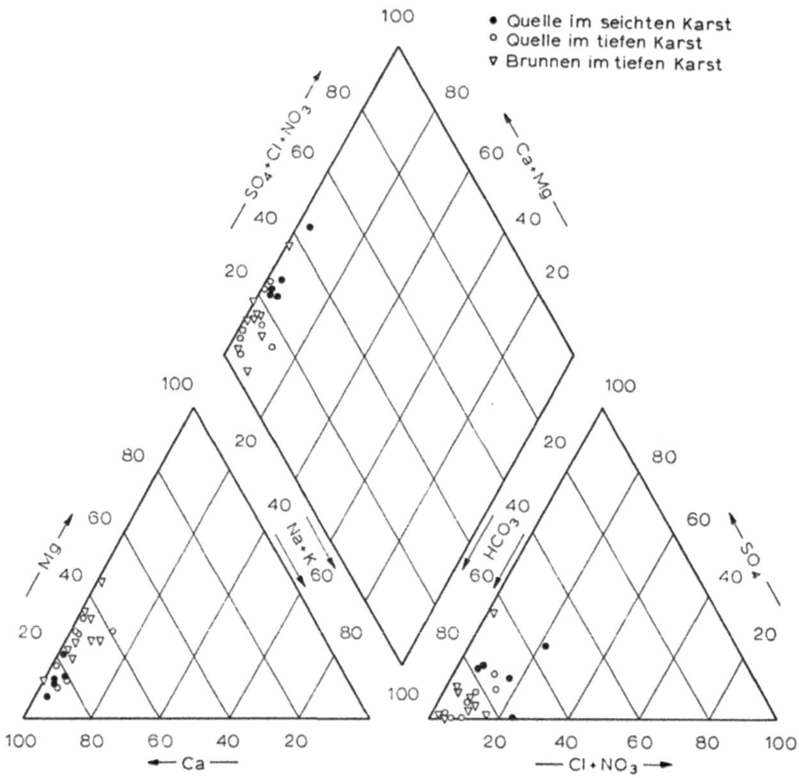

Abb. 15. Diagramm der chemischen Zusammensetzung von Karstwässern im Bereich der Fränkischen Alb (nach R. Apel, 1971, Fig. 13, S. 335).

an der Karbonathärte des Karstwassers in Abhängigkeit von der Dolomitverbreitung im Süden der Frankenalb), immer ist die kartographische Darstellung der Verbreitung der Werte von außergewöhnlicher Aussagekraft. Dies gilt nicht nur für die Resultate der chemischen Analysen sondern auch für die Werte der Wassertemperatur und der Schüttung.

2.2.2. Die Markierung von Karstwässern

In den Karstgebieten kamen frühzeitig künstliche Markierungsmittel zur Verfolgung unterirdischer Wässer zum Einsatz. Das Verschwinden oft großer Wassermengen in den Untergrund und das Auftreten von Höhlenflüssen und gewaltigen Quellen war eine natürliche Anregung, den unbekannten Wasserwegen nachzugehen. Mit der Errichtung zahlreicher Wasserkraftanlagen und dem zunehmenden Tunnel- und Stollenbau wurde die systematische Erkundung der unterirdischen Wasserwege eine technische Notwendigkeit.

Die ersten größeren und erfolgreichen Markierungsversuche wurden mit dem Einsatz von Salzen und Farben durchgeführt, ihnen ging die Verwendung von untauglichen Mitteln wie Schwimmkörpern oder Ölen voraus. Von rein historischem Interesse sind Kuriositäten wie das Aussetzen markierter Aale in die Reka, die tatsächlich im Timavo wieder gefangen werden konnten, womit das Bestehen einer großlumigen unterirdischen Verbindung dieser beiden Gewässer im istrischen Raum nachgewiesen war. Echte Marksteine in der Entwicklung der Tracerexperimente[1] stellen der erstmalig im Jahr 1877 erfolgte Einsatz von Natriumfluoreszein zum Nachweis des Zusammenhanges der Donauschwinden bei Immendingen mit der Aachquelle und die bereits 1878 im selben Raum erfolgte Markierung des versinkenden Donauwassers mit 200 Ztr. Kalisalz dar.

Bis vor etwa zwei Jahrzehnten dienten die Markierungsversuche in erster Linie dem Nachweis des Zusammenhanges zwischen einer Schwinde und einzelnen Wasseraustritten. Eine neue Fragestellung ergab sich erst mit der Einführung neuer Tracer bzw. der Entwicklung eines vereinfachten Nachweises, womit die Möglichkeiten gegeben waren, umfassende Untersuchungen großer Gebiete durchzuführen. Damit wurde die Markierung der unterirdischen Wässer im Karstgebirge nicht nur in vermehrtem Maße zur Lösung technischer Probleme herangezogen, die Resultate der großräumigen Untersuchungen ergaben auch völlig neue Gesichtspunkte für grundsätzliche Fragen der Karsthydrogeologie. Diese erhielt damit neue Impulse nach einer jahrzehntelangen Stagnation, die der „Karsthydrographie“ von O. LEHMANN (1932) folgte. Die Vorstellung großer zusammenhängender Karstwassersysteme ist mit den Ergebnissen der ersten umfassenden Markierungsversuche in den Massiven der Nördlichen Kalkalpen untrennbar verbunden.

An Mittel zum Nachweis der unterirdischen Wasserwege wird eine Reihe allgemeiner Ansprüche gestellt. Dazu gehören:

1. Der Tracer darf in der Natur nicht oder nur in geringem Maße im Wasser vorkommen;
2. Unbedenklichkeit in hygienisch-medizinischer Hinsicht;
3. gute Löslichkeit im Wasser;
4. chemische Resistenz;
5. geringe Anfälligkeit gegen Adsorption im Gesteinskörper;
6. geringe Neigung zum Ionenaustausch;
7. einfacher und rascher Nachweis;
8. möglichst geringe Kosten.

---

[1] Der in der gesamten englischsprachigen Fachliteratur gebräuchliche Terminus „Tracer“ für Markierungsmittel findet auch in der deutschen Fachsprache immer mehr Verwendung.

2.2.2.1. Die Verwendung von Salzen als Markierungsmittel

Als altbekannte erfolgreiche Markierungsmittel werden auch heute noch Salze zur Verfolgung der unterirdischen Wässer eingesetzt. Es handelt sich dabei vor allem um die anorganischen Salze NaCl (Kochsalz) und KCl (Kalisalz). Sehr häufig verwendete organische Salze wie das Natriumfluoreszein werden hier unter dem Begriff „Farbe“ behandelt, da ihr Nachweis nicht auf chemischem Wege sondern durch die Messung der Fluoreszenz erfolgt.

Kochsalz und Kalisalz sind gut wasserlöslich. In Bottichen und Barrels aufgeschlämmt, kann die dünnflüssige Sole dem zu markierenden Gerinne so dosiert beigegeben werden, daß keine wesentlichen Verluste eintreten. Der Einsatz dieser Salze ist hygienisch unbedenklich, es muß nur verhindert werden, daß konzentrierte Solen länger in offene Gerinne laufen, da diese zur Vernichtung der für die Fische als Nahrung dienenden kleinen Lebewesen führen kann. Für Fische selbst liegt die Toxiditätsgrenze für Kochsalz bei 10 g/l, für Kalisalz bei 5 g/l.

Trotzdem sind der Verwendung dieser Salze zur Markierung unterirdischer Karstwässer in mehrfacher Hinsicht Grenzen gesetzt. Gebiete mit natürlichen Solequellen und das Auftreten von Salinenabwässern bzw. Abwässern von Kuranstalten können den Einsatz von Salzen zu Untersuchungszwecken ebenso unmöglich machen wie die notwendige Einbeziehung von Brackwasserquellen in Küstengebieten. Weiters sind die großen Salzmengen, die für einen eindeutigen Nachweis bei einer starken unterirdischen Wasserzirkulation notwendig sind, dem Einsatz bei Großversuchen hinderlich. Selbst bei kleinräumigen Experimenten betragen die einzusetzenden Salzmengen 100 kg und mehr. So kamen bei den letzten Testversuchen im Buchkogelgebiet bei Graz, bei einer Wasserführung der Quelle des Wiederaustrittes von durchschnittlich 9 l/s 300 kg Kochsalz und 100 kg Kalisalz zum Einsatz. Die Entfernung Schwinde—Wiederaustritt beträgt in diesem Fall nur 750 m, das einfache Karstsystem ist für Tracerversuche besonders geeignet. Beim ersten erfolgreichen Markierungsversuch am Lurbach-Hammerbach-System im Mittelsteirischen Karst (Wasserführung der Austrittsstelle durchschnittlich 165 l/s, Entfernung Schwinde—Quelle etwa 3 km) kamen bereits 800 kg NaCl zum Einsatz. Die größte jemals eingesetzte Salzmenge betrug meines Wissens 50.000 kg Steinsalz. Diese beim kombinierten Markierungsversuch 1969 im Donau-Aachgebiet in eine Doline im Stadtgebiet von Tuttlingen zum Nachweis des Zusammehanges der dortigen unterirdischen Karstwässer mit der Aachquelle eingesetzte Menge erforderte einen ungewöhnlichen Aufwand für Transport, Lösung und Einspeisung, der bereits die Grenzen der Methode erreichte (vgl. 2.2.2.9.4.).

Für kleinräumige Versuche ist es zunächst ein prinzipieller Vorteil, daß Kochsalz und Kalisalz nebeneinander in verschiedene Schwinden eingespeist werden können, wenn sich der Nachweis dieser Markierungsmittel auf das Natrium- bzw. Kalium beschränkt. In diesem Fall genügt je eine Wasserprobe aus den zu kontrollierenden Quellen für den Nachweis beider Indikatoren, was einen wesentlichen organisatorischen Vorteil und eine Einsparung von Zeit, Material und Personal bedeutet. Dieser augenscheinliche Vorteil wird jedoch wesentlich gemindert durch die Anfälligkeit dieser Tracer für einen Ionenaustausch mit den Bodenkolloiden. Da diese Kationenaustauscher sind, kann es vorkommen, daß eine wesentliche Menge Natrium- und Kaliumionen gegen Erdalkalien (Kalium und Magnesium) ausgetauscht und so dem Wasser entzogen wird. Diesen Vorgang hat W. Käss schon 1966 in Betracht gezogen (W. Käss, 1967, S. 77).

Bei einem Test zur Prüfung dieses Ionenaustausches wurden in einem Bergsturzgebiet, in dem ein unterirdischer Wasserlauf auf einer Strecke von 400 m an 4 untereinander liegenden Stellen zugänglich war, 10 kg Natriumnitrat gleichzeitig mit 0,5 kg Sulforhodamin G extra (SGE) eingesetzt (C. Job, G. Mutschlechner und J. Zötl 1969). Das Natrium wurde flammenphotometrisch, das Nitrat photometrisch bestimmt.

Das Salz erschien an den einzelnen Stationen praktisch zur selben Zeit wie das SGE, jedoch waren die Konzentrationen der Na- bzw. Nitrat-Ionen ganz verschieden. Der Salzdurchgang ist in Abb. 16 in Mikroval/l dargestellt. An allen Stationen war die Konzentration der Na-Ionen wesentlich geringer als die der Nitrat-Ionen. Da Salzlösungen aus Gründen der Elektroneutralität stets äquivalente Mengen von Kationen und Anionen enthalten, sind an die Stelle der fehlenden Na-Ionen andere Kationen getreten. Diese Ionen konnten nur aus dem Boden stammen und im Austausch gegen Na in das Wasser gelangt sein, weil das zur Einspeisung verwendete Salz zu 99,7% aus Natriumnitrat bestand und auch im Rest nur Na-Salze (Natriumnitrit, Natriumchlorid und Natriumkarbonat) enthielt.

Eine nähere Untersuchung der an Station III entnommenen Wasserproben ergab dann, daß mit dem Eintreffen des Na und des Nitrats der Erdalkaligehalt zugenommen hatte und während der Beobachtungsdauer gegenüber den Ausgangswerten erhöht blieb. An Station III betrug die Nitrat-Konzentration im Maximum rund 275 μval/l, während der Na-Gehalt nur rund 135 μval/l erreichte. Dafür aber nahm der Ca- und Mg-Gehalt der Wasserproben von anfänglich rund 85 μval/l auf rund 215 μval/l, also um rund 130 μval/l zu, wodurch die Kationen-Anionen-Bilanz im Zeitpunkt der Durchgangsspitze bis auf den Rest von etwa 10 μval/l ausgeglichen wurde. Im späteren Verlauf des Salzdurchganges trat jedoch neuerlich eine deutliche Differenz (schraffierte Fläche der Abb. 16) zwischen den Nitrat-Werten und der Summe der Na-, Ca- und Mg-Ionen auf, was dafür spricht, daß im Zeitabschnitt zwischen 1½ und 6½ Stunden nach der Einspeisung nicht nur Erdalkalien, sondern auch andere Kationen des Bodens gegen das eingespeiste Na ausgetauscht wurden. Hiebei dürfte es sich vor allem um einen Kalium-Schub aus dem Kaliumbestand der Pflanzen und Bodenorganismen handeln.

Ein Jahr später wurden im Zusammenhang mit der Erprobung eines aktivierungsanalytischen Tracers auf derselben Teststrecke nochmals 10 kg K-Chlorid eingesetzt. Wieder trat erheblich mehr Chlorid als Kalium aus (Abb. 17). Die chemische Analyse zeigte, daß die fehlenden K-Ionen gegen Ca-, Mg- und Na-Ionen ausgetauscht wurden (vgl. K. Buchtela und C. Job, 1970 und C. Job, 1972).

Für die Praxis ist von Bedeutung, daß dieser Ionenaustausch umso wirksamer ist, je intensiver das markierte Wasser mit den Verwitterungsprodukten in Berührung kommt. Im nackten Karst oder in Fällen, wo das Wasser in offene Schwinden versinkt, ist die Gefahr des Ionenaustausches geringer als bei langsamer Versickerung durch die Verwitterungskrume. Damit ist ganz allgemein diese Gefahr in Karstgebieten weniger bedeutsam als in den Bereichen der Nichtkarbonatgesteine. Dennoch ist die quantitative Auswertung der Salzeingaben bei Markierungsversuchen erfahrungsgemäß auch in vielen Karstgebieten in Frage gestellt.

Vom Ionenaustausch nicht betroffen ist das Anion Cl. D. h., daß der chemische Nachweis des Chlorids in vielen Fällen eine genauere quantitative Berechnung des Durchgangs der Salzmarkierung erlaubt. Mittels der Titration mit n/100 Quecksilbernitratlösung und Diphenylcarbazon als Indikator läßt sich noch ein Chloridkonzentrationsunterschied von 0,01 mval/l (0,35 mg/l) bei einer Wassermenge der Probe von 100 ml sicher nachweisen. Damit entfällt aber sowohl die einfache und schnelle Na- und K-Messung mittels des Flammenfotometers als auch der Vorteil einer gleichzeitigen Eingabe von NaCl und KCl.

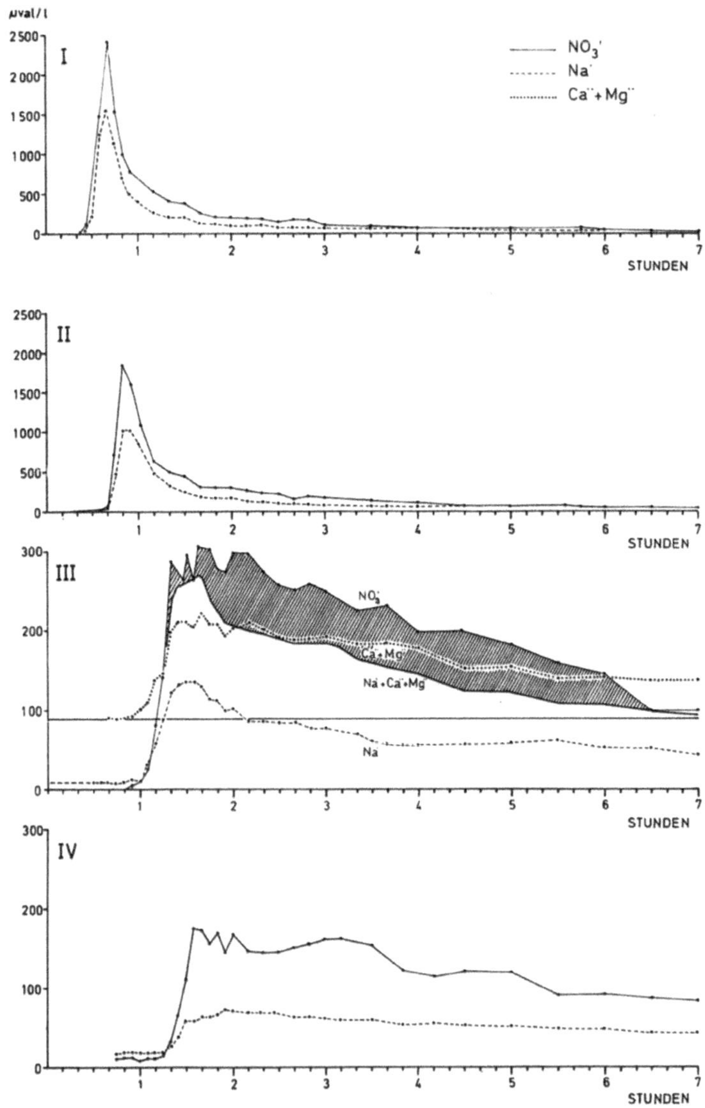

Abb. 16. Durchgangskurven der Natrium- und Nitrat-Ionen in den Beobachtungsstellen *I* bis *IV* in einem Testgebiet bei Gastein. Änderung des Erdalkali-Gehaltes in Station *III* durch Austausch der eingespeisten Na-Ionen gegen die Erdalkalien des Bodens. Die Differenz (schraffiert) zwischen der Nitratkurve und der Summenkurve der Na-, Ca- und Mg-Ionen zeigt an, daß die Na-Zufuhr nicht nur Erdalkalien, sondern auch andere Kationen des Erdreichs (vorwiegend wohl Kalium) mobilisiert hat

Gelegentlich wurde bei Markierungsversuchen auch Lithiumchlorid (LiCl) eingesetzt. Es liegen jedoch sehr wenig Erfahrungen mit diesem Tracer vor; vor allem bringt die Beschaffung größerer Mengen im Gegensatz zu dem leicht erhältlichen Kochsalz und dem ebenso jederzeit greifbaren Kalidüngesalz Schwierigkeiten mit sich (vgl. W. Käss, 1961, S. 333).

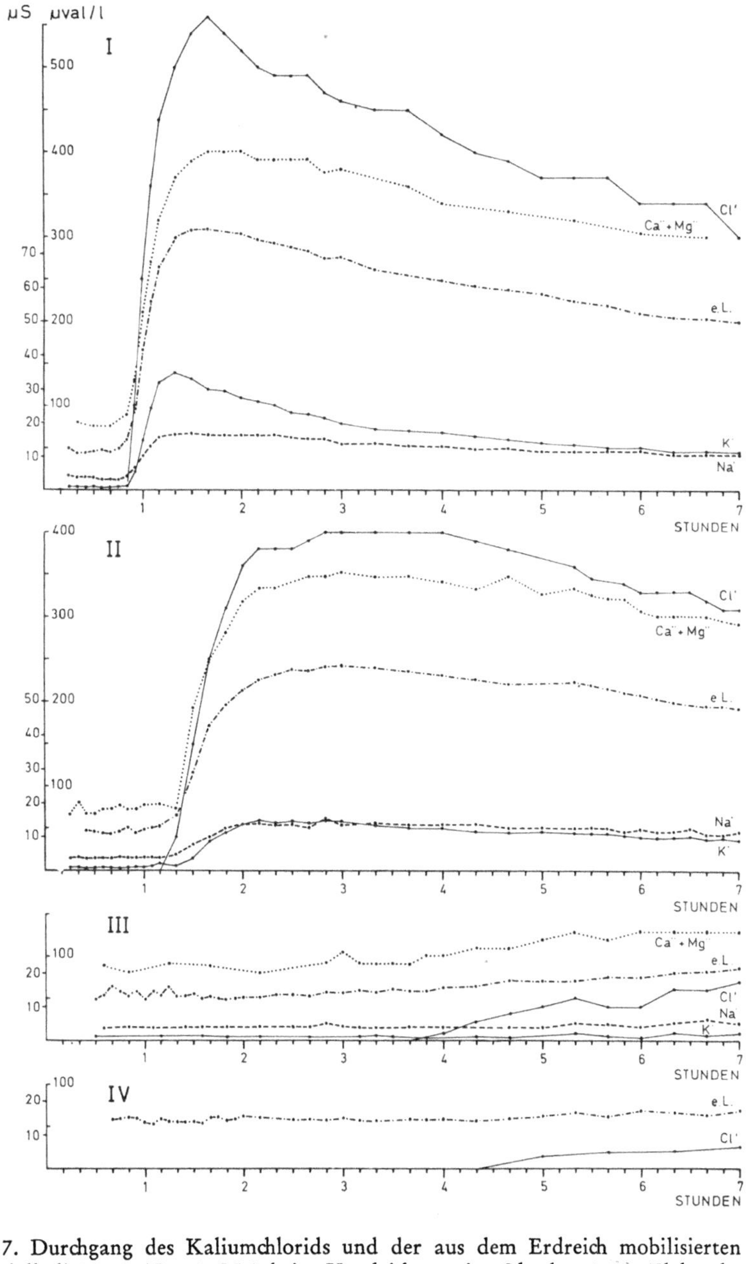

Abb. 17. Durchgang des Kaliumchlorids und der aus dem Erdreich mobilisierten Natrium- und Erdalkali-Ionen (Ca + Mg) beim Vergleichstest im Oktober 1969. Elektrolytische Leitfähigkeit (e. L) in μS bei 20° C

Wie schon angedeutet, ist die Dosierung der Einsatzmenge für den Tracer Salz genauso von Bedeutung wie für die erfolgreiche Verwendung anderer Tracer. Die oben erwähnte Bründlquelle eignet sich insofern als Beispiel für diese Frage, als sie der einzige Wasseraustritt ist, in dem die jenseits des Buchkogelzuges versickernden Wässer wieder zutage treten (s. 2.2.2.9.2.). Die Quelle hat (von extremen Starkregen abgesehen) je nach Jahreszeit ein Tagesmittel der Schüttung zwischen 5 und 25 l/s. Bei allen Versuchen hat der Einsatz in der nur 750 m Luftlinie entfernten Schwinde Feliferhof von 300 kg Kochsalz bzw. 100 kg Kalisalz saubere Durchgangskurven ohne extreme Spitzenwerte ergeben (vgl. Kurve 1966, 2.2.2.9.2.). Die von G. Schulz (1957, S. 337) gegebene Faustregel, „daß auf eine Schüttung von etwa 100 l/s sämtlicher in Frage kommenden Quellen mindestens 500 kg (Koch-)Salz verwendet werden sollten", kann nach unseren Erfahrungen als Minimum gewertet werden, in der Regel sollte die zwei- bis dreifache Menge zum Einsatz kommen. Für Versuche über größere Entfernung wird daher der Salzeinsatz wegen des Personal- und Transportaufwandes unwirtschaftlich.

Abschließend muß erwähnt werden, daß der Salzdurchgang auch durch Widerstands- bzw. Messung der elektrolytischen Leitfähigkeit kontrolliert werden kann. Die Leitwertmessungen an den gezogenen Proben sind in vielen Fällen eine wertvolle Ergänzung der Natrium- und Kalium- bzw. Chlorid-Bestimmungen. Ist der (seltene) Fall gegeben, daß der Wiederaustritt der Salzlösung nur an wenigen, unmittelbar benachbarten Quellen möglich ist, so kann der Durchgang auch mittels eines selbstschreibenden Gerätes, z. B. des von G. Schulz (1957, S. 339) beschriebenen großen Leitfähigkeitsmeßgerätes (Fa. Siemens und Halske) aufgenommen werden. Der Einsatz eines solchen Gerätes ist besonders in solchen Fällen lohnenswert, wo die Zusammenhänge grundsätzlich schon bekannt sind und ein Wiederholungsexperiment zur Lösung besonderer Fragen durchzuführen ist.

Für die Eingabe in die Schwinde wird das Salz gewöhnlich in großen Barrels oder Bottichen vorgelöst und als Sole dem versinkenden Wasser beigegeben. In Ausnahmefällen, wie z. B. der Untersuchung des Wasserverlustes eines nicht zur Gänze versickernden Gerinnes, kann als Dauereinspeisung das Salz zur langsamen Lösung in Säcken im Bachbett deponiert werden. Diese Art der Markierung erfordert erhöhte Einsatzmengen und gründliche Voruntersuchungen, wurde jedoch von uns schon mehrmals mit Erfolg angewendet.

In der Regel wird man das Markierungsgut (das gilt auch für die anderen Tracer) einem versickernden Gewässer beigeben. In Ausnahmefällen kann sich aber auch die Beschickung trockener Schächte oder Dolinen als notwendig erweisen. Dann müssen mit dem Einsatz eine Vor- und Nachspülung mit beträchtlichen Wassermengen (je nach Lage mindestens einige Zehner m^3) Hand in Hand gehen.

2.2.2.2. *Die Färbung unterirdischer Wässer*

Der Einsatz von Färbungsmitteln zur Verfolgung unterirdischer Wässer ist ein Beispiel dafür, wie durch die Entwicklung neuer Methoden völlig geänderte Bedingungen geschaffen werden können.

Nach wenig erfolgreichen Versuchen mit verschiedenen Farbstoffen wie Eosin, Fuchsin, Kongorot, Safranin, Anilinrot u. a. hat sich sehr bald ein

Fluoreszenzfarbstoff, zuerst in Form eines Kalium-, später immer mehr als Natriumsalz, als „Uranin“ durchgesetzt. Nur bei sauren Wässern (z. B. im Braunkohlenbergbau) wird gelegentlich Säurefuchsin verwendet.

Das Färbevermögen des Uranins ist zunächst außergewöhnlich groß, der Farbstoff ist in reinem Wasser noch in einer Konzentration von 10 mg/m³ mit freiem Auge zu erkennen und mit der Analysenquarzlampe bis zu einer Konzentration von 0,1 mg/m³ feststellbar. Durch Jahrzehnte wurden die Konzentrationsbestimmungen vor allem mittels der UV-Lampe und Vergleichslösungen halbquantitativ durchgeführt. Bei Trübung des Wassers, wie sie in Karstgebieten nach Regenfällen sehr häufig eintritt, wird diese Messung der Fluoreszenz schwierig bzw. unmöglich. Konnte mit dem Abfiltern des Probenwassers nicht der notwendige Effekt erzielt werden, war man zur umständlichen Anreicherung mittels Ätherextraktion gezwungen. Die Methoden hiefür wie auch für die Durchführung von Färbeversuchen mit Uranin unter Anwendung dieser alten Hilfsmethoden wurden durch F. Dosch, 1956 und G. Lukas (in V. Maurin und J. Zötl, 1959) eingehend beschrieben. Die detaillierte Aufzählung des notwendigen Inventars, insbesondere bezüglich der Ausrüstung der Beobachtungsstationen, wie sie in diesen Publikationen gegeben wird, gibt auch heute noch wertvolle Hinweise.

Die jüngste Entwicklung in der Anwendung von Fluoreszenzfarben, insbesondere des Uranins, für die Markierung unterirdischer Wässer ging vor allem in drei Richtungen: exakte quantitative Messung, Anreicherung zur Bestimmung des Durchganges geringster Spuren und vereinfachte Beobachtung zur umfassenden Kontrolle großer Gebiete. In dieser Entwicklung ist auch der Wirtschaftlichkeit der Durchführung solcher Untersuchungen in starkem Maße Rechnung getragen.

Die exakte quantitative Messung ist nur mittels des Spektralfluorometers d. h. durch photoelektrische Messung der Fluoreszenzstrahlung möglich.

Die technische Entwicklung der letzten Jahrzehnte brachte es mit sich, daß die früher sehr seltenen, relativ teuren Geräte heute in vielen größeren chemischen Instituten und hydrotechnischen Labors vorhanden sind. Mittels Eichlösungen und eines Fluoreszenzstandards wird die Konzentration des im Probenwasser befindlichen Farbstoffes gemessen. Die Anregung der Fluoreszenz geschieht mit jener Wellenlänge, die am stärksten absorbiert wird, sie wird aus der Strahlung einer Wolframlampe mit einem Interferenzfilter ausgesondert. Das Verhältnis der Fluoreszenzstrahlung zum unvermeidlichen Streulicht erreicht damit maximale Werte. Durch Zwischenschaltung eines Polarisationsfilters zwischen Lampe und Küvette kann noch eine geringfügige Verbesserung der Meßgenauigkeit erzielt werden. Unter günstigen Bedingungen können noch Uraninkonzentrationen bis zu 0,01 mg/m³ quantitativ erfaßt werden. Eine eingehende Beschreibung der Ausführung von Uraninbestimmungen mittels des Spektralfluorometers gibt W. Käss (1964), die weiteren Hinweise über Erfahrungen mit Uranin bei Färbeversuchen derselbe Autor (1965, 1967).

Die verschiedenen Methoden zur Anreicherung des Uranins, um noch geringste Spuren des Farbstoffes in den zu kontrollierenden Wässern festzustellen, bedienen sich des Umstandes, daß Aktivkohle außergewöhnlich Uranin-absorbierend wirkt. Versuche zur Nutzung dieses Effektes und der Gewinnung brauchbarer Methoden für Tracerexperimente liefen faktisch gleichzeitig in Frankreich, Jugoslawien, den USA und Österreich. Die Unterschiede in den nunmehr bereits praktisch erprobten Methoden liegen darin, daß einerseits größere Wassermengen (5—10 l) aus dem zu beobachtenden Wasseraustritt entnommen werden, und das vorher gereinigte Wasser dann durch den Absorptionsfilter aus Aktivkohle filtriert wird. Bei dieser von A. POLLAK et al. (1967) beschriebenen Methode dauert die Filterung einer 5 l-Probe etwa drei Stunden. Der absorbierte Farbstoff wird nachher aus der Aktivkohle eluiert. Es ist damit möglich, eine Uraninkonzentration von 0,01 mg/m^3 in einer 5 l-Probe noch nachzuweisen und im Verein mit Abflußmessungen und wiederholter Probenahme eine quantitative Aussage zu erzielen. Die Geräte sind einfach (Filtergefäß, Trichter und Aktivkohlefilter), das Verfahren jedoch zeitraubend und personalaufwendig, sobald mehrere Beobachtungsstationen kontrolliert werden müssen.

Da eine quantitative Erfassung so geringer Farbkonzentrationen, die durch das Spektralfluorometer nicht mehr gemessen werden können, nur für spezielle Fragestellungen bedeutsam ist, kommt den Anreicherungsmethoden vor allem für die halbquantitative Erfassung entlegener, schwer erreichbarer Wasseraustritte einerseits, sowie für den qualitativen Nachweis kleinster Durchgangsmengen besondere Bedeutung zu. Dieser Forderung wird vor allem die von J. R. DUNN eingeführte und von W. B. WHITE (1967) beschriebene Methode des Einsatzes kleiner, leicht transportabler Aktivkohledetektoren gerecht, die von F. BAUER eine weitgehend vollendete Entwicklung und Beschreibung erfuhr (1967). Nach dieser Methode werden 4—5 g Aktivkohle in 3 cm breite und 10 cm lange Säckchen aus Nylongaze mit 0,67 mm Maschenweite abgefüllt. In jedem Säckchen befinden sich zwei gleiche auf Zelluloidplättchen geschriebene Nummern.

Die gefüllten Säckchen werden in das auf Uraningehalte zu prüfende Wasser bei möglichst großer Fließgeschwindigkeit eingehängt, um eine möglichst starke Umspülung der Einzelkörner zu erzielen.

Nach Entnahme der Säckchen aus dem Wasser und baldiger Lufttrocknung werden die Kohleproben in entsprechend beschriftete Papiersäckchen abgefüllt. Die trockenen Kohleproben können nun beliebig lang lagern, ohne daß die Uraninnachweisbarkeit beeinträchtigt wird.

Zur Eluierung des Farbstoffes werden je 2 g der trockenen Kohlekörner in Eprouvetten abgefüllt und mit je 7 ml eines Gemisches von 96%igem Alkohol und 15%iger wässeriger KOH-Lösung (Mischungsverhältnis 1 : 1) versetzt. Wichtig ist im Interesse der Vergleichbarkeit, daß stets nach derselben Vorschrift eluiert wird. Die Eprouvetten werden mit PVC-Stopfen dicht verschlossen und vorsichtig geschüttelt, damit alle Aktivkohlekörner gleichmäßig vom Alkohol-KOH-Gemisch umspült werden, und dann durch 24 Stunden zum Absetzen der Trübe ruhig stehengelassen.

Die nunmehr über der Kohle stehende klare Lösung kann in einem stark fokussierten Lichtstrahl direkt oder mittels des Spektralfluorometers auf Uraningehalte geprüft werden. In den Eluaten kann eine 50—500fache Verstärkung der in der kontrollierten Quelle vorhandenen Uraninkonzentration erreicht werden [1].

Die großen Vorteile dieser Methode liegen klar auf der Hand. Es ist nunmehr möglich, mittels Einhängen der kleinen Aktivkohlesäckchen extrem schwer erreichbare Wasseraustritte (im Gebirge oder in Höhlen) dauernd auf

---

[1] F. BAUER (1972, S. 21 ff.) hat in letzter Zeit wesentliche, vor allem zeitsparende Verbesserungen in der Untersuchung der Kohleproben entwickelt, wobei u. a. an Stelle des Küvettenhalters die Eprouvette mit dem zu messenden Eluat schräg in den Fluoreszenzzusatz ZFM 4 eingesetzt wird.

einen etwaigen Farbdurchgang zu kontrollieren. Weiters können zahlreiche Quellaustritte eines großen Gebietes ohne wesentlichen Zeit-, Personal- und Materialaufwand beobachtet werden, eine der Voraussetzungen dafür, einen Einblick in den Entwässerungsmechanismus einer hydrographischen Einheit, d. h. eines ganzen Gebirgsmassivs zu gewinnen. Die Verfolgung der unterirdischen Wasserwege mittels des Einsatzes von Uranin gehört daher zu den wichtigsten karsthydrogeologischen Untersuchungsmethoden.

Schwierigkeiten können durch die Abhängigkeit der Fluoreszenz vom pH-Wert entstehen. Das Fluoreszein tritt in sauren Lösungen als Kation, in neutralen und alkalischen Lösungen als Anion auf; nur das Anion ist fluorometrisch nachweisbar (W. Käss, 1964). Bei neutralen Wässern (pH = 7,0) werden bereits 80%, bei pH = 9 99% der größtmöglichen Fluoreszenz erreicht. Saure Wässer zeigen nur mehr einen Bruchteil der Fluoreszenz (pH = 4 etwa 10%). Durch den Zusatz von OH-Ionen (KOH) kann wieder das fluorometrische Anion geschaffen werden, es handelt sich also um eine reversible Umwandlung. Obwohl Karstwässer nahezu immer einen pH-Wert von 7,0 oder mehr aufweisen, ist die Überprüfung des pH-Wertes der Wässer eines Untersuchungsgebietes vor der Durchführung eines Farbversuches notwendig. Vor allem dort, wo die Sickerwässer Humus durchfließen, ist mit einer Erhöhung der Wasserstoffionenkonzentration (d. h. niedrigem pH-Wert) zu rechnen.

Stärkere Oxydationsmittel wie Chlor, Chlordioxyd oder Ozon, die zur Entkeimung von Trinkwasser verwendet werden, zerstören die Fluoreszenz. Dieser Vorgang ist nicht reversibel. Für die Praxis ist daraus zu folgern, daß Wasserproben zur Uraninbestimmung vor der Chlorungs- oder Ozonisierungsanlage abgenommen werden müssen.

Uranin wird weiters durch ultraviolettes Licht zerstört, wobei zur Zersetzung nicht einmal direkte Sonnenbestrahlung notwendig ist. Die gezogenen Wasserproben sind daher im Dunklen aufzubewahren. Eine Absorption des Uranins durch Tonmineralien war bis vor kurzem nicht nachgewiesen. Erst S. Klir (1972, S. 30 ff.) beobachtete einen Intensitätsverlust der Fluoreszenz beim Durchfluß der Dickspülung (Tonspülung) von Bohrungen und schließt, daß dieser Intensitätsabfall durch die Sorption der Fluoreszeinmoleküle in der Struktur der Tonminerale verursacht wird.

Die verlangte hygienische Unbedenklichkeit für den Einsatz von Uranin ist gegeben. Bei Augenuntersuchungen werden u. a. Uraninlösungen intravenös gespritzt. Dennoch ist vorzusorgen, daß eine Grünfärbung des Wassers von Trinkwasserversorgungen (besonders in Fremdenverkehrsgebieten) keine Beunruhigung der Betroffenen mit sich bringt.

Fluoreszenzfarben, die in jüngster Zeit außer dem Uranin für Karstwasseruntersuchungen zur Anwendung kamen, sind das Rhodamin B und das Sulforhodamin-G-extra.

Rhodamin-B ist eine basische Fluoreszenzfarbe und zeigt daher z. T. dem Uranin gegensätzliche Eigenschaften. Sie eignet sich besser zur Anwendung in Wässern im sauren Bereich und in Wässern mit hohem pH-Wert treten Fluoreszenzverluste auf. In Karstwässern, deren pH-Bereich nahe bei 7,0 liegt, ist das Rhodamin-B jedoch noch ohne weiteres verwendbar. Ein erheblicher Nachteil für den Einsaz von Rhodamin-B bei Markierungsversuchen ist, daß es stark durch Tonmineralien absorbiert wird. Eigene Testversuche zeigten, daß selbst tonige Partien im Festgestein stark absorbierend wirken, ja, der wechselnde Tonanteil im Gestein geradezu an der verschiedenen Rotfärbung abgelesen werden konnte. Auch organische Substanzen wie Holz wirken stark absorbierend.

Wesentlich günstigere Eigenschaften besitzt das Sulforhodamin-G-extra. Da es sowohl saure als auch basische Molekülgruppen enthält, ist der Einsatz vom pH-Wert des Wassers unabhängig. Ein Nachteil ist neben dem wesentlich höheren Preis der Umstand, daß keine Möglichkeit zur Anreicherung mit Aktivkohle besteht. Die vom Uranin wesentlich abweichende Wellenlänge der Fluoreszenz gestattet es aber, falls beide Farbstoffe im Wasser vorkommen, ihre Konzentration im Spektralfluorometer zu unterscheiden. Diesbezügliche Versuche waren bis vor kurzem kaum noch im Erprobungsstadium, doch hat F. BAUER (1972, S. 69 f.) bereits erfolgreiche Feldversuche mit gleichzeitigem Einsatz von mehreren Fluoreszenzfarben durchgeführt.

Der Farbgang in einer Quelle kann letzten Endes auch an Ort und Stelle direkt fluorometrisch gemessen werden (z. B. mit dem Turner-Fluorometer).

Die Tatsache, daß es kaum einen Markierungsversuch im Karst geben wird, an dem nur *ein* Wasseraustritt zu beobachten ist, macht den Einsatz dieses sehr kostspieligen Gerätes für den Normalfall unrentabel. Dieses Gerät ist in erster Linie für Messungen in offenen Gerinnen gedacht, wo mit Hilfe der Verdünnungsmethode die Abflußmenge bestimmt werden soll. Immerhin zeigt es sich, daß auch dafür gerade das Sulforhodamin-G-extra wegen seiner hohen Nachweisempfindlichkeit und Unabhängigkeit von Temperatur und pH-Wert des Wassers besser als andere Farbstoffe geeignet ist. Über Vergleichsuntersuchungen von H. MOSER und H. SAGL (1967) an verschiedenen flammenphotometrisch meßbaren Farben gibt Tab. 4 eine Übersicht.

Auch bei Färbeversuchen ist die Frage nach der einzusetzenden Tracermenge von grundlegender Bedeutung und nicht wenige Versuche schlugen fehl oder führten zu Fehlinterpretationen, weil die eingesetzte Tracermenge zu gering war. Die noch von H. SCHNEIDER (1973, S. 47) nach L. BENDEL (1948) mit dem Hinweis auf meistens nicht ausreichende Resultate zitierte Gleichung $A = K.Q.l$ (A = Menge des einzusetzenden Farbstoffes in g; Q = Ergiebigkeit aller (!) Quellen in cm^3/s; l = Entfernung zwischen Einspeisungsstelle und der entferntesten Quelle in cm; K = Farbstoffbeiwert, für Fluoreszein $2{,}5 \times 10^{-9}$) ergibt nur für den Einsatz von Uranin unter ausschließlicher Anwendung von Aktivkohledetektoren annähernd ausreichende Quantitäten. Sonst ist die *zweieinhalb bis dreifache Menge als ein Minimum* anzusehen.

Trotz der Unschädlichkeit wird die Einspeismenge von verschiedenen Faktoren beeinflußt. Ist anzunehmen, daß Wasserversorgungen von Fremdenverkehrsorten betroffen werden, so ist trotz der Unschädlichkeit mit der optischen Wirkung eines gefärbten Wassers zu rechnen und eine Minimalmenge einzusetzen bzw. ein anderer Tracer zu wählen. Bestehen keinerlei Einwände gegen eine sichtbare Färbung der wahrscheinlich betroffenen Quellen, so ist der beste Rat, ein Mehrfaches der kalkulierten Menge einzubringen und damit von seiten der Quantitätsfrage den Erfolg des Versuches zu sichern.

Tabelle 4. *Charakteristische Daten von Fluoreszenzfarbstoffen für hydrologische Messungen* nach H. Moser und H. Sagl

T = Temperatur (° C) t = Zeit (Std.)
Fo = Fluoreszenzsignal bei to bzw. To F = Fluoreszenzsignal bei t bzw. T

1	2	3	4	5	6	7	8		9	10	
Farbstoffe (Bezeichnung der Farbwerke Hoechst)	Colourindex	Farbstoff-gehalt Gewichts-%	Preis nur für Deutschland (DM/kg) 1967	Absorptions-maximum (nm)	Emissions-maximum (nm)	Maximale Nachweis-empfindlichkeit mit dem Turner-Fluorometer 111 bei 20° C [Skt / (g/ml)]	Nachweisgrenze mit dem Fluorometer 111 bei Lösung in destill. Wasser (g/ml)	Flußwasser mit Schwebstoff (Donau Juni 1965)	Temperaturabhängigkeit $F = Fo \cdot e^{-kT}$ Temperaturkoeffizient k (° C^{-1})	Fotochemischer Zerfall $F = Fo \cdot e^{-lt}$ Koeffizient d. fotochem. Zerfalls $1 \cdot 10^3$ bedeckt. Himmel (Std.$^{-1}$)	Sonnenschein
Brillantsulfoflavin	56204	60	77	460	535	$2{,}2 \cdot 10^{10}$	$4{,}6 \cdot 10^{-11}$	$80 \cdot 10^{-11}$	$0{,}4 \cdot 10^{-2}$	0,8	7,4
Rhodamin B extra	3332	80	36	550	595	$1{,}5 \cdot 10^{10}$	$6{,}0 \cdot 10^{-11}$		$2{,}8 \cdot 10^{-2}$	—	—
Sulforhodamin B extra	45100	80	66	565	590	$2{,}0 \cdot 10^{10}$	$5{,}0 \cdot 10^{-11}$		$2{,}8 \cdot 10^{-2}$	1,8	10,2
Sulforhodamin G extra	45200	80	80	530	560	$2{,}3 \cdot 10^{10}$	$4{,}3 \cdot 10^{-11}$		—	0,9	8,6
Uranin A	8741	60	50	480	510	$8{,}0 \cdot 10^{10}$	$1{,}2 \cdot 10^{-11}$	$30 \cdot 10^{-11}$	$0{,}4 \cdot 10^{-2}$	15	256

2.2.2.3. Entwicklung und Anwendung der Sporentrift zur Verfolgung unterirdischer Karstwasserwege

Die Verwendung von Bärlappsporen (Lycopodium clavatum) zur Verfolgung eines unterirdischen Wasserweges wurde mir erstmals durch zwei Veröffentlichungen von A. MAYR (1953, 1954) bekannt, der diese Methode als „ein völlig neues Verfahren zur Verfolgung unterirdischer Wasserwege" (1954) bezeichnete. J. VORNATSCHER (1962) hat jedoch eindeutig belegt, daß schon 1926 G. TIMAEUS die Verwendung von Lycopodiumsporen als Triftstoff geläufig war.

Die Sporen von Lycopodium clavatum haben die Gestalt von Tetraedern mit konvex gewölbten Flächen. Die Größe der derzeit für Triftversuche aus dem Drogenhandel bezogenen Sporen wurde mit durchschnittlich 33 μ bestimmt. Die Sporen sind von einem feinen Netzwerk (Reticulum) überzogen. Die Dichte hängt von ihrem Zustand (Alterung, Austrocknung, Verwitterung)

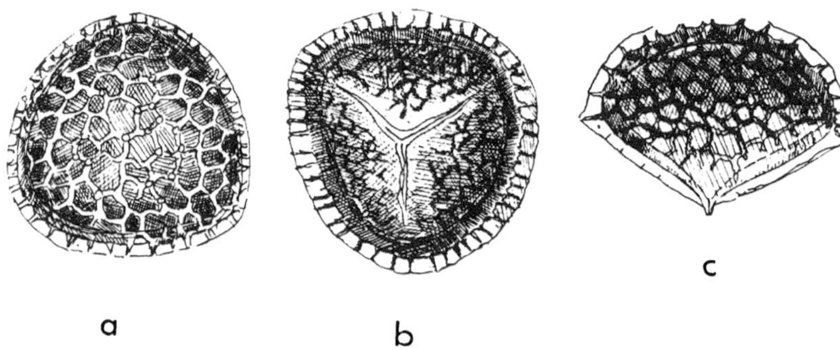

Abb. 18. Sporen von Lycopodium clavatum nach G. ERDTMAN (1954) in proximaler (a, b) und lateraler Ansicht. (Photo: F. BAUER, 1967)

ab; sie dürfte bei den verwendeten Lycopodiumsporen im Bereich um 1,10 liegen. Sporen von Lycopodium clavatum können durch den Drogengroßhandel bezogen werden. Ein Kilogramm der handelsüblichen Ware enthält je nach Größe und Alterung 100 bis 300 Milliarden Sporenkörner (vgl. Abb. 18).

Die wesentlichste Eigenschaft der Sporen ist, daß sie infolge ihrer Dichte auch in nur mäßig bewegtem Wasser lange Zeit in Schwebe bleiben. Als schwimmende Körper wären sie für die Verfolgung unterirdischer Karstwasserwege ungeeignet, da sie keine Siphone durchfließen könnten, eine größere Dichte würde andererseits ihre rasche Sedimentation bewirken. Macht ihre ideale Dichte erst den Einsatz als Triftmittel in unterirdischen Gewässern überhaupt möglich, so waren ihre Unsichtbarkeit im Wasser und die einfache Quellenbeobachtung mit Hilfe von Planktonnetzen gegenüber anderen Markierungsstoffen bereits gewisse Vorteile.

Entscheidend für das weltweite Interesse an diesem Tracer war jedoch, daß es nach langer Entwicklungsarbeit dem Chemiker Dr. M. DECHANT gelang, die Lycopodiumsporen mit verschiedenen Farben zu färben. Derzeit können die Sporen in fünf verschiedenen Farben (rot, blau, grün, violett, braun) beständig angefärbt werden (M. DECHANT, 1959, 1967), womit sich die Möglichkeit der gleichzeitigen Beschickung von mehreren Einspeisungsstellen unter denselben hydrologischen und meteorologischen Bedingungen mit verschieden gefärbten Sporen ohne erhöhten Aufwand für die Beobachtung bietet. Für jede Untersuchung eines größeren Gebietes wurde diese Möglichkeit der gleichzeitigen Einspeisung in mehrere Schwinden zu einem wirklichen Fortschritt, der die umfassende Abklärung der karsthydrologischen Probleme eines Raumes entscheidend begünstigte.

Bereits 1956 hat sich der Einsatz gefärbter Lycopodiumsporen zur Abklärung der unterirdischen Entwässerung des östlichen Dachsteinmassivs hervorragend bewährt (J. ZÖTL, 1957). Die Einspeisung in eine zentral und vier peripher am Plateaubereich gelegene Schwinden erbrachte den Beweis für die komplexe unterirdische Entwässerung dieses Karstmassivs (vgl. 2.2.2.9.3.). Seit diesem Einsatz nimmt die Sporentrift neben den anderen Markierungsmethoden in Karstgebieten eine bevorzugte Stellung ein. Außer den bereits genannten augenscheinlichen Vorteilen der Methode bezüglich der Beobachtung und der Unbedenklichkeit ist noch die Bedeutung für die hygienische Fragestellung zu betonen. Der Durchgang von Lycopodiumsporen bedeutet auch den Nachweis offener Wege für Keime jeder Art.

Damit deuten sich aber auch die Grenzen dieser Methode bereits an. Der Umstand, daß es sich um feste Triftkörper handelt, verlangt offene Fugen im theoretischen Ausmaß von wenigstens über Sporengröße, in Wirklichkeit größer. Alle feinklastischen Sedimente (Sande, Tone, Schotter mit Ausnahme von Grobschottern ohne Sand) seihen die Sporen ab, desgleichen die Verwitterungsschwarte und die Bodenkrume. Damit ist die Anwendung der Methode praktisch auf Karstgebiete beschränkt, wenngleich auch in geklüfteten Sandsteinen schon positive Versuchsergebnisse erzielt wurden.

Zur Einspeisung müssen die Sporen im Wasser möglichst fein dispergiert werden. Die Oberfläche naturbelassener Sporen ist mehr oder weniger stark wasserabstoßend.

Gefärbte Sporen, wie sie jetzt ausschließlich für Triftversuche verwendet werden, sind leicht benetzbar; bei der Herstellung einer Sporensuspension erübrigt sich daher in der Regel die Zugabe eines Netzmittels.

Die Oberfläche der eingespeisten Sporen muß möglichst vollständig benetzt sein; im Reticulum zurückgehaltene Luftbläschen können den Sporenkörnern einen so starken Auftrieb verleihen, daß sie an der Oberfläche des Wassers schwimmen. Die beste Benetzung wird erreicht, indem man die Sporen vorerst mit wenig Wasser zu einem dicken Brei anrührt und dann erst nach und nach Wasser zugibt, bis eine leichtflüssige Suspension vorliegt.

Das Anrühren der Sporensuspension erfolgt am besten in Plastik-Eimern. Zur Einbringung der Suspension in das Gerinne oder in eine Spalte bedient man sich eines Trichters, über dessen Rohrstutzen ein feinmaschiges Drahtnetz angebracht ist. Mittels eines an den Trichter angeschlossenen Schlauches können auch Einspeisungen in unter dem Wasserspiegel liegende Schwinden mit Erfolg durchgeführt werden (Abb. 19).

Die Einspeisungen sind von Personen durchzuführen, die im weiteren Verlaufe des Versuches nicht mit dem weiter am Versuch beteiligten Personal in Kontakt kommen.

Der Nachweis des Sporendurchganges in den Wasseraustritten erfolgt durch Planktonnetze aus entsprechend feinmaschiger Nylongaze. Diese Netze werden in das fließende Wasser derart eingehängt, daß sie unter möglichst gleichmäßigem Anströmungsdruck stehen (Abb. 20).

Am besten haben sich Planktonnetze mit einer Gesamtfilterfläche von etwa 700—800 cm² bewährt. Als Filtergewebe dient Nylongaze „Nybolt 25 T II-25" (Maschenweite 25 Mikron, freie Siebfläche 9%) der Schweizerischen Seidengazefabrik AG, Zürich. Die Verwendung eines feinmaschigeren Gewebes bringt keinerlei Vorteile mit sich und ist wegen der geringeren Filtergeschwindigkeit und der raschen Verlegung nicht zu empfehlen.

Ob die in die zu beobachtenden Gerinne eingehängten Planktonnetze in Holzrahmen gespannt werden (V. MAURIN und J. ZÖTL, 1959) oder durch Jutegewebe geschützt werden sollen (F. BAUER, 1967), wird von den örtlichen Gegebenheiten abhängen.

Die optimale Einhängedauer eines Planktonnetzes wird durch die Geschwindigkeit der Netzverlegung durch im Gerinne mitgeschleppte Feststoffe bestimmt. In der Regel reicht die mit einer mindestens täglichen Probennahme verbundene Reinigung des Netzes für gute Beobachtungsresultete aus.

Die Entnahme der Planktonnetzproben wurde in der Fachliteratur genau beschrieben (V. MAURIN und J. ZÖTL, 1959; F. BAUER, 1967). Die Planktonnetzproben werden in Fläschchen (etwa 30 cm³) abgefüllt und entsprechend etikettiert. Durch Zugabe von Formaldehyd kann verhindert werden, daß der organische Anteil der Sporenproben nach mehrwöchiger Lagerung in Fäulnis übergeht. Farbe und Form der Sporen erleiden nach den bisherigen Erfahrungen auch durch mehrjährige Lagerung der Proben keine Veränderung.

Die mikroskopische Untersuchung der Planktonnetzproben wurde durch A. HOFER (1959) und F. BAUER (1967) eingehend behandelt. Bei Aufbereitung der Proben mit Kalilauge wird ein Großteil des störenden organischen Tetritus zerstört. Kalksand kann durch verdünnte Salzsäure gelöst werden, die Färbung der Sporen ist derart resistent, daß sie auch diese Behandlung übersteht.

Um das Kochen mit Kalilauge zu umgehen, wurde von F. BAUER versucht, die Sporenfraktion von den übrigen Probenbestandteilen durch ihre Schwebefähigkeit mittels Dekantieren zu trennen. Wenn überwiegend organisches Feinmaterial ($\phi < 50\ \mu$) vorliegt, ist unter Umständen dem Kochen mit Kalilauge der Vorzug zu geben.

Enthalten die Proben nachweislich mehr als 100 Sporen, so genügt die Untersuchung der Hälfte oder eines Viertels der Probenmenge.

Der nach einer der beiden Methoden gewonnene und auf Sporengehalte zu prüfende Rückstand wird durch Zentrifugieren so weit eingeengt, daß hiervon noch gut mikroskopierbare Präparate angefertigt werden können.

Die zur Aufbereitung und mikroskopischen Untersuchung einer Probe erforderliche Zeit hängt von der Verschmutzung und vom Sporengehalt der Probe ab. Erfahrungsgemäß können von einer geschulten Kraft im Tag 5 bis 10 Proben untersucht werden.

Das Anfärben von Lycopodiumsporen war eine echte chemische Entwicklungsaufgabe, die von M. DECHANT gelöst wurde. Die gestellten Forderungen wie Vollständigkeit der Färbung, Erhaltung der Farbintensität auch in stark belasteten Abwässern und nach der Vorbehandlung für das Mikroskopieren, sowie die Erhaltung der Schwebefähigkeit waren überaus harte Bedingungen. Zur Färbung werden die Farbstoffe Malachitgrün, Fuchsin, Kristallviolett, Safranin und Vesuvin verwendet. Der Färbevorgang selbst wurde von M. DECHANT (1959, 1967) im Detail beschrieben.

Der große Nachteil der Sporentriftmethode ist, daß sie nur qualitative Ergebnisse liefern kann, bestenfalls ist bei einem starken Durchgang und einer genügenden Dichte der Probennahme eine halbquantitative Aussage möglich. Die besten Resultate sind bei großräumigen Untersuchungen in kombinierter Anwendung mit anderen Markierungsmethoden zu erwarten.

Abb. 19. Bildmitte der in ein zerlegbares Gestell eingehängte Blechtrichter mit Drahtnetz vor dem Auslaufstutzen zur Einspeisung des dünnflüssigen Lycopodiumbreies. Die Ableitung erfolgt mittels eines an den Auslaufstutzen angesetzten Schlauches direkt in die Schwinde

Abb. 20. Planktonnetz im Bründlbach. Das Netz befindet sich in einem zusammenschraubbaren Holzrahmen. Zum Schutz gegen grobe Verunreinigungen schützt das vordere Rahmenquadrat ein Drahtnetz (*D*). *G* Glastrichter am Planktonnetz, *Sch* Gummischlauch, Q Quetschhahn

Die für die Untersuchung der Wasserproben auf den Gehalt an Lycopodiumsporen notwendigen Mikroskope mit Kreuzschlitten, Eprouvettenschleudern, Chemikalien usw. sind heute praktisch in jedem größeren Labor vorhanden.

K. EISSELE (1961, S. 348) hat für die Untersuchung der Netzrückstände zum Teil ein abweichendes Verfahren angewendet. Er hat einerseits größere Flaschen verwendet (um die Netze spülen zu können) und andererseits den Feststoffanteil der Proben mittels eines Filtrationsgerätes auf ein Rundfilter übertragen. Dieses wurde noch in feuchtem Zustand auf ein größeres Stück Filterpapier gelegt und der Filterrückstand durch Überkleben mit Klarsichtfolie fixiert. Damit entfällt die Abtrennung der anorganischen Trübe, es hängt jedoch vom Zustand der Proben ab, welche Methode mehr Vorteile birgt bzw. überhaupt anwendbar ist.

Ein Nachteil dieses Markierungsmittels ist zweifelsohne die Sedimentation eines großen Teiles der eingesetzten Sporenmenge und die Beschränkung der Anwendung auf Karstgebiete bzw. stark klüftigen Sandstein. Der Vorteil des gleichzeitigen Einsatzes von fünf verschiedenen Farben wurde bereits erwähnt. In letzter Zeit wurde der Einsatz von Lycopodiumsporen durch den einfachen Nachweis von Uranin durch Aktivkohledetektoren zunächst zurückgedrängt. Vergleichsuntersuchungen haben jedoch gezeigt (s. Kap. 2.2.2.9.4.), daß unter Umständen gerade durch die Tatsache, daß es sich um Feststoffe handelt, noch Zusammenhänge aufgezeigt werden können, wo die Mischung von Wässern einen so hohen Grad der Verdünnung von Farbstoffen zur Folge hat, daß diese auch durch Adsorptionskörper nicht mehr nachgewiesen werden können. Bei jüngsten Versuchen hat man daher wieder stärker auf den Einsatz von Lycopodiumsporen zurückgegriffen.

So wie für alle Tracer stellt sich auch hier die Frage nach der Menge des einzusetzenden Markierungsstoffes. Theoretisch sind wegen der Unsichtbarkeit der im Wasser enthaltenen Sporen und ob des Umstandes, daß sie mit in der Lebensmittelindustrie zugelassenen, absolut unschädlichen Farben gefärbt sind, der Menge keine Grenzen gesetzt (die Farben lösen sich außerdem nicht mehr von der Sporenoberfläche und die Sporen selbst werden in der Pharmazie als Füllmittel für Pillen verwendet). Praktisch setzen aber schon die Kosten gewisse Grenzen. Erfahrungen aus zahlreichen Versuchen zeigten, daß mit etwa der 1½- bis 2fachen Menge der zu kalkulierenden Fluoreszenzfarbe (s. vorne) das Auslangen gefunden wird. Ein gewisses „Überdosieren“ kann aber nur von Vorteil sein.

2.2.2.4. Der Einsatz radioaktiver Isotope zur Markierung unterirdischer Wässer

Schon bald nach der Entdeckung der Radioaktivität wurde versucht, unterirdische Zusammenhänge von Wasserläufen durch das Einbringen radioaktiver Stoffe in Schwinden und die Untersuchung der in Frage kommenden Wässer mit Strahlennachweisgeräten festzustellen. Diese Experimente waren nicht ungefährlich. So beschreibt H. MITTER (1959), daß bei einem Versuch von H. VORTMANN und G. TIMAEUS Pechblende verwendet wurde, wobei beim Einsatz die maximal zulässige Dosis um das millionenfache überschritten wurde. Ist diese Sorglosigkeit noch damit zu erklären, daß über die Strahlengefährdung damals noch zu wenig bekannt war, so stimmt es doch bedenklich, daß auch in neuerer Zeit im Vertrauen auf eine starke Verdünnung zwischen

Schwinde und Quelle recht unbedacht gearbeitet wurde (R. Hours, 1955; A. Montens, 1953/54; E. Sons, 1952/53). Damit sind auch bereits die größten Schwierigkeiten angedeutet. In den meisten Fällen ist vor einem Versuch weder die Durchgangszeit noch die Verteilung und Verdünnung des Markierungsstoffes bekannt. Die mit der Halbwertszeit bzw. der notwendigen Dosierung zusammenhängenden Probleme schalten daher die Anwendung radioaktiver Stoffe für großräumige Untersuchungen aus.

Für die Lösung spezieller kleinräumiger Fragen bzw. Testuntersuchungen für andere Tracer kann jedoch die Anwendung radioaktiver Isotope durchaus in Betracht gezogen werden, wobei der Vorteil vor allem in der präzisen quantitativen Meßbarkeit liegt.

Bei kombinierten Versuchen zum Vergleich verschiedener Tracer im mittelsteirischen Karst wurden im Jahre 1963 die radioaktiven Elemente J-131 (als NaJ) und Rb-86 (als RbCl) im Buchkogelgebiet bei Graz und im März 1966 J-131 und Tritium im Lurbachsystem beim Semriach, sowie Cr-51 und Tritium im Buchkogelgebiet getestet (K. Buchtela et al., 1964, H. Batsche et al., 1967). In beiden Fällen waren sowohl die ungefähren Durchgangszeiten als auch die Verteilung des unterirdischen Wassers bekannt. Bei beiden Versuchen wurde mit großem apparativem Aufwand gearbeitet. Einsatz und Messung der radioaktiven Isotope erfolgten durch die Bundesversuchs- und Forschungsanstalt Arsenal Wien (J. Mairhofer) und das Institut für Radiohydrometrie in München (H. Moser u. a.). Zu den bei diesen Vergleichsversuchen gewonnenen Erfahrungen gehört, daß beispielsweise der Wiedererhaltungsgrad des nachgewiesenen Austrittes von J-131 im Untersuchungszeitraum wesentlich niedriger war als bei Tritium und Uranin. Aus dem Verlauf der Durchgangskurven konnte geschlossen werden, daß ein Großteil des J-131 zunächst absorbiert, nachfolgend aber langsam wieder eluiert wurde. Es blieb offen, ob dafür rein chemische oder auch biochemische Vorgänge verantwortlich waren, und ob die geringe dem J-131 zugesetzte Trägermenge (17 g NaJ) die chemische Umsetzung des geimpften Jodids begünstigt hat (H. Batsche et al. 1967, S. 341 ff.).

Das Tritium lieferte mit einer Ausnahme ideale Durchgangskurven, es kann in seiner Eigenschaft als nahezu idealer Tracer für Wasser hinsichtlich Fließgeschwindigkeit und Wiedererhaltung als Testsubstanz für die Beurteilung anderer Markierungsstoffe dienen. Dennoch soll gerade der Einsatz von Tritium auf unumgänglich notwendige Fälle beschränkt bleiben, weil größere in einen unterirdischen Wasserkörper eingebrachte Mengen künstlichen Tritiums auf viele Jahre die Messung des natürlichen Tritiumgehaltes unmöglich machen können. Dies kann dazu führen, daß man sich eines wichtigen Mittels zur Untersuchung des natürlichen Wasserhaushaltes begibt (vgl. Abschnitt 2.2.3.).

Der Einsatz radioaktiver Isotope kann nur in Zusammenarbeit des Hydrogeologen mit dem Radiologen erfolgen.

Die Anwendung des radioaktiven Markierungsmittel hat einerseits ihr absolutes Limit wie auch andererseits ihre einzigartigen Vorteile. Soll ein großes Areal mit unbekannten Durchgangszeiten und unbekannter Streuung des eingesetzten Tracers untersucht werden, so scheiden die radioaktiven Tracer wegen der Halbwertszeiten bzw. der nicht anzuschätzenden Dosierung und Strahlungsgefahren aus.

Sind nur kurze Entfernungen zu messen, so bieten sich zweierlei Vorteile an, die kein anderes Markierungsmittel aufzuweisen hat. Der eine Vorteil ist die hohe Meßgenauigkeit, die ein einwandfreies quantitatives Ergebnis garantiert. Der zweite Vorteil liegt darin, daß bei Kenntnis der Grenzen der Durchgangszeit durch den Einsatz kurzlebiger Radioisotope die Versuche beliebig oft wiederholt werden können, da die kurze Halbwertszeit keine Irrtümer bei späteren Versuchen zuläßt. Dies ist bei den konventionellen Tracern infolge Adsorptions- und Speichermöglichkeiten ein nicht auszuschaltender Unsicherheitsfaktor.

2.2.2.5. *Aktivierungsanalytische Verfahren zur Markierung unterirdischer Wässer*

Beim aktivierungsanalytischen Verfahren wird dem versickernden Wasser eine nicht radioaktive Substanz injiziert und erst die gezogenen Wasserproben zur Aktivierung des Elementes im Reaktor unter Neutronenbeschuß gesetzt. Der Vorteil dieser Methode liegt darin, daß weder Halbwertszeiten noch Strahlungsgefahren berücksichtigt werden müssen, die den Radiomethoden eigene große Meßgenauigkeit aber gewonnen bleibt. Die dem Wasser zugesetzten Mengen und Stoffe sind gering, ungiftig, nicht radioaktiv und außer mit der Aktivierungsanalyse mit keinem anderen Verfahren nachweisbar (K. Buchtela, 1970, S. 190).

Die ersten Versuche zur Anwendung der Aktivierungsanalyse wurden mit *Brom* durchgeführt (C. Dimitroulas et al., 1962, K. Buchtela et al., 1964). Ein Vorteil der Anwendung von Brom, das in Form von Ammonbromid (NH_4Br) eingesetzt wurde, liegt darin, daß es leicht erhältlich ist. Für den Nachweis ist günstig, daß das Bromisotop einen Neutroneneinfangquerschnitt von 3,1 barn, eine Halbwertszeit von 35,9 Stunden und eine relative Häufigkeit von 50% hat (K. Buchtela, 1964, S. 6). Vor der Entscheidung, Brom als Markierungsmittel einzusetzen, müssen die zu beobachtenden Quellwässer auf ihren natürlichen Bromgehalt untersucht werden.

Bei den Wasserproben liegen nach der Bestrahlung nicht nur das Bromid, sondern auch alle anderen durch Neutronen aktivierbaren in der Probe enthaltenen Begleitstoffe in radioakiver Form vor. Um nun nur die Radioaktivität des Broms messen zu können, muß dieses vorher abgetrennt und gereinigt werden, oder es muß eine für das Brom charakteristische Strahlung für die Messung herangezogen werden. Eine für das letztgenannte Verfahren geeignete Strahlung ist z. B. die Gammastrahlung von 0,62 MeV des Brom-80.

So gut sich das Brom für örtliche Experimente eignet, für großräumige Untersuchungen treten Schwierigkeiten bezüglich der Einsatzmenge auf (s. Vergleichsuntersuchungen, Kap. 2.2.2.9.1.). Eine detaillierte Beschreibung der Anwendung des Broms und des experimentellen Vorganges bei der Probenuntersuchung gibt K. Buchtela (1964, 1967).

Im März 1966 wurden bei einem Versuch im Mittelsteirischen Karst (vgl. Kap. 2.2.2.9.1.) 4 kg *Mangan* als Sulfat in wässeriger Lösung eingespeist. Der zu befürchtende Kationenaustausch sollte durch eine Versetzung der wässerigen Lösung mit dem Natriumsalz der Äthylendiaminotetraessigsäure (ÄDTE) verhindert werden. Trotz des deutlichen Tracerdurchganges war nur eine halbquantitative Auswertung des Versuches möglich. Mangan wurde seither nicht mehr verwendet.

Bei dem großen Markierungsversuch, der 1969 im Donau-Aachgebiet ablief (vgl. Kap. 2.2.2.9.4.) wurde *Lanthan,* komplexiert mit Versene (Na-ÄDTE), als aktivierungsanalytischer Tracer eingesetzt (H. BATSCHE et al., 1970).

Für den aktivierungsanalytischen Nachweis des Lanthans wurden in regelmäßigen Abständen 2 l-Wasserproben gezogen, aliquote Teile davon in einer Platinschale eingedampft, der Rückstand in Quarzröhren übertragen und anschließend im Karlsruher Reaktor FQ 2 bei einem Neutronenfluß von etwa 10^{14} n/g cm sec 3 Tage lang bestrahlt. Die meßtechnische Auswertung des im Reaktor gebildeten La-140 (Halbwertszeit 40,2 Stunden) erfolgte 7 Tage nach der Bestrahlung. Der Versuch verlief erfolgreich.

In jüngster Zeit sind sehr erfolgversprechende Versuche mit *Indium* durchgeführt worden (K. BUCHTELA, 1970).

Das Indiummetall muß dazu in konzentrierter warmer Salzsäure gelöst werden. Die Lösung wird eingeengt, um den Überschuß an Salzsäure zu vertreiben, und anschließend mit destilliertem Wasser aufgefüllt. Als Komplexor wird Natriumsalz der Äthylendiaminotetraessigsäure zusammen mit Natriumhydroxid in Wasser gelöst. Beide Lösungen werden erst unmittelbar vor der Einspeisung gemischt, um ein temperaturbedingtes Auskrisallisieren des Indiumkomplexes aus der konzentrierten Lösung zu vermeiden.

Bei der Bestrahlung von Indium mit thermischen Neutronen entstehen zum Teil sehr kurzlebige Isotope (Halbwertszeit 2,5, 13 bzw. 72 sec), sowie das Indium-116 m mit einer Halbwertszeit von 54 Minuten und das Indium-114 mit einer Halbwertszeit von 50 Tagen. Bei der von K. BUCHTELA beschriebenen aktivierungsanalytischen Bestimmung wurde die Radioaktivität des Indium-116 m gemessen. Die kurzlebigen Radioisotope waren in der Zeit zwischen Bestrahlung und Messung bereits abgeklungen, das Indium-114 m entsteht bei kurzzeitiger Aktivierung im Reaktor nur in kleiner Menge und wird bei der Messung nicht erfaßt. Eine genaue Arbeitsvorschrift für die Bestimmung des Indiums findet sich bei K. BUCHTELA (1970, S. 193).

Beim ersten Feldversuch wurden auf eine Länge von 390 m und 50% Gefälle 100 g Indium als Indium-ÄDTE-Komplex eingesetzt. Die Indiumchloridlösung wurde erst kurz vor dem Versuch mit der Lösung des Komplexbildners versetzt (328 g ÄDTE in zwei Liter 2 n Natronlauge). Sofort nach der Einspeisung wurden 2 Liter 1-molare Natrium-ÄDTE-Lösung nachgeschüttet. Die Maximalkonzentration von Indium im Quellwasser betrug 340 µg/l, für einen eindeutigen Nachweis genügt eine Konzentration von 0,1 µg/l.

Der zweite Feldversuch mit Indium wurde 1970 in den Salzburger Kalkvoralpen abgewickelt, wobei in einem Hangbereich von mehr als 2 km² 22 Quellen zu beobachten waren. Insgesamt waren 12 Quellen Indium-positiv mit einer Schüttung von zusammen durchschnittlich 6 l/s. Die Konzentration in der Quelle mit dem Hauptdurchgang erreichte im Maximum 3.10^{-7} g/ml und dauerte über mehrere Tage.

Auch ein dritter Versuch im stark wasserführenden Karstsystem von Semriach-Peggau verlief erfolgreich, sodaß dieser aktivierungsanalytische Tracer als für Feldversuche erprobt bezeichnet werden kann.

Die erforderlichen Einsatzmengen werden am besten im Vergleich angeführt: Beim ersten Versuch brachte der Einsatz von 100 g Indium etwa vergleichbare Auswertungskurven wie der Einsatz von 10 kg KCl (Wasserführung etwa 3 l/s). Beim zweiten Versuch in den Salzburger Kalkvoralpen wurden 500 g Indium mit 300 kg Kalisalz und 1 kg Uranin eingesetzt. Im Lurhöhlensystem bei Peggau kamen 1000 g Indium zum Einsatz, die Austrittsstellen Hammerbach und Schmelzbach führten 212 bzw. 80 l/s, die mittlere Fließzeit lag bei 28—30 Stunden, die Durchgangsergebnisse waren eindeutig (Maximum 50 bzw. 30.10^{-10} g/ml), die Deutlichkeit des Durchganges ist mit dem Einsatz von etwa 800 kg NaCl vergleichbar. Der Preis für 100 g reines Indiummetall betrug damals (1971) etwa 600,— ö.S.

2.2.2.6. Die Triftung von Bakterien zur Verfolgung unterirdischer Wasserwege

Schon in den Jahren 1928 und 1929 haben K. Kisskalt (1940) und K. Kisskalt und M. Knorr (1930) umfangreiche Versuche mit Bakterien durchgeführt, die im wesentlichen aber negativ verliefen.

Die Gründe, warum man neben den herkömmlichen Markierungsmitteln von Zeit zu Zeit immer wieder auch Keime als Tracer zu benutzen sucht, liegen nicht nur darin, ein weiteres Markierungsmittel zur Verfügung zu haben, sondern vor allem in der Suche nach einer Antwort auf die Frage des Praktikers, inwieweit Markierungsversuche unanfechtbare Ergebnisse zur Abgrenzung von Schutz- und Schongebieten für Trinkwasserversorgungen erwarten lassen. Bedingungen wie Unschädlichkeit für Mensch und Tier, seltenes Vorkommen im fließenden Wasser und leichte Züchtbarkeit in Kulturen auf einfachen Nährmedien brachten schließlich die Einschränkung auf die Verwendung von *Serratia marcescens* (Bakterium prodigiosum). Dieses bildet karmesinrote Kolonien (vgl. Fig. 58—60 bei H. Dombrowski in H. Batsche et al., 1972, S. 130). Als Nachweisverfahren nennen W. Knapp und H. Lommel (1961, S. 338) das Anreicherungsverfahren, die Membranfiltermethode und die Keimzahlbestimmung.

1958 wurden von G. Lukas (in: V. Maurin und J. Zötl, 1959, S. 149 ff.) im Rahmen eines kombinierten Markierungsversuches (s. Kap. 2.2.2.9.2.) im Buchkogelgebiet bei Graz auch Serratia marcescens in Form einer Bouillonkultur eingesetzt. Der Nachweis erfolgte durch die Membranfiltermethode (genaue Beschreibung s. 1959, S. 154), wobei immerhin drei positive Filter mit 1 bzw. 2 Kolonien zu verzeichnen waren.

Bei der 1959 im Rahmen der von G. Schulz (1961) durchgeführten Erprobung verschiedener Markierungsstoffe an unterirdischen Wässern bei Oberndorf am Neckar erzielten W. Knapp und H. Lommel ebenfalls mehrere positive Proben nach allen drei Nachweismethoden (1961, S. 339).

Auch diese Autoren betonen den im Vergleich zu den anderen Methoden eher spärlichen Nachweis trotz Anwendung verschiedener Untersuchungsverfahren und Bebrütungstemperaturen und diskutieren die dafür möglichen Gründe (S. 340). Ein immerhin bemerkenswertes Ergebnis dieser Untersuchungen war, daß bezüglich des Zeitpunktes des ersten Nachweises der wenigen Kolonien von Serratia marcescens eine gute Übereinstimmung mit den Bärlappsporen und dem Uranin bestand. Im allgemeinen aber kam man zu dem Schluß, daß neben allen mit den Kulturen verbundenen Schwierigkeiten der mit der Züchtung verbundene große Zeit- und Materialaufwand gegen die Verwendung der Keime als Tracer spricht.

Im August 1969 erfolgte durch H. Dombrowski (1970; in: H. Batsche et al., 1970, S. 128 ff.) die Eingabe von Serratia marcescens in die Hauptversickerung der Donau bei Immendingen.

Die hellroten Kulturen wurden in 1 l Flußwasser aufgeschlämmt und in die Schwinde eingegeben. Nach Berechnung von H. Dombrowski befanden sich in dieser Aufschlämmung etwa 30 Trillionen (30.10^{18}) Keime. Die Entnahme der Wasserproben aus den Quellen erfolgte mit sterilisierten Entnahmeröhrchen, im eingerichteten bakteriologischen Laboratorium standen ein Sterilisator, Autoclav, Brutschrank, Eisschrank, Gas, Agarbrutplatten, Pipetten und Platinösen zur Verfügung. Nach Ausstrich von 0,5 ml der Wasserprobe auf Agarplatte war nach einer Züchtung von 36 bis 48 Stunden bei 25° C das Ergebnis makroskopisch sichtbar. Insgesamt wurden 635 Sterilproben entnommen und bakteriologisch untersucht. Die vor der Einspeisung im Versuchsgebiet entnommenen 60 Leerproben waren sämtlich negativ. Von den 16 beprobten Quellaustritten waren 7 positiv (vgl. 2.2.2.9.4.). Das Interessante am Ergebnis dieses Versuches war nicht der durch viele andere Markierungsmittel (besser, weil quantitativ) festgestellte, damit neuerlich bestätigte Zusammenhang zwischen der Donauschwinde und der Aachquelle, sondern der Umstand, daß die Keime auch noch in anderen Wasseraustritten nachgewiesen werden konnten, in denen die bisher eingesetzten konventionellen Markierungsstoffe nicht aufzuspüren waren. Es ergab sich diesbezüglich eine Parallele zu den eingesetzten braungefärbten Lycopodiumsporen. Wird sich eine häufige Anwendung der Bakterientriftung aufgrund der hohen Kosten, Umständlichkeit und nur qualitativen Aussagen kaum ergeben, so ist andererseits nicht daran zu zweifeln, daß die Methode für spezielle Fragestellungen nützlich sein und immer wieder herangezogen werden wird.

In jüngster Zeit wurden allerdings seitens einiger Sanitätsbehörden Bedenken gegen den Einsatz von Serratia marcescens geäußert. Eine einhellige Meinung medizinischer Experten liegt derzeit jedoch nicht vor.

2.2.2.7. Der Einsatz von Schaum- und Duftstoffen sowie von Schallimpulsen zur Untersuchung der Zusammenhänge von Karstwässern

Die Möglichkeit, unterirdische Wasserwege durch den Einsatz synthetischer *Schaumstoffe* zu verfolgen, wurde zuerst von W. A. Schnitzer (1965) erprobt. Im März 1966 wurden im Karstgebiet des Buchkogelgebietes bei Graz 10 kg Alkylbenzolsulfonat gelöst in 25 l Wasser und versetzt mit 0,5 kg Schaumstabilisator in die Schwinde eingebracht. Zwei Tage später zeigten sich die ersten Schaumspuren in dem durch andere Tracer markierten Quellaustritt. Die in Schüttelkolben behandelten Wasserproben ergaben eine über 2 Tage währende Durchgangskurve und erlaubten eine halbquantitative Auswertung des Einsatzes (H. Batsche et al., Abb. 16, S. 379). Im August 1969 wurden in einem Schacht östlich von Liptingen im Donau-Aachgebiet (vgl. Kap. 2.2.2.9.4.) das „harte" Detergens Marlon 374 (200 kg; Chemische Werke Hüls) und das 30% „weiche", d. h. biologisch abbaufähige Detergens Marlon AFR (62 kg) injiziert. Der Nachweis wurde diesmal sowohl nach der von W. A. Schnitzer (1967) beschriebenen halbquantitativen „Schaumhöhenbestimmung nach dem Schüttelverfahren" als auch von R. Geisler kolorimetrisch als quantitativ-photometrische Bestimmung mit der Methylenblaumethode (J. Longwell und W. D. Maniece, 1955) durchgeführt. Wenn der Analysenvorgang sehr sorgfältig durchgeführt wird, können noch MAS-Gehalte (MAS = Methylenblauaktive Substanz) unter 0,05 mg/l nachgewiesen werden. R. Geisler (s. H. Batsche et al., 1970, S. 112 ff.) hat den Analysengang nach H 23 der „Deutschen Einheitsverfahren zur Wasseruntersuchung" (identisch mit der Vorschrift der Fa. Merck / Darmstadt, Repro 8183) angewendet.

R. Geisler (S. 116) weist auf folgende Voraussetzungen hin, die notwendig sind, um auch bei sehr niedrigen Konzentrationen noch sichere Aussagen zu erreichen:

— Sorgfältig, mit zehnprozentiger alkoholischer Salzsäure vorgereinigte Glasgefäße,
— gleichmäßiges, aber nicht zu heftiges Ausschütteln des Farbkomplexes,
— genaue Abtrennung der jeweiligen Chloroformphase mit dem Farbkomplex vom Wasser, und
— Konservierung der Probe mit etwa 10 mg/l $HgCl_2$ (nach W. K. Fischer, 1962), falls die Analyse nicht unmittelbar nach der Probennahme erfolgt.

Bei dem Versuch 1969 konnten 79,5% des eingesetzten MAS allein in der Aachquelle wieder nachgewiesen werden. Da auch an anderen Wasseraustritten deutliche Spuren gemessen wurden, ist die Ausbringungsrate außergewöhnlich hoch.

Da die Verwendung (und damit Erzeugung) „harter", das heißt nicht abbaufähiger Detergentien aus Gründen des Umweltschutzes nicht mehr erlaubt ist, ist die Frage, inwieweit „weiche", d. h. abbaufähige Alkylbenzolsulfonate als Markierungsstoffe verwendbar sind, grundlegend. R. Geisler (H. Batsche et al., 1970, S. 113, 114) hat entsprechende Laborversuche durchgeführt, die zeigten, daß (bei einer Wassertemperatur von 11—12° C) in an anorganischen Stoffen und Bakterien relativ armem Quellwasser (Aach) in den ersten 5 Tagen nach dem Einsatz des weichen Detergens kein Abbau erfolgte. Abb. 21 illustriert dieses Experiment und zeigt, daß erst nach dem fünften Tag ein deutlicher Abbau einsetzte. Ein Parallelversuch mit einem bakterienreichen Abwasser aus einer biologischen Kläranlage machte deutlich, wie sehr der Abbau des weichen Detergens vom Milieu abhängt; schon am ersten Tag sank der Gehalt an MAS rapid ab und war nach drei Tagen völlig abgebaut.

Die Anwendung von MAS wird sich demnach auf kurzzeitige Versuche beschränken müssen, kann in diesen Fällen aber bei Nutzung der kolorimetrischen Bestimmung zu sehr guten quantitativen Ergebnissen führen.

Für einen ersten qualitativen Hinweis ist zweifellos die Ausschüttelung ein rasch durchführbares Hilfsmittel. W. A. Schnitzer (H. Batsche et al., 1970, S. 115) empfiehlt einen 500 ml Schüttelkolben mit möglichst engem Hals. Hierin wird die Wasserprobe kräftig mit Luft durchbewegt, wobei die Menge der enthaltenen Detergentien mechanisch extrahiert wird. Nach W. A. Schnitzer sind dadurch Detergentien noch bis zu einem Verdünnungsgrad von mehr als 1 : 8 Millionen sicher nachzuweisen. Bei besonders gereinigtem Detergentiengehalt wird die Verwendung eines 1-Liter-Kolbens empfohlen.

Die Verwendung von *Duftstoffen* als Markierungsmittel mutet zunächst noch eher als eine Kuriosität an, die Methode stand aber andererseits 1969 noch im Entwicklungsstadium. Die ersten Versuche führten W. A. Schnitzer und W. Wagner (1967, 1969) auf der Frankenalb und im Altmühltal durch. Von einer größeren Zahl intensiv riechender unschädlicher Geruchstoffe blieben nach Überprüfung zunächst drei Verbindungen übrig: *Isobornylazetat* (Fichtennadelgeruch mit einer Wahrnehmungsschwelle von 1 : 50 Mill.), *Dipenten* (terpentin- bis zitronenartiger Geruch mit einer Wahrnehmungsschwelle von 1 : 10 Mill.) und *Isoamylsalicylat* (Orchideenblütengeruch mit einer Wahrnehmungsschwelle von 1 : 100 Mill., vgl. W. A. Schnitzer in H. Batsche et al., 1970, S. 118). Da die Geruchsstoffe wasserunlöslich sind, müssen sie vor dem Einsatz emulgiert werden, wozu sich am besten weiche Detergentien (Alkylbenzolsulfonat) bewährt haben. Beim Versuch 1969 im Donau-Aachgebiet konnte man einerseits den Geruch im Bereich des Aachtopfes deutlich wahrnehmen, andererseits war bei den Proben durch Abbau- oder Oxydationsvorgänge der Geruch (bis zu scharf beißend) so verändert, daß er den verschiedenen eingesetzten Duftstoffen nicht mehr mit Sicherheit zugeordnet werden konnte. Besteht die Möglichkeit, daß Trinkwasserversorgungen betroffen werden, so ist diese Methode von vornherein auszuschließen.

Umstritten ist bislang die Möglichkeit der *Anwendung von Schallimpulsen* zur Untersuchung des Zusammenhanges von Karstwässern.

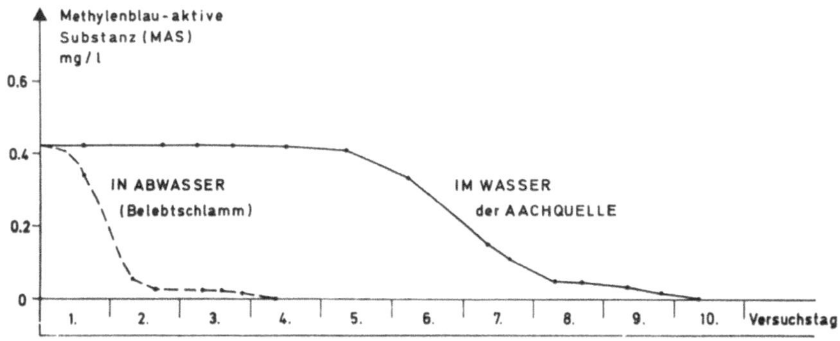

Abb. 21. Abbaukurve der weichen Detergentien im Aachwasser und in einem bakterienreichen Abwasser aus einer biologischen Kläranlage nach einem Versuch von R. Geisler (1970)

W. A. Schnitzer (1972, S. 112) hat eine Anzahl von Beschießungen an Dolinen der Frankenalb durchgeführt und hat festgestellt, „daß Schallimpulse fast ausschließlich in den Quellen wahrgenommen wurden, die auf Markierungsstoffe ansprachen". Es handelt sich also um die Erzeugung eines Schallstoßes und die Aufnahme des Impulses durch geeignete Detektoren in den Quellen. Der Impuls wurde durch die Zündung von ein bis zwei Patronen Ammongelit (je 125 g) in den freigelegten Abzugsschächten der Dolinen erzeugt, die Schächte wurden jeweils vorher gut durchgespült. Zur Aufnahme des Impulses in der Quelle diente ein tragbares Tonbandgerät mit einem serienmäßig ausgestatteten Mikrofon. Dieses wurde mit einer Plastikfolie überzogen und 30—50 cm unter den Wasserspiegel der Quelle eingetaucht, wobei die Quelle keine zu großen Eigengeräusche verursachen durfte. W. A. Schnitzer (S. 112, 113) unterschied das Grundgeräusch, das Umgebungsgeräusch und schließlich das Impulsgeräusch. Bei den Impulsgeräuschen selbst unterscheidet W. A. Schnitzer wieder verschiedene Kategorien, die auch bei den vom Band über einen Oszillographen abgespielten Impulsen am Streifen deutlich sichtbar sind (Abb. 1 u. 2, 1972, S. 113, 114). W. A. Schnitzer führt diese verschiedenen Kategorien von Impulsgeräuschen auf die verschiedenartige Form der unterirdischen Karstwege (Spalten, Höhlen usw.) zurück.

In der Diskussion fand die Möglichkeit der Verwendung von Schallimpulsen eine außergewöhnlich abweichende Beurteilung. Wegen der Fortpflanzung der Schallwellen nach allen Seiten und Medien verschiedensten Aggregatzustandes schien R. Apel (Geol. Jb., C, 2, Hannover 1972, S. 116) diese Methode für Markierungsversuche völlig ungeeignet. W. A. Schnitzer selbst hatte schließlich mitgeteilt, daß auch Quellen, in denen keine Markierungsstoffe nachgewiesen werden konnten, die in die „Beschußdoline" eingespeist worden waren, Impulse abgaben. Besonders der Luft mißt W. A. Schnitzer selbst als Schalldruckwellenleiter besondere Bedeutung zu, da seine Beschießung ja im Luftraum oberhalb des Karstwasserkörpers erfolgte. Optimistischer beurteilte J. Kobilka (Geol. Jb., C, 2, Hannover 1972, S. 117) die Schallimpulsmethode zur Verfolgung von Karstwasserwegen. Er verwies darauf, daß man sich bei Kraftwerksanlagen scheut, Unterwassersprengungen oder Sprengungen an wasserführenden Aggregaten durchzuführen. Es ist bekannt, daß besonders Abschlußorgane an Hochdruckanlagen empfindlich auf Druckstöße reagieren, weil es sich hier um ein hydraulisch geschlossenes Druckmodell handelt. J. Kobilka nimmt an (S. 118), „daß es sich in den einzelnen Fällen um eine Vermengung der Einflüsse zwischen Druckwelle und Geräuschfortpflanzung handelt", obwohl in einem einigermaßen geschlossenen Drucksystem die Fortsetzung des hydraulischen Druckstoßes das Wesentliche sei. Damit wäre auch die Verwendung kleinerer Sprengladungen für die Verfolgung von Karstwegen anwendbar.

2.2.2.8. Die Vorbereitung und Durchführung von Markierungsversuchen

Die karsthydrogeologische Aufnahme ist im Verein mit dem Studium der vorliegenden Karten und Literatur die Basis der Ausführung von Markierungsversuchen. Diese Voraussetzungen wurden im Kapitel 2.2.1. ausführlich besprochen. Auch wenn die Fragestellung von Anbeginn auf die Durchführung einer Markierung des unterirdischen Wassers hinzielt, sind die Vorerhebungen unbedingt notwendig, und der Markierungsversuch kann nur das letzte Glied einer langen Reihe von Untersuchungen sein. In diese Forderung eingeschlossen ist die Notwendigkeit einer gewissen Zeitspanne für die Vorarbeiten, weil diese meistens auch systematische längerfristige Beobachtungen umfassen. Erst diese Erhebungen erlauben bei großräumigen Untersuchungen eine einigermaßen sichere Anschätzung der unbedingt erforderlichen Tracermengen und die Erstellung des notwendigen Beobachtungsprogrammes incl. Material und Personal. Erst die Kenntnis des Verhältnisses von NQ und HQ einzelner Quellen gibt Hinweise, wie weit sie für die Berechnungen repräsentativ sind. Im Mittelsteirischen Karst (vgl. Kap. 2.2.2.9.1.), wies sich zum Beispiel die Hammerbachquelle mit ihrer relativ geringen Schwankungsziffer (1966: NQ 103 l/s, HQ 637 l/s) schon dadurch als Normalwasserabfluß, der Schmelzbach (1966: NQ 43 l/s, HQ 1035 l/s) als Hochwasserüberlauf aus.

Schwierig ist stets die Anschätzung der wahrscheinlichen *Durchgangszeiten.* Entfernung und Höhendifferenz (Gefälle) zwischen Eingabe- und Beobachtungsstellen sind neben der jeweiligen Wasserführung die wichtigsten Kriterien. Da die Durchgangszeiten ausschlaggebend für die Planung bzw. Dauer der Beobachtung sind, wird im Kap. 2.2.2.9.5. auf eine umfangreiche tabellarische Übersicht von Versuchsdaten aus französischen, deutschen und österreichischen

Karstgebieten hingewiesen. Die großen Differenzen des vorliegenden Zahlenmaterials zeigen, daß es sich nicht um einen einfachen Mengen- und Zeitkatalog handelt; andererseits vermag das sorgfältige Studium wenigstens einige Anhaltspunkte zu geben. Einfacher ist es, wenn man auf bereits früher im gleichen Gebiet oder gar am selben System durchgeführte Versuche zurückgreifen kann.

Sehr wertvolle Hinweise lassen die Ergebnisse systematischer Messungen der Umweltisotope (Tritium, Deuterium, Oxygen-18, Carbon-14) erwarten. So ergab sich beispielsweise im Toten Gebirge eine hervorragende Übereinstimmung zwischen den kurzen Durchgangszeiten der Tracer und dem durch die Umweltisotope charakterisierten Typus der unterirdischen Entwässerung (s. Kap. 2.2.3.).

Die *Wahl des Markierungsmittels* hängt von vielen Umständen wie Transportmöglichkeiten, verfügbarem Personal, der vermutlichen Versuchsdauer, dem natürlichen Chemismus der Wässer, den Erfordernissen eines quantitativen oder nur qualitativen Nachweises, der Ausdehnung des Versuchsgebietes u. a. m. ab. Die Tatsache einer gewissen Auswahl an Markierungsstoffen führte in der jüngsten Zeit zum sehr häufig angewandten kombinierten Einsatz mehrerer Tracer. Dies sowohl zur gleichzeitigen Beschickung mehrerer Schwinden (und damit zur Gewinnung einer vollständigeren Übersicht über die großen Züge der Gesamtentwässerung) als auch zur Beschickung ein und derselben Schwinde. Letzteres kann sich dann als vorteilhaft erweisen, wenn nicht völlige Klarheit über mögliche Absorption oder Verluste durch Ionenaustausch oder Filterung im Untergrund herrscht. Im schwer begehbaren Gelände werden Methoden mit Anreicherungsverfahren den Vorzug finden.

Schließlich bedarf die Durchführung eines Markierungsversuches fachkundiger Mitarbeiter im Labor und Feld und einer je nach Örtlichkeit und Umfang verschieden großen Anzahl von Hilfskräften und Fahrzeugen. Es kann nicht oft genug betont werden, daß Einspeisungsarbeiten und Probenahme bzw. -untersuchung von verschiedenen Personen durchgeführt werden müssen. Nur, wenn die mit der Einspeisung befaßten Kräfte in keinerlei Kontakt mit dem übrigen Personal kommen, ist eine Kontamination auszuschließen; für den Fall, daß ein Markierungsmittel nur in Spuren nachgewiesen werden kann, ist dies für ein eindeutiges Versuchsergebnis entscheidend.

Die *Anzahl der Beobachtungsstellen* soll nicht vom Gesichtspunkt einer eng begrenzten Fragestellung her entschieden werden. Der Einwand, daß im speziellen Fall nur der Zusammenhang mit einem einzigen Wasseraustritt von Interesse sei, darf niemals versuchsbestimmend sein, da ein negatives Ergebnis solange *kein* Ergebnis ist, solange es nicht durch begleitende positive Resultate erhellt wird. Es ist daher schon bei der Planung die Erfassung des negativen Rahmens des Versuchsbereiches anzustreben.

Weitgespannte Experimente werden um die Errichtung einer Zentralstation im Gelände, womöglich in einem Haus mit Stromversorgung und Schlafgelegenheit nicht herumkommen. Von hier aus laufen die Kontrollen der Beobachtungsstationen und können Sofortmaßnahmen bei unvorhergesehenen Ereignissen eingeleitet werden.

Ist jede Entnahmestelle eine ständig besetzte Beobachtungsstation, so hat die Besatzung ein Stationsbuch zu führen, die Aufzeichnungen werden von den Kontrollorganen in Zweitschriften übernommen. Werden mehrere Beobachtungsstellen von einem Team betreut, so führt dieses ein Beobachterbuch, dessen Aufzeichnungen beim Personalwechsel in der Zentralstation in Zweitschrift gegeben werden. Die „Bücher“ bestehen aus Protokollblättern, die den Namen des (der) Beobachter(s), die Beobachtungsstellen, die Probennummern, den Entnahmezeitpunkt und sonstige Angaben (Temperatur- und Schüttungsmessungen, Wetterlage, Schwierigkeiten bei der Probenahme usw.) enthalten. Ort, Probennummer und Entnahmezeit sind auch mit wasserbeständigem Schreibmaterial auf den Probeflaschen zu vermerken. Werden mehrere Proben für verschiedene Untersuchungsmethoden von den einzelnen Quellen gezogen, so empfiehlt es sich, verschiedene Flaschenformen oder mit verschiedenen Farbstreifen versehene Flaschen zu verwenden (vgl. V. MAURIN und J. ZÖTL, 1959, S. 88 ff.).

Ist die Errichtung von Beobachtungsstationen in Stollen oder Höhlen unter Tag notwendig, so sind besondere Vorsichtsmaßnahmen erforderlich (vgl. V. MAURIN, 1967, S. 317). Die Versorgung des Biwaks, die Aufrechterhaltung der Verbindung und die besondere Vorsorge gegen mögliche plötzliche Hochwässer bringen für den Versuchsleiter eine besondere Verantwortung mit sich.

Abschließend sei noch auf etwaige Wiederholungen von Markierungsversuchen am selben Objekt eingegangen. Diese sollen vor allem nicht in zu kurzer Zeit hintereinander erfolgen. Es fehlt nicht an Beispielen, daß die Durchführenden nicht wußten, von welchem Versuch schließlich die positive Probe stammte! Es gibt Beispiele, daß sedimentierte oder in Nebenhohlräume geleitete Tracer bei Hochwässern Monate, ja Jahre nach dem Versuch wieder mobilisiert wurden. F. BAUER (1969, S. 210) beschreibt die Wiederausbringung von Uranin aus einer mit stehendem Wasser gefüllten Spalte im Zuge eines Stollenvortriebes Jahre nach der Durchführung eines positiv verlaufenen Färbeversuches in diesem Gebiet. Zunächst wird man im Falle einer Wiederholung eines Markierungsversuches versuchen, andere Tracer einzusetzen. Ist dies nicht möglich, so heißt das keineswegs, daß auch nach Jahren eine Wiederholung auszuschließen ist. Ergibt der zweite Versuch eindeutige Durchgangskurven, so wird an der Verwertbarkeit dieser Ergebnisse kein Zweifel bestehen. Solche erwachsen allerdings dann, falls nur ein Nachweis von Spuren möglich ist. Aber auch in diesem Fall kann die Gesamtheit der hydrometeorologischen und hydrologischen Gegebenheiten zur Zeit des Versuches klärend wirken.

2.2.2.9. Beispiele kombinierter Markierungsversuche und daraus gewonnene Erfahrungen

Kombinierte Markierungsversuche können grundsätzlich sehr verschiedenen Zielen dienen.

Zunächst bietet der gleichzeitige Einsatz verschiedener Tracer in verschiedene Schwinden eines mehr oder minder geschlossenen Karstgebietes bzw. Gebirgsstockes die Möglichkeit, eine umfassende Klärung der Grundzüge der unterirdischen Entwässerung des gesamten Gebietes zu erzielen. In den Kalkhochalpen wurden solche umfassende, durch gründliche Aufnahmen vorbereitete, kombinierte Markierungsversuche vor allem im Tennengebirge, im Dachsteingebiet, im Toten Gebirge und im Warscheneckstock durchgeführt (vgl. Kap. 2.3.1.). Die Ergebnisse dieser Untersuchungen gaben Anstoß und Beweismittel zur Revision herrschender Hypothesen der Karsthydrogeologie.

Ein anderer Zweck, kombinierte Markierungsversuche durchzuführen, ist, verschiedene Markierungsmittel an ein und demselben Karstsystem einzusetzen, um die verschiedene Wirksamkeit der einzelnen Tracer zu testen.

Schließlich kann sich auch der Einsatz mehrerer Stoffe zur Untersuchung eines lokalen Problems als notwendig erweisen, falls besondere Verhältnisse (Einschaltung seihender oder adsorbierender Schichten, besondere Einspeisungsbedingungen, besondere Vorsichtsmaßregeln usw.) Zweifel am Erfolg beim Einsatz nur eines Tracers aufkommen lassen.

2.2.2.9.1. *Die kombinierten Markierungsversuche im Bereich Semriach-Peggau*

Das etwa 20 km nördlich von Graz gelegene Karstgebiet ist das Kernstück des sogenannten „Mittelsteirischen Karstes" (H. Bock, 1913). Hydrogeologisch umfaßt der Bereich den aus Schöckelkalk aufgebauten Tannebenstock mit seinen Ausläufern (Eichberg, Krienzer Kg.) und das in den paläozoischen Schiefern gelegene Semriacher Becken, dessen Oberflächengerinne sich im Lurbach sammeln, der am Osteingang der Lurgrotte in das Karstsystem des Tannebenstockes verschwindet (Abb. 22).

Zusammen wird ein etwa 22 km² großes Einzugsgebiet vollständig unterirdisch entwässert. In der Lurgrotte ist der Lurbach nur noch etwa 200 m als Höhlenfluß verfolgbar, sonst liegt das nahezu 5 km lange, touristisch erschlossene Höhlensystem bis zum Ursprung des Schmelzbaches, etwa 1200 m vor dem Westeingang der Höhle in Peggau, trocken und wird nur von Hochwässern durchtost. Im zugänglichen Teil der Lurgrotte treten an verschiedenen Stellen noch kleinere Gerinne auf, die entweder bald wieder versickern (z. B. der Kaskadenbach) oder dem Schmelzbach zufließen (z. B. die Laurinsquelle).

Am Fuße der Westwand des Tannebenstockes im Bereich des Ortes Peggau tritt etwa 1 km südlich des Schmelzbachausflusses (= beim Westeingang der Lurgrotte) noch eine bedeutende Karstquelle aus, der Hammerbach (s. Abb. 22). Diese Quelle weist im Mittel die stärkste Schüttung auf (z. B. MQ 1966: Lurbach 118 l/s, Hammerbach 212 l/s, Schmelzbach 80 l/s), auch die höchste Niederwasserführung, während Hochwässer nach sommerlichen Starkregen die Lurgrotte durchlaufen und sich in der Höhle mit dem Schmelzbachursprung vereinen, wodurch der Schmelzbach bei seinem Austritt in Peggau die stärksten Hochwässer führt (HQ 1966: Hammerbach 637 l/s, Schmelzbach 1035 l/s). So ist es zwar augenscheinlich, daß Hochwässer eine direkte Verbindung des Lurbaches von Semriach mit dem Schmelzbach bei Peggau darstellen, der Wiederaustritt des Lurbachwassers bei Mittel- und Niederwasser war jedoch bis in die jüngste Gegenwart nicht nachgewiesen, obwohl H. Bock (1913) schon vermutete, daß ein Zusammenhang von Lurbach und Hammerbach bestehe (vgl. dazu Kapitel 2.2.4.).

Im Februar 1927 führte G. Kyrle den ersten Markierungsversuch in diesem Gebiet, „*Die kombinierte Chlorierung des Lurbaches*" (1928, S. 29 ff.) durch. Zur Zeit dieses Versuches teilte sich der Lurbach beim Semriacher Höhleneingang in zwei Arme. In den linken Lurbacharm setzte G. Kyrle am 18. Februar 1927 250 kg Viehsalz (in ungelöstem Zustand!) und 500 g gelöstes Fuchsin ein, neun Stunden später, am 19. Februar um 6 Uhr, wurden die gleichen Mengen an Farbe und Viehsalz in den rechten Lurbacharm eingespeist. Dazu wurden noch Korkschnitzel und Holzkugeln als Triftkörper eingebracht. Kontrollen wurden am Schmelzbachursprung, bei der Laurinsquelle, an der Hammerbachquelle und an der Steinbruchquelle (= südlich des Peggauer Einganges der Lurgrotte, heute versiegt) durchgeführt. Die Wasserproben wurden nur für die Dauer von 24 Stunden durchschnittlich alle zwei Stunden in eine Zentralstation eingeliefert und hier chemisch untersucht. Alle weiteren Farbstoff- und Chlorproben kamen nur zur qualitativen Untersuchung. Diese qualitative Kontrolle wurde beim Schmelzbach und bei der Laurinsquelle bis 36 Stunden und beim Hammerbach bis 58 Stunden nach der ersten Einspeisung aufrecht erhalten.

Der Versuch verlief negativ. G. Kyrle unterlag, abgesehen von der Verwendung untauglicher Mittel wie Schwimmkörper (!), in seiner, den ganzen Band XII (1928) der Speläologischen Monographien füllenden zusammenfassenden Beschreibung des Versuches einer

Reihe von Fehlschlüssen. Das war deshalb verhängnisvoll, weil sie auf Grund dieser scheinbar gesicherten Versuchsergebnisse von späteren Autoren kritiklos übernommen wurden, ja gerade als Musterbeispiel karsthydrogeologischer Untersuchungen der Argumentation von O. Lehmann (1932) dienten. So hat G. Kyrle sowohl zu kurze Zeit kontinuierlich beobachtet — aufgrund der irrigen Annahme, daß sich die Wässer in den Höhlenstrecken „relativ bedeutend schneller als in nichtregulierten Freilandgerinnen" bewegen (1928, S. 77) — als auch für seine später nur mehr qualitative Untersuchung der Proben eine zu geringe Menge der Markierungsstoffe eingesetzt. G. Kyrle weist diese Möglichkeiten strikt zurück (1928,

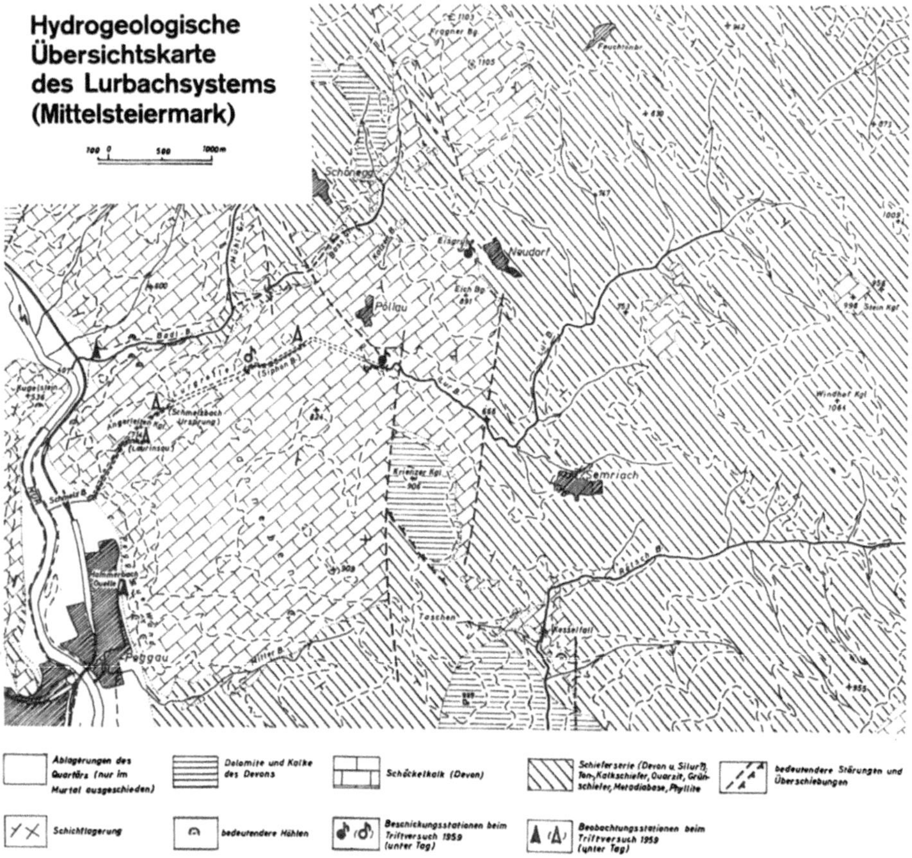

Abb. 22. Hydrogeologische Übersichtskarte des Bereiches Semriach-Peggau im Mittelsteirischen Karst

S. 87) und kommt zu den völlig falschen Schlüssen, daß keinerlei Zusammenhang zwischen dem Lurbach und den Karstquellen bei Peggau bestehe (1928, S. 90) und auch ein negatives Ergebnis bei Einhaltung der von ihm beschriebenen Versuchsanordnung sehr wohl beweiskräftig sei (S. 86).

Nach dem Beweis des Zusammenhanges der Lurbachschwinde mit dem Hammerbach in Peggau durch einen von V. Maurin geleiteten Salzungsversuch (Einsaz 800 kg vorgelöstes Gewerbesalz; V. Maurin, 1952) wurde dieses Karstsystem *im April 1959 zur Erprobung verschiedener Triftmittel* (Lycopodiumsporen, granuliertes Kunststoffpulver u. a.) benutzt. Es gelang nur der

Nachweis der schon andernorts erprobten Lycopodiumsporen, der die Ergebnisse des Salzungsversuches von 1952 bestätigte (V. MAURIN und J. ZÖTL, 1959, S. 45).

Der umfangreichste Test zum Vergleich verschiedenster Markierungsstoffe, verbunden mit dem Ziel, durch die Einspeisung in zwei weitere kleine Schwinden im Semriacher Raum die unterirdische Entwässerung dieses Gebietes weitgehend abzuklären, war der *vergleichende Markierungsversuch im Bereich von Semriach-Peggau im Jahre 1966* (H. BATSCHE et al., 1967, S. 333 ff.). Dabei wurden eingespeist: 250 mCi Jod-131, 5 Ci Tritium, 1,5 kg Mangan, 10 kg braungefärbte Lycopodiumsporen und 5 kg Uranin in die Lurbachschwinde, 8 kg blaugefärbte Lycopodiumsporen in die Eisgrube (eine Doline im N des Eichberges; s. Abb. 22) und 10 kg grüngefärbte Lycopodiumsporen und 30 kg Ammoniumbromid in die Katzelbachschwinde.

Den Durchgang der in die Lurbachschwinde eingesetzten Tracer am Hammerbach weist Abb. 23 aus. Abb. 24 zeigt die Einspeisung in den Lurbach am Osteingang der Lurgrotte bei Semriach.

Die Einspeisung in die Eisgrube brachte kein Ergebnis, wobei nicht klar ist, inwieweit Probenverluste durch mutwillige Zerstörung der Beobachtungsstelle an der sog. Schinnerlquelle (östl. des Tannebenstockes) von Einfluß waren.

Glücklicher verlief der Einsatz der grünen Lycopodiaumsporen in die Katzenbachschwinde. Tabelle 6 in H. BATSCHE et al. (1967, S. 371) zeigt deren Durchgang in den Wasseraustritten im Lurhöhlensystem, wobei damit die neue Erkenntnis verbunden ist, daß die hier versinkenden Wässer den N-Teil des Karstwassersystems im Tannebenstock alimentieren. Das hier ebenfalls eingesetzte Ammonbromid konnte nirgends nachgewiesen werden, was schließen läßt, daß die eingesetzte Menge zu gering war und wohl auch die Grenzen der Anwendbarkeit dieses Tracers überschritten wurden.

2.2.2.9.2. *Vergleichende Markierungsversuche im Buchkogelgebiet bei Graz*

Das Grazer Feld findet im Nordwesten seine Begrenzung durch den Plabutsch-Buchkogelzug, der zu den südlichen Ausläufern des Mittelsteirischen Karstes gehört. Der Höhenzug zählt zu den letzten Erhebungen der hier unter das Tertiär der Grazer Bucht untertauchenden Alpen, er ist vorwiegend aus paläozoischen Kalken und Dolomiten aufgebaut, ragt halbinselförmig aus den jüngeren Sedimenten auf und ist stark verkarstet. Neben zahlreichen Karren, Dolinen und Schächten in den höherliegenden Partien finden sich in den tieferen Hangteilen Horizontalhöhlen, die im Talniveau zum Teil noch wasseraktiv sind.

Der Schichtaufbau des Grundgebirges zeigt generell ein Nord-Süd-Streichen und ein mittelsteiles Einfallen nach Westen. Die durchwegs dem Devon angehörenden Schichtglieder beginnen zuunterst mit Sandstein und gehen nach oben in eine dolomitische und schließlich vorwiegend kalkige Fazies über. In den basalen Anteilen sind im Bereich des Florianiberges Diabastufflagen eingeschaltet. Die ganze Schichtfolge wird durch eine größere Zahl, in der Hauptsache Ost—West streichender Störungen zerhackt (A. SCHÄFER, 1937). Diese Störungsstreifen waren auch für die Entwicklung der Morphologie wirksam und begünstigen die Ausbildung der zum Grazer Feld gewandten Buchten und Gräben (Abb. 25).

Während des Jungtertiärs wurde dieser Grundgebirgsrücken vollkommen unter Lockersedimenten begraben (A. WINKLER—HERMADEN, 1957). Diese Entwicklung setzt, wie aus der

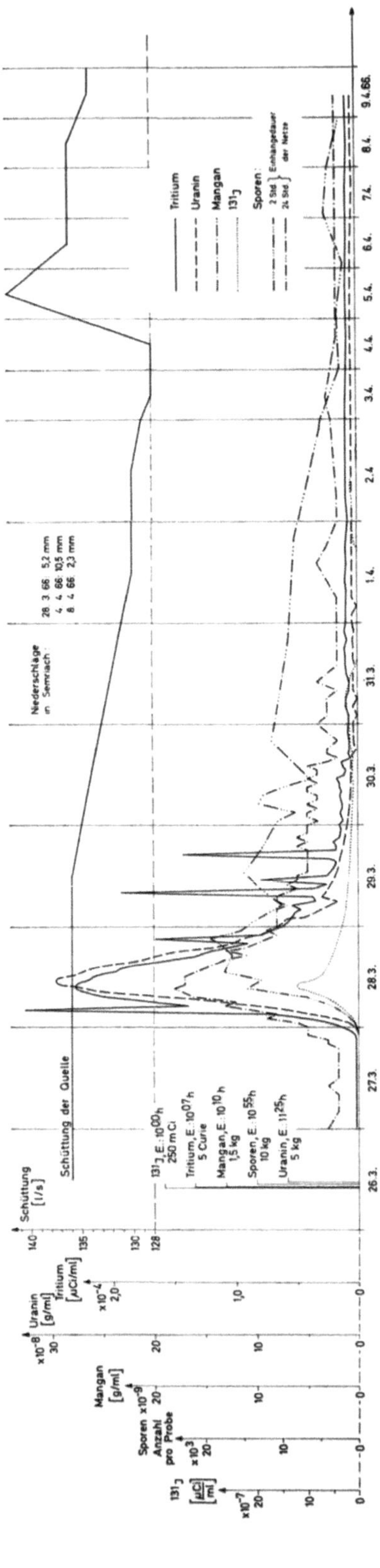

Abb. 23. Durchgangskurven der Tracer im Hammerbach beim kombinierten Markierungsversuch 1966

Bohrung Pirka hervorgeht (A. PAPP, 1953), im Mittelmiozän ein und dauerte bis in das höhere Pliozän. Infolge der dann stärker einsetzenden Höherschaltung des gesamten Grazer Berglandes wurde das Grundgebirge wieder aus den verhüllenden Lockersedimenten exhumiert. Diese, in Etappen erfolgte Freilegung findet morphologisch ihren Ausdruck in der Entwicklung verschiedener Niveaus. Einzelne dieser Verebnungsflächen sind durch eine intensive Oberflächenverkarstung ausgezeichnet. Besonders zu erwähnen sind hier die nördlich des Buchkogelgipfels in etwa 600 m Seehöhe ausgebildeten, bis zu 10 m tiefen Karsttaschen, die sich während des Oberpliozäns entwickelten und mit, unter anderen klimatischen Bedingungen gebildeten, lateritischen Eisenerzen gefüllt sind. Durch einen während des letzten Krieges betriebenen kleinen Bergbau sind sie gut aufgeschlossen.

Infolge der stärkeren Erosionstätigkeit der Mur wurden die tertiären Sedimente im Osten des Buchkogelzuges tiefer ausgeräumt als im Westen. In dem zum Grazer Feld gerich-

Abb. 24. Einspeisung in die Lurbachschwinde am Osteingang der Lurgrotte bei Semriach beim kombinierten Markierungsversuch 1966. Photo: H. BATSCHE, 1966

teten Grundgebirgsbuchten haben sich aber Reste der ehemaligen Verhüllung erhalten. So ist in den Grundgebirgsbuchten von Wetzelsdorf, Bründl und Kehlberg, zum Teil noch höher am Hang hinaufreichend, in Form mächtiger Rotschutt- und Roterdebildungen die miozäne Hangverkleidung erhalten. Sie entspricht in Position und Aussehen der schon verschiedentlich beschriebenen Eggenberger Breccie an den Osthängen des Plabutsch. In der Bucht von Kehlberg werden diese Rotschuttbildungen vom kohlenführenden Süßwassermiozän überlagert (V. HILBER, 1893). Auch in der Bucht von Bründl finden sich nördlich der Ackerbauschule Grottenhof hellgraue Tegel, die ebenfalls in das Miozän gestellt werden (V. MAURIN und J. ZÖTL, 1959, S. 12).

In etwa 360 m Seehöhe schließt gegen das offene Grazer Feld die Würmterrasse des Murtales an den Buchkogelzug an. In der Bucht von Bründl schiebt sich aber zwischen der Krottendorfer Straße und dem Grundgebirge eine etwa 10 m höhere eiszeitliche Schotterterrasse ein. Diese würde in Höhenlage und Zusammensetzung Terrassenresten am Westrand des Grazer Felde entsprechen, und wir müßten sie demnach mit A. WINKLER—HERMADEN als rißeiszeitlich ansehen.

Während sich in den pleistozänen Schotterterrassen des Grazer Feldes ein geschlossener Grundwasserkörper ausbilden konnte, treten im Osten, Südosten und Südwesten des Buchkogelzuges mehrere Quellen aus, von denen das sogenannte „Bründl" die stärkste Schüttung und die tiefste Lage aufweist. Im Nordwesten des Buchkogelzuges lagern die jungtertiären Sedimente noch heute dem Grundgebirge bis zu einer Höhe von über 480 m Seehöhe an. Es handelt sich dabei um eine Wechselfolge von Lehmen, Sanden und Schottern. In diesem Bereich haben sich an der Kalk-Tertiär-Grenze Ponore entwickelt, durch die ein etwa

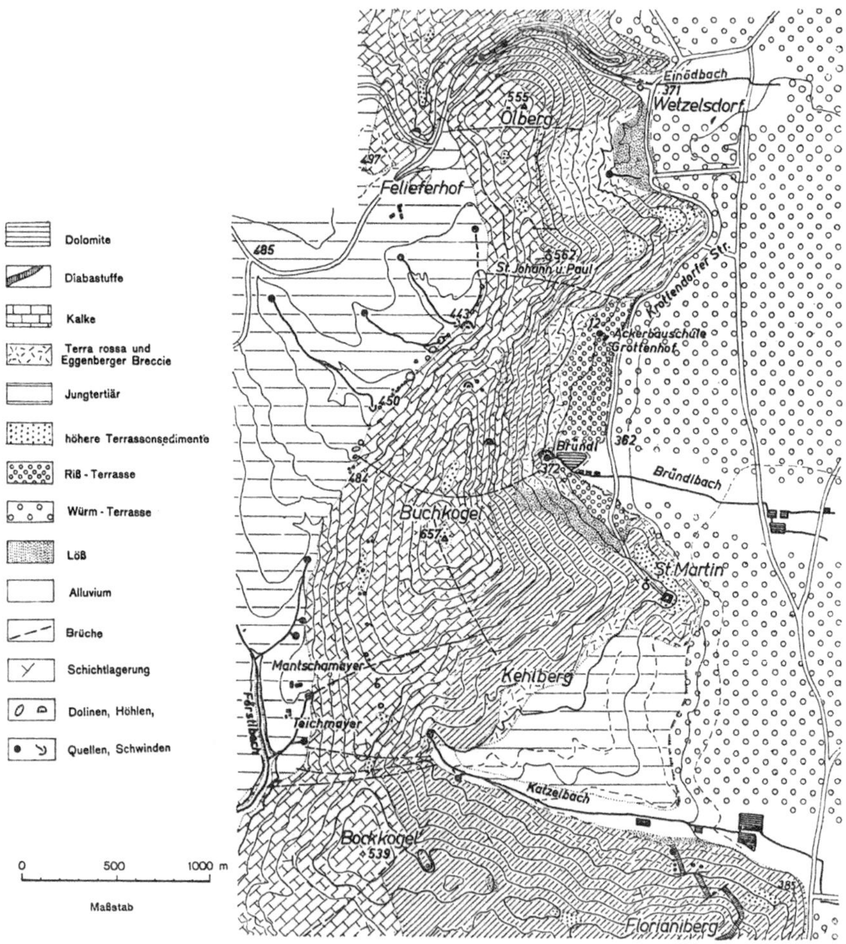

Abb. 25. Geologische Karte des Buchkogelzuges bei Graz (nach A. SCHÄFER, 1937, ergänzt durch V. MAURIN und J. ZÖTL, 1959)

1,4 km² umfassendes Gebiet vollkommen unterirdisch entwässert wird. Schon seit langem wurde vermutet, daß der Wiederaustritt dieser Wässer in der Bründlquelle zu suchen sei; diese Quelle liegt 71 m tiefer als der tiefste Punkt des Beckens im Westen des Bergzuges und ist von den Schwinden etwa 700 bis 800 m entfernt. Die Ponore sind zum Teil als Schlucklöcher ausgebildet, an der tiefsten Stelle des Kessels von Feliferhof in 443 m Seehöhe aber ist der versinkende Bach noch eine kleine Strecke als Höhlengerinne verfolgbar. Auch die Bründlquelle trat aus einer nunmehr verschütteten Höhle an den Tag, die zeitweise bis 60 m in den Berg begehbar war. Während die Eingangspartie der Bründlhöhle im anstehenden Fels entwickelt ist, verläuft die gesamte übrige bekannte Höhlenstrecke in brecciös verkittetem jungtertiärem Hangschutt. Die in der Höhle auftretenden Bachgerölle und die an Wänden und Decken vorhandenen Reste älterer, schon konglomerierter Schotterbänke führen auffallend viele Quarzschotter, die ihrem Habitus nach an die Tertiärschotter des Beckens von Feliferhof erinnern.

Daß die Bründlquelle mit ihrer durchschnittlichen Schüttung von 12 l/sec an dieser Stelle an den Tag gedrückt wird und nicht unkontrollierbar in das Grundwasser des Grazer Feldes übertritt, verdankt sie wohl in erster Linie der oben geschilderten tertiären Verkleidung des Buchkogel-Osthanges. Diese schaltet sich als wasserstauende Schürze zwischen die pleistozänen Schotterterrassen und das verkarstete Grundgebirge ein. Der von der Quelle auf die Würmterrasse des Grazer Feldes abfließende Bründlbach versiegt nach knapp einem Kilometer im Schotterfeld, ohne die Mur zu erreichen. Dasselbe Schicksal erleiden die anderen Sammelgerinne der im Osten des Bergzuges austretenden Quellen.

Die günstige Lage des Untersuchungsgebietes am Rand der Stadt veranlaßte uns, mit der rein karsthydrographischen Fragestellung eine vergleichende Untersuchung verschiedener Arbeitsmethoden zu verbinden. So wurde im Ablauf einer Reihe von Versuchen zunächst durch einen Vorversuch (Salzung mit NaCl) der Zusammenhang der Schwinden im Kesseltal von Feliferhof mit der größten Quelle am Ostfuß des Buchkogels (Bründl) nachgewiesen, und das ganze System größenordnungsmäßig erfaßt. Als Nächstes wurde am selben Objekt ein kombinierter Färbungs-, Salzungs- und Sporentriftversuch durchgeführt, in der Absicht, die genannten Untersuchungsmethoden in ihrer Brauchbarkeit und Vergleichbarkeit gegeneinander abzuwägen.

Der in der Zeit vom 22. bis 28. Juni 1956 laufende kombinerte Salzungs-, Färbe- und Sporentriftversuch hatte als Zielsetzung, verschiedene Untersuchungsmethoden in ihrer Anwendbarkeit und gegenseitiger Vergleichbarkeit zu überprüfen. Dabei handelt es sich bei der Salzung und Färbung um gebräuchliche Untersuchungsmethoden, während für die Sporentrift damals noch wenig praktische Erfahrungen vorlagen.

Der Vorversuch lieferte die Grundlage für die Dosierung der einzelnen Beschickungsmittel, die errechneten Mindestmengen wurden aber mit einem Sicherheitsfaktor von 5 multipliziert. Daraus ergab sich eine Kochsalzmenge von 300 kg und 1,6 kg Uranin konz. (Bayer-Werke Leverkusen). Die einzusetzende Menge der Bärlappsporen (Lycopodium clavatum) wurde mit 3 kg festgesetzt.

Am 22. Juni 1956 wurden in die bereits beim Vorversuch beschickte Schwinde in der Feliferhofhöhle in der Zeit von 18,10 bis 18,15 Uhr das aufgeschlämmte Lycopodiumpulver, von 18,25 bis 18,30 Uhr das vorgelöste Uranin und um 18,30 Uhr die Kochsalzlösung eingebracht.

Die Beobachtung konnte dank der Ergebnisse des Vorversuches auf die Bründlquelle beschränkt werden.

Entgegen den Verhältnissen beim Vorversuch, während dem die Bründlquelle gleichmäßig 16,5 l/sec schüttete, führte der Quellbach schon zu Beginn des Hauptversuches 23 l/sec. Auf diesen Umstand ist zurückzuführen, daß das Sinken der Wasserwiderstände, d. h. also das erste Anzeichen eines Salzdurchganges, diesmal bereits nach 19$^1/_2$ Stunden eintrat. Die parallel zu den Widerstandsmessungen durchgeführten Chloranalysen zeigten tatsächlich zu diesem Zeitpunkt (23. Juni, 14,00 Uhr) das erste Mal einen leicht überhöhten Chlorwert. Ebenso wie beim Vorversuch ließ sich der Salzdurchgang allein durch die Widerstandsmessungen eindeutig verfolgen (siehe Abb. 26).

Trotz der erhöhten Wasserführung erbrachten die Chloranalysen im Maximum mit mit 99,5 mg Cl/l H_2O Werte, die weit über der Grenze der Nachweisbarkeit lagen. Die Ergebnisse des Vorversuches gestatteten den Schluß, daß bei gleichbleibenden Verhältnissen eine Einspeisung von 60 kg Kochsalz immer noch einen eindeutigen Nachweis des Chlordurchganges ermöglicht hätte. Da man aber auch ein eventuell eintretendes Hochwasser einkalkulieren mußte, wurde die fünffache Salzmenge eingespeist. Die tatsächlich am fünften Versuchstag eingetretene Hochwasserwelle traf den Salzdurchgang aber erst im Ausklingen.

Die nur leicht erhöhte Wasserführung zu Beginn des Versuches führte zu keiner wesentlichen Verdünnung der Salzlösung, da durch sie die Durchlaufzeit zweieinhalb Stunden verkürzt wurde und sich auf diese Weise die beeinflussenden Faktoren weitgehend aufhoben.

Der Salzdurchgang erreichte 30 Stunden nach der Einspeisung seinen Höhepunkt, das sind zehneinhalb Stunden nach dem ersten erhöhten Chlorwert. Nach weiteren 15 Stunden war der Chorgehalt bereits wieder auf 25 mg/l H_2O gefallen. Im weiteren Verlauf kam es bis zum 25. Juni 14,00 Uhr, zu einem langsamen Absinken auf 8 mg/l. Dieser Wert wurde erst durch die in den frühen Morgenstunden des 26. Juni einsetzende Hochwasserwelle bereits soweit herabgedrückt, daß am 26. Juni um 18,00 Uhr, ein Wert erreicht wurde, der innerhalb der natürlichen Schwankungen des Chlorgehaltes lag.

Auf Grund der Chloranalysen und der laufend durchgeführten Schüttungsmessungen konnte errechnet werden, daß bis zum Eintreten des Hochwassers von den 300 kg des eingesetzten Kochsalzes bereits 246,9 kg, d. s. 82,2%, durch die Bründlquelle wieder ausgetreten waren. Diese Tatsache bekräftigt das Ergebnis des Vorversuches, der in der Bründlquelle die einzige wesentliche Austrittsstelle der im Kessel vom Feliferhof und im Bereich des Buchkogels versinkenden Wässer erkennen ließ.

13½ Stunden nach der Einspeisung, in der Probe vom 23. Juni, 8,00 Uhr, konnte unter der UV-Lampe das erste Mal eine vom Uranin herrührende Fluoreszenz beobachtet werden. Die Konzentration des Farbstoffes war noch zu gering, um eine quantitative Aussage zu gestatten. Aber bereits in der um 10,00 Uhr gezogenen Probe betrug die Konzentration des Farbstoffes 9.10^{-10}. Von diesem Zeitpunkt an stiegen die Farbstoffkonzentrationen rasch bis zu einem Wert von über 10^{-6} an, die Spitze des Farbdurchganges deckte sich zeitlich mit jener der Chlorwerte. Auch der Abstieg der Farbstoffkonzentration ähnelt jenem des Chlordurchganges (Abb. 26).

Eine mengenmäßige Berechnung ergab, daß bis zum Eintreten des Hochwassers von den 1,6 kg des eingesetzten Uranins 1,291 kg, d. s. 81%, durch die Bründlquelle ausgeschwemmt worden waren.

Die Entnahme der Planktonproben erfolgte während des ganzen Versuches alle zwei Stunden. Die dritte, am 23. Juni um 8,00 Uhr entnommene Planktonprobe wies die ersten Lycopodiumsporen auf. Zur selben Zeit wurden auch die ersten Uraninspuren festgestellt.

Abweichend von den Durchgängen von Farbe und Kochsalz, zeigte sich bei der Sporentrift ein sehr rascher, extremer Anstieg und ein ebenso rasches Zurückgehen der nachgewiesenen Sporenmengen, so daß der Hauptdurchgang der Sporen bereits abgeschlossen war, bevor Farbe und Kochsalz den Höhepunkt ihres Durchganges erreichten (Abb. 26).

Da es sich bei der quantitativen Auswertung der Sporentriftmethode um eine Auszählung der Triftkörper handelt, können nur die absoluten Zahlen der pro Probe beobachteten Bärlappsporen den Tatbestand illustrieren. So wurden in der ersten positiven Probe nur 2, in der zweiten 8, in der dritten aber bereits 933 und in der vierten schließlich 1278 Sporen gezählt. Damit war um 14,00 Uhr, also bereits sechs Stunden nach dem ersten Auftreten und rund 20 Stunden nach der Einspeisung, der Höhepunkt des Durchganges erreicht. Schon die nächste, um 16,00 Uhr gezogene Probe, lieferte nur mehr 111, die übernächste 67 und die Probe um 20,00 Uhr nur mehr 15 Sporen. Damit war ein Wert erreicht, der sich nach und nach mit nur geringen Schwankungen bis zum 25. Juni um 14,30 Uhr bis auf drei Lycopodiumsporen verringerte. Zu diesem Zeitpunkt wurde die Entnahme von Planktonproben eingestellt.

Ähnlich wie im Bereich Semriach-Peggau wurde ein weiterer *kombinierter Triftversuch im Jahre 1958* im Buchkogelgebiet abgewickelt. Von den zum Einsatz gekommenen rot, blau, grün und violett gefärbten Lycopodiumsporen, Diatomeenerde, granuliertem Kunststoffpulver, gefärbter und stabilisierter Kartoffelstärke und Serratia marcescens (bakterium prodigiosum) konnten in dieser kurzen Teststrecke neben Lycopodiumsporen und Bakterien auch die Kunststoffkörner und Diatomeen in der Bründlquelle nachgewiesen werden. Es darf jedoch vorweggenommen werden, daß sich letztere später über größere Strecken nicht als geeignetes Markierungsmittel erwiesen.

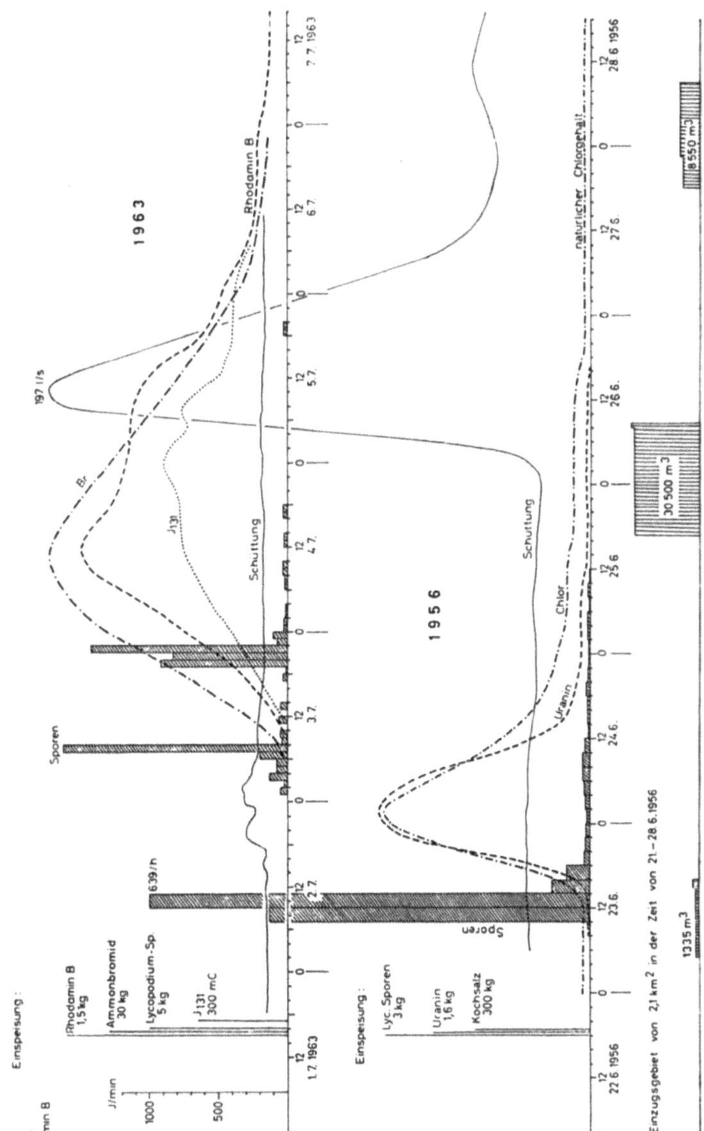

Abb. 26. Durchgangskurven an der Bründlquelle am Ostfuß des Buchkogelzuges bei Graz bei den kombinierten Markierungsversuchen in den Jahren 1956 und 1963

Die günstige Lage dieses hydrologisch gut durchforschten Karstwassersystems am Stadtrand von Graz gab bereits im *Juli 1963* unter Beteiligung in- und ausländischer Forschungsinstitute Anlaß zur Durchführung eines groß angelegten ***kombinierten Markierungsversuches.*** Die Einspeisungen erfolgten wiederum in die Feliferhofschwinde. Es sollte dabei die Vergleichbarkeit der Ergebnisse mit Lycopodiumsporen (5 kg), Rhodamin-B (1,5 kg), Ammonbromid (30 kg) und Jod-131 (300 mCi) getestet werden (K. BUCHTELA et al., 1964). Neben einem neuen Farbstoff kamen damit radioaktive Isotope und mit der Verwendung von Ammonbromid erstmals ein aktivierungsanalytischer Tracer zur Anwendung. Die Ergebnisse dieses Vergleichsexperimentes werden am besten durch die in Abb. 26 dargestellten Durchgangskurven demonstriert. Es zeigt sich, daß sowohl das erste Auftreten als auch die Durchgangsspitze bei den einzelnen Markierungsmitteln beachtliche Verschiebungen erfahren können. Besonders die Lycopodiumsporen eilten den in Lösung befindlichen Stoffen wieder wesentlich voraus. Dies zeigt auch die ebenfalls in Abb. 26 wiedergegebene Durchgangskurve des kombinierten Versuches vom Jahre 1956. Auch die Abhängigkeit der Durchgangszeiten von der wechselnden Wasserführung ist deutlich ersichtlich.

Der *größte Vergleichstest in diesem Gebiet wurde im Jahre 1966 im Rahmen der Fachtagung über die Anwendung von Markierungsstoffen durchgeführt.* Am 26. März 1966 wurden in die Feliferhofschwinde eingesetzt: 10 kg Alkylbenzolsulfonat, 5 Ci Tritium, 137 mCi Chrom-51 als Chrom-ÄDTE-Komplex, 300 kg Kochsalz, 100 kg Kalidüngesalz, 70 g Sulforhodamin-G-extra, 5 kg violett gefärbte Lycopodiumsporen.

Die Darstellung der Ergebnisse erfolgt wie beim Vergleichstest im Lurhöhlensystem in der Reihenfolge der Einspeisung. Zur Zeit der Einspeisungen führte das in die Feliferhofschwinde versinkende Gerinne 0,8 l/s.

Die gemessene Schüttung der Bründlquelle lag zwischen 8,9 und 9,75 l/s.

Obwohl durch die Untersuchungen in den vergangenen Jahren bekannt war, daß die Bründlquelle der einzige Wiederaustritt der in die Feliferhofschwinde absitzenden Wässer ist, wurden Probenuntersuchungen auf Tritium, Natrium und Chlorid auch von der 700 m weiter nördlich gelegenen Quelle der Ackerbauschule Grottendorf vorgenommen. Es ergaben sich für diese Quelle nur negative Resultate.

Die Ergebnisse des Vergleichstestes zeigt Abb. 27.

Der Durchgang der in die Feliferhofschwinde eingebrachten und in der Bründlquelle wieder nachgewiesenen Markierungsmittel unterscheidet sich in verschiedenster Hinsicht von den Ergebnissen beim Hammerbach in Peggau.

Schon die Spitzen der Durchgangskurven liegen nicht so einheitlich wie beim Hammerbach. Das Maximum des Durchganges liegt bei den Sporen etwa 45 Stunden nach der Einspeisung (darauf bezogene Fließgeschwindigkeit 17,8 m/h), bei den Tracern Sulforhodamin-G-extra, Chlorid, Kalium, Natrium, Chrom-51-ÄDTE und Tritium zwischen 51,5 und 55,5 Std. (15,5 bis 14,4 m/h) und beim Alkylbenzolsulfonat etwa 62 Stunden nach der Einspeisung (etwa 13 m/h). Die Unterschiede sind aus der verschiedenen Exaktheit der einzelnen Methoden allein nicht mehr zu erklären. Ein Vergleich mit den Durchgangskurven von kombinierten Versuchen in den Jahren 1956 und 1963 zeigt, daß

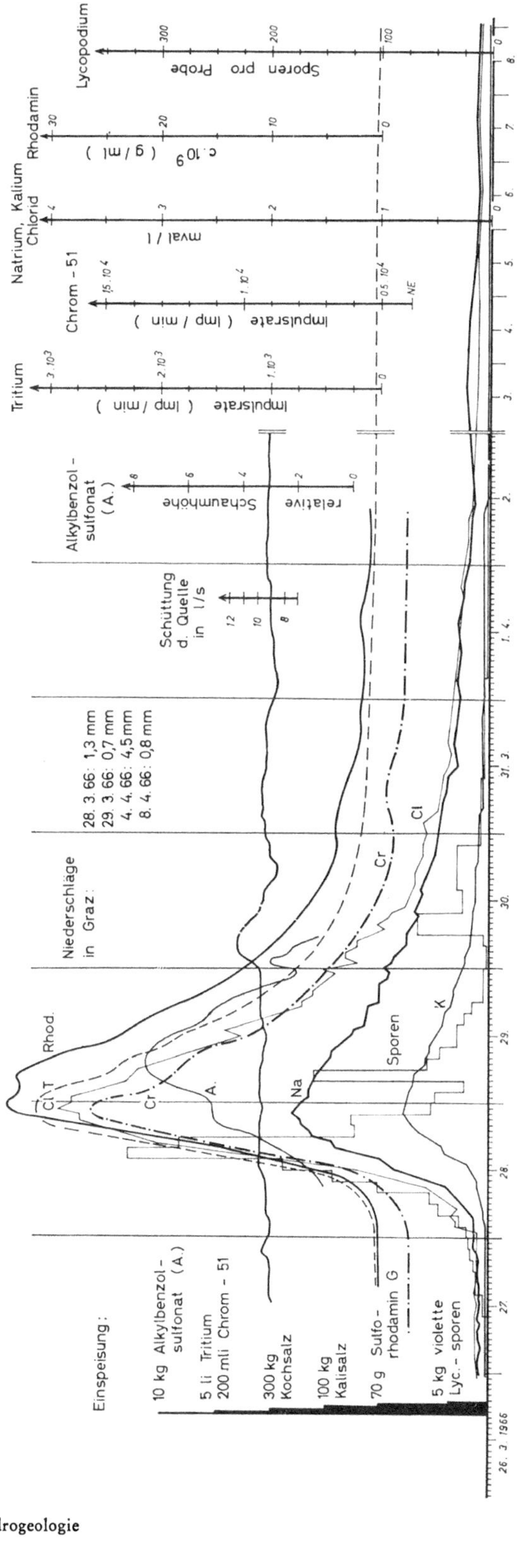

Abb. 27. Durchgangskurven der Tracer in der Bründlquelle beim kombinierten Markierungsversuch 1966

derartige zeitliche Unterschiede auch damals auftraten. Das Vorauseilen der Lycopodiumsporen ist bei allen Versuchen in diesem System eine stets wiederkehrende Erscheinung.

Auch der erste Nachweis der Tracer zeigt ähnliche Unterschiede. Er lag bei den Lycopodiumsporen etwa 15,5 Stunden nach der Einspeisung (darauf bezogene Fließgeschwindigkeit etwa 52 m/h), bei Sulforhodamin-G-extra, Chlorid, Kalium, Natrium, Chrom-51-ÄDTE und Tritium zwischen 32 und 33 Std. (25 bis 24 m/h) und beim Alkylbenzolsulfonat etwa 41 Stunden nach der Einspeisung (19,5 m/h).

Der Verlauf der Durchgangskurve nach dem Maximum ist durch deutliche Unregelmäßigkeiten gekennzeichnet. Eine zweite Spitze des Sporendurchganges, etwa 58 Stunden nach der Einspeisung, hat in allen anderen Kurven in einem deutlichen Knick eine verzögerte Parallele, auch der dritte Peak des Sporendurchganges am 30. März widerspiegelt sich in der Kurve des Chrom-, Sulforhodamin- und Chloriddurchganges. Es ist anzunehmen, daß diese Unregelmäßigkeiten in den Schüttungsschwankungen der Bründlquelle begründet sind. Im Vergleich zum Hammerbach ist auch die rasche Abnahme der Sporenzahlen von Interesse, die nicht auf verschiedene Beobachtungsmethoden zurückzuführen ist, da auch die Vergleichsproben vom 29. März, 16,00 bis 21,00 Uhr (vor dem 3. Peak der Kurve), und nach der dritten Spitze vom 31. März, 22,30 Uhr, bis 1. April, 6,00 Uhr, mit einem Nylonnetz von 25 μ Maschenweite nur 4 bzw. 32 Sporen lieferten. In der Bründlquelle zeigt die Durchgangskurve der Sporen von allen Tracern die kleinste, in der Hammerbachquelle die weitaus größte Halbwertsbreite.

Der Vergleich mit dem Durchgang am Hammerbach scheint den Schluß zu rechtfertigen, daß die Differenz der Durchgangszeiten der verschiedenen Tracer in der Bründlquelle sich in erster Linie in den spezifischen hydrogeologischen Verhältnissen dieses Karstsystems begründet.

Die Tatsache, daß im Buchkogelgebiet nunmehr bereits sechs Markierungsversuche durchgeführt wurden, macht einen Vergleich der Durchgangszeiten wünschenswert. Die Reihung der Versuche nach der Schüttung der Bründlquelle zeigt eindeutig die Abhängigkeit der Durchgangszeit und Fließgeschwindigkeit von der Wasserführung (Tabellen 12 und 13 von H. Batsche et al., 1967, S. 398, 399).

Bezüglich der Menge der nachgewiesenen, in der Bründlquelle ausgetretenen Tracer war beim Alkylbenzolsulfonat und bei den Lycopodiumsporen keine exakte quantitative Auswertung möglich.

Die von der Bundesversuchs- und Forschungsanstalt Arsenal Wien und der Forschungsstelle für Radiohydrometrie München an den Meßstellen der Bründlquelle erfaßten Tritiummengen unterscheiden sich um 3%, d. h. sie sind innerhalb der Meßgenauigkeit gleich.

Die gleichzeitige Verwendung von zwei verschiedenen Salzen als Markierungsmittel erlaubt einen quantitativen Vergleich. Bei Natrium liegt die höchste Konzentrationserhöhung mit 1,76 mval/l 293mal über der Erfassungsgrenze. Es besteht somit eine 293fache Sicherheit. Beim Kaliumchlorid betrug dieser Faktor 300.

Bei einer empfindlichen Geräteeinstellung hätte die Erfassungsgrenze und damit die errechnete Mindesteinsatzmenge für Kalisalz wesentlich erniedrigt werden können.

Für das Chlorid lag die Erfassungsgrenze um etwa 1 Größenordnung höher als bei den Alkalien. Hier hätte man nur durch umständliche gravimetrische Methoden zu genaueren Ergebnissen gelangen können.

Auffallend ist das schlechtere Abschneiden des Natriums gegenüber dem Kalium. Das Natriumchlorid wurde jedoch in ziemlich konzentrierter Lösung sehr rasch eingegeben, was beim Kalisalz nicht der Fall war. Zwei Gründe können für die geringere Natriumausbeute angeführt werden:

1. Absorption und Ionenaustausch am Gestein, besonders durch hohe Konzentration (Massenwirkung) untersützt,

2. Absinken in tiefere Karstwasserräume durch die höhere Dichte der konzentrierten NaCl-Solen.

Die Summe der wiederausgebrachten Alkaliäquivalente (3700 val) lag bedeutend unter dem Chloridäquivalent (4420 val), so daß ein Ionenaustausch wahrscheinlicher ist. In diesem Fall hätten vermehrt Erdalkalien ausgetragen werden müssen, was jedoch nicht untersucht wurde.

Die Anschätzung des Wasservolumens zwischen der Einspeisstelle und der Bründlquelle, bezogen auf die aus dem Schwerpunkt der Kurvenauswertung bis 2. April, 24,00 Uhr, gewonnene mittlere Fließzeit bei einer mittleren Schüttung der Bründlquelle von 9,4 l/s (33,84 cbm/h), liegt bei den quantitativ auswertbaren Methoden zwischen 2030 und 2400 cbm. Die Schätzung, Eingabemenge (val) durch stärkste Konzentration (mval), ergab nach den Tracern

Natrium	Kalium	Chlorid
2850	1750	2130 cbm

und lag bei Chrom-51 und Sulforhodamin zwischen 1500 und 2080 cbm. Die Berechnung des Volumens zwischen Schwinde und Quelle bei den Versuchen 1963 ergab aus dem Einsatz von Ammonbromid 2240 cbm, aus dem wieder ausgebrachten Jod-131 3310 cbm.

Es ist offensichtlich, daß auf Grund der Vielzahl von Fehlerquellen die Volumsberechnungen nur den Wert einer Schätzung haben, doch halten sich die Werte in einer gewissen Größenordnung und vermitteln zumindest eine Vorstellung vom Speichervermögen des jeweiligen Systems.

Vergleicht man die Gesamtergebnisse der Versuche 1966 im Buchkogelgebiet und im Raume Semriach-Peggau, so ergeben sich wesentliche, vor allem in den verschieden gearteten hydrogeologischen Verhältnissen begründete Unterschiede. Die größeren Wassermengen im Peggauer Karstsystem bedingen trotz des geringeren fiktiven Gefälles (77‰ gegen 88,7‰ im Buchkogelsystem) sehr viel höhere Fließgeschwindigkeiten (bezogen auf das Maximum des Durchganges 62 bis 64 m/h gegen 13 bis 8 m/h im Buchkogel). Andererseits stellt die Bründlquelle mehr als die Hammerbachquelle den einzigen bedeutenden Wiederaustritt des Karstwassers dar, wie der generell höhere Prozentsatz der Wiederausbringung der eingesetzten Tracer beweist. Hoher Prozentsatz der Wiederausbringung und rasches Ansprechen der Schüttung und des Tracerdurchganges auf geringe Niederschläge deuten auf ein einfacheres System der Wasserwege im Buchkogelgebiet als im Lurhöhlensystem, wo die unter dem heutigen Talboden von Peggau hinabreichende Verkarstung nicht nur eine direkte Alimentation des Talgrundwassers durch das Karstwasser ermöglicht, sondern große Stauräume mit hohen Wirbeln und Sedimentationstaschen schuf, die einen Teil der Tracer lange zurückhalten und erst sukzessive wieder abgeben. Diese Verhältnisse werden besonders durch den langen Sporendurchgang in der Hammerbachquelle dokumentiert, aber auch durch das monatelange Austreten geringer Uraninkonzentrationen.

Bezüglich der Anwendbarkeit der Tracer für die Untersuchung unterirdischer Wasserwege konnten die Erfahrungen erweitert werden. Es ist bereits bekannt, daß die Lycopodiumsporen mit Ausnahmen (z. B. geklüftete Sandsteine) nur in Karstgebieten anwendbar sind; sie werden vor allem in Lockersedimenten rasch abgefiltert. Weiters gestatten die bisherigen Methoden der Sporentriftung keine genaueren quantitativen Aussagen. Eine qualitative Auswertung war bei allen bei den kombinierten Markierungsversuchen angewendeten Tracern gegeben.

Im besonderen ist darauf hinzuweisen, daß kationische Tracer in Gesteinsarten der Alumosilikate nur bedingt verwendbar sind. Durch den Ersatz von Silizium durch Aluminium sind in der Gitterstruktur der Mineralien Hohlräume für vagabundierende Kationen und damit die Mögleichkeit zum Kationen-Austausch vorhanden. Ein Anionenaustausch in Mineralien kann ebenfalls diskutiert werden (Hydroxydapatit). Aus den erwähnten Gründen wurde Mangan als ÄDTE-Komplex eingespeist. Mangan und Jod erwiesen sich in der bei diesen Versuchen angewendeten Form für eine quantitative Auswertung wenig geeignet. Die Verwendbarkeit der einzelnen Tracer hängt auch vom pH-Wert der Wässer ab. Dieser Einfluß macht sich besonders bei Fluoreszenzfarbstoffen bemerkbar. So ist z. B. die Fluoreszenz des Sulforhodamin-B nur im basischen Bereich, dagegen die des Uranins sowohl im sauren als auch im basischen Bereich vom pH-Wert abhängig.

Ein besonderes Problem bildet die Anwendbarkeit aller Tracer bei Gegenwart von Abwässern. Dieser Fragenkomplex wurde bisher noch nicht genauer untersucht. In diesem Zusammenhang dürfte die Verwendung von Alkylbenzolsulfonaten weitgehend eingeschränkt sein.

Eine vergleichende Untersuchung von Tracersubstanzen in Abwässern steht noch aus. Die Lichtempfindlichkeit mancher Farbtracer (Uranin) braucht nur in besonderen Fällen (offene Gerinne, Probenentnahme und Probentransport) berücksichtigt werden. Nach allem erscheint Tritium als idealer Tracer, da es weitgehend von allen Umwelteinflüssen unabhängig ist. Trotzdem muß vor einer großräumigen Tritiumanwendung gewarnt werden, da dadurch der natürliche Tritiumhaushalt gestört wird und Datierungsversuche beeinträchtigt werden.

Ganz allgemein muß festgestellt werden, daß eine Registratur von Markierungsversuchen von Untergrundwässern anzustreben wäre, um bei späteren Wiederholungen oder weiteren Versuchen eine Übersicht zu haben.

2.2.2.9.3. Kombinierte Markierungsversuche in den nordostalpinen Kalkhochalpen

Der erste, einen nordostalpinen Karststock vollkommen umfassende Markierungsversuch wurde von F. Dosch (1955) am *Hochschneeberg* noch mit Hilfe eines einzigen Markierungsmittels (Uranin) durchgeführt. Der erste kombinierte gleichzeitige Einsatz mehrerer Tracer erfolgte durch J. Zötl

1956 im *östlichen Dachsteingebiet* (J. Zötl, 1957). Es handelte sich um verschieden gefärbte Lycopodiumsporen, die sowohl im zentralen Bereich als auch in randlichen Gebieten des Gebirgsstockes eingesetzt und durch einen einzigen Beobachtungsvorgang nachgewiesen werden konnten.

Der erste große kombinierte Markierungsversuch unter Verwendung von Sporen *und* Farbstoff in den Kalkhochalpen erfolgte 1961 im *Toten Gebirge* (V. Maurin und J. Zötl, 1964), wobei sich erwies, daß mittels der Kombination der Methoden sowohl die generelle Tendenz der unterirdischen Entwässerung des Hauptmassivs als auch eine Modifikation durch spezielle geologische Gegebenheiten erfaßt werden können (vgl. Kap. 2.3.1.).

2.2.2.9.4. Markierungsversuche im Deutschen Jura

Eine außergewöhnlich große Zahl von Markierungsversuchen wurde im Bereich des Schwäbischen und Fränkischen Jura durchgeführt. Zum überwiegenden Teil handelt es sich jedoch um Einzeluntersuchungen (vgl. R. Apel, 1971; K. Eissele, 1957; P. Groschopf, 1966; W. Käss, 1964, 1967; G. Schulz, 1957; E. Villinger, 1969 u. a.). Von den kombinierten Versuchen sollen hier nur der Vergleichstest für verschiedene Tracer bei Oberndorf am Neckar von G. Schulz und Mitarbeitern (G. Schulz, 1961) und einer der größten kombinierten Markierungsversuche im Donau-Aachgebiet unter der Leitung von W. Käss (H. Batsche et al., 1970) erwähnt werden.

Die *Erprobung verschiedener Markierungsstoffe für unterirdische Wässer bei Oberndorf am Neckar* (G. Schulz et al., 1961) ist ein im weiteren Kreis zu wenig bekannter Vergleichstest.

Daß der Einsatz von Steinsalz große Mengen erfordern und sich andererseits die spezifisch schwerere Salzsole anders verhalten kann als andere Tracer, wurde schon vorher festgestellt. Neue Erfahrungen aus diesem Vergleichstest waren die zu niedrig angeschätzten Eingabemengen von Lithiumchlorid und die Nichtübereinstimmung der Fließgeschwindigkeiten der verschiedenen Tracer. Daß die quantitative Auswertung nur für Steinsalz und Uranin möglich war, überrascht nicht. Interessant ist jedoch die Auswirkung der durch starke Niederschläge am 3. Juni 1959 verursachten Druckwelle im unterirdischen Wasserkörper auf die einzelnen Tracer: Das Uranin reagierte nur mehr gering, die Gesamtsalzkurve erreichte eine zweite Spitze, die höher lag als die erste, die Lycopodiumsporen zeigten erst jetzt einen echten Peak der Durchgangskurve (S. 342), während Lithium und die eingesetzten Bakterien in der zweiten Welle überhaupt nicht mehr nachgewiesen werden konnten. In der Endbeurteilung kommt G. Schulz (1961, S. 343) zu einem „deutlichen Vorrang“ des Uranins für quantitative Bestimmungen einerseits und zu einer Ablehnung einer ausschließlichen Verwendung von Bakterien andererseits. Die Ergebnisse dieses Vergleichstestes sind im großen und ganzen auch heute noch gültig und für das Studium zur Vorbereitung ähnlicher Untersuchungen nach wie vor notwendig.

Den Kern der *kombinierten Karstwasseruntersuchungen im Gebiet der Donauversickerung* (Baden-Württemberg) in den Jahren 1967—1969 bildete der in diesem Gebiet durchgeführte und von W. Käss geleitete, im Jahre 1969 unter Mitarbeit zahlreicher Organisationen durchgeführte (wohl bislang umfangreichste) Markierungsversuch im Jahre 1969.

Daß die im Schwarzwald entspringende, aus dem Zusammenfluß von Brigach und Breg geborene Donau bei ihrer Querung der Schwäbischen Alb wesentliche Wasserverluste erleidet, ist seit langem bekannt (vgl. Zusammenstellung des Schrifttums, W. KÄSS, 1969) und das Phänomen der Alimentation der Donau an das Rheingebiet Gegenstand eines eigenen Kapitels (2.3.7.). Da der erste Versuch zum Beweis des Zusammenhanges der Donauwasserverluste bei Brühl bzw. Immendingen und der Wasseraustritte in der Aachquelle bereits 1878 erfolgte, ist verständlich, daß eine Reihe von Untersuchungen diesem Phänomen nachging (W. KÄSS, 1965). Dennoch ist der 1969 abgewickelte kombinierte Markierungsversuch eine Besonderheit. Es wurden nämlich einerseits nicht nur die Donauschwinden von Immendingen bis Fridingen mit Tracern beschickt, sondern auch in Schwinden des Jurakalkgebietes im Zwischenbereich Markierungsstoffe eingesetzt. Andererseits wurde nicht nur die Aachquelle beobachtet, sondern auch südlich davon aufstoßende Karstwässer (Bleichequelle) bzw. erbohrte Wässer des überdeckten Karstes und dabei überraschende Ergebnisse erzielt.

Eingesetzt wurden 1000 kg Kalidüngesalz (60% K_2O) bei Immendingen (Fig. 36, 37, Eingabestelle A, in H. BATSCHE et al., 1970, S. 92, 93), 250 kg Ammoniumbromid in eine Untersuchungsbohrung bei Engen (Abb. 28, Eingabestelle C), 4 Ci Chrom-51 als ÄDTE-Komplex bei Fridingen, 20 kg La $(NO_3)_2 \cdot 6H_2O$ mit 30 kg Versene gelöst in 800 l Donauwasser bei Fridingen (aktivierungsanalytischer Tracer), 200 kg harte und 62 kg weiche Detergentien in einen Schacht im Weißjura bei Liptingen, ebenfalls in den Schacht bei Liptingen (Abb. 28, Eingabestelle E) 70 kg Isobornylacetat (Duftstoff mit Fichtennadelgeruch), mit dem Kalisalz in Eingabestelle A 150 l Dipenten (Duftstoff, zu dessen Emulgierung 15 l Alkylbenzolsulfonat verwendet wurden), 30 kg Uranin in 200 l Wasser aufgelöst in eine Einspeisestelle in einem ehemaligem Kalksteinbruch am Ortsrand von Buchheim (Abb. 28, Eingabestelle F), Kulturen von Serratia marcescens in die Hauptversickerung der Donau am „Brühl“ bei Immendingen. In dieselbe Schwinde (Abb. 28, Eingabestelle G) wurden am 26. August 1969 45 kg braungefärbte Lycopodiumsporen eingesetzt.

Die mengenmäßig aufwendigste Einspeisung war zweifelsohne die Einbringung von 50 Tonnen Steinsalz in einen Schacht direkt im Bereich der Stadt Tuttlingen. Diese m. E. größte jemals eingesetzte Tracermenge bedurfte eines hohen personellen und technischen Aufwandes (Abb. 29). Schließlich erfolgte eine Injektion von 28 kg grüngefärbten Lycopodiumsporen in den Abwasserversickerungsschacht der Gemeinde Neuhausen ob Ech auf der Hochfläche der Alb am 26. August 1969; die Schluckfähigkeit des Schachtes betrug mehr als 150 l/s.

Es war nicht beabsichtigt, die Versuche zu einer Zeit durchzuführen, in der die Donau Hochwasser führt und in der der Karstwasserstand hoch ist. Das Fließverhalten im Versuchsgebiet gerade bei extremen Verhältnissen kennenzulernen, darf indessen als Gewinn angesehen werden. Eine Wiederholung unter ähnlichen Bedingungen dürfte nicht so bald möglich sein. Die Fließzeiten sind somit kürzer als unter durchschnittlichen Bedingungen. Die Nebenaustritte der Einspeisungen bei der Hauptversickerung der Donau, die im Engener Raum verzeichnet wurden, wären sehr wahrscheinlich unter anderen Bedingungen überhaupt nicht in Erscheinung getreten. Diese nur mit den Triftkörpern Sporen (0,035 mm Durchmesser) und Bakterien (0,001 mm Durchmesser) nachgewiesenen Nebenaustritte wurden mit Fließgeschwindigkeiten erreicht, die derjenigen zur Aachquelle entsprechen. Bei langsamer Fließbewegung wären die Sporen wohl sedimentiert worden, die Bakterien im lebensfremden Milieu wohl abgestorben, bevor sie die Nebenaustrittsstellen erreicht hätten.

Die Triftstoffe haben sich bei diesem Großversuch durchaus bewährt (siehe H. Batsche et al., 1970, Fig. 72 und Tafel IV, V). Wenn man die Fließzeiten von den beiden vergleichbaren Einspeisestellen bei Immendingen (A) und bei der Hauptversickerung am Brühl (G) zur Aachquelle betrachtet, findet man, daß die Triftkörper die unterirdischen Gerinne wesentlich schneller überwanden als die gelösten Stoffe.

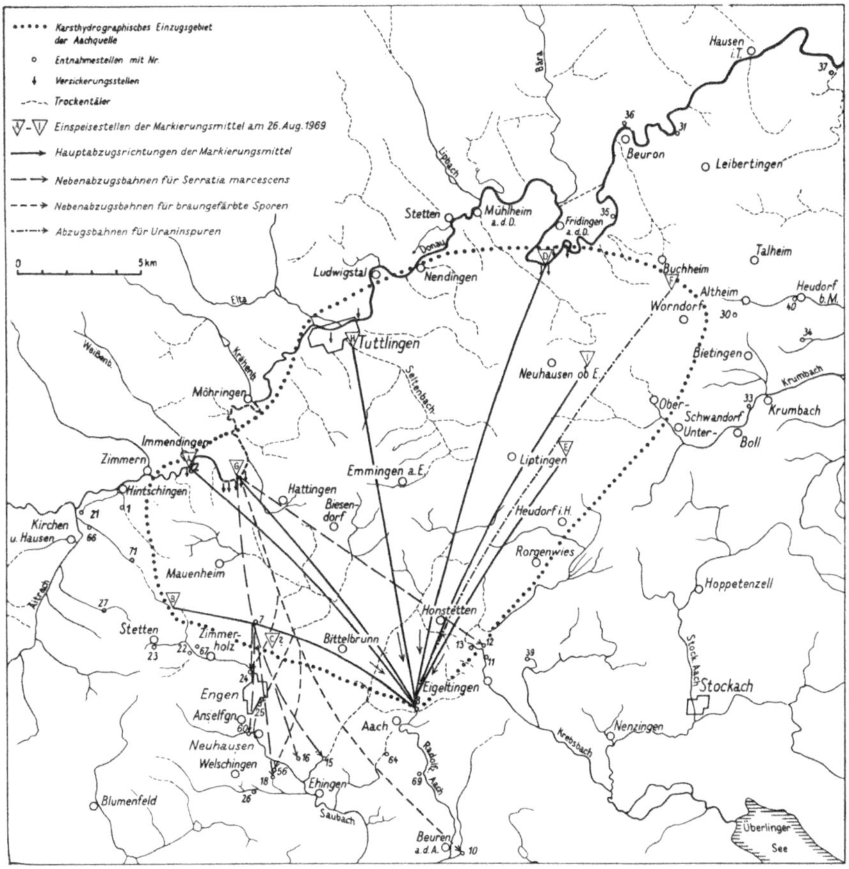

Abb. 28. Die Ergebnisse des kombinierten Markierungsversuches 1969 im Donau—Aach-Gebiet

Die Abstandsgeschwindigkeiten für jeweils den ersten Nachweis sind:

Serratia marcescens	710 m/Std.
braungefärbte Lycopodiumsporen	450 m/Std.
Kalisalze	364 m/Std.
Duftstoff-Dipenten	422 m/Std.

Man könnte dies damit in Zusammenhang bringen, daß die Donau nach längerer Zeit der Vollversickerung in der Nacht zum 27. August 1969 die Versickerungsstrecke überflutete. Die durch das Donauhochwasser und durch die unmittelbar vorhergehende Einspeisung bei Niederwasser in das Versuchsgebiet bedingte Welle im Karstwasserkörper beschleunigte mit Sicherheit die auf dem Weg befindlichen Markierungsstoffe. Wahrscheinlich nahmen die Markierungsmittel vom Brühl aus wenigstens teilweise ihren Weg über höher liegende, zuvor trockene Karstwasserschläuche in Form von reinen Schwerkraftgerinnen. Somit eilten die

Triftkörper dem allgemeinen Karstwasserfluß voraus. Damit konnten vor allem die Spitzen der Triftstoffe, die ja bevorzugt mit dem Hauptstromstrich wandern, die in Lösung befindlichen Markierungsmittel überholen.

Im süddeutschen Karst sind Sporen über größere Entfernungen noch nie eingesetzt worden. Bei kleineren Versuchen brachten sie keine befriedigenden Ergebnisse. Auch mit Serratia marcescens lagen noch sehr wenig Erfahrungen vor (G. SCHULZ u. a. 1961). Um so beachtlicher waren die Ergebnisse, die insbesondere mit den Sporen erzielt wurden. Auch bei

Abb. 29. Salzzubringung mittels eines Schaufelladers in den gezimmerten Bottich mit Wasser. In einer ausgekleideten Holzrinne floß die Sole in den in der Stadt Tuttlingen gelegenen Karstschacht. (Photo: W. KÄSS, 1969)

den Bakterien war dank der sehr hohen eingesetzten Keimzahl der Nachweis in der Aachquelle eindeutig. Ein unbestrittener Vorteil der Triftkörper ist der, daß sie in fast unbeschränkt hoher Zahl eingespeist werden können und bei den Austrittsstellen keine nachteiligen Nebenwirkungen erzielen. Für die Sporen kommt noch der entscheidende Vorteil der Akkumulationsmöglichkeit in den Planktonnetzen über längere Zeit hinzu.

Grundsätzlich ist die Auffindung einer einzelnen Spore oder eines einzelnen Bakteriums als einwandfreier Nachweis der unterirdischen Verbindung der Wasserwege problematisch. Wenn man jedoch das Ergebnis dieses Versuches im Raum Engen-Welschingen-Ehingen für die Einspeisungen der Triftkörper bei der Hauptversickerungsstelle G betrachtet, kommt man zu einem wesentlich positiveren Bild. Die schöne Sporendurchgangskurve bei der Fassung Nr. 24, das Auftreten von einzelnen Sporen bei Nr. 25 und Nr. 56 einerseits sowie der Nachweis von Serratia marcescens ebenfalls in Nr. 24 und in den benachbarten Austritten Nr. 15, 16, 18 und Nr. 60 andererseits runden das Bild soweit ab, daß am Zusammenhang dieser Wasseraustritte mit der Donauversickerung kein Zweifel mehr besteht. Verständlich wird die hydrologische Verbindung vom Brühl zur Quelle Nr. 24 bei Engen-Altdorf, wenn man das topographische Gefälle betrachtet; es ist mit 17‰ deutlich stärker als das Gefälle zur Aachquelle mit 15,3‰.

Nun ist mit Einzelaustritten von Triftkörpern keine Statistik zu betreiben. Diese Funde brauchen auch durchaus nicht mit den Hauptaustrittszeiten zusammenzufallen. Ferner ist zu erwarten, daß auf denjenigen Stellen, an denen Serratia marcescens wiedergefunden wurde, auch Sporen austraten und umgekehrt. Bezeichnend ist das Auftreten von einem Keim Serratia marcescens in der Bleichequelle (Nr. 18) und von einer braungefärbten Spore in der benachbarten Bohrung Nr. 56. Beide Wässer haben nahezu denselben chemischen Bestand.

Bemerkenswert sind ferner die Einzelfunde von Triftkörpern in weiter entfernt liegenden Wasseraustritten. Zunächst ist hier der Fund einer braungefärbten Spore bereits eine Woche nach der Einspeisung in der Wasserfassung Nr. 10 bei Beuren an der Aach zu nennen. Dies ist umso erstaunlicher, wenn man bedenkt, daß die von M. A. Geyh durchgeführte absolute Altersbestimmung ein „Mischalter" von mehr als 4000 Jahren ergab. Man muß daraus schließen, daß sich in den nach Südosten unter die Überdeckung abtauchenden Jurakalken z. T. bevorzugte Karstwasserbahnen befinden, die eine rasche Zuführung von Donau- und Niederschlagswasser in den versenkten und überdeckten Karst ermöglichen.

Die bei Neuhausen o. E. eingesetzten grüngefärbten Sporen (Einspeisestelle I) traten bei keiner anderen Stelle als bei der Aachquelle aus. Damit werden die Ergebnisse des Färbversuches von 1962 im wesentlichen bestätigt. Bemerkenswert sind die wesentlich geringeren Fließgeschwindigkeiten, obwohl die dicht westlich anzunehmende Hauptabzugsbahn von der Fridinger Versickerung her (Einspeisestelle D) wesentlich höhere Geschwindigkeiten erbrachte als bei früheren Versuchen.

2.2.2.9.5. Bedeutung der Markierungsversuche für die Karsthydrogeologie in überregionaler Hinsicht

Schon eingangs des Kapitels über die Markierung von Karstwässern wurde gesagt, daß der Markierungsversuch ein Endglied in der Reihe karsthydrogeologischer Untersuchungen eines Gebietes darstellt. Die Unerläßlichkeit dieser Versuche ergibt sich aus dem Umstand, daß diese Experimente allein die Bestimmung der Fließgeschwindigkeiten des unterirdischen Karstwassers und die Abgrenzung der Einzugsgebiete von Karstquellen ermöglichen. Die Grenzen letzterer folgen in den Karstgebieten nicht den orographischen Höhenlinien sondern einem sonst nicht feststellbaren (und auch flexiblen) Karstwasserscheitel. Auch die Fließgeschwindigkeiten des Karstwassers sind nicht aus der Reaktion Quellschüttung—Niederschlag ersichtlich, da der erste Schüttungsanstieg in vielen Fällen zunächst die Folge einer Druckwelle ist (vgl. V. Maurin und J. Zötl, 1972).

Tabelle 5. *Übersicht über die Markierungsmittel-Eingaben am 26. August 1969 im Bereich der Donauversickerung-Aachquelle und deren Austritte*

Lage Rechts- und Hochwert	Meereshöhe Entferng. z. Aachqu.	Höhenunterschied Gefälle z. Aachqu.	Markierungsmittel	1. Auftreten in der Aachquelle lineare Fließgeschwindigkeit	Hauptaustritt	Höchste Konzentration	Halbwertsbreite	Schwerpunkt	Wiederausgetretener Markierungsmittelanteil
Donauschwinden südl. Immendingen 80 460/10 860	655,3 m 13,3 km	179,9 m 13,5‰	1000 kg KCl (60% K_2O)	27. 8., 23.^{00} 364 m/Std.	28. 8., 19.^{00} 208 m/Std.	0,44 mg K/l	—	—	rd. 100%
			150 l Dipenten	27. 8., 21.^{00} 422 m/Std.	29. 8., 2.^{00} 360 m/Std.	rd. 0,13 mg/l	—	—	?
Doline 800 m nordwestl. „Hegaublick" 78 900/06 500	765 m 11,4 km	290 m 25,4‰	8 kg Sulforhodamin G extra	31. 8., 5.^{00} 103 m/Std.	31. 8., 23.^{00} 88 m/Std.	$2{,}1 \cdot 10^{-9}$ g/ml =2,1 mg/cbm	25 Std.	1. 9., 12.^{00}	39,8% (bis 10.9., 12^{00})
Untersuchungsbohrung Autobahnbrücke nördl. Engen 83 510/03 590	538 m 6,45 km	63 m 9,7‰	250 kg Ammonbromid techn., in 1000 l Wasser	—	—	—	—	—	—
Ausgebaute Donauschwinden in der Fridinger Schleife 94 550/18 800	617,9 m 18,3 km	142,5 m 7,8‰	4 Curie ^{51}Cr, komplexgebunden	28. 8., 16.^{00} 332 m/Std.	29. 8., 16.^{00} 232 m/Std.	$6 \cdot 10^{-9}$ Cl/l	10 Std.	29. 8., 19^{00}	über 93%
			20 kg Lanthannitrat =6,2 kg La, komplexgeb.	28. 8., 4.^{00} 968(?) m/Std.	28. 8., 16.^{00} 332 m/Std.	2,4 mg La/cbm	—	—	rd. 74%

Sickerschacht in Lehmgrube 2 km östl. Liptingen 95 150/11 430	720 m 11,8 km	245 m 20,5‰	200 kg harte Detergentien (Marlon 384) 200 kg weiche Detergentien (Marlon AFR)	29. 8., $0.^{00}$ 190 m/Std.	29. 8., $7.^{00}$ 170 m/Std.	235 mg/cbm	rd. 8 Std.	29. 8., $12.^{00}$	rd. 80%
			75 kg Isobornylazetat	30. 8.	31. 8.	—	—	—	?
Stbr. 800 m südl. Buchheim 99 240/18 280	785 m 19,8 km	310 m 15,6‰	50 kg Uranin	Anfang Okt. rd. 24 m/Std.	Ende Nov. rd. 8 m/Std.	rd. 0,005 mg/cbm	—	—	rd. 0,1%
Hauptversickerung der Donau am „Brühl" 82 400/10 350	654 m 11,7 km	178,6 m 15,6‰	Serratia marcescens, 30·10^{18} Keime	(27. 8., $2.^{00}$) 28. 8., $0.^{00}$ 304 m/Std.	28. 8., $8.^{00}$ 252 m/Std.	4 Keime je 0,5 ml	—	—	rd. 0,0001% $= 10^{-6}$
			45 kg braungefärbte Lycopodiumsporen	27. 8., $15.^{00}$ 450 m/Std.	28. 8., $10.^{00}$ 255 m/Std.	425 Sporen je 6 Std.-Probe	—	—	—
Doline v. 1711 Tuttlingen 86 820/15 420	665 m 14,2 km	190 m 13,4‰	50 t Streusalz	29. 8., $0.^{00}$ 222 m/Std.	29. 8., $7.^{00}$ 212 m/Std.	0,70 Milligrammäquivalente/l	12,5 Std.	29. 8., $8.^{00}$	66,2%
Ausgebaute Doline Abwasserversorg. östlich Neuhausen 95 920/14 820	735 m 15,4 km	260 m 16,9‰	28 kg grüngefärbte Lycopodiumsporen	29. 8., $9.^{30}$ 226 m/Std.	30. 8., $0.^{00}$ 184 m/Std.	63 Sporen je 6 St. Probe	—	—	—

Praktisch immer bedeutet die Schüttungszunahme in einem Karstwassersystem auch eine Zunahme der Fließgeschwindigkeit. Bei Hochwässern werden schließlich ältere (meist höher liegende) Systeme aktiviert und die rapide Vergrößerung der Fließgeschwindigkeit kann sich auch mit einer Verlegung der unterirdischen Karstwasserscheide verbinden.

Im Zusammenhang dieser Probleme mit einer beachtlichen Zahl vorliegender Daten ergab sich die Frage, inwieweit eine tabellarische Zusammenstellung in diesem Buch nützlich sei. Eine gründliche Überlegung zeigt, daß die essentiellen Folgerungen ohnedies in Sätzen zu formulieren sind. Anders sieht die Bewertung solcher Angaben hinsichtlich der Auswertung in Rechenmodellen aus. Die Verbindung zur künftigen Auswertung sollen daher folgende Zitate vermitteln: G. Schulz, 1957, Tab. 11 = 44 Werte von Versuchen im Buntsandstein, Tab. 12 36 von Versuchen in Muschelkalk, Tab. 13 38 von Versuchen im Weißjura und Tab. 14 11 von Versuchen im Keuper Hangschutt und Talfüllungen; J. Zötl (1961, S. 119 bis 123) 88 Beispiele von Vergleichsergebnissen im Dachsteingebiet, Toten Gebirge, Kalkvoralpen und Westalpen; H. Paloc, 1967, S. 204 f. und 1972, S. 50 49 erfolgreiche Versuche im südlichen Bereich der Grands Causses und G. Strayle, 1970, Tab. 1, 17 erfolgreiche Versuche.

Eine Statistik der Ergebnisse von Färbversuchen im Bereich der mittleren Alb versuchte G. Strayle (1970, S. 168 ff.). Er hat dazu immerhin 94 Durchgangskurven zusammengestellt und statistisch ausgewertet (Abb. 30). Auch sein wesentlichstes Resultat ist der Zusammenhang zwischen Fließgeschwindigkeit und relativer Quellschüttung. Sein Schluß aus dem Albbereich, daß die Fließgeschwindigkeit mit der Entfernung wächst, ist für die Alpen nur teilweise, ohne Berücksichtigung der Schüttungsverhältnisse zu übernehmen. Dasselbe gilt für die Speicherfähigkeit des Gebirges, für dessen Beurteilung zum Teil durch Isotopenuntersuchungen schlüssige Hinweise gefunden werden können (s. Kap. 2.2.3.).

Was die verschiedenen Tracer betrifft, so wurde der Vorteil der Fluoreszenzfarben schon mehrmals hervorgehoben. Es sei jedoch nachdrücklich darauf verwiesen, daß Triftkörper (Sporen) unter Umständen besondere Hinweise liefern können.

Auf Grund der Erhaltung der Einzelspore als Festkörper auch bei stärkster Verdünnung der Suspension ist unter günstigen Umständen auch dort noch ein Nachweis möglich, wo die gelösten Stoffe wegen der Unterschreitung der Nachweisbarkeitsgrenze versagen müssen. Sind die Bakterien als Triftkörper gegenüber den Sporen in Lockersedimenten wegen ihres geringeren Durchmessers überlegen, so stellt die praktische Unzerstörbarkeit der Sporen einen wesentlichen Vorteil dar. Dies wirkt sich auch bei der Untersuchung aus, da das Mikroskopieren der Planktonnetzproben auch nach sehr langer Zeit noch erfolgen kann. Bei starker Wasserführung von Bohrungen in Lockergesteinen werden anscheinend die Feinteile so weit ausgeschwemmt, daß Triftkörper mit geringem Durchmesser passieren können.

Ein überschätzter Einfluß wird in vielen Publikationen dem Gefälle zugeschrieben. Eine brauchbare Möglichkeit zur Überprüfung dieser Annahme ergab sich in den westlichen Lechtaler Alpen, wo dieselbe Schwinde im Formarin-See zur Zeit erhöhten Mittelwassers im August 1957 und bei winterlichem Niederwasser im März 1958 beschickt wurde. Wie wertvoll solche Untersuchungen wären, zeigt sich darin, daß nicht nur die Zusammenhänge zwischen der allgemeinen Wasserführung und den Fließgeschwindigkeiten des Karstwassers bestätigt wurden, sondern ein weiterer Zusammenhang zwischen dem Verhältnis zwischen Mittelwasser- und Niederwassergeschwindigkeit und der Fallhöhe offensichtlich wurde.

Entnahmestelle	Geschwindigkeit bei Niederwasser	Geschwindigkeit bei erhöht. MW	Verhältnis der Geschwindigkeit	Fallhöhe
Lech	18 m/st	90 m/st	1 : 5	170 m
Faludrigenbach	19 m/st	45 m/st	1 : 2,4	680 m
Huttlabach	28 m/st	53 m/st	1 : 1,9	870 m

Die Tabelle zeigt, daß die Veränderung der Fließgeschwindigkeiten in diesem Fall mit zunehmender Fallhöhe geringer wird. Dieser Umstand bildet

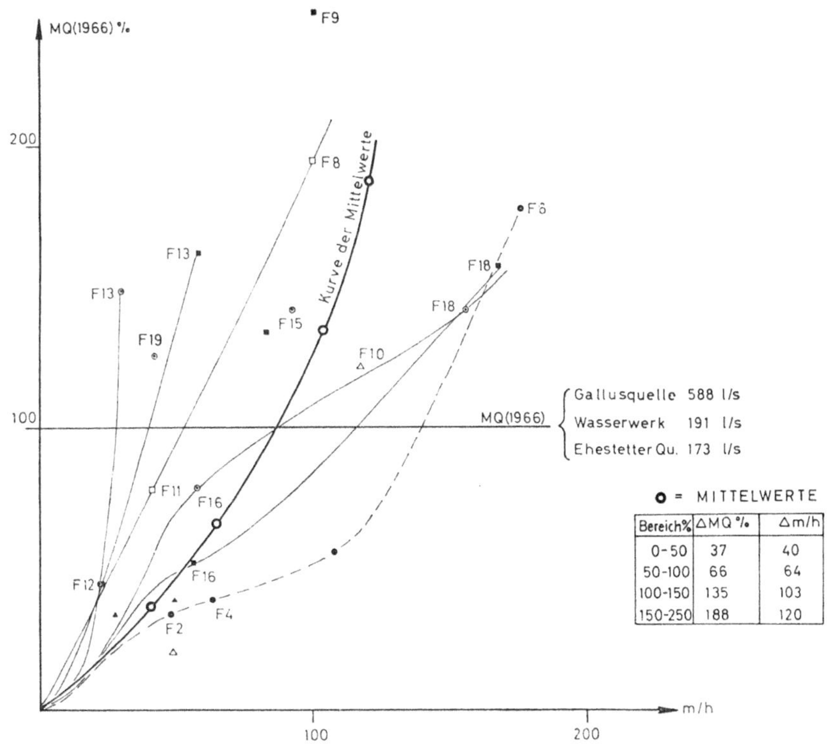

Abb. 30. Zusammenhang zwischen Fließgeschwindigkeit und relativer Quellschüttung, ermittelt durch Farbaustritte bei Wiederholungsversuchen im SW-deutschen Karst (nach G. Strayle, 1970, S. 171)

mit den Ergebnissen der Aufnahme ein wesentliches Indiz für die Beurteilung des Wesens der Karsthydrographie in den Nördlichen Kalkalpen. Da auch die Wasserführung im Lech bedeutend höher schwankte als beim Faludrigen- und Huttlabach, ergibt sich, daß diese Zusammenhänge sehr weitreichender Natur sind.

Die Bedeutung der Anwendung von Markierungsversuchen in der Karsthydrologie dürfte damit außer Diskussion stehen. Bezüglich der Wertigkeit der verschiedenen Tracer und ihrem Verhalten im Untergrund siehe besonders die eingehenden Vergleiche im zweiten Teil des Kapitels 2.2.2.9.2.

2.2.3. Isotopenmethoden zur Untersuchung von Karstwässern

2.2.3.1. Allgemeine Bemerkungen über die Umweltisotope und ihre Nutzung im Rahmen der Karsthydrogeologie

Als „Umweltisotope" (in der vorwiegend englischsprachigen Literatur „Environmental Isotopes" genannt) bezeichnet man jene sowohl radioaktiven als auch nichtradioaktiven Isotope, die in der Umwelt in wechselnden Konzentrationen auftreten, deren Ausmaß aber nicht direkt gesteuert werden kann.

Die wichtigsten Isotope für hydrologische Studien sind gegenwärtig die stabilen Isotope Deuterium (D oder ^{2}H) und Oxygen-18 (^{18}O) und die radioaktiven Isotope Tritium (T oder ^{3}H) und Carbon-14 (^{14}C). Die ersten drei genannten sind Teile der Wassermoleküle, sie sind die wichtigsten Spurenelemente des Wassers selbst, deren sich der Hydrogeologe bedienen kann. Alle

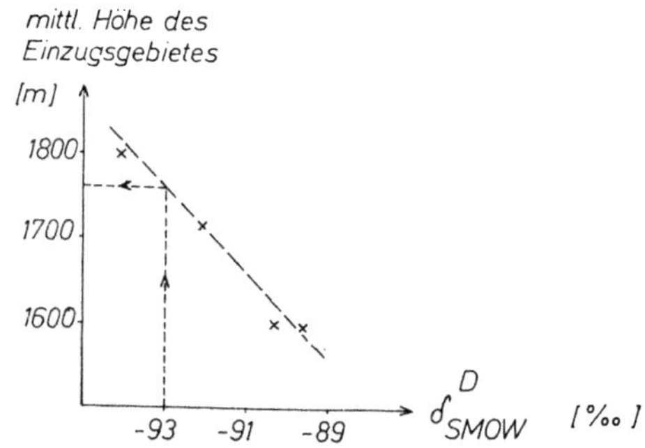

Abb. 31. Die Abnahme der Deuteriumgehalte von Quellwässern des Gasteiner Raumes mit der Zunahme der mittleren Höhe des Einzugsgebietes (nach U. Zimmermann u. J. Zöti, 1971, S. 130)

anderen Isotope im Wasser liegen in einer Lösungsform vor und unterliegen daher Verlusten durch Ausfällung (Niederschlag), Adsorption oder Austausch (Br. R. Payne, 1972, S. 89 ff.).

Deuterium und Oxygen-18 kommen im Ozean in Konzentrationen von etwa 320 ppm und 2000 ppm als HDO bzw. $H_2{}^{18}O$ vor. Wechselt das Wasser seinen Aggregatzustand durch Verdunstung oder Kondensation, so tritt wegen des verschiedenen Gasdruckes von HDO, $H_2{}^{18}O$ und $H_2{}^{16}O$ und wegen ihrer verschiedenen Diffusionsgeschwindigkeiten in die Luft eine Isotopenfraktionierung ein. Studien der Isotopenzusammensetzung natürlicher Wässer haben bezüglich der stabilen Isotope gezeigt:

a) Der Niederschlag und daher auch Oberflächenabfluß und Grundwasser sind isotopisch leichter als das Meerwasser, d. h. sie weisen im Vergleich zu diesem einen verminderten Gehalt von HDO und $H_2{}^{18}O$ auf (W. Dansgaard, 1964; H. Craig und L. I. Gordon, 1965).

b) Sowohl mit zunehmender geographischer Breite als auch mit zunehmender absoluter Höhe nimmt im Niederschlag der Gehalt an den stabilen Isotopen ^{2}H und ^{18}O ab. Dies hängt vom Einfluß der Temperatur auf die Isotopenfraktionierung ab (Temperatureffekt bzw. Höheneffekt, vgl. Abb. 31).

c) In den gemäßigt humiden Bereichen ist eine deutliche jahreszeitliche Schwankung des Isotopengehaltes zu verzeichnen, der Niederschlag ist in den kälteren Monaten isotopisch leichter und in den wärmeren schwerer (W. DANSGAARD, 1964; H. CRAIG und L. I. GORDON, 1965). Abb. 32, 33 zeigen die jahreszeitlichen Schwankungen des Tritium- und Oxygen-18-Gehaltes im Niederschlag in Wien 1961 bis 1971.

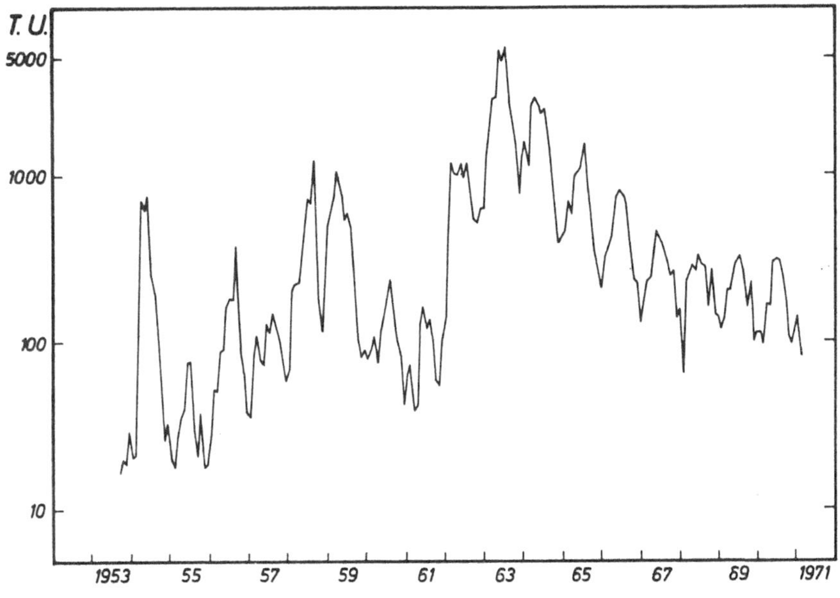

Abb. 32. Der Tritiumgehalt (Monatsmittel) in den Niederschlägen der Jahre 1961 bis 1971 in Wien (Hohe Warte). Die Werte vor 1961 wurden anhand der Daten von Ottawa berechnet (T. DINÇER et al., 1972, S. 92). Die Kontinuität der Abnahme ist seit 1969 durch neue atomare Versuche gestört

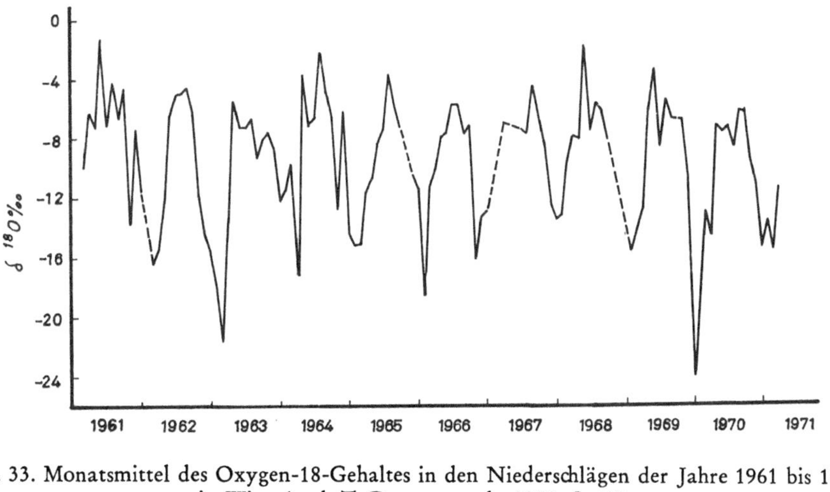

Abb. 33. Monatsmittel des Oxygen-18-Gehaltes in den Niederschlägen der Jahre 1961 bis 1971 in Wien (nach T. DINÇER et al., 1972, S. 90)

d) Die Deuterium- und Oxygen-18-Werte der Niederschläge zeigen eine sehr gute lineare Korrelation in der Beziehung

$$\delta D = 8\ \delta^{18}O + 10$$

wobei die δ-Werte per mill-Abweichungen vom SMOW (= Standard Mean Ocean Water) darstellen, dem allgemein verwendeten Standard, dessen Isotopenzusammensetzung einen Mittelwert des Meerwassers präsentiert (H. CRAIG, 1961). Diese Variation des Isotopenverhältnisses in Wasserproben, gemessen mittels eines Massenspektrometers, wird ausgedrückt durch

$$\delta‰ = \frac{R\ \text{Wasserprobe} - R_{SMOW}}{R_{SMOW}} \times 1000$$

wobei R entweder D/H oder $^{18}O/^{16}O$ ist (B. R. PAYNE in T. DINÇER et al., 1972, S. 91).

Verdunstet Wasser von Seen oder offenen Wasserflächen, so verändert sich die Isotopenzusammensetzung in der Weise, daß der Gehalt an schweren Isotopen im Wasserdampf vermindert wird, während im Wasser des Reservoirs eine Anreicherung von Deuterium und Oxygen-18 vor sich geht. Die beiden Isotope werden jedoch nicht im gleichen Maße von diesen Vorgängen betroffen, und setzt man ihre Daten in Relation, so wird die Gefällslinie von δD nicht 8 $\delta^{18}O$ sondern 4 bis 6 $\delta^{18}O$ folgen (H. CRAIG, L. I. GORDON und Y. HORIBE, 1963; T. DINÇER, 1968). Für den östlichen Mittelmeerbereich hat A. NIR (1967) gezeigt, daß die Relation Deuterium und Oxygen-18

$$\delta D = 8\ \delta^{18}O + 22$$

beträgt, was einen höheren Deuteriumüberschuß bedeutet (vgl. Abb. 34). Die Fehlergrenze der Messungen beträgt ± 0,2‰ für $\delta^{18}O$ bzw. ± 2‰ für δD. Die Meßmethodik wird eingehend bei W. DROST et al. (1972, S. 104 ff.) beschrieben.

Das *Tritium* im Niederschlag entstammt zwei Quellen (H. E. SUESS, 1969). Die eine, natürliche, ist die Produktion durch kosmische Strahlung. Die Schätzungen der auf diese Weise entstehenden Tritiummenge variieren, sie dürfte jedoch in der Größenordnung von 10 T.U. liegen (1 T.U. = 1 Atom ^{3}H auf 10^{18} Atome ^{1}H). Die zweite Quelle des Tritiums im Niederschlag wurde vom Menschen geschaffen, sie liegt in den seit 1952 abgelaufenen thermonuklearen Explosionen. Diese Produktion überlagerte die natürliche Konzentration durch periodische Ausstöße von Tritium in die Atmosphäre, die die Wässer des hydrologischen Kreislaufes mit einer leicht meßbaren Menge von Tritium markierten. Die Halbwertszeit für den radioakten Zerfall beträgt 12,25 Jahre.

Die Konzentration des Tritiums im Niederschlag eines gegebenen Bereiches variiert jahreszeitlich mit einem Maximum im Spätfrühling und Frühsommer (Abb. 32). Zu gewissen Zeiten nimmt die Konzentration mit der Entfernung vom Ozean und zunehmender geographischer Breite zu. In der nördlichen Hemisphäre wurden 1963 maximale Konzentrationen bis zu 10.000 T.U. beobachtet, seither sanken sie allmählich ab, doch scheinen sie gegenwärtig wieder etwas angehoben zu sein.

Carbon-14 (^{14}C), das radioaktive Kohlenstoffisotop, entsteht ähnlich wie das natürliche T durch kosmische Strahlung in der Ionosphäre. Im Zuge der Verbindung mit Sauerstoff zu Kohlendioxyd erfolgt eine Vermischung mit dem bereits in der Atmosphäre vorhandenen CO_2. Carbon-14 zerfällt bei energiearmer β-Strahlung und einer Halbwertszeit von rund 5700 Jahren in das stabile Stickstoffisotop ^{14}N. Über die Assimilation werden nicht nur alle lebenden Substanzen auf der Erde damit markiert, mit dem CO_2 gerät es auch in das Wasser.

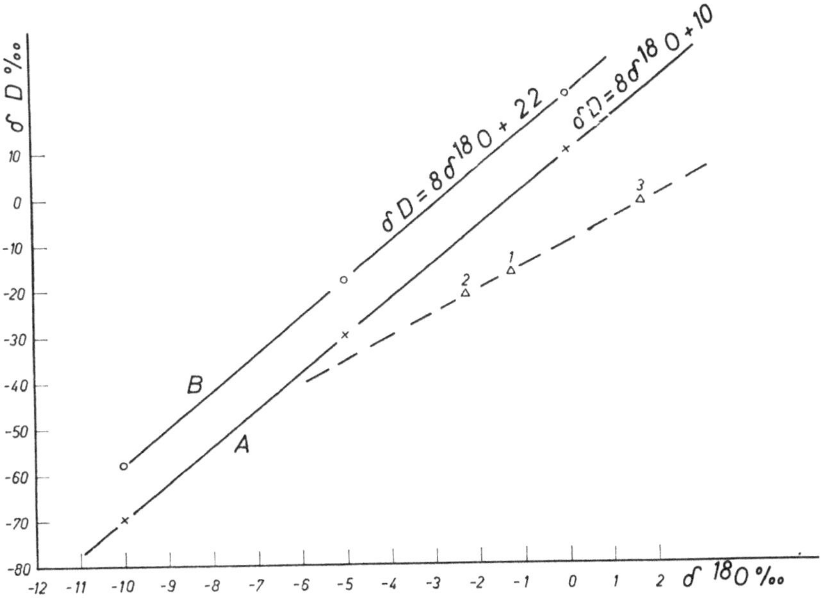

Abb. 34. Das Verhältnis Deuterium und Oxygen-18 nach H. Craig, 1961, (Linie *A*) und A. Nir, 1967, (Linie *B*). Die gestrichelte Linie zeigt das Isotopenverhältnis von Seewässern mit starker Verdunstung in Anatolien (*1* Beyşehir-See, *2* Egisdir-See, *3* Burdur-See; vgl. T. Dinçer u. B. R. Payne, 1971, S. 242, Fig. 4)

Während aber die (kurzfristige) Datierung des Wassers mittels des Tritiumgehaltes recht genaue Daten zu liefern vermag, ist die Altersbestimmung des Wassers mit Hilfe von Carbon-14 noch mit größeren Schwierigkeiten verbunden. Für die Bestimmung des „Alters" des Wassers, d. h. seiner unterirdischen Laufzeit vom Zeitpunkt der Versickerung des Niederschlages bis zum Wiederaustreten in der Quelle wird nämlich das $^{13}C/^{12}C$-Verhältnis der Karbonatprobe des zu datierenden Wassers gemessen und mit einem Standard verglichen. Dabei ist zu berücksichtigen, daß das anfängliche Isotopenverhältnis durch mehrmalige Lösungsvorgänge und durch die Auflösung von Gesteinskarbonaten, die wegen ihres hohen Alters kein ^{14}C mehr enthalten, verschoben werden kann. Mit den Problemen der notwendigen Korrekturen der ^{14}C-Alterswerte beschäftigen sich viele Radiologen (vgl. R. Brinkmann et al., 1960, E. Ingerson und J. Pearson, 1964, K. O. Münnich et al., 1967,

B. B. HANSHAW, 1970, I. WENDT, 1970, u. a.). Für viele Fragen des Tiefen Karstes ist die Anwendung der ^{14}C-Methoden unerläßlich. Vielfach wird auf die absolute Altersangabe in Jahren verzichtet und der ^{14}C-Gehalt in „prozent modern" angegeben. Dabei ist zu berücksichtigen, daß 100% modern dem ^{14}C-Gehalt des Jahres 1950 entspricht, da der derzeitige ^{14}C-Pegel in der Atmosphäre durch die thermonuklearen Explosionen etwas erhöht wurde.

Die Entnahme von Wasserproben für Isotopenanalysen ist für Tritium und die stabilen Isotope D und ^{18}O ähnlich jener für normale chemische Wasseranalysen. Zu achten ist darauf, daß jegliche Verdunstung von der gezogenen Probe verhindert wird, da dies eine Veränderung des Gehaltes an stabilen Isotopen zur Folge haben würde. Weiters ist sowohl eine Kontamination der Proben untereinander als auch eine Kontamination des Probenwassers mit atmosphärischem Wasser zu verhindern. Unter Beachtung dieser Regeln werden doppelt verschließbare Polyethyleneflaschen mit dem Probenwasser einige Male ausgespült und dann vollkommen angefüllt und geschlossen.

Die Probennahme für die Bestimmung von Carbon-14 ist umständlicher, da die für die Messung notwendige Menge von Hydrogenkarbonat aus einer größeren Wassermenge ausgefällt werden muß. Obwohl die Durchführung isotopenhydrologischer Untersuchungen nur in Kooperation von Hydrologen bzw. Hydrogeologen und Radiologen möglich ist, soll die Probennahme auch von Nicht-Radiologen durchgeführt werden können. Es scheint mir daher zweckmäßig, die von der IAEA ausgegebenen Richtlinien für die Entnahme von Proben zur Radiokarbonmessung im folgenden wiederzugeben. Abb. 35 zeigt den bei eigenen Untersuchungen verwendeten, in der BVFA Wien (J. KOPAL) angefertigten Ausfällungsbehälter.

Zuerst wird die 1-l-Plastikflasche (Abb. 35, F) dicht an den Ausfällungstrichter angeschraubt und der Plastikbehälter mit einer genau fixierten Wassermenge (abhängig vom Karbonatgehalt des Wassers, meistens 60 bis 100 l) gefüllt. Hierauf werden dem ganzen 5 g Eisensulfat ($FeSO_4 \cdot 7\,H_2O$), das vorher in 200 ml destilliertem Wasser aufgelöst wurde, beigegeben. Nach der weiteren Beigabe von 50 ml Co_2-freiem NaOH wird der pH-Wert geprüft, der dann 8 sein soll. Nun erst werden 500 ml gesättigte $BaCl_2$-Lösung zugefügt, die bereits am Vortag vorbereitet wird, indem 500 bis 600 g $BaCl_2 \cdot H_2O$ in heißem destilliertem Wasser gelöst werden und über Nacht stehen bleiben. Nach der Beigabe der Chemikalien wird der Plastikbehälter geschlossen und das Wasser gut durchmischt. Sollte die Ausflockung sehr langsam vor sich gehen, sind 40 ml Praestallösung schnell zuzugeben und heftig durchzumischen. Nach der Ausfällung des Karbonates wird die Restflüssigkeit mittels einer $BaCl_2$-Lösung geprüft, ob die Ausfällung vollständig erfolgte. Nun wird der Trichter des Plastikbehälters von oben her mit einem Gummistöpsel geschlossen und die 1-l-Plastikflasche mit den in ihr angesammelten Konzentrat abgeschraubt und gut verschlossen. Nach dem Ausgießen des Restwassers ist die Apparatur nach jeder Probennahme gut zu reinigen. Vom auf ^{14}C zu untersuchendem Wasser soll auch eine 1-l-Probe für die T-, D- und ^{18}O-Bestimmung mitgenommen werden.

Die Auswertung der Carbon-14- und Tritiummessungen zielt vor allem auf die Ermittlung der Verweilzeit des Wassers im Untergrund und die Anschätzung des Speichervolumens. Eines der schönsten Beispiele für die erfolgreiche Anwendung von ^{14}C-Messungen zur großflächigen Klärung der unterirdischen Entwässerungsverhältnisse ist Abb. 36. Sie zeigt die für den artesischen Haupthorizont Zentralfloridas auf Grund zahlreicher Messungen ermittelten Isochronen und Linien gleichen wirklichen Alters nach Korrektur der Werte durch das $^{13}C/^{12}C$-Verhältnis (B. B. HANSHAW, 1970, S. 56 ff.). Die Fließrichtung des gespannten unterirdischen Karstwassers ergibt sich aus der Senkrechten auf die Isochronen.

Von Erfolg ist u. U. die Kombination von Carbon-14- und Tritiummessungen.

Abb. 35. Behälter zur Ausfällung von Hydrogenkarbonat zwecks Carbon-14-Messung (verfertigt von BFVA Wien, Photo J. KAMPEL, 1972). Nach Beigabe der Chemikalien flockt das Karbonat aus und sammelt sich in der vom unteren Ende des Behälter abschraubbaren Plastikflasche (*F*)

Für die Interpretation von Tritiummessungen an Karstwässern zieht man gewisse *Modellvorstellungen* zu Rate:

a) Das sog. *Piston-Modell* [1]. Es nimmt einen unterirdischen Abflußvorgang an, bei dem das versickernde Wasser ohne Vermischung in zeitlichen Schüben

[1] Da die ersten diesbezüglichen Publikationen (wie überhaupt ein Großteil der Isotopenliteratur) in englischer Sprache erfolgten, wurden die entsprechenden Modellbezeichnungen u. Ausdrücke später z. Teil auch in deutschsprachigen Veröffentlichungen übernommen (z. B. input, output u. a. m.).

von der Versickerungsstelle zur Quelle fließt. Der Tritiumgehalt einer Wasserprobe aus einem Karstsystem mit Abflußverhältnissen nach dem Piston-Modell wird einfach den bezüglich der Halbwertszeit für den Zeitraum zwischen Versickerung und Probennahme korrigierten Tritiumgehalt des versickernden Wassers widerspiegeln. In der Literatur wird dieses Modell sehr selten angenommen. Trotzdem scheint es mir im Seichten Karst in vielen Fällen den tatsächlichen Verhältnissen näher zu kommen als man bisher annahm (vgl. Kap. 2.2.3.2.). Zum Teil legt man es der Anschätzung der Mindestdurchgangszeit zu Grunde.

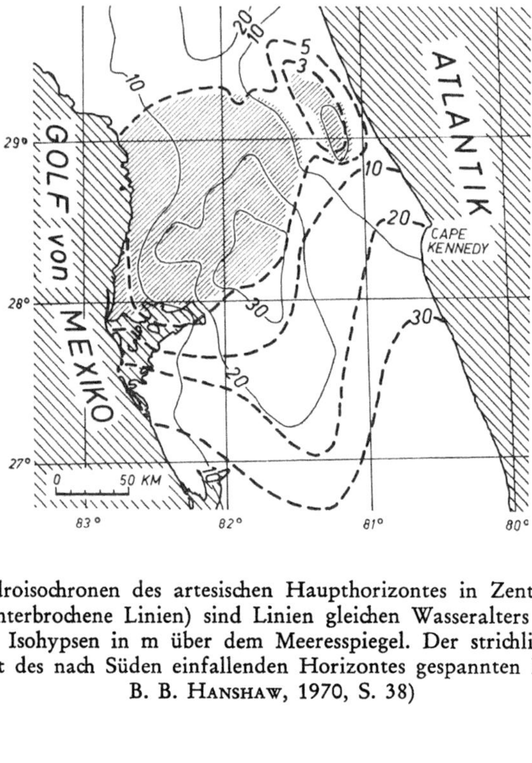

Abb. 36. Die Hydroisochronen des artesischen Haupthorizontes in Zentralflorida. Die Isochronen (starke unterbrochene Linien) sind Linien gleichen Wasseralters in 10^3 Jahren. Die feinen Linien sind Isohypsen in m über dem Meeresspiegel. Der strichlierte Bereich ist das Haupteinzugsgebiet des nach Süden einfallenden Horizontes gespannten Karstwassers. (Nach B. B. Hanshaw, 1970, S. 38)

b) Das *Dispersionsmodell* entspricht der Annahme, daß die hydrodynamische Dispersion und die Mischung der Versickerungsanteile der verschiedenen Jahre in einer annähernden Gaußfunktion resultiert.

c) Das *Exponentialmodell* geht von einer vollständigen Mischung der verschiedenen Karstwasserkomponenten aus („well-mixed reservoir model"), d. h., daß die „output"-Konzentration der mittleren Konzentration im Grundwasserreservoir gleich ist.

Dieses Modell wird am häufigsten angewandt und kommt bei Vorliegen eines Tiefen Karstes zweifellos der Wirklichkeit am nächsten.

Nimmt man zur vollständigen Durchmischung vereinfacht noch an, daß Zu- und Abfluß gleich groß und zeitlich konstant sind, so berechnet man die Altersverteilung aus

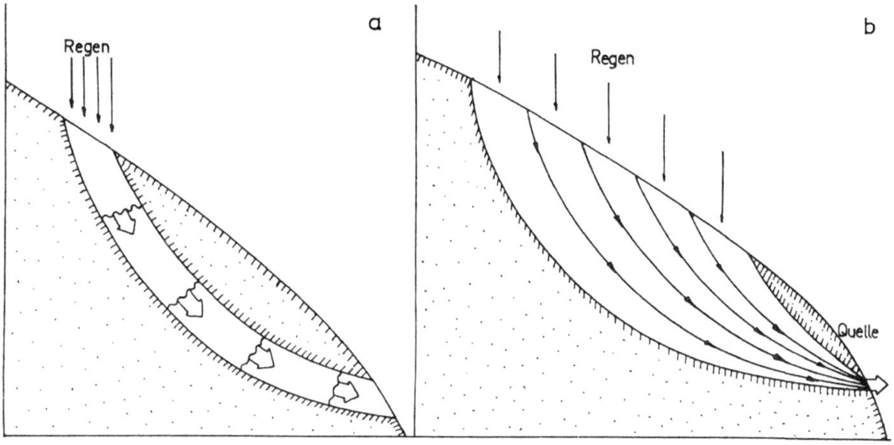

Abb. 37. Schematische Darstellung der Wasserbewegung unter Annahme des Piston- (*a*) bzw. Exponentialmodells (*b*) nach U. SIEGENTHALER, 1972, S. 10

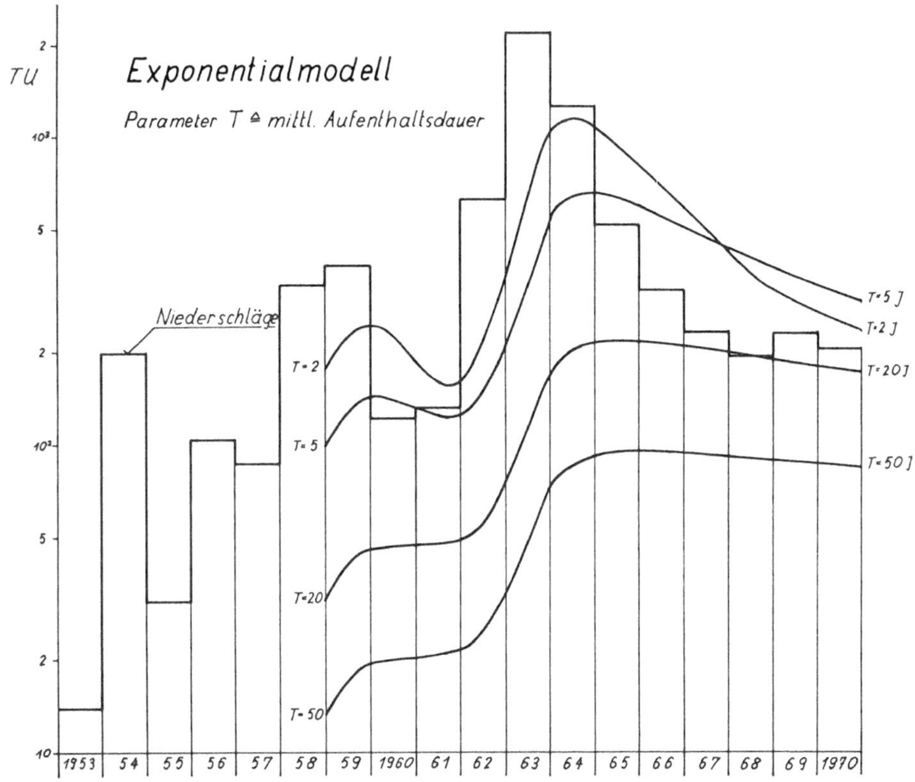

Abb. 38. Tritiumkonzentration im Abfluß eines hydrologischen Systems für verschiedene Verweildauern (*T*) unter Annahme des Exponentialmodells am Beispiel für Schweizer Quellwässer (nach U. SIEGENTHALER, 1972, S. 11)

$$h\ (T) = \frac{1}{To} \cdot e^{-T/To},$$

wobei h (T) den relativen Anteil des Wassers des Alters T angibt (U. SIEGENTHALER et al., 1970). Die mittlere Verweildauer To (in Jahren) ist

$$To = \frac{\text{Volumen des Reservoirs}}{\text{jährlicher Abfluß}}$$

(U. SIEGENTHALER, 1972, S. 10).

Die von U. SIEGENTHALER (1972, S. 10, 11) übernommene Abb. 37 ist eine schematische Darstellung der unterirdischen Wasserbewegung unter Annahme des Piston-(a) bzw. Exponentialmodells. Abb. 38 zeigt die bei Annahme des Exponentialmodells auftretenden Tritiumkonzentrationen im Abfluß eines hydrologischen Systems für verschiedene mittlere Verweildauern T (vgl. auch M. A. GEYH in H. BATSCHE et al., 1970, S. 72, Fig. 32).

In Anbetracht der zahlreichen Möglichkeiten der Mischung unterirdischer Wässer wird kaum eines der drei Modelle voll den Gegebenheiten entsprechen. T. DINÇER und B. R. PAYNE (1971, S. 248) haben dieser Tatsache durch die Erstellung weiterer Modelle Rechnung getragen, in denen sie z. B. die nicht kontinuierliche Mischung rezenter Wässer aus einem seichtliegenden Grundwasserkörper mit sehr altem Wasser aus einem gespannten Grundwasserhorizont oder die Mischung zweier „Modellwässer" ins Kalkül zogen (s. 2.2.3.3.).

Zur Illustration der Erfahrungen mit der Anwendung von Isotopenmethoden zur Klärung karsthydrogeologischer Probleme dienen am besten wiederum praktische Beispiele.

2.2.3.2. Die Beurteilung des Wasserhaushaltes im Seichten Karst der östlichen Kalkhochalpen aufgrund der Ergebnisse von Isotopenmessungen an Wässern des Toten Gebirges

Die Massive der Kalkhochalpen (vgl. Kap. 2.3.1.) repräsentieren in weiten Bereichen einen Seichten Karst. Insbesondere im S der Massive liegt die wasserstauende Basis meist hoch über der Vorflut, im N und E tauchen die Kalke gelegentlich unter diese hinab (Tiefer Karst) [1].

Im größten dieser Massive, die man auch als hydrogeologische Einheiten betrachten kann, im Toten Gebirge, hat die Section of Isotope Hydrology der International Atomic Energy Agency (IAEA) in Wien im Zuge ihrer Programme im Rahmen der Internationalen Hydrologischen Dekade (IHD) versucht, mittels der Untersuchung der Umweltisotope zur besseren Kenntnis des Wasserhaushaltes dieses Karsttyps beizutragen (T. DINÇER et al., 1972). Der Wasserhaushalt des Massivs ist nicht durch Gletscher beeinflußt und die Ergebnisse großräumiger Markierungsversuche (vgl. Kap. 2.3.1.) boten willkommene Vergleichsmöglichkeiten.

Der geologische Aufbau dieses Massivs, das ohne seine Vorberge eine Fläche von etwa 590 km² einnimmt, ist im Kapitel 2.3. beschrieben.

Es muß aber schon jetzt auf die hydrographische Bedeutung der dem Hauptmassiv im S vorgelagerten 2 bis 4 km breiten und etwa 10 km W-E-streichenden Stufe des Tauplitz-Seenplateaus hingewiesen werden, die dem S-Rand des Massivs ein wesentlich anderes hydrographisches Gepräge verleiht als der ungegliederte N-Abfall aufweist.

---

[1] Damit ist ein grundlegender Unterschied zu den Kalkvoralpen gegeben, deren Karbonatgesteinsfolgen meistens tief unter die derzeitige Landoberfläche eintauchen!

Von großer Bedeutung für die Beurteilung des Wasserdargebotes der Quellen sind die allgemeinen hydrometeorologischen Bedingungen. Es wurden daher in Tabelle 6 die langjährigen Mittel der Monats- und Jahressummen der Niederschläge von ausgewählten Meßstationen zusammengefaßt. Obwohl die Niederschläge im allgemeinen als hoch bezeichnet werden dürfen, ist von Einfluß, daß sowohl zwischen den einzelnen Jahressummen als auch örtlich beachtliche Unterschiede bestehen, wobei die abnorm hohen Niederschläge in der NW—SE streichenden Durchzugsfurche von Altaussee einerseits wie die Leelagen des Beckens von Windischgarsten und des Ennstales andererseits besonders hervortreten (s. T. Dinçer et al., 1972, S. 83). Die Unterschiede der einzelnen Jahre wiederum beleuchtet die Tatsache, daß z. B. die Station Altaussee (950 m Sh.) im Dezennium 1951 bis 1960 bei einem langjährigen Mittel von 2227 mm Niederschlag in zwei Jahren 2000 mm nicht erreichte, um andererseits in einem Jahr (1952) die beachtliche Niederschlagshöhe von fast 3 000 mm (2981 mm) aufzuweisen. Für die höchsten Plateaubereiche des Massivs dürfte das langjährige Mittel der Jahressumme bei 2500 mm liegen. Die Intensität der Niederschläge ist durchschnittlich in den Sommermonaten am höchsten, wenngleich es auch in anderen Monaten zu Starkregen kommen kann. Die Schneebedeckung wird mit zunehmender Höhenlage immer sicherer, länger und geringeren zeitlichen Schwankungen unterworfen. So beträgt beispielsweise für den Zeitraum 1901—1960 die kürzeste Zeitspanne mit Winterdecke bei Bad Ischl (480 m Sh.) nur 11,5% der längsten Winterdeckendauer, beim Th.-K.-Hollhaus (1609 m) hingegen 61%. Im Plateaubereich des Massivs tritt das Ende der winterlichen Schneedecke fast immer erst im Juni ein.

Die Probennahmen für die Messung der Umweltisotope in den dem Toten Gebirge entströmenden Wässern erfolgten im September 1968, im März 1969 (hauptsächlich Schneeproben), Juni 1969, September 1969, Juli 1970 und Februar 1971.

Als besonders aussagekräftig stellte sich die Verfolgung der jahreszeitlichen Schwankungen des Isotopengehaltes heraus. Da beim Isotopengehalt auch der langzeitliche Trend von Einfluß ist, wurde in Abb. 39 das Häufigkeitsdiagramm der Oxygen-18-Werte von im September 1968, Juni 1969 und Juli 1970 gezogenen Wasserproben dargestellt. Die Verschiebung des Schwergewichtes ist unverkennbar. Da die Tritiumwerte im September 1968 etwa denen der vorhergegangenen Sommermonate entsprechen, sehen wir im Diagramm im großen und ganzen das Spiegelbild der hohen Oxygen-18-Konzentration der Niederschläge der vorhergegangenen Sommermonate.

Im Diagramm des Juni 1969 ist die Streuung bedeutend breiter, das Schwergewicht von —11,7δ^{18}O‰ aber auf —12,9δ^{18}O‰ gefallen. Wie auch die Tritiumwerte zeigen, begründet sich die größere Streuung der Werte sowohl im verschiedenen Mischungsverhältnis von Schneeschmelzwasser und Regenwasser als auch in der Mischung von Schneewerten verschiedener Höhen. Der vorhergegangene Winter war relativ schneearm, die Niederschläge im Sommer 1969 relativ gering. Im ganzen ergibt sich das Abflußbild eines Niederwasserjahres (vgl. Abb. 40) und die Ganglinie der Steyr beim Dietlgut und bei der Steyrbrücke (bis hierher ausschließlich Karstwasser führend) zeigt weder eine bemerkenswerte Schmelzwasser- noch Sommerregenspitze, wie etwa 1968 und 1970.

Der Juli 1970 zeigt im Häufigkeitsdiagramm die breiteste Streuung. Der Schwerpunkt der δ^{18}O-Werte ist gegen —14‰, in einzelnen Quellbereichen noch wesentlich darunter gesunken. Im Gegensatz zum vorhergegangenen Jahr waren im Winter 1969/70 ungewöhnliche Schneehöhen zu beobachten und die Ganglinie des Steyrflusses zeichnet eine außergewöhnlich steile Schmelzwasserkurve ab (Abb. 40).

Tabelle 6. *Die Monats- und Jahressummen der Niederschläge in mm von Meßstationen im Raume des Toten Gebirges im langjährigen Mittel (1901—1960; aus Beitr. z. Hydrographie Österreichs, Nr. 38, Wien 1964)*

Station	Seehöhe m ü. A.	I.	II.	III.	IV.	V.	VI.	VII.	VIII.	IX.	X.	XI.	XII.	Jahr	Beobachtetes Tagesmaximum	
1. Bad Ischl	480	122	104	103	128	145	188	240	205	147	110	110	122	1724	217,0	12. 9. 1899
2. Offensee	660	119	107	103	128	158	201	236	208	155	122	104	114	1755	152,6	25. 5. 1928
3. Almsee	595	121	104	97	128	142	186	216	197	141	110	103	116	1661	138,0	26. 5. 1928
4. Hinterstoder	580	91	83	75	92	108	143	182	166	115	90	79	94	1318	173,0	6. 9. 1920
5. Th.-K.-Hollhaus (Tauplitzalm)	1609	113	82	80	113	144	184	233	187	140	113	98	107	1594	102,4	12. 8. 1959
6. Gößl (Grundlsee)	710	119	105	89	104	129	169	217	185	135	111	99	109	1571	117,5	10. 9. 1942
7. Altaussee (Salzberg)	950	182	158	143	167	184	222	280	240	187	149	142	173	2227	242,8	12. 9. 1899
8. Appelhaus (SE-Wilden-See) (1954—1958)	1660	132	147	138	198	136	234	365	243	197	176	88	185	2238		

Damit aber wird es notwendig, auf die Reaktion der einzelnen Quellen einzugehen. Abb. 39 zeigt eine zunehmende Streuung der Werte von den Proben vom September 1968 bis zu jenen im Juli 1970. Am aufschlußreichsten ist die Gegenüberstellung des Diagrammes vom September 1968 mit jenem der Werte vom Juli 1970. Die Quellen, die im Sommer 1970 extrem niedrige Oxygen-18-Werte zeigten (Nr. 11 a, 21, 23, 12 a—c und 11 b), liegen im September 1968 vornehmlich im Mittelfeld (vgl. Tabelle 7, 8). Kurz gesagt, sie führten im September 1968 hauptsächlich Regenwasser des vorhergegange-

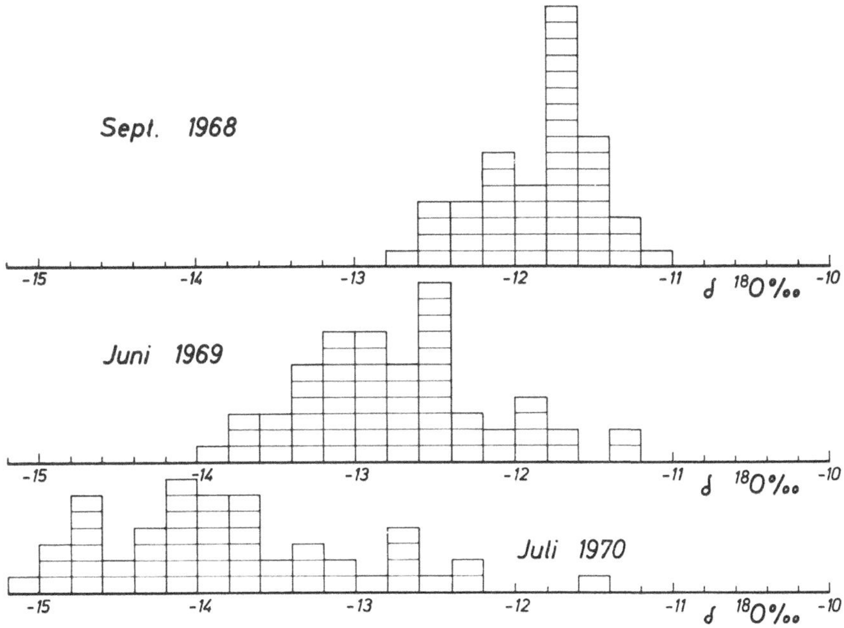

Abb. 39. Häufigkeitsdiagramm von Oxygen-18-Werten von im September 1968, Juni 1969 und Juli 1970 im Raume des Toten Gebirges gezogenen Wasserproben

nen Sommers und im Juli 1970 faktisch ausschließlich Schmelzwasser des im vorhergegangenen Winter- und Spätwinter gefallenen Schnees. So sind die Strimitzbach- und Steyrquellen ein Musterbeispiel eines in jahreszeitlichen Schüben wasserführenden Karstsystems mit nur kurzfristiger Speicherung, der extreme Typus des Entwässerungsmechanismus eines Seichten Karstes im gemäßigt (kühl) humiden Klimabereich. Das Musterbeispiel ist ein Arm der Strimitzbachquellen östlich des Grundl-Sees mit einem δ^{18}O-Gehalt von —11,1‰ im September 1968 und —14,8‰ im Juli 1970, das ist ein seltener Fall eines ziemlich klaren Beispieles für das Piston-Modell.

Andererseits wirken auch im Seichten Karst örtlich dämpfende Faktoren. So sind beispielsweise die Seenwässer je nach ihrem Zufluß (oberflächlich oder große unterseeische Quellen), der verschiedenen Tiefenlage des Metalimnions (= Sprungschicht) und der verschiedenen Durchmischung überhaupt (holomiktischer oder meromiktischer See) von recht verschiedenem Isotopengehalt. In den Tabellen 7 und 8 unterschreitet der Abfluß des Offensees niemals —12δ^{18}O‰, während der Toplitz-See den Gang der großen Karstquellen nur in wenig abgeschwächter Weise mitmacht. Beim Altausseer See ist das

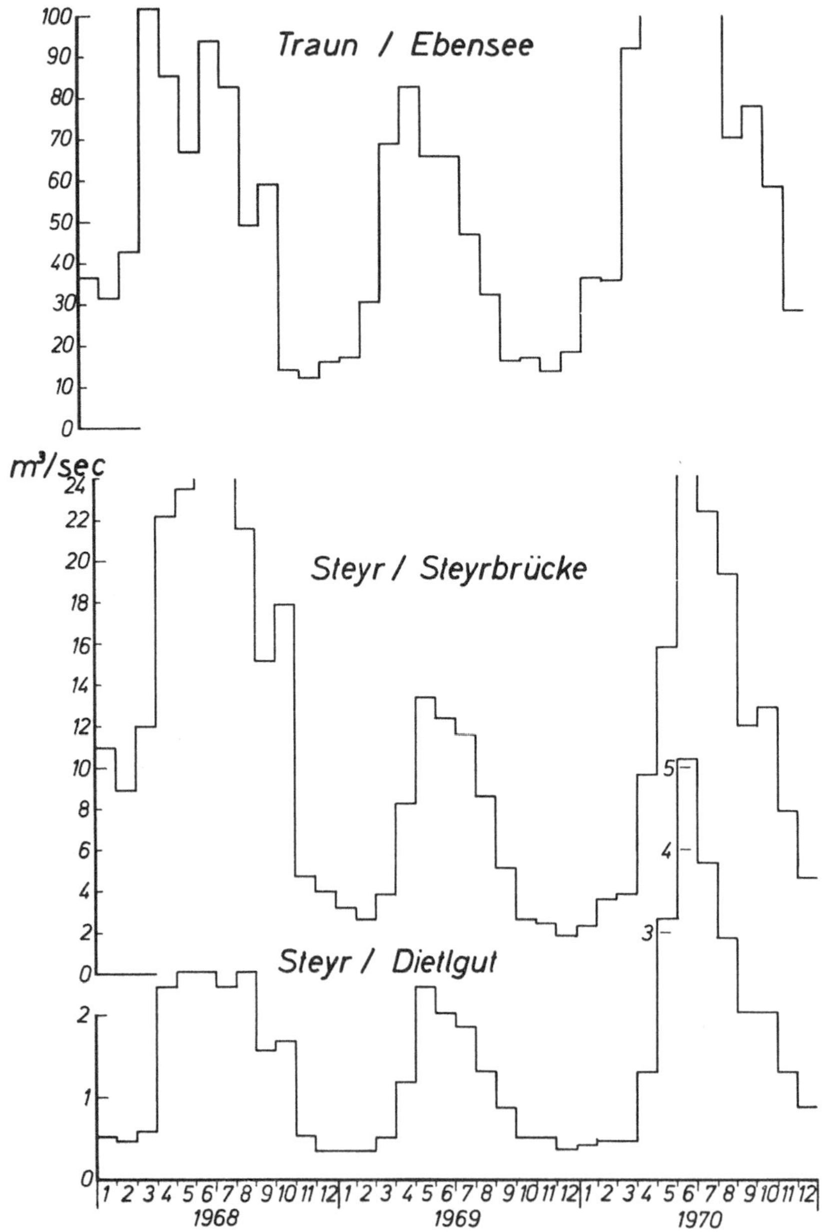

Abb. 40. Abflußganglinie der Steyr bei der Meßstation Dietlgut und Steyrbrücke. Der Fluß wird bis hierher ausschließlich von Karstwässern gespeist. Zum Vergleich die Ganglinie der Traun bei Ebensee

Reservoir sowohl des Sees (etwa 72,4 Mill. m³; J. MÜLLNER, 1886) als auch des hier tiefer reichenden Karstes groß genug, daß zu Zeiten geringer Schüttung eine völlige Durchmischung eintritt (gleiche δ^{18}O-Werte im September 1968 und Juni 1969), bei sehr starkem Schmelzwasserandrang setzt sich dann aber auch hier der Anteil rezenten Wassers durch (Juli 1970). Eine relativ gute Durchmischung zeigen auch die Quellen aus den Dolomitbereichen (Nr. 16, GB, R) bzw. Quellwässer, die einen Lockergesteinsmantel durchstoßen (Tabelle 7, Nr. 19). Diese Modifikationen und örtlichen Variationen

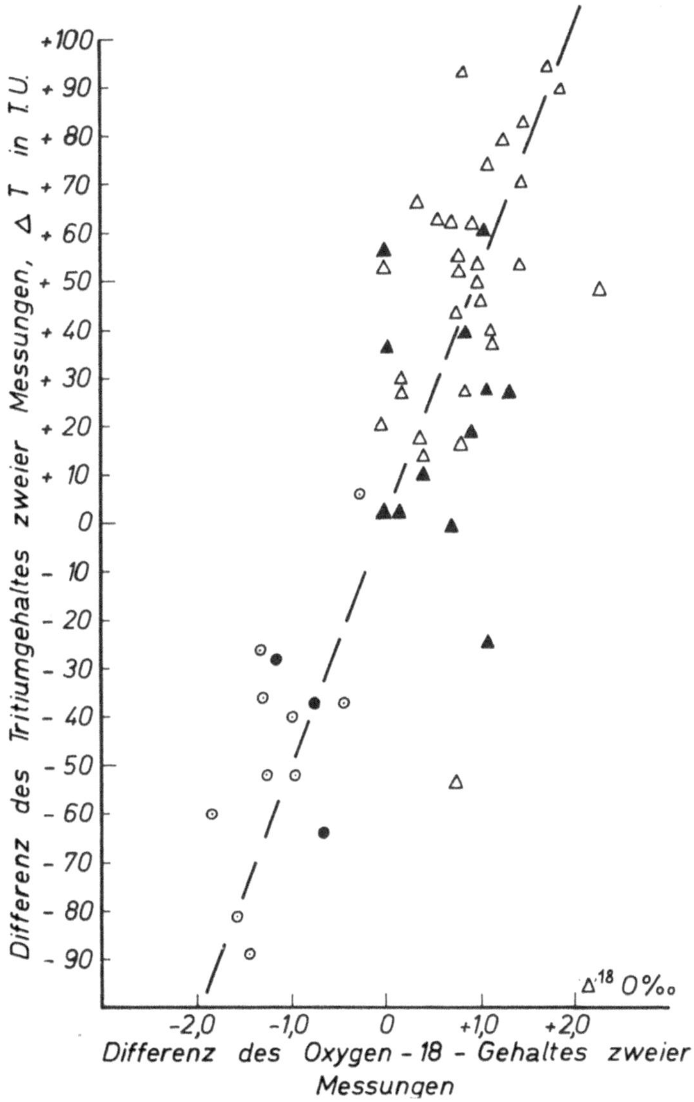

Abb. 41. Die Differenzen des Oxygen-18- und Tritiumgehaltes der Wasserproben vom September 1968 und Juni 1969 (leere Dreiecke) sowie zwischen den Proben vom Juni 1969 und September 1969 (Kreise). Die vollen Zeichen sind Seewässer

Tabelle 7. *Ergebnisse von Isotopenmessungen an Wasserproben aus dem Bereich des Toten Gebirges, Entnahmezeiten September 1968 und März 1969*

Nr. oder Bezeichnung	Ort	Seehöhe (m)	September 1968			März 1969			
			T (T.U.)	D ($\delta ‰$)	^{18}O ($\delta ‰$)	Nr.	T (T.U.)	D ($\delta ‰$)	^{18}O ($\delta ‰$)
1	Quelle Sagtümpel	1000	248±10	—82	—11,8	101	177±8	—88	—13,0
6	Quelle Ödernalm S	1170	280±8	—85	—12,3				
7	Quelle Ödernalm N	1160	301±8	—84	—12,4				
S	Salzabach bei Kochalm	950	329±8	—79	—11,9				
9	Quelle Vordernbach-Alm	1105	279±10	—84	—12,0				
11a	Strimitzbachquelle	740	269±9	—77	—11,5				
11b	Strimitzbachquelle	740	285±8	—79	—11,7				
12a	Strimitzbachquelle	730	255±10	—79	—11,7				
12b	Strimitzbachquelle	730	309±15	—78	—11,1				
12c	Strimitzbachquelle	730	273±10	—78	—11,7				
SS	Südl. Strimitzbachzufluß	725	265±9	—79	—11,8				
NS	Nördl. Strimitzbachzufluß	725							
Z	Zimitzbach	715							
T	Toplitzsee-Abfluß	715	291±9	—82	—12,0				
G	Grundlseeabfluß	710	278±9	—85	—12,2	G1	322±14	—87	—12,4
A	Altausseersee-Abfluß	712	246±9	—82	—12,5	A1	250±11	—83	—12,5
13	Quelle bei Bad Ischl	490	263±9	—75	—11,5	113	185±9	—81	—12,2
R	Rettenbach	480	265±7	—77	—11,5	R1	219±10	—83	—12,1
14	Untere Gimbachquelle	600	281±9	—78	—11,7				
GB	Gimbach	580	285±13	—78	—11,6				
15	Schwarzenbachquelle	663	277±8	—80	—11,9				
TF	Traunfluß vor Traunsee	420	289±10	—78	—11,7				
16	Quelle nördl. Offensee	655	286±14	—77	—11,3				
O	Offenseeabfluß	650	358±11	—78	—11,4				
18	Quellzufluß in den Almsee	590	267±13	—78	—12,0				
AA	Almsee-Abfluß	580	259±7	—87	—12,1				
19	Quelle nördl. Almsee	515	336±12	—81	—11,5	119	303±14	—77	—11,5
21	Straneckbachquelle	755	304±14	—79	—11,8				
23	Steyr-Ursprung	750	268±10	—82	—12,1				
24	Ostrawitzbachquelle	700	286±10	—83	—12,1				
25	Quelle Krumme Steyr	610	264±14	—87	—12,5				
26	Schwarzbachquelle (Kreidelucke)	590	258±10	—80	—11,7				

Die Numerierung der Quellen folgt dem Prinzip, daß die verschiedenen Zeiten der Probennahme in der Veränderung der Probennummer ihren Niederschlag finden mußte, um auch in den Diagrammen Nummern einsetzen zu können. Dabei ist z. B. Quelle 9 im September 1968 = 109 im März 1969 = 209 im Juli 1969 = 309 im September 1969 und 409 im Juli 1970.

Tabelle 8. *Ergebnisse von Isotopenmessungen an Wasserproben aus dem Bereich des Toten Gebirges, Entnahmezeiten Juni 1969, September 1969, Juli 1970 und Februar 1971*

Juni 1969				September 1969				Juli 1970				Februar 1971		
Nr.	T (T.U.)	D (δ‰)	^{18}O (δ‰)	Nr.	T (T.U.)	D (δ‰)	^{18}O (δ‰)	Nr.	T (T.U.)	D (δ‰)	^{18}O (δ‰)	Nr.	T (T.U.)	^{18}O (δ‰)
201	211±9	—88	—12,9											
206		—89	—12,9											
207	249±9	—91	—13,2											
S2	275±10	—90	—12,7					S4	253±16	— 94	—13,1			
209	333±9	—90	—12,7	309	327±14	—87	—12,4	409	241±16	—101	—13,4			
211a		—90	—13,5					411a	212±16	—103	—15,0			
211b		—94	—13,6					411b	196±20	—104	—14,8			
212a		—92	—15,2					412a		—105	—14,8			
212b		—84	—11,7					412b		— 84	—14,8			
212c		—93	—13,6					412c	162±10	—103	—14,7			
SS2	216±13	—92	—13,2	SS3	286±14	—97	—12,0	SS4	178±14	—104	—14,6	SS5	153±13	—12,5
NS2	247±9	—93	—13,5	G3				NS3		—102	—14,7			
Z2	232±14	—92	—13,3	Z3	258±8		—12,0	Z4	202±13	— 93	—13,9	Z5	165±18	—11,8
T2	231±9	—94	—13,0	T3	259±8	—81	—11,8	T4	218±12	— 99	—14,1	T5	210±14	—12,0
G2	239±7	—89	—13,0	G3	276±13	—82	—12,3	G4	222±16	— 93	—13,9	G5	223±16	—11,9
A2	210±13	—90	—12,5					A4	243±18	— 95	—13,8			
213	220±9	—86	—12,3					413	245±22	— 86	—12,3	513	165±14	—12,1
R2	216±8	—88	—12,5					R4	223±14	— 89	—12,7	R5	197±10	—12,0
214	188±8	—90	—12,5											
GB2	269±8	—86	—12,4					GB4	232±12	— 86	—12,5			
215	207±8	—95	—13,3					415	265±11	— 99	—13,1			
TF2	262±8	—86	—12,5					TF4	221±23	— 93	—13,4	TF5	237±18	—11,9
216	224±9	—79	—11,8					416	226±19	— 83	—12,1			
O2	302±13	—85	—11,4					O4	270±15	— 85	—11,9	O5	228±12	—11,3
218	250±13	—82	—12,4					418	224±17	— 96	—13,7	518	230±19	—10,7
AA2	257±10	—85	—12,2					AA4	218±16	— 91	—13,2	AA5	227±12	—11,4
219	270±13	—81	—11,8					419	243±16	— 90	—12,7	519	223±11	—11,4
221	275±14	—83	—12,0					421		— 89	—12,7			
223	179±8	—94	—13,9	323	260±14	—84	—12,3	423	209±16	— 97	—14,8			
224	192±8	—91	—13,8	324	252±7	—81	—11,9	424	205±11	—104	—14,8			
225	202±10	—92	—13,2	325	238±7	—85	—11,9	425	181±17	—100	—14,2			
226	212±10	—89	—12,6	326	249±9	—78	—12,2	426	200±14	— 95	—13,3			

Vermerk: Ortsbezeichnungen der Entnahmestelle siehe Tabelle 7.

drücken sich auch darin aus, daß die Punkteschar der Differenzen des Oxygen-18- und Tritiumgehaltes der Wasserproben vom September 1968 und Juni 1969 bzw. Juni 1969 und September 1969 (Abb. 41) nicht genau auf einer Geraden liegen. Trotzdem läßt sich der allgemeine Charakter der unterirdischen Entwässerung so definieren, daß die herbstliche Niederwasserschüttung der Quellen in der Regel vom Regenwasser des vorhergegangenen Sommers bestritten wird. Im Spätwinter und Frühjahr beginnt bereits die Zusickerung von Schmelzwasser. Im Frühsommer kann bei den echten großen Karstquellen die Wasserführung ausschließlich von Schmelzwässern aus dem Plateaubereich bestritten werden. Während der Sommermonate wird der Anteil des Regenwassers rasch größer.

Die Ergebnisse der Markierungsversuche (vgl. Kap. 2.3.1.) werden im allgemeinen durch die Isotopenmessungen bestätigt. Darüber hinaus ergab sich aus der Isotopenzusammensetzung, daß in einigen Fällen, wo die Markierungen Zusammenhänge zwischen Schwinden und Quellen zeigten, der relative Anteil der in die Schwinden versickernden Wässer an der Gesamtschüttung der Quellen unbedeutend ist.

Das wichtigste Ergebnis der Isotopenmessungen ist aber, daß im Karstkörper des Toten Gebirges keine nennenswerte Speicherung erfolgt. Die Abflußganglinien lassen in so einem Fall nur auf die aktive Speicherung rückschließen, d. h. auf die Speicherung oberhalb der Austrittsstelle (Quelle oder See). Aus dem Tritium- und Oxygen-18-Gehalt der Quell- und Seenwässer im Bereich des Toten Gebirges ist ersichtlich, daß das gesamte den Abfluß speisende Wasser aktiv ist, d. h. über der absoluten Höhe der tiefgelegenen Quellen und Seen liegt. Das aber ist der Typus der unterirdischen Entwässerung des Seichten Karstes. Dabei wird selbstverständlich nicht ausgeschlossen, daß auch hier Variationen vorliegen, ja einzelne Quellen — wie oben beschrieben — auch über eine Beimischung von mehrjährig gespeichertem Wasser verfügen können. Sie sind jedoch Ausnahmen, die Regel sind der ständig aktive Umsatz mit kurzzeitlicher Speicherung und raschem Durchfluß (= Grundsatz des Piston-Modells).

2.2.3.3. Karstwasserstudien mittels der Messung der Umweltisotope in der Südwest-Türkei zwischen dem Küstenbereich von Antalya und dem Becken von Konya

Das Gebiet kann landschaftlich im großen in drei Bereiche gegliedert werden: Die Küstenebenen, das bis 3500 m aufragende und zum Teil stark verkarstete Taurusgebirge und das nördlich davon gelegene Zentralanatolische Plateau mit einer annähernden Durchschnittshöhe von 1100 m über dem Meeresspiegel. Hier liegt in Depressionen eine Anzahl von großen aber in der Regel seichten Seen, deren Wasser zum Teil genutzt wird (Bewässerungsanlagen), zum anderen Teil aber ein Ponore abfließt (Abb. 42).

Im Taurus und am W-Rand des Beckens von Konya nehmen die mesozoischen Kalke weite Flächen ein, die großteils stark verkarstet sind.

Die Küstenebene weist typisch mediterranes Klima auf, das Jahresmittel der Lufttemperatur von Antalya beträgt 18° C, jenes des (vornehmlich winterlichen) Niederschlages etwa 1000 mm. In den höheren Bereichen der

Südhänge des Taurus sind die Niederschläge noch bedeutender; gegen Inneranatolien nehmen sie stark ab und betragen etwa 500 mm/Jahr im Bereich der Seen und etwa 300 mm in der Ebene von Konya; vgl. Abb. 43).

Im Gegensatz zu den trockenen verkarsteten Kalkarealen stehen große Karstquellen, die mit einer Minimalschüttung von etwa 30 m^3/s zu den größten der Welt gehören (Abb. 42, Nr. 1—5).

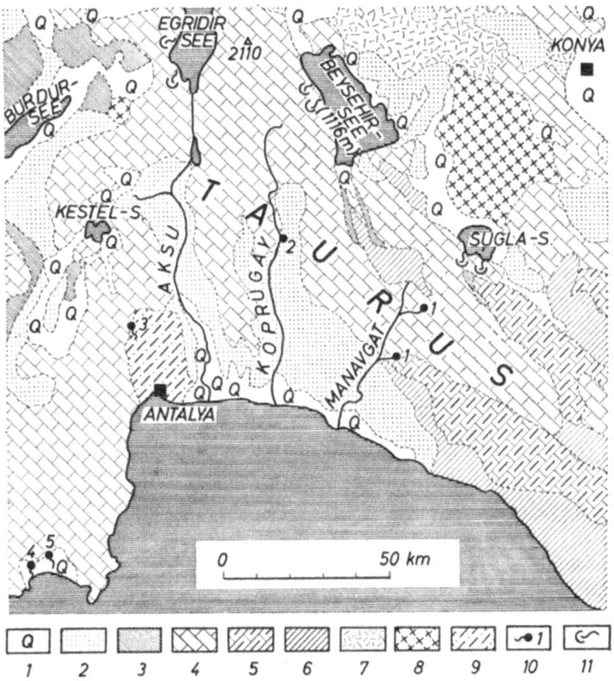

Abb. 42. Stark vereinfachte hydrogeologische Karte des Küstengebietes um Antalya und des Taurusgebirges zwischen dem Burdur-See und dem Becken von Konya (nach der geol. Karte der Türkei, 1 : 800.000, Blatt Konya, 1944, der geol. Karte der Türkei, 1 : 500.000, Blatt Konya, 1963 und T. Dinçer u. B. R. Payne, 1971, S. 234, Fig. 1). *1* Quartäre Tal- und Beckenfüllungen, Schwemmfächer und Strandterrassen. *2* Jungtertiäre Lockersedimente. *3* Alttertiäre Sedimente, vornehmlich Flysch. *4* Kreide- und Juraablagerungen, hauptsächlich Kalke, untergeordnet Radiolarite, Hornstein und Tongesteine. *5* Paläozoische Kalke (Karbon, Devon). *6* Paläozoische Schiefer. *7* Kristalline Kalke und Dolomite. *8* Andesite, Porphyrite. *9* Travertin. *10* Große Karstquelle. *11* Ponor mit Seewasserabfluß

Die wichtigsten hydrologischen Einheiten sind das Aksu-Fluß-System, das in seinem Oberlauf auch noch das Becken des Egridir-Sees umfaßt, die Flußsysteme des Köprüçay und Manavgat, deren Normalwasserfüllung (Trockenwetterabfluß) von großen Karstquellen bestritten wird, die Zuflüsse zum See Beyşehir, der einen Teil des geschlossenen Beckens von Konya einnimmt, und die Zuflüsse zum See Kestel und anderen kleinen Becken.

Eine Untersuchung von F. Şentürk et al. (1970) mit Hilfe von der IAEA gemessenen ^{18}O- und D-Werten ergab zunächst die Erkenntnis, daß die Niederschläge im Gebiet von Konya kontinentaler, jene im Küstengebiet aber mediterraner Herkunft sind, wobei der Bereich Egridir-Burdur eine Übergangszone darstellt. Die starke Verdunstung der Seen führt zu einer besonderen Anreicherung von ^{18}O.

Ein besonderes Problem war die Frage des Zusammenhanges zwischen den erheblichen Wasserverlusten der Inlandseen in Ponore und den großen Karstquellen am Südrand des Taurus (vgl. Abb. 42). Im Zusammenhang mit der Frage einer wirtschaftlichen Auswirkung einer etwaigen Absenkung des Seewasserspiegels am Beyşehir-See auf die Schüttungen der Riesenquellen am Manavgat-Fluß kommt den Untersuchungen von T. Dinçer und B. R. Payne (1971) besondere Bedeutung zu.

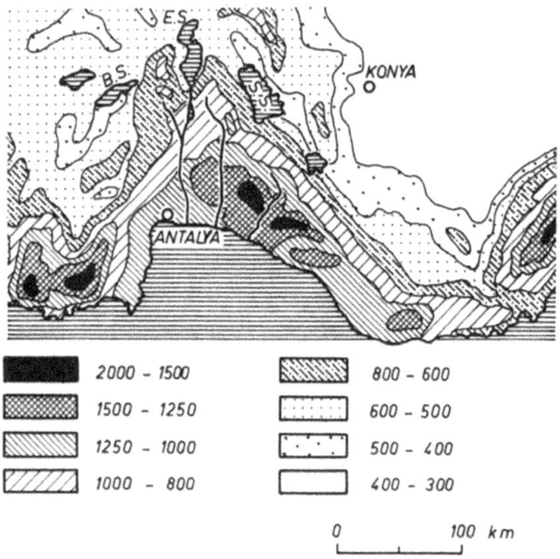

Abb. 43. Die mittlere jährliche Niederschlagshöhe (mm) im Raume Antalya—Konya (nach: Niederschlagskarte der Türkei, Ankara 1961)

Zur Demonstration des Umfanges des Studienobjektes einige Daten aus T. Dinçer und B. R. Payne (1971, S. 236 ff.).

Der See Beyşehir hat ein Volumen von 3,7 Milliarden m³ und nimmt eine Fläche von 710 km² ein (zum Vergleich: Bodensee 540 km²). In einer Höhe von 1116 m über NN gelegen, verliert der See durch Ponore an seinem Westufer etwa 300 Mill. m³ pro Jahr.

Der Manavgat-Fluß hat bis zu seiner Meßstation Homa (vor der Mündung) nach den orographischen Grenzen ein Einzugsgebiet von 928 km² aber ein mittleres jährliches Abflußvolumen von etwa 4 Milliarden m³, das ist annähernd das 3- bis 4fache des Niederschlages, der auf diese Fläche fällt (T. Dinçer und B. R. Payne, 1971, S. 236). Da der Fluß hauptsächlich von Karstquellen gespeist wird, drängt sich die Vermutung auf, daß das aus dem See Beyşehir versickernde Wasser diese Quellen alimentiert. Eingehendere hydrographische Berechnungen zeigten jedoch, daß das Volumen des Niederwasserabflusses (Oktober—November) größer ist als die Wasserverluste der Seen Beyşehir und Egidir zusammen, was heißt, daß die Karstquellen des Manavgat-Flußsystems nicht ausschließlich Seewasser führen können.

Ähnlich wie der Fluß Manavgat wird auch der Köprüçay-Fluß durch große Karstquellen (in der Schlucht Olukküprü, Abb. 42, Nr. 2) genährt. Große

Karstquellen entspringen weiters nördlich von Antalya (Kirkgözler Quellen, Abb. 42, Nr. 3) und in der im SW gelegenen Ebene von Fenike (Salur- und Tekke-Quellen; Abb. 43, Nr. 4, 5). F. Şentürk et al. beschreiben für letztere ein $\delta^{18}O/\delta D$-Verhältnis, das auf die Alimentation dieser Quellen durch Niederschläge aus dem mediterranen Raum hinweist. T. Dinçer und B. R. Payne nehmen für die Quellen am Köprüçay-Fluß bei Niederwasserabfluß eine Mischung mit Wasser aus dem See Egridir an (1971, S. 245). Dies wird daraus geschlossen, daß der Niederwasserabfluß des Köprüçay-Flusses im Spätsommer und Herbst denselben Isotopengehalt wie im Winter und Frühling hat, wobei der Deuteriumüberschuß von nur 12‰ deutlich näher dem kontinentalen Überschuß liegt. Diese für den Bereich von Antalya ungewöhnliche

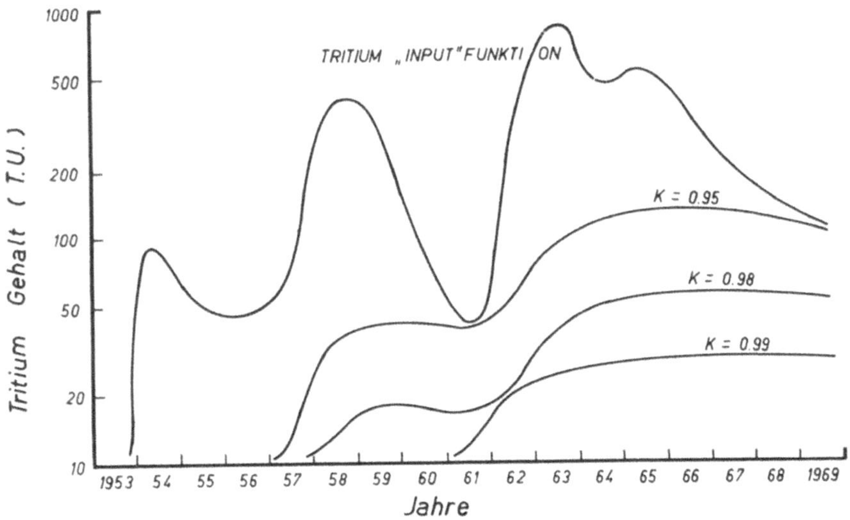

Abb. 44. Die Tritium „input"-Funktion und Tritium „output"-Kurven für ein „wellmixed reservoir" (Exponentialmodell) in der SW-Türkei nach T. Dinçer u. B. R. Payne (1971, S. 249, Fig. 7)

Isotopenzusammensetzung kann nur durch die Mischung zweier Wassertypen erklärt werden. Nimmt man für das Karstwasser der Durchgangszone ein δD von —58‰ und für das Seewasser —19‰ an, so beträgt der Anteil des Seewassers am Normalwasserabfluß des Köprüçay-Flusses 31% (T. Dinçer und B. R. Payne, 1971, S. 245). Nicht so klar sind die Verhältnisse beim Fluß Manavgat. Die in den verschiedenen Jahren wechselnde Isotopenzusammensetzung läßt entweder einen variablen Seewasseranteil annehmen oder die Möglichkeit, daß einige der Ponore des Sees Beyşehir nahe den Seezuflüssen liegen, sodaß die Isotopenanreicherung im See nicht richtig zum Ausdruck kommt.

Was die Berechnung der Verweilzeit und Kubatur des Karstwasserkörpers betrifft, so bedienten sich T. Dinçer und B. R. Payne des Exponentialmodells

(Abb. 44). Dabei wurden die Tritium-„output“-Kurven unter Verwendung des Integrals

$$C(t) = \int_0^\infty f_i\,(t-T) f_T(T) e^{-T/18} dT$$

berechnet. In Anbetracht der in den einzelnen Jahren verschieden hohen Alimentation bzw. Ergänzung des Karstwasserkörpers wurde das Integral als folgende Summation ausgedrückt:

$$C(t) = \sum_0^\infty \alpha f_i(t-T) e^{-T/18} f_T(T),$$

wobei C(t) die Tritiumkonzentration im Abfluß (Quelle, „output“), α ein gewogener Faktor für die jährliche Ergänzung, f_i (t—T) die Tritium „input“-Funktion, $f_T(T)$ die Verweildauerverteilung des Wassers beim Abfluß des Systems, $e^{-T/18}$ der Korrekturfaktor für den Tritiumzerfall (Halbwertszeit) in der Zeit zwischen Infiltration und Probennahme, t das Kalenderjahr und T die Verweilzeit des Wassers im System in Jahren bedeutet. Im Falle eines „well-mixed reservoir“ ist dann die Verweildauerverteilung

$$P_T = (1-k)\, k^T$$

wobei P_T die relative Menge des Wassers im Reservoir mit einer Verweildauer von T Jahren ist und k definiert wird durch

$$k = \frac{P_{T-1}}{P_T}\,.$$

Die (ungefähren) Volumina der Karstwasserkörper erhält man schließlich, indem man die mittlere Verweildauer

$$T = \frac{k}{1-k}$$

mit der Schüttung der Quellen multipliziert (T. Dinçer und B. R. Payne, 1971, S. 255).

Unter Einräumung einer Überschätzung der mittleren Verweildauer des Karstwassers nehmen die Autoren eine hohe Wahrscheinlichkeit der in der folgenden Tabelle angegebenen Werte an:

Quelle bzw. Entnahmestelle	Mittlerer T-Gehalt in T.U.	k	Mittlere Verweildauer in Jahren	Volumen des Karstsystems in 10^9 m^3
Manavgat Homa	120	0,95	20	16
Köprüçay-Olukköprü	70	0,97	30	20
Tekke	50	0,98	52	3,9
Salur	50	0,98	50	2,7
Kirkgözler	25	0,99	100	32

2.2.3.4. *Die Ergebnisse von Isotopenmessungen an der Vaucluse*

Ein weiteres Beispiel, wie Isotopenmessungen im Tiefen Karst offene Fragen wenigstens etwas der Lösung näher bringen können, sind die noch laufenden und nur bis 1969 veröffentlichten Untersuchungen an der Vaucluse (R. MARGRITA et al., 1970).

Die wohl bekannteste Karstquelle der Welt liegt etwa 25 km nördlich von Avignon, am Ausgang der Alpen in das Rhonetal (Abb. 45). Sie entwässert ein Gebiet von etwa 1200 km², wobei das Einzugsgebiet bis in 1900 m Seehöhe hinaufreicht. Die Schüttung liegt im langjährigen Mittel bei 29 m³/s,

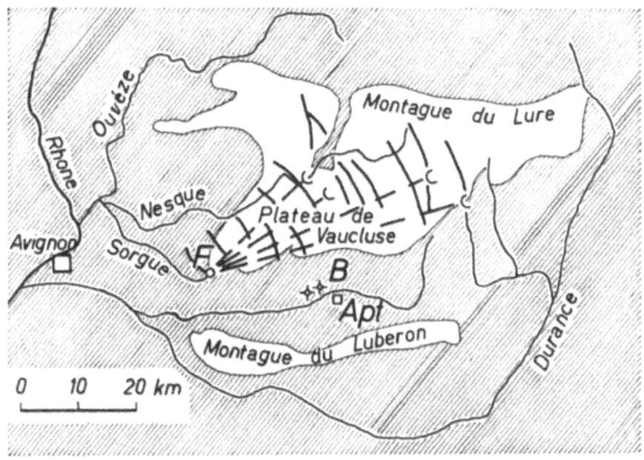

Abb. 45. Das Gebiet zwischen den Flüssen Durance und Ouvéze. In der stark vereinfachten Skizze stellt die nicht schraffierte Fläche (zwischen den beiden genannten Flüssen) die Kreidekalke des Massivs von Vaucluse, der Montagne de Lure und Montagne du Luberon dar. Im Bereich von Apt bilden die Kreidekalke eine Synklinale, sie sind hier von Tertiärablagerungen überdeckt, aber durch Bohrungen (*B*) aufgeschlossen. Die Nesque versiegt im Kalkbereich, die Zufuhr dieses Wassers zur Fontaine de Vaucluse (*F*) ist durch Färbung nachgewiesen. Die gestrichelten Linien deuten die Ergebnisse von positiven Markierungsversuchen an. Die ausgezogenen Linien im weißen Feld stellen ausgeprägte Störungen dar. (Grundlagen für den Entwurf der Skizze: R. DOMINICI et al., 1969, S. 49, R. MARGRITA et al., 1970, S. 334, Fig. 1 und H. PALOC, 1970, Planche 3)

sie schwankt jedoch zwischen 4 und 150 m³/s (die niedrigste bisher, d. h. seit 1853 beobachtete Schüttung von 4,05 m³/s wurde im Oktober 1967 verzeichnet; H. PALOC, 1970, S. 131).

Das Einzugsgebiet der Quelle wird vorwiegend aus Kalken der Unteren Kreide (Barremien, Bedoulien) aufgebaut, deren Mächtigkeit im E des Gebietes etwa 200 m, am S-Rand des Massivs von Vaucluse aber 600 m beträgt. Die Kalke bilden unter dem Tertiärbecken von Apt eine Synklinale und tauchen in der Hügelkette der Montagne du Luberon wieder auf (Abb. 45). Der im Tertiärbecken unter Spannung stehende Karstwasserkörper wurde erbohrt (Abb. 45, B), seine Spiegelschwankungen gehen mit jenen in der Speiröhre der Vaucluse konform. Bei in jüngster Zeit durchgeführten Markierungsversuchen, deren Einspeisungsstellen im Massiv von Vaucluse lagen, konnten Farbspuren in diesen Bohrungen nachgewiesen werden, bevor der Tracer in der Vaucluse auftrat (mündliche Mitteilung von H. PALOC, 1972).

Die Vaucluse ist eine Überfallquelle. Bei Niedrigwasser liegt der Wasserspiegel in der etwa 45° geneigten Karströhre etwa 20 m unter der Schwelle des Speiloches (Abb. 46). Diese Höhe entspricht der Höhenlage der obersten talauswärts entspringenden perennierenden Quellen. Diese Folgequellen, — ihr Zusammenhang mit der Karströhre der Vaucluse wurde durch Färbungen nachgewiesen (Abb. 46, E = Einspeisungsstellen, P.Q. oberste der von hier gespeisten perennierenden Quellen) —, haben immer noch eine Mindestschüttung von mehr als 4 m³/s. Abb. 47 zeigt das Speiloch der Vaucluse, zur Zeit der Aufnahme (September 1972) betrug die Schüttung der Folgequellen etwa 13 m³/s, der Wasserspiegel lag noch immer beträchtlich unterhalb der Schwelle des Mundloches.

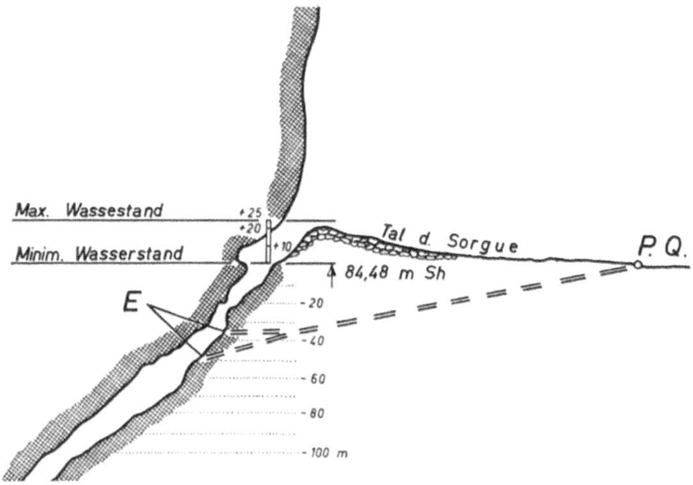

Abb. 46. Schnitt durch den Quellmund der Vaucluse (vereinfacht nach H. Paloc, 1970, Planche 2). Für den Pegel gilt das Minimum des Wasserstandes als Nullpunkt (in 84,48 m Sh. gelegen). Bei diesem Wasserstand sind nur die Quellen unterhalb von P.Q. wasserführend. Von zwei Einspeisungsstellen (*E*) wurde der Zusammenhang dieser Quellen mit der Speiröhre der Vaucluse nachgewiesen. Lotungen reichten bis 106 m unter den Spiegel des minimalen Wasserstandes, das ist —21,52 m unter dem Meeresspiegel

Die außergewöhnlichen Niederwasserverhältnisse im Oktober 1967 einerseits wie die nunmehr bekannte Tatsache tritiumfreier und Carbon-14-armer Wässer im Tiefenkarst andererseits gaben eine Möglichkeit, das Mischungsverhältnis alter und rezenter Wässer in der Quellschüttung zwar nicht gänzlich zu klären, aber doch in den Rahmen zweier Größenverhältnisse zu bringen.

Die Schüttung der Vaucluse nahm vom April bis Oktober 1967 ständig ab und erreichte im Oktober ihren bisher tiefsten Wert von etwa 4 m³/s (s. o., vgl. auch R. Margrita, 1970, S. 338, Fig. 4). In derselben Zeit nahm die Tritiumkonzentration von 210 T.U. auf 107 T.U. ab. Es wird angenommen, daß das Wasserdargebot vom Juni bis Oktober 1967 eine Mischung von Wässern aus den Frühjahrsniederschlägen (mit einem Mittel der T-Konzentration von 200 T.U.) und sogenannten Reservewässern (mit niedrigem T-Gehalt) ist. Der T-Gehalt dieser Reservewässer kann *maximal* 107 T.U.

betragen, in diesem Falle hätte die Quelle Ende Oktober 1967 ausschließlich Reservewässer geschüttet. Für diese Annahme wird darauf verwiesen, daß nicht die Gesamtheit der Reservewässer eine T-Konzentration von 107 T.U. aufweisen muß, sondern nur deren oberste Schichte. Wie spätere Messungen von T und ^{14}C in der Bohrung von Chene bewiesen, besteht dort tatsächlich eine Altersschichtung des Tiefenkarstwassers (R. MARGRITA et al., 1970,

Abb. 47. Das Speiloch der Vaucluse. Zur Zeit dieser Aufnahme (September 1972) schütteten die perennierenden Folgequellen der Vaucluse im Tal der Sorgue (Abb. 46 P.Q.) etwa 13 m³/s, der Wasserspiegel lag daher unterhalb der Schwelle des Mundloches

S. 346). — Im *Minimalfall* kann die T-Konzentration der Reservewässer Null sein. In diesem Fall wäre die Schüttung der Vaucluse Ende Oktober 1967 zur Hälfte von Wässern aus den Frühjahrsniederschlägen (mit durchschnittlich 200 T.U.) zur anderen Hälfte aus alten Reservewässern bestritten worden. Diese beiden Grenzfälle stecken somit den Rahmen der Berechnungsmöglichkeiten ab.

Für die Ergiebigkeit der Vaucluse zur Zeit der ständigen Abnahme vom 21. Juni bis 18. Oktober haben die Verfasser die Formel (1970, S. 340)

$$Q(t) = 1{,}62 \exp(-0{,}06\ t) + 7{,}4 \exp(-0{,}005\ t)$$

(t = Zeit in Tagen, $Q(t)$ = m^3/s) aufgestellt.

Die Integration der Formel ergibt für diesen Zeitraum von 119 Tagen ein Wasserdargebot von 59,5 Mill. m^3 (R. MARGRITA et al., 1970, S. 340).

Andererseits haben die Verfasser die T-Konzentrationen dieses Zeitraumes auf Grund experimenteller Werte durch die Gleichung

$$c(t) = 200 \exp(-0{,}004\ t)$$

($c(t)$ = T.U., t = Tage) ausgedrückt.

Ausgehend von den hypothetischen Grenzwerten des T-Gehaltes des Reservewassers (100 T.U. oder Null T.U.) läßt sich nun der Beitrag des Reservewassers ($= C_0$) zum abgeflossenen Volumen ableiten.

1. Annahme $C_0 = 0$ T.U.

Ist $\alpha(t)$ der Beitrag der Reserve zum Zeitpunkt t, so kann man sagen

$$c(t) = 0 \times \alpha(t) + 200\,[1 - \alpha(t)].$$

Wie bei $c(t) = 200 \exp(-0{,}004\ t)$ erhält man

$$\alpha(t) = 1 - \exp(-0{,}004\ t).$$

Der Beitrag zum Wasserdargebot der Quelle in der Zeit der Abnahme (119 Tage) aus der Reserve beträgt demnach

$$Q_1 = \int_0^{119} \alpha(t)\, q(t)\, dt \times 86400,$$

das ergibt $Q_1 = 10{,}3$ Mill. m^3 oder 17% der Gesamtmenge.

2. Annahme ($C_0 = 100$ T.U.)

$\beta(t)$ ist nun der Anteil der Reserve zum Zeitpunkt t und man kann schreiben:

$$c(t) = 100\beta(t) + 200[1 - \beta(t)],$$

woraus folgt

$$\beta(t) = 2[1 - \exp(-0{,}004\ t)].$$

Hieraus ergibt sich

$$Q_2 = \int_0^{119} \beta(1)\, q(t)\, dt \times 86400$$

das heißt $Q_2 = 20{,}6$ Mill. m^3 bzw. ein Anteil der Reserve am Gesamtdargebot von 34% (R. MARGRITA et al., 1970, S. 341).

Die Einengung eines möglichen Anteiles von Reservewässern am Wasserdargebot einer Quelle in einen Rahmen von 17 bis 34% ist sicherlich nicht zufriedenstellend, aber dennoch ein Fortschritt, der ohne die Messung des T-Gehaltes nicht erzielt worden wäre.

2.2.3.5. Randbemerkungen zur Isotopenbestimmung in Karstwässern

Von großer Bedeutung sind Untersuchungen über den Einfluß der hydrologischen Verhältnisse auf die direkte Infiltration von radioaktiven Spaltprodukten, die bei thermonuklearen Explosionen in der Atmosphäre entstanden sind, in den Wasserkreislauf. K. AURAND, G. MATTHES und R. WOLTER (1971) haben die Gehalte an Strontium-90 (^{90}Sr), Ruthenium-106 (^{106}Ru) und Caesium-137 (^{137}Cs) in verschiedenen für die Wasserversorgung genutzten Wässern untersucht. ^{137}Cs war nur in den Oberflächenwässern in geringen Konzentrationen nachweisbar, ^{90}Sr und ^{106}Ru jedoch auch in Uferfiltraten, Karst-, Kluft- und Porengrundwässern. Die Autoren stellten eine „relative

Abreicherung der Radionuklidkonzentration in der Reihenfolge Oberflächenwasser—Uferfiltrat—Karstgrundwasser—Kluft- und Porengrundwasser" fest (1971, S. 327), wobei die Gründe auf mechanische Filterung, Adsorption, Ionenaustausch, chemische Fällung, radioaktiven Zerfall und Verdünnung mit nicht radioaktiv kontaminiertem Wasser (1971, S. 313) zurückzuführen sind. Meiner Meinung nach ist bezüglich dieser für den Umweltschutz eminent bedeutenden Feststellungen die Einschränkung notwendig, daß diese Reihenfolge nur für die Verhältnisse im Seichten Karst Gültigkeit hat. Die Wässer im Tiefen Karst sind infolge der langen Laufzeit erheblich besser geschützt.

Als jüngster Beitrag kann der Versuch betrachtet werden, das Uran-Isotopen-Disequilibrium als natürlichen Tracer zur Anzeige über die Herkunft der Wässer zu nutzen. Ein im März 1973 in der IAEA Wien veranstaltetes Panel-Meeting kam diesbezüglich noch zu keiner endgültigen Beurteilung.

2.2.4. Die elektronische Datenverarbeitung (EDV) als Hilfsmittel für den Hydrologen und Hydrogeologen

Von D. Bormann

2.2.4.1. Einleitung und Zielsetzung

Die EDV ist ein so umfangreiches Fachgebiet geworden, daß sie nur noch von denjenigen voll beherrscht werden kann, die sich ihr hauptberuflich widmen: den EDV-Fachleuten.

Andererseits ist es ein besonderes Merkmal der EDV, daß sie ein Hilfsmittel für viele andere Arbeitsgebiete — so auch für die Hydrogeologie — ist. Nur der Fachmann eines bestimmten Arbeitsgebietes, und nicht der EDV-Spezialist, kann und muß aber entscheiden, ob und in welchem Umfang es sinnvoll ist, das Hilfsmittel EDV in diesem Arbeitsgebiet einzusetzen. Da die Karsthydrogeologie ein Teilgebiet der allgemeinen Hydrogeologie ist, besteht in den grundsätzlichen Fragen der Anwendung der EDV kein Unterschied.

Dem Hydrogeologen stellen sich somit folgende Fragen:

— welche Unterstützung, welche Vorteile kann mir die EDV für meine Arbeit bieten?
— wie muß ich vorgehen, um die EDV für meine Arbeit einzusetzen?
— wie groß ist der Aufwand und lohnt er sich letztlich?

Zielsetzung dieses Beitrages ist es, die Merkmale und Möglichkeiten der EDV an einfachen Beispielen aus der Hydrogeologie zu veranschaulichen, um damit dem Hydrogeologen zu helfen, die oben aufgeführten Fragen für sich zu beantworten.

Im Mittelpunkt der Betrachtungen steht dabei ein Gebiet, von dem in der Zukunft besondere Bedeutung zu erwarten ist: die Entwicklung und Benutzung von *Modellen* in der Hydrogeologie. Für diesen Zweck sehen wir folgende Komponenten der EDV als besonders geeignet an:

— eine Datenstation, angeschlossen an eine EDV-Anlage über
— ein Teilnehmersystem (Time-Sharing), um mit dem EDV-System im Dialog kommunizieren zu können, sowie
— eine Benutzer-Sprache zur einfachen Formulierung der Aufgabenstellung.

Wir befinden uns damit in Übereinstimmung mit dem Ausblick, der im Lehrbuch der Angewandten Geologie von A. Bentz und H. J. Martini (1969) zum Thema Einsatz von Rechenautomaten gegeben wird und wonach Time-Sharing, statistische Methoden und mathematische Modelle eine wachsende Bedeutung erlangen werden.

Der vorliegende Beitrag ist deshalb vorwiegend auf die Beschreibung der obigen Komponenten ausgerichtet, während andere mehr konventionelle Verfahren der EDV nur am Rande erwähnt werden. Diese werden in anderen Veröffentlichungen ausführlich beschrieben (H. Press, 1968).

Zunächst sei ein kurzer Überblick über Merkmale, Stand und Trend der EDV gegeben.

2.2.4.2. Merkmale der EDV

Beim Einsatz der EDV lassen sich folgende Schritte unterscheiden: Datenerfassung und -eingabe, Verarbeitung, Ausgabe der Ergebnisse. Beispiel: aus den rechtwinkeligen Koordinaten x, y zweier Punkte sei die Distanz zwischen ihnen zu berechnen. Das entsprechende Programm würde

1. die Eingabewerte x_1, y_1 und x_2, y_2 lesen
2. daraus die Entfernung d berechnen nach der Formel
$$d^2 = (x_2 - x_1)^2 + (y_2 - y_1)^2$$
3. das Ergebnis für d ausdrucken.

Datenerfassung und -eingabe

Die zu verarbeitenden Daten z. B. Meßergebnisse müssen für die EDV lesbar gemacht werden. Das geschieht in konventioneller Weise durch Ablochen der Daten in Lochkarten oder Lochstreifen. Das Übertragen auf Lochstreifen/-karten entfällt, wenn als Meßprotokoll direkt lesbare Belege für Strichmarkierungen oder handschriftliche Eintragungen verwendet werden. Jeglicher manueller Eingriff kann entfallen, wenn die Meßvorrichtung automatisch die Ergebnisse auf EDV-Datenträger ausgibt.

Der Trend geht in Richtung Belegverarbeitung und automatische Meßdatenerfassung, was neben der Rationalisierung zu einer geringeren Fehlerhäufigkeit führt.

Verarbeitung der Daten

Die EDV-Anlage wurde bisher im wissenschaftlichen Bereich überwiegend als *Rechner* eingesetzt, um Berechnungen nach vorgegebenen mathematischen Formeln durchzuführen. Dabei kann es sich einmal um relativ einfache Rechnungen mit großen Datenmengen handeln (z. B. Probleme der Statistik) oder um komplexe Berechnungen mit wenig Eingabewerten (z. B. Matrizenoperationen). Im Verlauf der Berechnung können bestimmte Bedingungen in den Datenwerten oder Zwischenergebnissen abgefragt werden, über deren Auftreten der weitere Ablauf der Berechnung gesteuert werden kann.

In neuerer Zeit gewinnt die Verarbeitung von nicht-formatierten Daten besondere Bedeutung. Eine Hauptanwendung ist die Literaturdokumentation. Der Grundgedanke liegt darin, aus allen erfaßten Dokumenten (z. B. Zeitschriftenartikeln) die wesentlichen Begriffe (Deskriptoren) herauszuziehen und im EDV-System zu speichern. Dem Benutzer wird die Möglichkeit geboten, über eine Kombination von Suchbegriffen gezielt alle für eine Aufgabe relevanten Dokumente heraussuchen zu lassen. Das manuelle Bestimmen der Deskriptoren durch einen Fachmann stellt einen erheblichen Arbeitsaufwand dar. Es gibt aber bereits Dokumentationssysteme (z. B. das Volltext-System STAIRS), bei dem die Deskriptoren automatisch erstellt werden.

Darstellen der Ergebnisse

Üblicherweise werden die Ergebnisse der Verarbeitung über Schnelldrucker ausgegeben, meistens formlos oder als Tabellen.

Zunehmende Bedeutung gewinnt daneben die graphische Darstellung als ein Hilfsmittel zur besseren Veranschaulichung der Ergebnisse. Bei geringen Anforderungen an die Genauigkeit können Kurven, Diagramme und thematische Karten über einen Drucker (ggf. mit speziellen Druckzeichen) erstellt werden. Automatische Zeichengeräte liefern genauere Ergebnisse, jedoch bei höherem Zeitaufwand.

Arten der Benutzung der EDV-Anlage

Beim bisher vorwiegend üblichen Stapelbetrieb stellt der Benutzer Programme und Eingabewerte zusammen, schickt sie zur EDV-Anlage und erhält die Ergebnisse meistens nach einigen Stunden oder Tagen zurück.

Im Teilnehmerbetrieb (Time-Sharing) ist der Ablauf grundsätzlich anders. Der Benutzer ist über eine Datenstation und eine Telefonleitung mit dem EDV-System verbunden. Die Datenstation können wir uns als eine Kugelkopfschreibmaschine oder ein Bildschirmgerät vorstellen. Es kann eine größere Anzahl von Benutzern angeschlossen sein, die vom Teilnehmersystem „quasigleichzeitig" bedient werden, so daß jeder Benutzer nach Senden seiner Eingabedaten *„sofort"* (d. h. innerhalb von Sekunden) eine Antwort erhält. Der Benutzer steht also mit dem EDV-System in einem *Dialog*, im Gegensatz zum vorher erwähnten Stapelbetrieb. Er gibt Werte ein und erhält sofort ein Ergebnis, von dem er sein weiteres Vorgehen abhängig machen kann.

Wir können im wesentlichen zwei Arbeitsarten an der Datenstation unter einem Teilnehmer-System unterscheiden:

1. das Benutzen von fertigen Programmen, die vom Benutzer selbst oder von anderen vorher erstellt wurden
2. das Erstellen von Programmen im Dialog.

Wir dürfen verlangen, daß der Benutzer — abgesehen von einigen Handhabungsregeln für die Datenstation — keine EDV-Kenntnisse zu haben braucht für das Benutzen der Programme.

Das Erstellen von Programmen setzt jedoch die Kenntnis einer Programmiersprache voraus. Wir kennen höhere Programmiersprachen wie FORTRAN, ALGOL, PL/1, die — verglichen mit der maschinenorientierten ASSEMBLER-Sprache — das Programmieren bereits erheblich vereinfachen.

Die Verwendung einer „Benutzersprache“ wie BASIC und APL im Rahmen eines Teilnehmerbetriebes stellt eine noch weitergehende Vereinfachung dar.

2.2.4.3. Beispiele für die Benützung von Programmen über eine Datenstation

Im folgenden wird die Benützung von Programmen veranschaulicht durch das Abdrucken der Original-Datenstationsprotokolle, wie sie sich aus dem echten Betrieb ergeben haben [1].

Dabei sind die Antworten, die vom Benutzer eingegeben wurden im Dialog mit dem EDV-System, durch Unterstreichen herausgehoben worden. Die nicht unterstrichenen Passagen wurden vom EDV-System an der Datenstation ausgedruckt. Bei der Darstellung von Zahlen ist dabei ein Punkt jeweils als Dezimalpunkt anzusehen.

Beispiel 1: Eröffnung des Dialogs über die Datenstation

Der Benutzer wählt über eine Telefon-Wählscheibe die entsprechende Telefonnummer des Rechenzentrums. Dadurch wird die Verbindung zur EDV-Anlage hergestellt, was dem Benutzer durch eine Meldung (Leitungsnummer, Zeitpunkt der Eröffnung) bestätigt wird. In unserem Beispiel erhält der Benutzer noch eine zusätzliche Information über die Betriebszeit.

```
LINE 18
ON AT 14:28    12/27/73  THURSDAY
CALL LAEUFT AM 31.12. VON 8 BIS 12 UHR. IBM-RECHENZENTRUM
```

Gleichzeitig wird der Benutzer aufgefordert, seine Benutzernummer (hier: DZZ005) und sein (geheimes) Kennwort (hier: SERV73) einzugeben. Danach ist das EDV-System betriebsbereit (READY):

```
USER NUMBER,PASSWORD--DZZ005,SERV73
READY
```

Im Teilnehmersystem CALL werden dem Benutzer verschiedene spezielle oder allgemeine fertige Anwendungsprogramme zur Verfügung gestellt. So gibt es ein spezielles Programm zur Ermittlung der Geschwindigkeit von Wellen in Gestein, aufgrund von Meßdaten für Laufzeit und Tiefe seismischer Wellen. Der Programmname ist VELFCNS (Velocity Functions). Außerdem ist unter dem Namen VELINSTR eine Beschreibung der Funktionen dieses Programmes in Englisch verfügbar, die der Benutzer sich wie folgt an der Datenstation ausdrucken lassen kann:

---

[1] Die Beispiele wurden an einer Datenstation IBM CMC72 ausgeführt, die unter dem Teilnehmersystem CALL mit einem Rechenzentrum der IBM Deutschland verbunden war.

```
RUN **VELINSTR

VELINSTR    14:30   12/27/73  THURSDAY

 INSTRUCTIONS ON USING **VELFCNS -- VELOCITY FUNCTIONS
  FROM TIME-DEPTH DATA.

 THE PURPOSE OF THIS PROGRAM IS TO GENERATE, FROM
 ONE-WAY TIME-DEPTH INPUT DATA (CHECK-SHOT DATA),
 THE COEFFICIENTS FOR FIVE GEOPHYSICAL EQUATIONS
 LISTED BELOW. THE PROGRAM WILL COMPUTE THE STANDARD
 DEVIATION, AUTOMATICALLY SELECT THE SMALLEST
 AND THE CORRESPONDING FIT AS BEST AND PREPARE A
 CHART OF TIME-DEPTH AND OF VARIOUS AVERAGE VELOCITIES
 VERSUS TIME, USING THESE COEFFICIENTS.
 ALTERNATIVELY THE PROGRAM ALLOWS A TIME-DEPTH CHART
 TO BE PREPARED WITHOUT CURVE FITTING BY DOING LINEAR
 INTERPOLATION ON THE INPUT DATA. IF THE INTERPOLATION
 OPTION IS SELECTED, NO LEAST SOUARES FITS ARE MADE
 TO ANY OF THE FIVE EQUATIONS.

 UP TO 80 DATA POINTS TAKEN FROM A CHECK-SHOT DATA
 CAN BE USED TO FIT ANY OR ALL OF THE FOLLOWING FIVE
 EQUATIONS:

   (1) Z = (V0/A)*(EXP(A*T)-1)
   (2) Z = V0/((1/T)-A)
   (3) Z = (V0*T)+(A*T↑2)
   (4) Z = (C1*T)+(C2*T↑2)+(C3*T↑3)
   (5) Z = (C1*T)+(C2*T↑2)+(C3*T↑3)+(C4*T↑4)

 WHERE Z = DEPTH IN FT., T = ONE-WAY TRAVEL TIME IN
 SECONDS FROM THE SHOT POINT, V0 = THE INITIAL VELOCITY
 OF THE SOUND WAVE AT THE DATUM PLANE, A = THE CONSTANT
 ACCELERATION OF THE SOUND WAVE, AND C1,C2,C3,C4 ARE
 CONSTANTS OF THE EOUATION.

 THE EQUATIONS FOR THE VELOCITY FUNCTIONS IN THE
 TIME-DEPTH CHART ARE:

   VAV1 = Z(I)/T(I)
   VAV2 = (V0*V(I))/2
   VAV3 = (V(I)+V(I-1))/2
   WHERE V(I)(VIN) IS THE INSTANTANEOUS VELOCITY AT TIME T(I)

 DATA ARE ENTERED IN THE FORM OF DATA STATEMENTS

 1 DATA N (N IS THE NO. OF DATA PTS. <= 80)
 10 DATA T(1),Z(1),...
 100 DATA ...,T(N),Z(N)
 110 DATA E1,E2,E3,E4,E5,I1
 120 DATA T1,T2,T3

 T(N) IS THE TIME IN SECONDS
 Z(N) IS THE DEPTH IN FEET

 T(N) AND Z(N) MAY BE ENTERED IN ANY ORDER SINCE THE
 PROGRAM SORTS THE INPUT DATA IN ASCENDING ORDER
 ACCORDING TO TIME.  THE PROGRAM WILL ASK YOU IF
 YOU WANT TO PRINT THIS SORTED DATA.

 E1,E2,E3,E4,E5 ARE THE CODES FOR CHOOSING THE FITS
 DESIRED. A 1  WILL CHOOSE THE CORRESPONDING EQN.,
 A 0 WILL NOT.
```

Das Programm VELFNCS ist sehr umfangreich und soll deshalb nicht weiter behandelt werden.

Beispiel 2: Häufigkeitsdiagramm (Histogramm)

Nehmen wir ein einfacheres Beispiel. In T. DINÇER et al. (1972), Tab. 6 (Juni 1969) sind 57 Tritium-Messungen aufgeführt, für die wir über die Datenstation ein Häufigkeitsdiagramm (Histogramm) erstellen wollen. Im Teilnehmersystem CALL steht uns ein Paket statistischer Verfahren zur Verfügung, das wir unter dem Namen STATPAKD aufrufen können:

```
RUN ***STATPAKD

STATPAKD    10:04   12/31/73  MONDAY


SIND SIE EIN STATPAKD EXPERTE
?* NEIN

NENNEN SIE DIE NAMEN IHRER EIN- UND AUSGABEDATEI FORMAT:EIN,AUS)
?* *,*
```

Wer sich dem EDV-System gegenüber als STATPAKD-Experte ausgibt, erhält die Information in gestraffter Form. Der Benutzer kann (Eingabe-) Daten auch auf Magnetplattenspeichern zwischenspeichern und von dort abrufen — statt sie über eine Datenstation einzutippen. Entsprechendes gilt für die Ausgabedaten. In unserem Beispiel werden jedoch keine Ein/Ausgabedateien verwendet.

Versteht der Benutzer eine Frage nicht, kann er hier mit SOS antworten und erhält vom EDV-System eine Erläuterung:

```
WELCHES VERFAHREN WOLLEN SIE ANWENDEN
?* SOS

DIE FOLGENDEN VERFAHREN SIND VORHANDEN :

  EDIT & VERSCH.OPERATIONEN AUFBEREITEN, LESEN, SPEICHERN, DRUCKEN
  TRANSFORMATION.......... LOG., QUADR. WURZEL, U.A.
  ELEMENTARE STATISTIK..... MITTELWERT, STANDARDABWEICHUNG, U.A.
  KORRELATION
  KREUZTABELLE............ FUER ZWEI VERAENDERLICHE
  STREUUNGSDIAGRMM......... GRAPH. DARSTELLUNG FUER ZWEI VARIABLEN
  HISTOGRAMM.............. SAEULENDIAGRAMM (HAEUFIGKEITSVERTEILUNG)
  LINIENDIAGRAMM.......... GRAPH. DARSTELLUNG FUER MEHRERE VARIABLEN
  GRAPH................... ERSTELLT EINE DATEI FUER **BCDPLOT
                           (**BCDPLOTT,**PLOTTER BZW. **PLOTTERT)
  RANGKORRELATION
  CHI-QUADRAT............. KONTINGENZTAFEL
  T TEST.................. FUER ZWEI MITTELWERTE
  REGRESSION.............. EINE UNABHAENGIGE VARIABLE
  SCHRITTWEISE REGRESSION.. AUFBAUEND
  MULTIPLE REGRESSION...... OHNE SCHRITTWEISES VERFAHREN
  POLYNOMIALE REGRESSION
  VARIANZANALYSE
  KANONISCHE KORRELATION
  FAKTORENANALYSE.......... HAUPTKOMPONENTENMETHODE UND
                           VARIMAX ROTATION
  DISKRIMINANZANALYSE...... MEHRERE GRUPPEN
  EXPONENTIELLE GLAETTUNG
  PROBIT ANALYSE
  SPEKTRALANALYSE
  F TEST.................. FUER ZWEI STICHPROBENVARIANZEN
  UMDIMENSIONIERUNG ....... BIS MAXIMAL 30 SPALTEN
  DATENSPEICHERUNG......... DATEN AUF AUSGABEDATEI SPEICHERN
  ENDE.................... BEENDIGUNG DES PROGRAMMES
```

Nach dieser Übersicht, die vom EDV-System geliefert wird, wählt der Benutzer das Verfahren HISTOGRAMM:

```
WELCHES VERFAHREN WOLLEN SIE ANWENDEN
?* HISTOGRAMM


ANZAHL ZEILEN UND SPALTEN IHRER DATENMATRIX( WERTE)
?* 57,1

GEBEN SIE JETZT DIE SPALTE EIN
GEBEN SIE 10 WERTE PRO ANFRAGE EIN
?* 237,253,239,227,333,264,247,188,236,217
?* 268,200,189,193,305,249,349,211,216,247
?* 239,231,210,329,194,333,232,239,248,214
?* 208,235,180,220,216,275,269,188,207,317
?* 262,224,235,302,257,270,250,361,275,179

GEBEN SIE DIE LETZTEN  7 WERTE EIN
?* 192,202,212,260,218,251,207
```

Nach Beendigung der Dateneingabe wird der Benutzer gefragt, ob er diese Daten (zur Kontrolle) ausgedruckt haben möchte. In unserem Beispiel wird das nicht gewünscht:

```
DRUCKEN ANTWORTEN SIE SOS, JA, NEIN ODER ALLES)
?* SOS

ANTWORT=NEIN:  DRUCKEN DER DATENMATRIX NICHT GEWUENSCHT
        ALLES: DRUCKEN DER VOLLEN MATRIX GEWUENSCHT
        JA:    DRUCKEN EINER TEILMATRIX GEWUENSCHT
?* NEIN

WOLLEN SIE WERTE AENDERN
?* NEIN

BESTIMMEN SIE DIE VARIABLE
?* 1
```

Gefragt wird nach der Variablen, für die das Histogramm zu erstellen ist. Es können nämlich mehrere Variablen (= Spalten der Datenmatrix) eingegeben werden. In unserem Beispiel wird nur eine Variable eingegeben. Anschließend wird nach dem Druckzeichen für die graphische Darstellung gefragt:

```
BESTIMMEN SIE EIN DRUCKSYMBOL FUER DAS HISTOGRAMM IN DER FORM X
? *

BESTIMMEN SIE DIE ANZAHL DER INTERVALLE. (MAXIMAL 10)
? 10

WOLLEN SIE DIE AUSGABE KONTROLLIEREN
?* SOS

ANTWORTEN SIE MIT JA, WENN SIE DEN ANFANGSWERT UND DIE
INTERVALLBREITE DES HISTOGRAMMS SELBST BESTIMMEN WOLLEN
?* JA

VARIABLE  1 HAT MINIMUM    179.000
                UND MAXIMUM   361.000

ANFANGSWERT UND INTERVALLBREITE
? 100,
? 160,20
INPUT DATA NOT IN CORRECT FORMAT. RETYPE IT.
? 160,20
```

Es müssen zwei Werte eingegeben werden. Hier waren es versehentlich drei Werte. Der Benutzer wird sofort auf den Eingabefehler aufmerksam gemacht und kann ihn noch vor der Durchführung der Rechnung korrigieren.

Das Ergebnis mit Zahlen und graphischer Darstellung:

```
HAEUFIGKEIT  1    7   13   12    8    8    0    3    3    1
----------+----+----+----+----+----+----+----+----+----+----+
   13                  :
   12                  :    :
   11                  :    :
   10                  :    :
    9                  :    :
    8                  :    :    :    :
    7             :    :    :    :    :
    6             :    :    :    :    :
    5             :    :    :    :    :
    4             :    :    :    :    :
    3             :    :    :    :    :         :    :
    2             :    :    :    :    :         :    :
    1        :    :    :    :    :    :         :    :    :
 ---------+----+----+----+----+----+----+----+----+----+----+
       160.000   200.000   240.000   280.000   320.000   360.000
            180.000   220.000   260.000   300.000   340.000

SOLL EIN WEITERES HISTOGRAMM GEDRUCKT WERDEN
?: NEIN

WELCHES VERFAHREN WOLLEN SIE ANWENDEN
?:
```

Dieses Beispiel zeigt, wie der Benutzer vom EDV-System geführt wird. Er muß zwar wissen, was das Programm macht, braucht aber keine EDV-Kenntnisse.

Das obige Beispiel wurde in rund 10 Minuten abgewickelt. Die graphische Darstellung dient hier nicht der Darstellung von Endergebnissen, sondern sie ist vielmehr als ein Instrument zur schnellen Veranschaulichung von Zwischenergebnissen anzusehen.

Beispiel 3: Streuungsdiagramm

In T. Dinçer et al. (1972), Tab. 6 und Fig. 41 wird aus 43 Meßwertepaaren der Zusammenhang zwischen Tritiumgehalt und Differenz der Oxygen-18-Werte untersucht.

Wir wollen uns über unsere Datenstation zunächst ein Streuungsdiagramm der Meßwerte zeichnen lassen. Die Meßwerte sind bereits in der Eingabedatei mit dem Namen SEEHOEHE gespeichert:

```
NENNEN SIE DIE NAMEN IHRER EIN- UND AUSGABEDATEI (FORMAT:EIN,AUS)
?: SEEHOEHE.:

WELCHES VERFAHREN WOLLEN SIE ANWENDEN
?: STREUUNGSDIAGRAMM

SOLLEN DATEN AUS IHRER EINGABEDATEI EINGELESEN WERDEN
?: JA

 43 ZEILEN,  2 SPALTEN (DATEI: SEEHOEHE    )

LETZER WERT DER EINGABEDATEI SEEHOEHE    GELESEN
```

```
DRUCKEN ANTWORTEN SIE SOS, JA, NEIN ODER ALLES)
?* NEIN

WOLLEN SIE WERTE AENDERN
?* NEIN

BESTIMMEN SIE DIE VARIABLEN X(HORIZONTAL) UND Y(VERTIKAL)
? 1,2

BESTIMMEN SIE EIN DRUCKSYMBOL IN DER FROM X
? *

WOLLEN SIE DIE AUSGABE KONTROLLIEREN
?* JA
```

Durch das JA kann der Benutzer das Format des Diagrammes selbst bestimmen. Er muß dazu noch Anfangs- und Endwerte auf der X- und Y-Achse angeben:

```
IHRE MINIMUM UND MAXIMUMWERTE FUER X BETRAGEN      0.0          2.2000

EINGABE XMIN UND XMAX(MUESSEN GANZZAHLIG SEIN)
? 0.3

IHRE MINIMUM UND MAXIMUMWERTE FUER Y BETRAGEN   179.0000    361.0000

EINGABE YMIN UND YMAX(MUESSEN GANZZAHLIG SEIN)
? 170,370
```

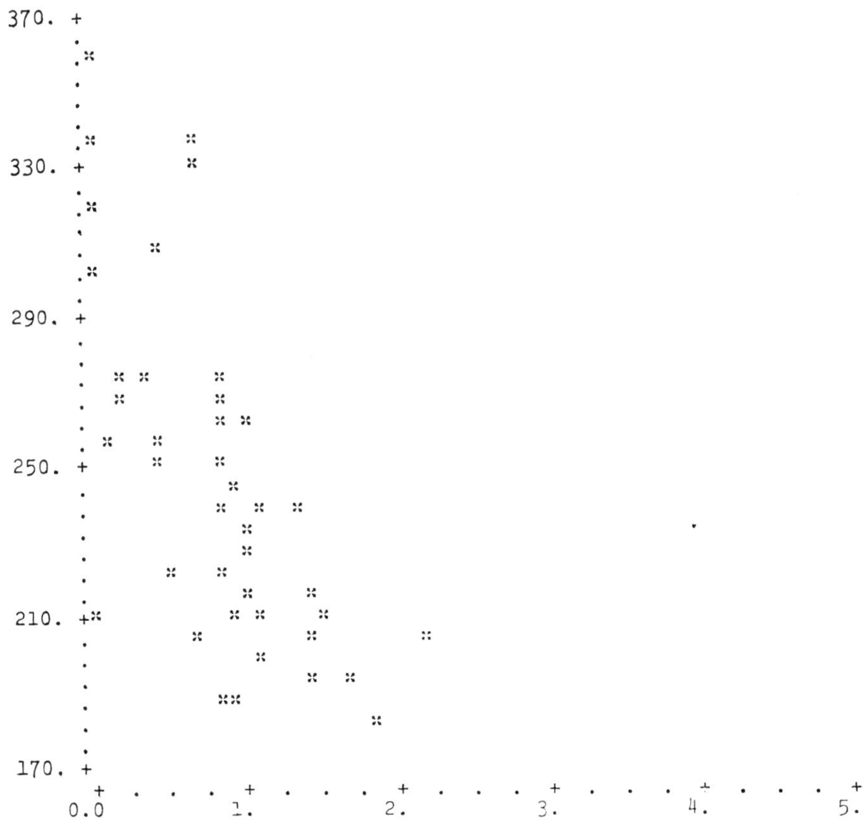


```
SOLLEN WEITERE VARIABLEN GRAPHISCH DARGESTELLT WERDEN
?* NEIN


WELCHES VERFAHREN WOLLEN SIE ANWENDEN
?*
```

Aus dem obigen Streuungsdiagramm zeigt sich eine gewisse nicht-lineare Abhängigkeit, die im nächsten Beispiel mit Hilfe einer Polynomialen Regression ermittelt werden soll.

Beispiel 4: Polynomiale Regression

Die im Streuungsdiagramm (Beispiel 3) dargestellten Meßwerte sollen jetzt durch eine Kurve der Form $Y = A + BX + CX^2 + \ldots$ ausgeglichen werden. Im folgenden werden die bereits bekannten Dialogschritte übersprungen:

```
WELCHES VERFAHREN WOLLEN SIE ANWENDEN
?* POLYNOMIALE REGRESSION


DRUCKEN ANTWORTEN SIE SOS, JA, NEIN ODER ALLES)
?* NEIN

WOLLEN SIE WERTE AENDERN
?* NEIN

BESTIMMEN SIE DIE ABHAENGIGE UND UNABHAENGIGE VARIABLE
?* 1,2

REGRESSION DURCH DEN URSPRUNG
?* NEIN

SPEZIELLE OPTIONEN
?* NEIN

AUFGRUND IHRER X-WERTE IST ALS MAXIMALER GRAD NUR,  4 ZULAESSIG.
VERSUCHEN SIE DIE X-WERTE IN DAS INTERVALL VON -10  BIS +10 ZU
SKALIERENPROGRAMM TRANSFORMATION), UM HOEHERE GRADE UNTERSUCHEN
ZU KOENNEN.

MAXIMALGRAD DES POLYNOMS ( BIS  4)
?* 4

GRAD  ANPASSUNGSINDEX  RESTFEHLER  % SO REDUZIERT
  1        0.43503       0.40216       43.503
  2        0.43984       0.40056       45.318
  3        0.42712       0.40521       45.440
  4        0.41769       0.40867       45.928
WELCHEN GRAD WOLLEN SIE UNTERSUCHEN
?* 2

                 POLYNOMIALE REGRESSION VOM GRAD  2
GRAD  KOEFFIZIENT       STD.ABW.    F-WERT     T-WERT     BETA KOEF.
  1      -0.02447       0.01455     2.828      -1.682     -2.07470
  2       0.00003       0.00003     1.328       1.152      1.42153
KON       4.84253       1.86919

                 VARIANZANALYSE FUER DIE REGRESSION

VARIABILITAETSURSACHE     FG        SQ           DQ          F-WERT
AUF DER REGRESSION         2      5.3188       2.6594        16.58
UM DIE REGRESSION         40      6.4179       0.1604
GESAMT                    42     11.7367
```

Damit ist die Berechnung der Polynomialen Regression abgeschlossen, deren Ergebnisse oben aufgeführt sind. Jetzt gibt es mehrere Möglichkeiten, diese Ergebnisse weiterzuverarbeiten:

```
OPTION
?* SOS

SIE KOENNEN EINE DER FOLGENDEN ANTWORTEN GEBEN:
DRUCKEN     -DRUCKE TABELLE DER RESTABWEICHUNGEN,ETC.
PLOTTEN     -PLOTTE BEOBACHTETE UND BERECHNETE WERTE
DURBIN      -DRUCKE DEN DURBIN-WATSON-WERT
VORHERSAGE  -BENUTZE REGRESSIONSGLEICHUNG ZUR VORHERSAGE
BERECHNEN   -SPEICHERE BERECHNETE WERTE IN DATENMATRIX
RESIDUEN    -SPEICHERE RESTABWEICHUNGEN IN DATENMATRIX
ENDE        -BEENDE DIESE UNTERSUCHUNG
NUR DIE BEIDEN ERSTEN BUCHSTABEN MUESSEN EINGEGEBEN WERDEN
```

Wir wollen uns hier einmal die Meßwerte sowie die berechnete Kurve graphisch darstellen lassen. Vertikal: Tritiumgehalt; Horizontal: Differenz des Oxygen-18-Gehaltes:

```
OPTION
?* PLOTTEN

BESTIMMEN SIE DRUCKSYMBOLE FUER Y BEOBACHTET UND Y BERECHNET
IM FORMAT X,X
? *,0
```

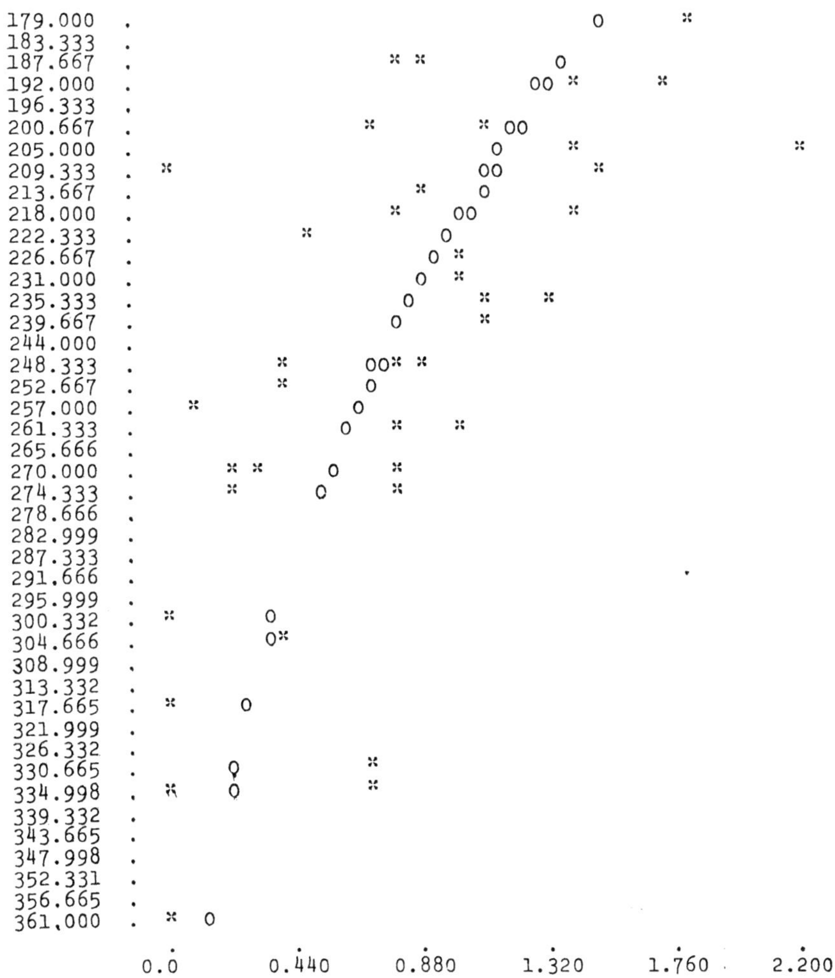

Jetzt können wir noch die berechneten Werte zusätzlich zu den Meßwerten in unsere Datei auf einen Magnetplattenspeicher bringen. Zur Probe lassen wir uns noch zwei von 43 Zeilen unserer Datenmatrix (die jetzt drei Spalten hat) ausdrucken:

```
OPTION
?* BERECHNEN

BESTIMMEN SIE DIE NEUE VARIABLENNUMMER
? 3

WIEVIEL VARIABLEN HABEN SIE JETZT
? 3

DRUCKEN ANTWORTEN SIE SOS, JA, NEIN ODER ALLES)
?* JA

START-, ENDZEILEN-NR., START-, ENDSPALTEN-NR.
?* 1,2,1,3

SPA/ZEI       1          2          3
   1        1.300     237.000     0.830
   2        0.400     253.000     0.688
```

Beispiel 5: Lineare Regression

In T. DINÇER et al. (1972, Tab. 1) werden Betrachtungen angestellt u. a. über den Zusammenhang von Seehöhe, Temperatur und Karbonathärte von 17 untersuchten Quellwässern. Wir wollen diesen Zusammenhang über unsere Datenstation quantitativ bestimmen. Gehen wir davon aus, daß die Meßwerte — wie bereits bekannt — über die Datenstation eingegeben oder von einer Datei auf Magnetplattenspeicher abgerufen wurden. Lassen wir uns die Meßwerte zur Überprüfung ausdrucken (Spalte 1: Seehöhe in m, Spalte 2: Temperatur in °C, Spalte 3: Karbonathärte in deutschen Härtegraden):

```
WELCHES VERFAHREN WOLLEN SIE ANWENDEN
?* STREUUNGSDIAGRAMM


DRUCKEN(ANTWORTEN SIE SOS, JA, NEIN ODER ALLES)
?* ALLES

SPA/ZEI       1           2          3
   1      1150.000      4.400      4.900
   2      1020.000      6.000      7.600
   3       725.000      5.400      4.500
   4       740.000      5.400      4.500
   5       480.000      7.100      5.900
   6       610.000      6.500      6.000
   7       720.000      5.000      4.500
   8       650.000      7.700      8.700
   9       580.000      9.000      9.800
  10       600.000      6.800      5.000
  11       740.000      6.700      5.600
  12       710.000      5.000      4.300
  13       660.000      5.400      4.500
  14       630.000      4.900      4.300
  15       590.000      6.200      6.000
  16       850.000      5.100      5.600
  17       710.000      5.000      5.200

WOLLEN SIE WERTE AENDERN
?* NEIN
```

Wir berechnen jetzt eine lineare Regression zwischen der Temperatur (Spalte 2) als abhängiger Variablen und der Karbonathärte (Spalte 3) als unabhängiger Variablen:

```
WELCHES VERFAHREN WOLLEN SIE ANWENDEN
?* REGRESSION

WOLLEN SIE NEUE DATEN EINGEBEN
?* NEIN

BESTIMMEN SIE DIE ABHAENGIGE UND UNABHAENGIGE VARIABLE
?* 2,3

REGRESSION DURCH DEN URSPRUNG
?* NEIN

SPEZIELLE OPTIONEN
?* SOS

ANTWORTEN SIE MIT JA, WENN SIE IHRE DATEN GEWICHTEN WOLLEN UND/ODER
EINE UNTERMENGE DER ZEILEN IHRER DATENMATRIX FUER DIESE REGRESSION
AUSWAEHLEN WOLLEN.
?* NEIN

ABSOLUTES GLIED..............        2.42517
REGRESSIONSKOEFFIZIENT.......        0.62304

STAND. ABW. DES REG.KOEFF....        0.10980
BERECHNETER T-WERT...........        5.67414

KORRELATIONSKOEFFIZIENT......        0.82594
RESTFEHLER...................        0.70068

STAND. ABW. DES ABS.GLIEDES..        0.64854

              VARIANZANALYSE FUER DIE REGRESSION

VARIABILITAETSURSACHE      FG       SQ          DQ         F-WERT
AUF DER REGRESSION          1     15.8064     15.8064      32.20
UM DIE REGRESSION          15      7.3642      0.4909
GESAMT                     16     23.1706
```

Damit ergibt sich die Gleichung der Regressionsgeraden zu

$$Y = 2.42517 + 0.62304 \cdot X$$

Lassen wir uns jetzt die Ergebnisse der Regressionsanalyse graphisch darstellen (Horizontal: Temperatur, Vertikal: Karbonathärte):

```
OPTION
?* PLOTTEN

BESTIMMEN SIE DRUCKSYMBOLE FUER Y BEOBACHTET UND Y BERECHNET
IM FORMAT X,X
? *,O

     4.300  .         *  *O
     4.644  .            *  O  *
     4.988  .  *             O                 *
     5.331  .            *      O
     5.675  .             *        O         *
     6.019  .                        OO*   *      *
     6.363  .
     6.706  .
     7.050  .               .
     7.394  .
     7.738  .                       *             O
     8.081  .
     8.425  .
     8.769  .                                          *O
     9.113  .
     9.456  .
     9.800  .                                                 O    *

            4.400     5.320     6.240     7.160     8.080     9.000
```

Wir können uns die berechneten Werte der Temperatur (bezeichnet als „Vorhersage") als Funktion der Karbonathärte (= X-Wert) ausdrucken lassen. In unserem Beispiel geschieht das für den Bereich zwischen 4 und 10 Härtegraden, für jeden vollen Härtegrad.

```
OPTION
?* VORHERSAGE

STARTWERT,ENDWERT,SCHRITTWEITE FUER SPALTE  3
?* 4,10,1

    X-WERT          VORHERSAGE   STAND.FEHLER VORHERSAGE
     4.000             4.91731            0.74476
     5.000             5.54034            0.72507
     6.000             6.16338            0.72174
     7.000             6.78642            0.73498
     8.000             7.40945            0.76394
     9.000             8.03249            0.80692
    10.000             8.65552            0.86183
```

2.2.4.4. Modelle und Simulation

In „Computer Simulation in Geology" (J. W. HARBAUGH und G. BONHAM-CARTER, 1970) wird auf die außergewöhnlichen Möglichkeiten hingewiesen, die sich für den Einsatz von Simulationsmodellen gerade in der Hydrogeologie bieten.

Hauptziele der Modelle sind: Verständnis der Zusammenhänge und ihre Formulierung, Vorhersage künftigen Verhaltens und (soweit möglich) Steuerung, d. h. Einflußnahme auf den Ablauf.

Ein Modell ist die Abbildung der Wirklichkeit, oder genauer gesagt, eines realen Systems. Dieses System besteht aus Komponenten, die sich gegenseitig beeinflussen (Beispiel: ein Flußsystem mit den Komponenten Niederschlag, Abfluß, Verdunstung, Versickerung).

Die Entwicklung eines Modelles könnte in folgenden Schritten ablaufen:

1. Die Beobachtung eines realen Systems.

Der Hydrogeologe stellt fest, daß die Quellschüttungen A und B sowie die Wasserführung X des Baches (siehe folgendes Beispiel 6) in einem bestimmten Zusammenhang stehen.

2. Der Hydrogeologe untersucht das Gebiet näher und führt Messungen über den unterirdischen Verlauf des Wassers durch. Aufgrund der Ergebnisse kommt er zu einer Arbeitshypothese, die er — quantifiziert — zu einem Modell formuliert. Eine Hauptschwierigkeit liegt dabei darin, die wesentlichen Einflußfaktoren zu erfassen, d. h. das System richtig abzugrenzen.

3. Als nächstes prüft er, welche Folgerungen sich aus der Hypothese ergeben. Oder in quantifizierter Form: er benutzt das Modell zu Simulationen.

4. Schließlich prüft der Hydrogeologe, ob die Folgerungen bzw. Simulationsergebnisse mit den beobachteten oder gemessenen Werten übereinstimmen.

Wenn nicht, sind diese Schritte so lange zu wiederholen, bis sich eine Übereinstimmung ergibt.

Diese Schritte, die bezeichnend sind für die Entwicklung eines Modelles, sind für den Hydrogeologen nicht neu. Neu ist nur für weite Anwendungsbereiche die Quantifizierung für die mathematische Formulierung der Modelle.

Diese Quantifizierung ist in größerem Umfang erst möglich und sinnvoll geworden mit der Einführung der EDV sowie der Entwicklung geeigneter statistischer Methoden, von denen einige in den vorhergehenden Abschnitten beschrieben wurden.

Die Entwicklung eines Modelles sei an einem einfachen Beispiel veranschaulicht.

Beispiel 6: Ein hydrologisches Modell

Dieses Beispiel wurde in Anlehnung an eine reale Situation entwickelt, aber stark vereinfacht.

Für ein gegebenes Karstgebiet wollen wir versuchen, die maximalen Quellschüttungen bei A und B (siehe Abb. 48) für bestimmte Starkregen zu ermitteln.

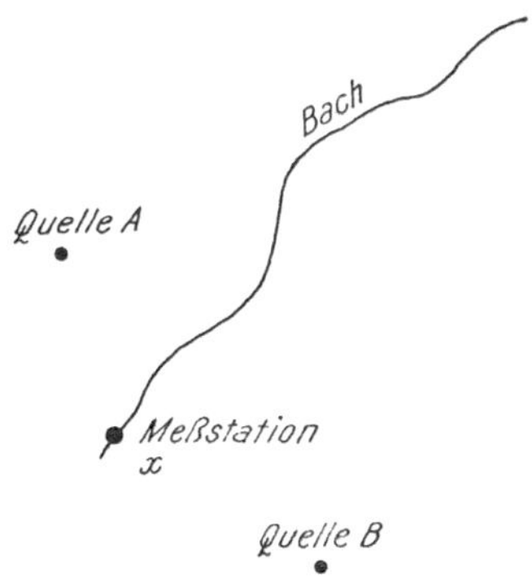

Abb. 48. Schema der natürlichen Gegebenheiten für ein karsthydrogeologisches Modell

Gemessen wurde bei mittlerer Wasserführung des Flusses (X = 100 l/sec):

A = 200 l/s (unabhängig von X)
Ax = 0,6 . X (etwa 60% von X geht nach A)
B = 40 l/s

Gemessen wurde bei Hochwasser (X = 5000 l/s):
A = 200 l/s (A bleibt ungefähr konstant)
B = 0,9 . X (der weitaus größte Teil von X tritt bei B aus)

Nehmen wir an, daß durch Messungen ein Zusammenhang zwischen den Regenspenden R und der maximalen Wasserführung X festgestellt wurde, der durch eine Kurve zweiten Grades dargestellt werden kann.

Meßwerte:

Regenspende R in mm	Maximaler Abfluß in X in m^3/s
8	0.750
14	0.490
22	1.510
32	1.250
35	2.280
45	3.220
53	2.760
53	4.510
58	3.950
60	5.010

Aus diesen Meßwerten wurde in bekannter Weise über eine polynomiale Regression zweiten Grades folgender Zusammenhang errechnet:

```
WELCHEN GRAD WOLLEN SIE UNTERSUCHEN
?: 2

                    POLYNOMIALE REGRESSION VOM GRAD  2
GRAD  KOEFFIZIENT      STD.ABW.    F-WERT     T-WERT     BETA KOEF.
  1      0.00711      0.05635     0.016      0.126       0.08396
  2      0.00102      0.00079     1.666      1.291       0.85877
KON      0.50418      0.84086
```

Der Zusammenhang läßt sich folgendermaßen ausdrücken:

$$X = 0.50418 + 0.00711 \cdot R + 0.00102 \cdot R^2$$

Lassen wir uns jetzt für verschiedene Regen R (hier als X-Wert bezeichnet) — und zwar zwischen 0 und 60 mm, im Abstand von 5 mm — die entsprechenden Abflußwerte X „vorhersagen“:

```
OPTION
?: VORHERSAGE

STARTWERT,ENDWERT,SCHRITTWEITE FUER SPALTE  1
?: 0,60,5

      X-WERT         VORHERSAGE  STAND.FEHLER VORHERSAGE
      0.0              0.50418           1.03733
       5.000           0.56529           0.85842
      10.000           0.67748           0.74321
      15.000           0.84078           0.68623
      20.000           1.05517           0.67108
      25.000           1.32066           0.67670
      30.000           1.63725           0.68575
      35.000           2.00493           0.68801
      40.000           2.42371           0.68021
      45.000           2.89359           0.66565
      50.000           3.41456           0.65481
      55.000           3.98663           0.66590
      60.000           4.60980           0.72116
```

Ebenso seien gleichzeitig folgende Messungen des Abflusses X sowie der Quellschüttung B durchgeführt worden:

Quellschüttung B in m^3/s	Abfluß X in m^3/s
0.100	0.250
0.510	0.760
0.750	1.520
1.100	2.180
1.750	2.540
2.240	3.260
3.020	3.620
3.490	4.260
4.080	4.480
4.500	5.010

Die Meßwerte gleichen wir aus durch ein Polynom dritten Grades:

```
WELCHEN GRAD WOLLEN SIE UNTERSUCHEN
?* 3

               POLYNOMIALE REGRESSION VOM GRAD  3
GRAD  KOEFFIZIENT      STD.ABW.    F-WERT     T-WERT     BETA KOEF
  1     -0.00320       0.41656     0.000     -0.008     -0.00331
  2      0.27685       0.18575     2.222      1.490      1.55602
  3     -0.02029       0.02327     0.761     -0.872     -0.56924
KON      0.18449       0.24247
```

Der Zusammenhang läßt sich auf folgende Formel bringen:

$$B = 0.18449 - 0.00320 \cdot X + 0.27685 \cdot X^2 - 0.02029 \cdot X^3$$

Hierzu ergibt die Vorhersage für B:

```
OPTION
?* VORHERSAGE

STARTWERT,ENDWERT,SCHRITTWEITE FUER SPALTE  2
?* 0,5,0.5

     X-WERT          VORHERSAGE   STAND.FEHLER VORHERSAGE
      0.0             0.18449            0.30542
      0.500           0.24957            0.22302
      1.000           0.43785            0.21591
      1.500           0.73412            0.21907
      2.000           1.12316            0.21398
      2.500           1.58974            0.20737
      3.000           2.11865            0.20728
      3.500           2.69466            0.21156
      4.000           3.30257            0.21135
      4.500           3.92713            0.20917
      5.000           4.55314            0.24797
```

Beendigen wir nach Durchrechnung beider Regressionen das Verfahren:

```
WELCHES VERFAHREN WOLLEN SIE ANWENDEN
?* ENDE
END OF RUN

TIME     3 SECS.
```

Dabei wird uns angezeigt, daß wir eine Rechnerzeit von 3 Sekunden verbraucht haben.

Stellen wir uns jetzt die Aufgabe, Vorhersagen für die maximale Quellschüttung B in Abhängigkeit von verschiedenen Regen R zu liefern.

Bisher wurden nur fertige Programme aus dem Paket statistischer Verfahren benutzt, die allen Teilnehmern des CALL-Betriebes zur Verfügung stehen. Dieses Beispiel soll jetzt durch ein eigenes Programm in BASIC gelöst werden, das wir anschließend in unserer „Privat-Bibliothek" auf Magnetplatte speichern, wodurch es vor fremden Zugriff geschützt ist:

```
00100 INPUT R
00110 LET X=0.50418 +0.00711*R +0.00102*R**2
00120 LET B=0.18449-0.00320*X+0.27685*X**2-0.02029*X**3
00130 PRINT 'MAXIMALE SCHUETTUNG B:',B
140 END


SAVE
FILE NAME--QUELLE1
READY
```

Die Anweisungen sind numeriert. Anweisung 100 bewirkt, daß das Programm später bei der Ausführung vom Benutzer einen Datenwert anfordert und diesen als Wert für R interpretiert. Daraus ermittelt es in den nächsten beiden Anweisungen zunächst X und dann B nach den vorgegebenen Formeln. Das Ergebnis B wird anschließend mit dem Kommentar gemäß Anweisung 130 ausgedruckt. Das fertige Programm wird unter dem Namen QUELLE 1 gespeichert und dann von einem Benutzer später folgendermaßen aufgerufen werden:

```
RUN QUELLE1

QUELLE1      18:41    01/11/74   FRIDAY

? 35
MAXIMALE SCHUETTUNG B:                   1.12535

TIME      0 SECS.
```

Bei diesem Programm sind Ein- und Ausgabe sehr knapp gehalten. Wir wollen jetzt das Programm so ändern, daß in der Antwort des Systems der Eingabewert für R und die Einheiten mit aufgeführt werden. Zunächst lassen wir uns das Programm QUELLE 1 auflisten, durch folgende Anweisungen:

```
LOAD QUELLE1
READY

LIST

QUELLE1      18:42    01/11/74   FRIDAY
```

Jetzt ändern wir die Anweisungen 130 und 135 und speichern anschließend das Programm auf die Magnetplatte zurück:

```
130 PRINT USING 135,R,B
135 :EIN REGEN MIT #####MM LIEFERT IN B MAXIMAL #####.## M3/S
SAVE
READY
```

Rufen wir nun wieder das Programm QUELLE 1 auf, ergibt sich folgender Dialog:

```
RUN

QUELLE1      18:52    01/11/74    FRIDAY

? 35
EIN REGEN MIT    35MM LIEFERT IN B MAXIMAL      1.13 M3/S

TIME      0 SECS.
```

Bisher konnte unser Programm jeweils eine Prognose liefern für einen einzigen Wert von R, der einzugeben war. Jetzt ändern wir das Programm so, daß es uns den Wert B berechnet für alle Werte R von 0 bis 60 mm, im Abstand von 10 mm:

```
LOAD QUELLE1
READY

LIST

QUELLE1      18:55    01/11/74    FRIDAY

1 REMARK DIESES PROGRAMM BERECHNET DIE MAXIMALE QUELLSCHUETTUNG
2 REMARK BEI B IN KUBIKMETER PRO SEKUNDE IN ABHAENGIGKEIT
3 REMARK VON BESTIMMTEN REGEN.

00100 INPUT R
00110 LET X=0.50418 +0.00711*R +0.00102*R**2
00120 LET B=0.18449-0.00320*X+0.27685*X**2-0.02029*X**3
130 PRINT USING 135,R,B
135 :EIN REGEN MIT #####MM LIEFERT IN B MAXIMAL #####.## M3/S
140 END


100 FOR R=10 TO 60 STEP10
130 PRINT USING 132,R,B
135 NEXT R
132 : BEI R=#### MM IST    B= ####.### M3/S
SAVE
READY
```

Neue Anweisungsnummern werden vom System an der richtigen Stelle eingefügt. Gibt es unter derselben Nummer bereits eine frühere Anweisung, so wird sie durch den neuen Text überschrieben.

Im oberen Teil wird zunächst das alte Programm aufgelistet. Durch die 5 Anweisungen des unteren Teils wird es verändert: Anweisungen 100, 130 und 135 ersetzen die bisherigen Anweisungen mit gleicher Nummer; Anweisung 132 kommt neu hinzu; durch SAVE wird das geänderte Programm auf die Magnetplatte geschrieben (wodurch die alte Version gelöscht wird).

Jetzt führt das Aufrufen des geänderten Programmes QUELLE 1 zu folgendem Ergebnis:

```
RUN

QUELLE1      19:03    01/11/74    FRIDAY

 BEI R=  10 MM IST    B=     0.303 M3/S
 BEI R=  20 MM IST    B=     0.465 M3/S
 BEI R=  30 MM IST    B=     0.831 M3/S
 BEI R=  40 MM IST    B=     1.511 M3/S
 BEI R=  50 MM IST    B=     2.588 M3/S
 BEI R=  60 MM IST    B=     4.056 M3/S

TIME      0 SECS.
```

Schalten wir anschließend die Datenstation ab (OFF), so sehen wir, daß wir nach einem Dialog von 58 Minuten 3 Sekunden Rechnerzeit verbraucht haben:

```
OFF
OFF AT 19:05
PROC. TIME...    3 SEC.
TERM. TIME...   58 MIN.
```

Unser Beispiel war bewußt stark vereinfacht. Der zeitliche Ablauf wurde überhaupt nicht betrachtet. In H. PRESS (1968) wird die Verwendung von Einheitsganglinien für diese Aufgabenstellung diskutiert. Außerdem wird ein Modell von DAWDY und O'DONNEL vorgestellt, bei dem 16 Einflußfaktoren berücksichtigt werden.

2.2.4.5. Weitere Modelle aus der Praxis

Im Stanford Watershed Model (J. W. HARBAUGH und G. BONHAM-CARTER, 1970) wird ebenfalls das Abflußverhalten eines Flußgebietes behandelt. Haupteingabewerte sind Niederschlag und potentielle Evapotranspiration, aus denen das Modell wirkliche Evapotranspiration, Abfluß des Flusses und Bodenfeuchtegrade berechnet. Abfluß in den Grundwasserspeicher sowie Zugang daraus werden berücksichtigt. Ein großer Teil der Überlegungen gilt dem Problem der Versickerung unter veränderlichen Oberflächenwerten (zeitabhängig). Die zeitliche Verzögerung zwischen Oberflächenabfluß und Abfluß des Flusses wird ebenfalls erfaßt. Die Gegenüberstellung von Prognose- und Meßwerten für den Abfluß des Russian River zeigt die Genauigkeit dieses Modelles.

Ein weiteres Beispiel für ein praktisch erprobtes Modell ist das Harvard Water Resources Model. Hier geht es um das Problem, den (schädlich hohen) Grundwasserspiegel eines bewässerten Gebietes mit Hilfe von Brunnenbohrungen ausreichend zu senken, unter Berücksichtigung aller technischen und wirtschaftlichen Gesichtspunkte.

Ein weiteres Modell, entwickelt von H. ZOJER und J. ZÖTL (1974), über den Verlauf unterirdischer Wässer im Mittelsteirischen Karst sei etwas ausführlicher dargestellt.

Situation

Untersucht wird ein Karstgebiet von etwa 22 km². Die Wässer versinken an drei Stellen: im Katzenbach, in der Eisgrube und in der Lurbachschwinde. Sie queren das Karstmassiv und treten an zwei Stellen wieder aus: in den Quellen des Lurgrottensystems (Schmelzbach) und in der Hammerbachquelle.

Problemstellung

Es interessieren die Fragen:

1. Wie verteilt sich der infiltrierte Niederschlag auf die beiden Quellen Hammerbach und Schmelzbach?

2. Wie verhalten sich folgende drei Volumina zueinander:

— der höher gelegene Bereich des Kalkstockes?

— das unterirdische System des Schmelzbaches?
— das unterirdische System des Hammerbaches?

3. Welche Beziehung besteht zwischen Lurbach und Schmelzbach bei verschiedenen Wasserständen?

Grundlagen

Ergebnisse aus exakten Niederschlags- und Abflußmessungen sowie aus systematischen Messungen der Umweltisotope standen zur Verfügung.

Markierungsversuche mit Gewerbesalz zeigten einen ersten Zusammenhang zwischen Lurbach und Hammerbachquelle. Weitere Versuche mit Sporen und Uranin führten zu quantitativen Ergebnissen.

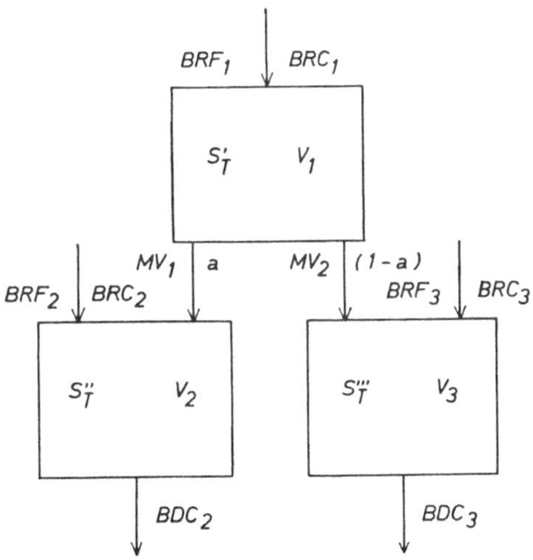

Abb. 49. Modell der Karstentwässerung im Lurbachgebiet, bestehend aus drei Zellen (nach H. ZOJER u. J. ZÖTL, 1974)

Das Modell

Zur Abbildung durch ein Modell wurde der gesamte Karststock in 3 Teile untergliedert:

— der höchstgelegene Bereich des Kalkstockes (Zelle1)
— Schmelzbach-System (Zelle 2)
— Hammerbach-System (Zelle 3).

Jeder dieser Bereiche wurde durch eine (zweidimensionale) Zelle abgebildet. Eine Zelle stellt dabei ein fiktives Einzugsgebiet dar. Es wird angenommen, daß eine bestimmte Wassermenge mit einer bestimmten Konzentration, die in die Zelle zum Zeitpunkt T eintritt, diese zum Zeitpunkt T + 1 wieder verläßt.

Diese „Input-Output-Funktion" wird nach E. S. SIMPSON und K. PRZEWLOCKI (s. Lit. H. ZOJER und J. ZÖTL, 1974) in folgende Formel gefaßt:

$$S_{T+1} = S_T + (BRF_T \,.\, BRC_T) - (BRF_T \,.\, BDC_T) \,.\, r, \text{ wobei}$$

$$BDC_T \text{ gleich } \frac{S_T}{V} \text{ ist.}$$

S_{T+1} = Tracermenge in einer Zelle am Ende einer angegebenen Wiederholung (T + 1).
S_T = Tracermenge in einer Zelle vor der letzten Wiederholung.
BRF_T = (boundary recharge fraction) Menge, ausgedrückt als ein Teil einer Gesamtmenge, die in eine bestimmte Zelle zu jeder Wiederholung eintritt. Die Summe aller BRF soll in einer bestimmten Wiederholung beim Durchgang aller Zellen eines Modells das wirkliche Volumen der einzelnen Zellen nicht überschreiten, ansonsten können negative Werte entstehen (gemessen in Volumseinheiten).
BRC_T = (boundary recharge concentration) Konzentration des Tracers in der BRF (gemessen in Aktivitätseinheiten). Das Produkt von BRF und BRC ist das „input mass" einer Zelle.
BDC_T = (boundary discharge concentration) Konzentration des Tracers beim Austritt von einer Zelle (gemessen in Aktivitätseinheiten).
r = Verlust der Tracermenge in einer Zelle (durch Adsorption, radioaktiven Zerfall).

Die Berechnung erfolgte als Iteration. Die Meßwerte BRF_1, BRF_2, BRF_3 sowie BRC_1, BRC_2, BRC_3 wurden eingegeben. Der Wert a (Anteil des infiltrierten Niederschlages, der dem Schmelzbach zukommt) sowie die drei Volumina V_1, V_2, V_3 waren zu schätzen. Das Modell errechnete daraus die Tritium-Konzentrationen BDC_2 und BDC_3, die mit den gemessenen Werten verglichen wurden. Die Schätzwerte wurden nun so lange verändert, bis sich eine hinreichende Übereinstimmung ergab (30 bis 40 Schritte).

Ergebnisse

Die Berechnung über das Modell lieferte folgende unmittelbare Ergebnisse:

— der infiltrierte Niederschlag verteilt sich im Verhältnis 39 : 61 auf Hammerbach und Schmelzbach,
— die Volumina der Zellen verhalten sich wie 50 : 11 : 5. Daraus ließen sich die absoluten Volumina ableiten zu 400.000 bzw. 600.000 bzw. 25.000—30.000 cbm.

Die Frage nach dem Anteil, den der Schmelzbach bei verschiedenen Wasserständen des Lurbach aus diesem erhält, ließ sich mit dem Modell nicht direkt beantworten. Qualitativ war ermittelt, daß der Lurbach nur bei hohem Wasserstand in das Schmelzbachsystem überfließt. Das Überfließen beginnt jedoch nicht immer bei gleichem Wasserstand, sondern hängt von verschiedenen weiteren Faktoren ab (Auffüllung unterirdischer Hohlräume, Ausräumung).

In derartigen Modellen der Praxis können natürlich erheblich kompliziertere Rechenformeln und große Datenmengen auftreten. Grundsätzlich ist aber das Vorgehen bezüglich der EDV ähnlich, wie wir es in unseren einfachen Beispielen gezeigt haben. Reicht die hier verwendete besonders einfache Benutzer-Sprache BASIC für bestimmte mathematische Probleme nicht mehr aus, so kann APL (A Programming Language) verwendet werden. Die APL-Sprache zeichnet sich dadurch aus, daß sie nur symbolische Zeichen und keine Sprachelemente verwendet. APL eignet sich insbesondere für das Arbeiten mit Vektoren und Matrizen und wird wie BASIC über eine Datenstation benutzt.

2.2.4.6. *Zusammenfassung*

In der Hydrogeologie haben wir es vielfach mit komplexen Zusammenhängen zu tun, die zwar erkennbar und beschreibbar sind, sich aber nur schwer quantifizieren lassen. Neuere Methoden der Statistik sowie die Entwicklung der EDV erleichtern den Versuch, diese Zusammenhänge in mathematischen Modellen abzubilden.

Wir haben hier eine besondere Art der EDV, den Teilnehmerbetrieb über eine Datenstation, an Beispielen beschrieben. Diese Arbeitsweise ist für die Entwicklung und Benutzung von Modellen besonders geeignet, wegen folgender Merkmale:

— sofortiger Zugang über die Datenstation,
— Benutzung der Rechenkapazität eines Großrechners,
— Speichermöglichkeit für große Datenmengen,
— Verfügbarkeit einer komfortablen Benutzersprache.

Im ersten Teil wurde gezeigt, wie mit Hilfe vorhandener Programme der Statistik Zusammenhänge zwischen Meßwerten analysiert und dargestellt werden können.

Aus diesen Zusammenhängen lassen sich Modelle formulieren. Dies wurde an einem einfachen Beispiel veranschaulicht, für das mehrere Programmvarianten in BASIC entwickelt wurden.

Mit diesen Beispielen ist versucht worden, einen Eindruck zu vermitteln über die Möglichkeiten, die Arbeitsweise und den Schwierigkeitsgrad in der Benutzung der EDV, insbesondere beim Arbeiten mit einer Datenstation unter einem Teilnehmerbetrieb.

2. 3. Musterlandschaften und Phänomene der Karstentwässerung

2.3.1. Die nordostalpinen Karstmassive

Die geologisch-geographische Gliederung der Ostalpen ist nicht zuletzt dadurch geprägt, daß den Zentralalpen im Norden, — von diesen teilweise durch die Schieferzone getrennt —, das bis zu 55 km breite Band der Nördlichen Kalkalpen vorgelagert ist.

Innerhalb der Nördlichen Kalkalpen weisen die *Kalkhochalpen* westlich bzw. östlich der Saalach sowohl geologisch-tektonisch als auch morphologisch bedeutsame Unterschiede auf. Durch die Steilstellung der Schichten präsentieren sich die Kalkhochalpen westlich der Saalach vor allem als Gebirgsketten, während die flachliegenden Schichtpakete der Kalkhochalpen östlich der Saalach die Ausbildung mehr oder weniger separierter mächtiger *Kalkstöcke und -massive* zur Folge hatten. Von Westen nach Osten sind dies das Steinerne Meer (280 km², Watzmann 2714 m), der Hochkönig (70 km², 2941 m), das Hagengebirge (60 km², 2391 m), das Tennengebirge (279 km², Raucheck 2431 m), das Dachsteinmassiv (etwa 400 km², Hoher Dachstein 2996 m), das Tote Gebirge (580 km², Großer Priel 2514 m), der Warscheneckstock (150 km², 2386 m), das Hochschwabmassiv (560 km², 2278 m) und die Schneebergalpen (Schneeberg 70 km², 2075 m; Raxalpe 65 km², 2007 m und Schneealpe 110 km², 1903 m; s. Abb. 50). Infolge der mehr oder minder gleichartigen geologisch-morphologischen Entwicklung dieser Massive weist auch ihre unterirdische Entwässerung so viele gemeinsame Züge auf, daß sich ein besonderer karsthydrogeologischer Typus herausschält.

Die *Tektonik* der nordostalpinen Kalkmassive ist zunächst durch einen komplizierten Deckenbau gekennzeichnet, dessen Überschiebungsrichtung hauptsächlich nordwärts gerichtet ist. Die stratigraphischen Folgen der einzelnen Decken beginnen im allgemeinen mit der untersten Trias (Skyth) und weisen eine unterschiedliche Fazies auf; die stratigraphisch jüngsten Folgen sind häufig erodiert.

Die dominierenden *lithologischen Elemente* der nordostalpinen Schichtfolgen sind triassische Kalke und Dolomite. Sowohl Wettersteinkalk und Wettersteindolomit als auch Hauptdolomit und Dachsteinkalk erreichen Mächtigkeiten von mehr als 1000 m. Auch andere Kalke und Dolomite der Trias- und Jurazeit sind vertreten, jedoch geringmächtiger und weniger häufig. Von lokaler hydrographischer Wirksamkeit sind den Karbonatgesteinen stratigra-

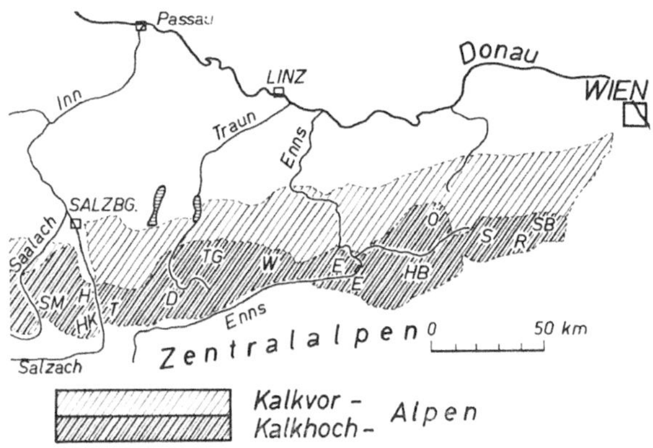

Abb. 50. Übersicht über die Ausdehnung der Kalkalpen östlich der Saalach. Bezeichnung der Karststöcke der Kalkhochalpen: *SM* Steinernes Meer, *H* Hagengebirge, *HK* Hochkönig, *T* Tennengebirge, *D* Dachsteinmassiv, *TG* Totes Gebirge, *W* Warscheneck, *E* Ennstaler Alpen, *HB* Hochschwab, *Ö* Ötscher, *S* Schneealpe, *R* Raxalpe, *SB* Schneeberg

phisch zwischengeschaltete dünnbankige Mergel und Sandsteine wie Lunzer und Raiblerschichten (Karnische Stufe). Die in Südosteuropa so weit verbreiteten Kreidekalke fehlen weitgehend, Neokommergel und die örtlich im Becken auftretenden Gosauablagerungen (Konglomerate, Sandsteine, Mergel) haben auf den Entwässerungsmechanismus der großen Massive keinen wesentlichen Einfluß.

Für die Ausbildung der unterirdischen Entwässerung der nordostalpinen Karststöcke ist weniger der Deckenbau als *Bruchtektonik und Morphogenese* von Bedeutung. Nach E. Seefeldner (1952, S. 31) vollzog sich die Hauptbruchbildung der jüngeren Alpenentwicklung im Torton, eine Wiederbelebung im Zusammenhang mit der Heraushebung der Alpen im „jüngstalpidischen Hauptzyklus" (A. Winkler-Hermaden, 1954, S. 409 f.) ist wahrscheinlich. Für alle Karstmassive der Kalkhochalpen gilt ein Überwiegen eines NW-NE-Diagonalkluftpaares.

Die karsthydrographisch wirksame morphologische Entwicklung der nordostalpinen Kalkmassive setzt mit dem Beginn der Heraushebung der Kalkhochalpen im oberen Miozän ein. Von den durch phasenweise, mehrmalige Höherschaltungen entstandenen Niveaus sind die ältesten Systeme zweifellos zerstört. Erst die Erbformen der sogenannten „Augensteinlandschaft“ lassen sich durch die über die gesamten Kalkhochalpen verbreiteten (umgelagerten) Reste der einstigen Schotterdecke andeutungsweise erfassen. Die einigermaßen erhaltenen Erbformen der Altflächen werden von F. Machatschek (1922, S. 70 f.) und E. Seefeldner (1961, S. 397 ff.) für den westlichen Teil der Kalkhochalpen in das Hochkönig-Niveau (HN, 2400—2100 m Sh.), das Tennen-Niveau (TN, 2200—2000 m Sh.) und das Gotzen-Niveau (GN, 1950—1750 m Sh.) gegliedert, denen nach unten sechs Hochtalgenerationen folgen, die E. Seefeldner (1952, S. 34) und A. Winkler-Hermaden (1957,

Abb. 51. Das Tennengebirge von N gesehen. Rechts im Bild der Salzach-Durchbruch und der E-Rand des Hagengebirges. *HN* Hochkönig-Niveau, *TN* Tennen-Niveau, *GN* Gotzenniveau, N I—N III jungtertiäre und altpleistozäne Hochtalreste (alte Vorflutniveaus), *pgl. T.* postglaziale Terrassen. (Nach B. Toussaint, 1971)

S. 587) in die Zeit vom Mittelpannon bis zum Altpleistozän einordnen (Abb. 51). Die hochgelegenen Niveaus sind stark verkarstet.

Durch das Einschneiden der Täler in die alte Denudationslandschaft wurde schließlich die allgemeine, ursprünglich S-N-gerichtete, von den Zentralalpen über die Kalkalpen laufende Entwässerung der Alpen unterbrochen und an der Grenze zwischen den Zentralalpen und den Kalkalpen entwickelten sich die heutigen Längstäler der Flüsse Salzach und Enns. Der Prozeß dieser Talentwicklung hat sich im obersten Pliozän vollzogen und im Pleistozän seine letzte Modifizierung erfahren.

Die den Prozessen der Landformung folgende Verkarstung und Entwicklung der Karsthydrographie hinterließ uns als älteste Zeugen die großen hochliegenden, heute inaktiven *Höhlensysteme* der Karstmassive. Trotz lokaler Unregelmäßigkeiten in den Hebungsphasen und der unvollständigen Erforschung der Höhlensysteme steht die Bindung der Entstehung der Großhöhlen an die Phasen der jungtertiären morphologischen Entwicklung außer Zweifel. Die von manchen Autoren bestrittene Niveaugebundenheit wurde für die ostalpinen Karstmassive zunächst durch die systematische Arbeit von

O. SCHAUBERGER (1956) belegt, sie ist heute auch für die Westalpen klar erwiesen (A. BÖGLI, 1970). Tabelle 9 weist die Höhenlage und Länge bekannter Großhöhlen in den nordostalpinen Karstmassiven aus.

Tabelle 9. *Bedeutende Großhöhlen in nordostalpinen Karstmassiven*

Höhle	Gebirgsstock	Höhenlage (m über dem Meeresspiegel)	Länge des erforschten Systems (km)
Eisriesenwelt	Tennengebirge	1.800—1.600	42
Tantalhöhle	Hagengebirge	1.700—1.300	16
Mammuthöhle	Dachsteinmassiv	1.500—1.250	16,5
Frauenmauer-Langstein-Höhle	Hochschwab	1.600—1.400	10,5

Die Tatsache der Niveaugebundenheit von Höhlen ist für die Beurteilung der Genese der unterirdischen Karstentwässerung von grundlegender Bedeutung, besagt sie doch, daß die jeweilige lokale Erosionsbasis für die Entwicklung der unterirdischen Entwässerung und den Verkarstungsvorgang im Gebirge von Einfluß ist.

Für die Beurteilung der derzeitigen unterirdischen Entwässerung sind das wichtigste Kriterium die *Quellen*.

Die Quellenarmut und Wasserlosigkeit der Hochflächen der Karstmassive ist nicht zu übersehen. O. LEHMANN (1932, S. 6) bezeichnete die Diskrepanz zwischen zahllosen Schluckstellen auf den Hochflächen und den „außerordentlich wenigen Quellen" der Randbereiche als den „karsthydrographischen Gegensatz". O. LEHMANN hat allerdings mangels genauer Ortskenntnis die Anzahl der Quellen gewaltig unterschätzt, wenn er für den Rand des Toten Gebirges 12 starke Karstquellen und nicht viel mehr von unbedeutender Schüttung (1932, S. 8) und für das Gesamtgebiet des Tennengebirges „20 Quellen verschiedener Stärke" angibt (1932, S. 10).

Die erste systematische Quellenaufnahme über ein ausgedehntes geschlossenes Areal der Nordostalpen wurde 1954/55 im östlichen Dachsteingebiet durchgeführt (J. ZÖTL, 1957), wobei über 700 Quellen aufgenommen wurden. Später folgten ähnliche systematische Aufnahmen um das Tote Gebirge und im Hochschwabgebiet (J. ZÖTL, 1961) sowie im Schneealpengebiet (F. BAUER, 1969) und im Tennengebirge (B. TOUSSAINT, 1971).

Was die *topographisch-geologische Lage* der Quellen anbelangt, so wurde durch die Aufnahmeergebnisse der Wassermangel in den Plateaubereichen unterstrichen. Die meisten der wenigen hier auftretenden Quellen weisen nur eine episodische Schüttung auf.

Die Massierung der Quellaustritte am Rand der Massive hat verschiedene Ursachen:

a) Einen Gesteinswechsel (Schichtgrenzquellen). Liegt die wasserstauende, nicht verkarstungsfähige Basis eines Kalkstockes obertag, so folgt dieser Schichtgrenze ein Quellhorizont. Dies ist an den Südhängen der meisten Massive der Kalkhochalpen der Fall, wo die Werfener Schichten z. Teil hoch über den Talböden ausstreichen (Abb. 52). Die Schichtgrenzquellen liegen dabei oft etwas tiefer in der Basisserie, auch das Auftreten von Folgequellen ist häufig. Karsthydrogeologisch gesehen handelt es sich in dieser Situation um einen sogenannten „Seichten Karst".

b) Die Anlagerung undurchlässiger Schichten. Die Obergrenze dem unteren Hangbereich der Karstmassive angelagerter Schürzen von Tertiärsedimenten (z. B. südöstliches Dachsteingebiet), von Moränen und jungen Talfüllungen ist ein weiterer Bereich der Massierung von Quellaustritten, der in vielen Fällen die lokale Erosionsbasis (Vorflutniveau) darstellt, bzw. etwas darüber liegt. In diesem Fall reicht das verkarstungsfähige Gestein unter die derzeitige lokale Erosionsbasis (N-Rand des Dachsteinmassivs und des Toten Gebirges) und u. U. kann ein sogenannter „Tiefer Karst" vorliegen. Der Quelltypus von Überlaufquellen ist in diesen Bereichen häufig, es treten aber

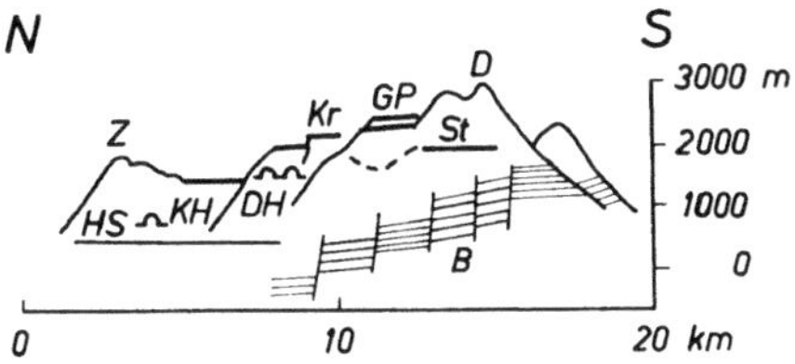

Abb. 52. Schematisches geologisches N—S-Profil durch das Dachsteinmassiv. Die dicken Linien deuten die verschiedenen alten Verebnungsniveaus im Plateaubereich an. *B* die undurchlässige Basis des verkarsteten Dachsteinkalkes; *HS* Seespiegel des Hallstätter Sees. *DH* Dachsteinhöhlen (Mammuthöhle, Rieseneishöhle und Petrefaktenhöhle, Relikte eines spättertiären unterirdischen Entwässerungssystems); *KH* Koppenbrüller Höhle (Teil des gegenwärtigen Karstwassersystems); *D* Hoher Dachstein (2996 m); *GP* Gjaidstein Plateau; *Kr* Krippenstein; *Z* Zinken; *St* Plateau „Am Stein". Nach F. Bauer in F. Bauer u. J. Zötl (1972, Fig. 6, S. 243)

auch Wallerquellen auf. Ein Sonderfall liegt vor, wenn auf Grund tektonischer Verstellungen dem Karstmassiv minderdurchlässige Schichten vorgelagert sind (N-Rand des Tennengebirges, vgl. B. Toussaint, 1971, Fig. 6, S. 47).

c) Ältere (meist höher gelegene) lokale Erosionsbasen.

Eines der instruktivsten Beispiele dafür, daß die junge obertägige Erosion der unterirdischen Verkarstung vorauseilen kann, liegt am Ausgang des Paß Stein (Mitterndorfer Salza) in das Ennstal. Die junge Talfurche trennt das Dachsteinmassiv vom Grimming und die Salza hat beim Austritt in das tiefergelegene Ennstal einen tiefen Graben eingerissen und die den Hang verkleidenden Tertiärsedimente entfernt. Beachtliche Karstwasseraustritte liegen hoch über der heutigen Grabensohle, noch immer im Niveau der im Ennstal noch bestehenden Oberfläche des Tertiärsockels. Beispiele des Nachwirkens alter Erosionsbasen auf die derzeitige Lage von Karstwasseraustritten finden sich auch im Steinernen Meer (vgl. Abschnitt 3.2.2.), am N-Rand des Toten Gebirges und in den Schneebergalpen. Vom N-Rand des Tennengebirges beschreibt diese Gegebenheiten B. Toussaint (1971, S. 46 ff.).

Die große Masse der Quellaustritte ist an die geschilderten Bedingungen geknüpft. Das schließt nicht aus, daß einzelne Quellen geringer Schüttung in den verschiedensten Höhenlagen vorkommen, und sei es einfach, weil die Wasserwegigkeit einer Kluft endet.

Auch die *Wassertemperatur* der Quellen wurde erst durch systematische großräumige Quellaufnahmen zu einem Kriterium der Karsthydrogeologie. Zunächst wirkt verwirrend, daß im Gegensatz zur kontinuierlichen Abnahme der Quellwassertemperatur mit der Höhe in Nichtkarstgebieten, Einzelmessungen in Karstgebirgen völlig unreguläre Verhältnisse ergaben, wobei nicht selten orographisch tiefer gelegene Quellen tiefere Wassertemperaturen aufweisen als höhergelegene Quellaustritte. Erst die Auswertung von mehr als tausend Messungen im Dachstein- und Hochschwabgebiet erbrachte gemeinsam mit den Ergebnissen von Markierungsversuchen die Erkenntnis des Zusammenhanges der Quellwassertemperatur mit der geologischen Situation einerseits und der Höhenlage des Einzugsgebietes andererseits. In diesen Gebieten ergab sich für die Aufnahmejahre, daß die Wässer aus dem großen Karstwasserkörper bei freiem (unverhülltem) Austritt mit ihren Sommertemperaturen in den Kalkbereichen um 1,5 bis 2,0° C, in den Dolomitgebieten um mehr als 2,0° C über dem *Jahresmittel der Lufttemperatur der mittleren Höhe des Einzugsgebietes* lagen (J. Zötl, 1961, S. 161/162). Die jährlichen Temperaturschwankungen dieser Quellaustritte sind gering, tägliche im allgemeinen nicht meßbar. Die Spanne des Temperaturunterschiedes zum langjährigen Jahresmittel der Lufttemperatur kann in den verschiedenen Jahren durchaus einer geringfügigen Verschiebung unterliegen, was bleibt, ist die Tatsache der Gebundenheit der Wassertemperatur an die mittlere Höhenlage des Einzugsgebietes. Später hat B. Toussaint (1971, S. 42) auch für das Tennengebirge diesen Zusammenhang festgestellt. Unter dem (noch heute spürbaren) Einfluß der Doktrin O. Lehmanns (1932) von den „selbständigen Karstgefäßen" fand diese Erkenntnis zunächst wenig Widerhall, bis schließlich die Bestätigung des Zusammenhanges von Quellwasserhabitus und mittlerer Höhe des Einzugsgebietes von ganz anderer Seite her erfolgte: Messungen des Gehaltes an den stabilen Wasserstoff- (Deuterium) und Sauerstoffisotopen (Oxygen-18) bei den großen Quellen der I. Wiener Hochquellenleitung in den Schneebergalpen ergaben einen Isotopengehalt, der der mittleren Höhenlage des Einzugsgebietes entsprach [1].

Über die *Schüttung der Quellen* der nordostalpinen Karstmassive erhalten wir Aussagen nur dort, wo ständige Messungen über längere Zeiträume vorliegen. Dies ist vor allem im Bereich der Quellfassungen der I. und II. Wiener Hochquellenleitung der Fall. Durch das Entgegenkommen der Betriebsleitung der II. Wiener Hochquellenleitung in Wildalpen konnten die Abflußmessungen an den Kläffer- und Brunngrabenquellen (Hochschwabgebiet) für das Dezennium 1950—1959 ausgewertet werden (J. Zötl, 1961, S. 154 ff.).

Die Kläfferquelle ist eine typische Kalkkarstquelle, deren Einzugsgebiet vorwiegend die aus Wetterstein- und Dachsteinriffkalk aufgebauten zentralen Teile des Hochschwabgebietes umfaßt. Das Einzugsgebiet der Brunngrabenquellen liegt hauptsächlich im Dolomit.

Die Kläfferquelle reagiert im Sommer und Herbst kräftig auf starke Niederschläge, wobei die Schüttungsspitze meistens an dem der Niederschlagsspitze folgenden Tag auftritt.

[1] Mündliche Mitteilung von W. M. Davis, 1965, damals Hydrogeologe bei der IAEA, Wien.

Die geringste Schüttung liegt im Spätwinter (Februar 1955: 0,8 m^3/s; Höchstschüttung in diesem Jahr im Juli über 10 m^3/s), die jährliche Schwankungsziffer betrug im Jahr 1955 13. Auch die Brunngrabenquellen sind trotz ihres dolomitischen Einzugsgebietes echte Karstquellen und die Hauptquelle trat vor der Fassung in 745 m Sh. aus einer Höhle aus. Die winterliche Mindestschüttung betrug im Jahre 1955 0,24 m^3/s, das höchste Tagesmittel im Sommer 0,46 m^3/s (Schwankungsziffer etwa 2). Der geringen jahreszeitlichen Schüttungsschwankung entspricht auch eine geringe tägliche.

Der Abflußfaktor läßt sich infolge des nicht genau abgrenzbaren Einzugsgebietes nur annähernd abschätzen. In den Jahren 1950 bis 1959 sind bei beiden Quellen etwa 60 (1954) bis 85% der im Einzugsgebiet gefallenen Niederschläge (1955 bzw. 1959) abgeflossen.

Bei beiden Quellen erfolgt der Hauptabfluß in den Monaten Mai bis August. Im Dezennium 1950—59 flossen in diesen Monaten bei der Kläfferquelle 41 bis 66% des Jahresabflusses ab, bei den Brunngrabenquellen 36 bis 45%. Die sommerliche Schüttungsspitze ist bei der Kläfferquelle weitaus ausgeprägter und der Abflußprozentsatz im Sommer bedeutend höher als bei den Brunngrabenquellen, während diese im Herbst und Winter größere Abflußhöhen (in mm!) aufweisen.

Die Tatsache, daß unter Umständen in dem Jahresdrittel Mai bis August zwei Drittel des Jahresabflusses anfallen können, ist nur zum Teil in den hohen Niederschlagssummen dieses Zeitraumes bedingt. So fielen 1953 64% des Jahresniederschlages in den Monaten Mai bis August und in der gleichen Zeit flossen im Bereich der Kläfferquellen 55% des Jahresabflusses ab; 1955 entfielen auf diese Zeitspanne nur 49% des Jahresniederschlages aber 66% des gesamten Jahresabflusses. Die Beobachtung dieser Quellbezirke hat gezeigt, daß ein umso höherer Prozentsatz der anfallenden Sommerniederschläge abfließt, je ausgeprägter der Hauptabfluß der Schneeschmelze in den Frühsommer fällt (Kläfferquelle Mai). Neben den großen gemeinsamen Zügen der beiden Quellen liegt im Detail ein recht verschiedenartiger Schüttungsablauf vor, der sich im verschiedenen petrographischen Aufbau der Einzugsgebiete, deren unterschiedlicher mittlerer Höhe sowie den jeweils andersartigen morphologischen Bedingungen und Vegetationsverhältnissen begründet (J. Zötl, 1961, S. 158). Wesentlich ist das Ergebnis, daß die Speicherung über ein Jahr hinaus im Einzugsgebiet der Brunngrabenquellen eher von Einfluß ist als im Einzugsgebiet der Kläfferquellen.

Abflußmessungen an den Siebenquellen im Gebiet der Schneealpe (F. Bauer, 1969, Fig. 3, S. 196) zeigen den Kläfferquellen sehr ähnliche Verhältnisse.

Einen besonderen Schüttungstypus stellen die in allen nordostalpinen Karststöcken auftretenden Übersprünge dar. Bei Niederwasserverhältnissen trocken liegend, können sie nach der Schneeschmelze oder nach schweren Niederschlägen eine Wasserführung von mehreren m^3/s aufweisen (Übersprung beim Strimitzbach am S-Rand des Toten Gebirges bis zu 10 m^3/s, aber etwa 10 Monate im Jahr trocken liegend). Die Schüttungsschwankungen der großen Karstquellen und die Tätigkeit der Übersprünge weisen auf eine relativ kurzzeitliche Speicherung der Karstwässer (vgl. auch 2.2.3.2.).

Auch der *Chemismus der Karstwässer* wurde erst durch die systematischen großräumigen Aufnahmen ein wirksames Hilfsmittel zur Beurteilung der Grundzüge der Karsthydrographie.

Feldmethoden zur raschen Bestimmung charakteristischer Parameter an einer großen Quelle waren die Voraussetzung (vgl. 2.2.1.). Es zeigte sich, daß neben dem Gesteinschemismus vor allem die Gesteinsstruktur den Chemismus des Wassers beeinflußt. Kalkmassive liefern in den Ostalpen aufgrund des schnellen Durchfließens des Wassers in großlumigen unterirdischen Wasserwegen kalkärmeres (oft ausgesprochen weiches) Wasser als Dolomitgebirge. So wurden z. B. im Sommer 1960 im Hochschwabgebiet an Kalkkarstquellen mit einem Einzugsgebiet großteils über der Waldgrenze Werte von 4,0 bis 5,9 deutschen Härtegraden (d. H.), 1960 im Toten Gebirge von 4,3 bis 5,0 d. H. (J. Zötl, 1961, Tafel IV), 1962 im Steinernen Meer 3,3 bis 5,5 d. H. (H. Brandecker, V. Maurin und J. Zötl, 1965, Tafel III) und 1969 im Tennengebirge 3,3 bis 5,0 d. H. (B. Toussaint, 1971, Tafel XIII) gemessen, während die Härten der entsprechenden Dolomitwässer im Hochschwabgebiet zwischen 7,8 und 8,9 d. H., im Toten Gebirge 7,0 bis 8,8 d. H. und im Tennengebirge 7,0 bis 10,5 d. H. betrugen. Bei den Kalkwässern war die Gesamthärte faktisch gleich der Karbonathärte. Die engscharige Zerbrechung des Dolomites verringert sowohl die Geschwindigkeit der Wasserzirkulation, sodaß sich das Lösungsgleichgewicht eher einstellen kann, als auch dem lösenden Wasser eine größere Angriffsfläche geboten wird. Da diese Faktoren in kalkigen Lockersedimenten in noch größerem Maße wirksam sind, weisen deren Grundwässer in der Regel die höchsten Kalkhärten auf.

Einen merkbaren Einfluß wirkt auch die Vegetation aus, Einzugsgebiete unterhalb der Waldgrenze liefern generell etwas härtere Wässer.

Durch einen hohen *Chlorid- und Sulfatgehalt* zeichnen sich Wässer aus, die mit Haselgebirge oder Gipslagen der Werfener Schichten in Kontakt kommen. Tafel I zeigt die Abhängigkeit der chemisch-physikalischen Parameter der Quellwässer des Tennengebirges von der Beschaffenheit des Einzugsgebietes (nach B. Toussaint, 1971).

Die systematischen Aufnahmen und ihre Auswertung bildeten auch die notwendige Basis für die Durchführung großräumiger *Markierungsversuche*. Diese wurden von jenem Zeitpunkt an für die Beurteilung der unterirdischen Entwässerung der nordostalpinen Karstmassive von grundlegender Bedeutung, als man in ihrer Zielsetzung vom bloßen Nachweis des Zusammenhanges einer Schwinde mit einem oder mehreren Wasseraustritten zur mehr oder minder zentralen Impfung eines Karstwasserkörpers und der Kontrolle des gesamten Gebirgsstockes weiterschritt.

In den nordostalpinen Karstmassiven wurde die erste Markierung mit der Zielsetzung der Abklärung der unterirdischen Entwässerung des gesamten Massivs 1955 von F. Dosch am *Hochschneeberg* durchgeführt (F. Dosch, 1956).

Die Einspeisung von 9,5 kg Uranin erfolgte in einer Doline auf der Hochfläche in 1800 m Seehöhe. Insgesamt wurden während dieses Versuches 56 verschiedene Wasseraustritte beobachtet, die in unterschiedlichen Höhen und nach allen Seiten hin dem Schneebergmassiv entspringen. In 35 verschiedenen Wasservorkommen wurde der eingebrachte Farbstoff wieder nachgewiesen.

In mehreren Quellen des Beobachtungsbereiches Kaiserbrunn wurden bereits 16 Stunden nach der Einspeisung erhebliche Farbkonzentrationen festgestellt. Die am weitesten vom Einspeispunkt entfernten farbstoffhältigen Wasservorkommen waren die Quellen und Brunnen bei Stixenstein, in einem horizontalen Abstand von 12,5 km bei einer Höhendifferenz von 1320 m. In diesen Wässern erschien der Farbstoff 48 Stunden nach der Einspeisung.

Die Farbbeimengung hielt bis zu 22 Tage an und dauerte in jenen Quellen am längsten, in denen sie zuerst aufgetreten und quantitativ am stärksten war.

Das Versuchsergebnis beweist, daß sich das von einem bestimmten Punkt der Schneeberghochflächen in die Kluftsysteme des Kalk-Dolomitmassivs einfließende Wasser nach allen Seiten verteilen kann und die verschiedenen Quellen je nach ihrer Entfernung früher oder später erreicht. Die Hauptmasse des angefärbten Wassers kam in der am nächsten gelegenen und ergiebigsten Quelle, dem Kaiserbrunnen, wieder zum Vorschein.

Die im Versuchsbereich in die karbonatischen Gesteine eingeschalteten Werfener Schichten haben die Verteilung des Farbstoffes nicht wesentlich behindert. Sie können daher zur Abgrenzung von Quelleneinzugsgebieten nicht herangezogen werden (F. Dosch, 1956, S. 9).

Von Interesse ist weiters, daß verschiedene, am rechten Schwarza-Ufer (also auf der Raxseite!) entspringende Quellen ebenfalls Farbstoff führten. Es sind demnach Kommunikationen vorhanden, in denen unter der Schwarza hindurch das Wasser in das gegenüberliegende Bergmassiv gedrückt werden kann bzw. sich in der Tiefe mit Kluftwasser aus dem Raxmassiv vermischt.

F. Dosch errechnete, daß rund 5760 Gramm Uranin, d. s. 61 Prozent der eingespeisten Farbmenge, in den kontrollierten Wässern wieder nachgewiesen wurden. 88 Prozent dieser Menge wurde allein durch den Kaiserbrunnen wieder ausgeschieden.

Das Versuchsergebnis zeigt deutlich, daß die auf der Hochfläche des Ochsenbodens versinkenden Wässer sich innerhalb des Berges auf Hohlraumsysteme verteilen, die nach allen Richtungen aus dem Berg führen. Im vorliegenden Fall gravitierte jedoch die Hauptmasse des eingebrachten Farbstoffes zum Kaiserbrunnen. Es ist daher nicht möglich, innerhalb des Versuchsgebietes das Einzugsbereich irgendeiner im Schwarzatal entspringenden Quelle der

I. Wiener Hochquellenwasserleitung abzugrenzen. Positive Uraninbefunde in Brunnen des Brunnenfeldes von Stixenstein beweisen das ungehinderte Übertreten von Karstwasser in das Grundwasser des Sierningtales.

Im Sommer 1956 erfolgte der Einsatz verschieden gefärbter Lycopodiumsporen in eine zentral und vier randlich im Plateaubereich des östlichen *Dachsteingebietes* gelegene Schwinden (Abb. 53; J. Zötl, 1957 a). Von der zentralen Einspeisung wurden sämtliche der beobachteten größeren Quellbezirke im N, E und S des Massivs betroffen (im W wurde nicht beobachtet), die Einspeisungen in die randlich gelegenen Schwinden erfaßten nur mehr Sektoren des Bereiches, im allgemeinen vergrößerte sich der Streuungswinkel des eingesetzten Triftgutes mit der Entfernung der beschickten Schwinden von den Rändern des Massivs. Im August 1958 bestätigte ein neuerdings durchgeführter Großversuch im wesentlichen die Ergebnisse des Versuches von 1956. Von der etwas weiter nördlich gelegenen zentralen Schwinde wurden 1958 nur die Quellen im NW, N und E des Massivs betroffen, was den Schluß zuläßt, daß der Scheitel des Karstwasserkörpers zu dieser Zeit südlich dieser Einspeisungsstelle lag. Gemeinsam war beiden Einspeisungen in die im zentralen Plateaubereich gelegenen Schwinden die breite Streuung des Markierungsgutes, die geringen Konzentrationen des eingesetzten Materials in den einzelnen betroffenen Quellen und Gerinnen und die kurze Durchlaufzeit (durchschnittlich 3, höchstens 6 Tage in den einzelnen Quellen).

Ein gänzlich anderes Bild ergab die beim Versuch von 1958 durchgeführte Beschickung einer Schwinde beim Schladminger Gletscher (Abb. 53, S. 1). Das hier eingesetzte Triftgut trat in 3 Beobachtungsstellen in nur geringen Mengen, in der Riesenquelle des Waldbachursprungs (Abb. 53, E 1) aber in einem ausgeprägten Durchgang auf (Tagesprobe vom 19. 8. 1958 aus einem einzigen kleinen Planktonnetz 1278 rote Lycopodiumsporen). Dies läßt den Schluß zu, daß von der Schwinde beim Schladminger Gletscher ein unterirdisches Karstgerinne direkt zur Riesenquelle des Waldbachursprungs zieht.

Bei der Beurteilung der Ergebnisse der Markierungsversuche im Dachsteinmassiv ist zu berücksichtigen, daß ein relativ einfacher geologischer Aufbau vorliegt. Hydrographisch wirksam ist in erster Linie die Grenze zwischen der nichtverkarstungsfähigen Basis (Phyllite und Werfener Schiefer) und den überlagernden Karbonatgesteinen (vgl. Abb. 52). Neben dem Nordfallen der Schichten sind vor allem die tektonische Zerbrechung mit den jungen Störungen für das System der unterirdischen Entwässerung bedeutsam.

Auch im Hauptmassiv des *Toten Gebirges,* in dem im E Trias- und im W Jurakalke und -dolomite vorherrschen, ist trotz des räumlich und zeitlich mehrgliedrigen Deckenbaues infolge der starken Zerbrechung eine relativ einheitliche karsthydrographische Situation zu erwarten, da wasserstauende Gesteine am Deckenbau des Hauptmassivs nur untergeordnet beteiligt sind. Erst am äußersten Südrand des Massivs, im Raume der Tauplitz-Alm, erlangen wasserstauende Gesteine (Werfener und Carditaschichten) eine größere Bedeutung für die Entwicklung der unterirdischen Entwässerung.

Hier liegen nach A. Tollmann (1960) auf dem Hauptdolomit der Totengebirgsdecke Reste der Unteren Hallstätter Decke mit Werfener und Carditaschichten, wobei diese Untere Hallstätter Decke am Nordrand der Tauplitz-Alm, deren Bereich hier im S dem Hauptmassiv als Stufe vorgelagert ist, tief eingefaltet ist. Nach der vorgosauischen Fernüberschiebung und der nachgosauischen Einfaltung der Hallstätter Decke entstanden bedeutende Längsbrüche, die im Tauplitzbereich die Hallstätter Zone gegen N begrenzen. Sie sind in den

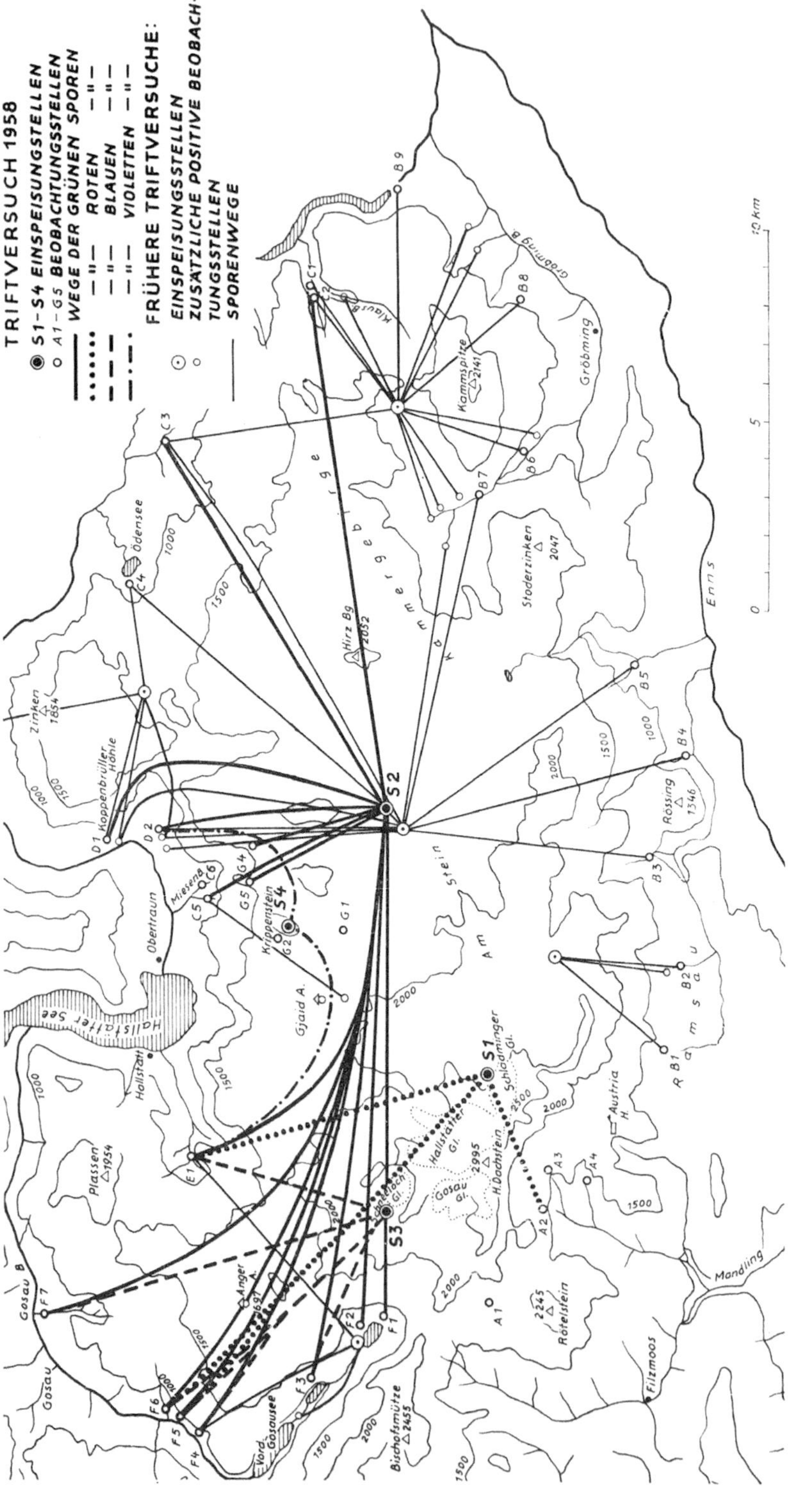

Abb. 53. Ergebnisse von Triftversuchen im östlichen Dachsteingebiet

Südhängen des Trawengs und in den Wänden beim Schwarzen-See deutlich ausgeprägt (Abb. 54).

Diese verschiedenen Bauelemente bestimmen die morphologische und hydrographische Sonderstellung und die landschaftliche Mannigfaltigkeit des Tauplitzgebietes; dem Dachsteinkalk des stark verkarsteten Hochplateaus im nördlich anliegenden Hauptmassiv und dem Dolomit des Tauplitzbereiches und seines Südabfalles stehen die undurchlässigen Gesteine am Nordrand der Tauplitz-Alm gegenüber. Sie sind die Ursachen der Quellaustritte und der kleinen Seen der Tauplitz-Alm, deren Abflüsse wieder in den angrenzenden Karbonatgesteinen verschwinden.

Schon 1957 wurden erste Markierungsversuche zur Abklärung der Abflußrichtung von im Tauplitzgebiet versinkenden Wässern durchgeführt. Die endgültige Lösung der auch für die Praxis (Abwasserbeseitigung) bedeutsamen Frage brachte erst ein Großversuch, bei

Abb. 54. Der Schwarzensee. Blick gegen Westen. Im Vordergrund die weichen Formen des Schiefergeländes, im Mittelgrund rechts die Wände nördlich des Sees als Ausdruck der tektonischen Störungslinie vom Traweng zum Salzsteigjoch (Salzsteiglinie). Der unterirdische Abfluß des Sees liegt im südlichen Seeufer (links im Bild)

dem der Bereich um das gesamte Tote Gebirge unter Beobachtung stand. Im Juni 1961 wurden eine am Südufer des Schwarzen-Sees gelegene Schwinde (1549 m Sh.) mit 17 kg grüngefärbten Lycopodiumsporen, die Steyrer-See-Schwinde (1457 m Sh.) mit 20 kg violettgefärbten Sporen, die Schwinde des Groß-See-Abflusses (1545 m Sh.) mit 10 kg Uranin und die zentral im Toten Gebirge gelegene Schwinde des Elm-Sees (1670 m Sh.) mit 20 kg ungefärbten Lycopodiumsporen beschickt (V. Maurin und J. Zötl, 1964). Die Ergebnisse dieses Experimentes zeigt Abb. 55. Alle im Tauplitz-Seen-Gebiet eingesetzten Markierungsstoffe durchquerten zunächst das gesamte Hauptmassiv und traten in den Quellen im NW und N des Gebirgsstockes zutage. Interessanterweise wurden die großen Quellen im Steyrtal von keiner dieser Einspeisungen betroffen. Wesentlich später als im N des Massivs traten Spuren der Markierungsstoffe auch in den so nahe gelegenen Quellen am Südrand des Tauplitzplateaus auf. Die in die zentral gelegene Elmsee-Schwinde eingesetzten Sporen fanden eine radiale Verteilung, den Ergebnissen der Versuche im Dachsteingebiet ähnlich. Bei den damaligen Versuchsbedingungen floß augenscheinlich das am Nord-Rand des Tauplitzplateaus versinkende Wasser über die stauende Schwelle undurchlässiger Gesteine durch das Hauptmassiv nach N ab. Da aber gleichzeitig durch die Schneeschmelze am Hochplateau des Hauptstockes große Wassermengen anfielen, drückten diese einen Teil der vom Tauplitzplateau her nach N ziehenden Triftstoffe nach S zurück, wo sie durch Lücken in der ab-

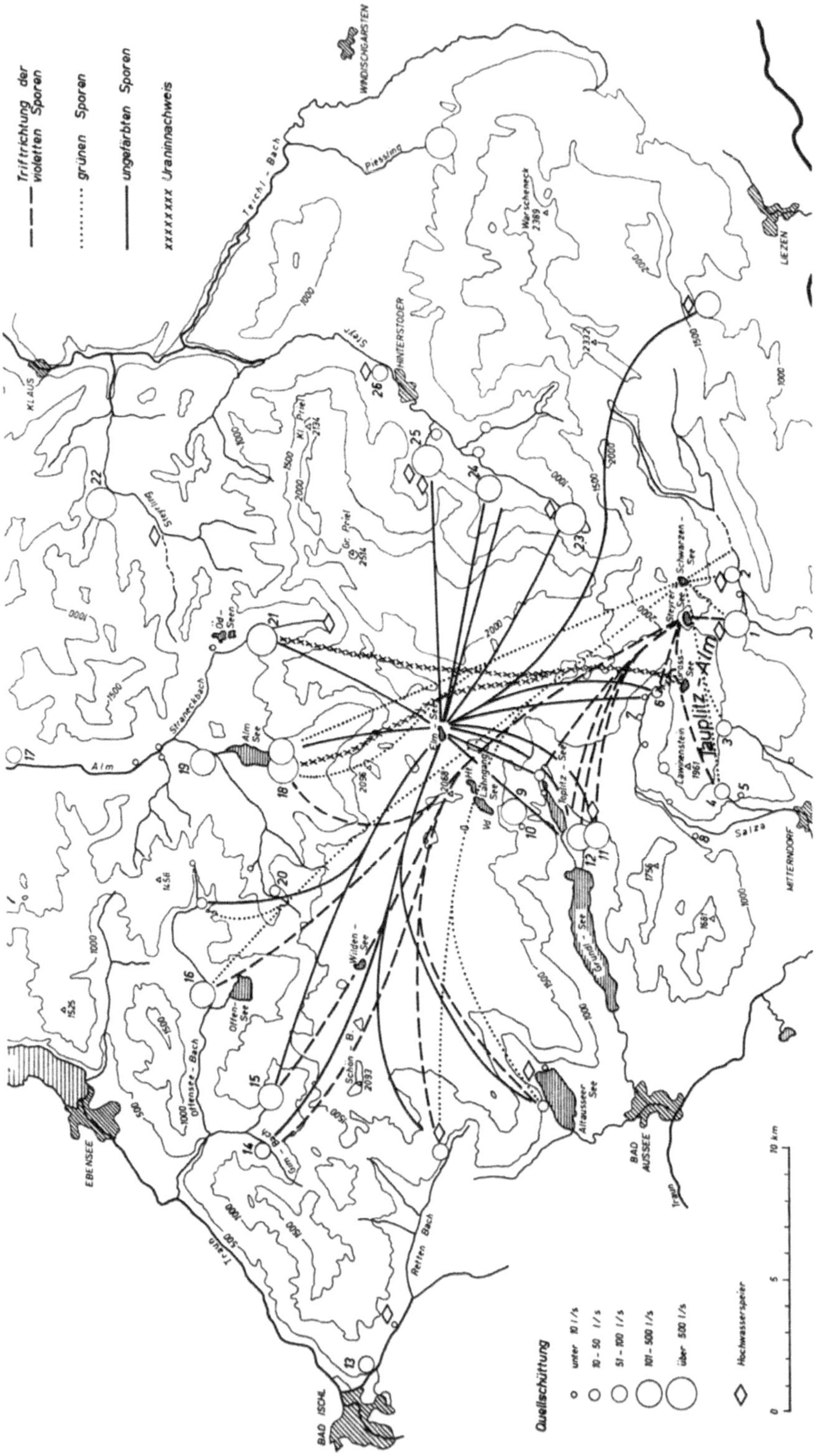

Abb. 55. Die Ergebnisse des Markierungsversuches 1961 im Toten Gebirge

dämmenden Schürze einen Weg zu den Quellen am Südrand des Massivs fanden. Nur so wird auch das stark verspätete Auftreten der Markierungsstoffe in diesen den Eingabestellen nahe gelegenen Quellen verständlich. Diese Ergebnisse bildeten die hydrogeologische Grundlage für den Ausbau einer großzügigen Abwasserbeseitigung im stark frequentierten Touristenzentrum der Tauplitz-Alm.

Einspeisungen von Uranin durch F. Dosch (1962, 1963) und Lycopodiumsporen (1962, 1963) und Uranin (1969) durch F. Bauer am Plateau der *Schneealpe* brachten keine überraschenden Ergebnisse. Im Verlauf des Vortriebes des Schneealpenstollens nachgewiesene Reste dieser Markierungsmittel (F. Bauer, 1969, S. 210) geben allerdings wesentliche neue Hinweise für die Beurteilung des Karstwassersystems dieses Gebirgsstockes (s. Kap. 3.1.1.). Aufschlußreiche Ergebnisse lieferte schließlich der von B. Toussaint 1969 im *Tennengebirge* durchgeführte Markierungsversuch (vgl. Taf. I).

Zunächst zeigt die Tatsache, daß die in den Schwinden S_1 bis S_3 eingesetzten Markierungsmittel nur in Quellen am NW- und N-Rand des Gebirges austraten, daß der Karstwasserscheitel ziemlich weit im S des Massivs liegt. Mit dem fortschreitenden Tiefergreifen der Verkarstung ist mit einer Verlagerung des Karstwasserscheitels immer weiter gegen den S-Rand zu rechnen, bis er schließlich mit der am S-Hang des Tennengebirges ausstreichenden Oberkante der nichtverkarstungsfähigen Basis der Karbonatgesteine zusammenfällt.

Die Hauptmasse der in die Schwinde S_2 eingesetzten blauen Lycopodiumsporen trat in der im NNW im Paß Lueg direkt an der Salza gelegenen großen Quellgruppe aus (klare Durchgangskurve mit einem ausgeprägten Maximum von etwa 9000 Sporen; B. Toussaint, 1971, S. 72). Wir haben es hier mit einem ausgefahrenen unterirdischen Wasserweg zu tun (vgl. Dachsteingebiet, Einspeisung S_1), der auch durch eine Querstörung kaum beeinflußt wird; dieser folgten nur geringe Sporenmengen zu den Quellen im W der Schwinde.

Auch die Farbeinspeisung in die Schwinde S_2 ergab in je einer Quelle im N und NE eine ausgeprägte Durchgangskurve, betraf aber auch kleinere Quellgruppen mit geringen Konzentrationen und erbrachte so die typische sektorenhafte Verteilung des Impfgutes. Den kleinsten Sektor bestrich erwartungsgemäß die Einspeisung in die Schwinde S_3 (rote Lycopodiumsporen).

Daß zwei der Einspeisungen (in S_1 und S_2) bereits gut entwickelte unterirdische Hauptdrainagewege trafen, hängt vor allem mit der sehr starken Zerbrechung der Dachsteinkalke durch tektonische Vorgänge zusammen. Den meist über mehrere Kilometer zu verfolgenden Zerrüttungsstreifen folgten im Laufe der morphologischen und karsthydrographischen Entwicklung zuerst die Oberflächengerinne und später die unterirdischen Wasserwege. B. Toussaint (1971, S. 97) konnte eindeutige Zusammenhänge dieser Hauptdurchgangsrichtungen mit den durch die Luftbildauswertung erfaßten Kluft- und Störungszonen, die auch morphologisch in den Schacht- und Dolinenreihen an der Oberfläche ihren Ausdruck finden, nachweisen. In den unterschiedlichen Fließgeschwindigkeiten der Tracer in den unterirdischen Karstwassergerinnen sieht B. Toussaint (1971, S. 97) auch Indizien dafür, daß diejenigen Karstschläuche, die den ehemaligen Tälern folgen, die älteren und bestentwickelten sind. Dabei können sich im Zuge der morphologischen Entwicklung durchaus Veränderungen vollziehen. So könnte die geringe Menge von Markierungsstoffen in den westlich von S_1 gelegenen Quellen auch die Folge davon sein, daß die Salzach von N her in jüngster Zeit ihr Einzugsgebiet wieder weiter in das Tennengebirge zurückverlegt.

Die Ergebnisse des Markierungsversuches im Tennengebirge lassen ebenso wie die Tracereinsätze in den anderen Karstmassiven der östlichen Kalkhochalpen erkennen, daß die großen unterirdischen Karstwasserwege für den übrigen Karstwasserkörper eine ähnliche Vorflutfunktion ausüben wie ein größeres Obertaggerinne auf seine Zubringer und das Grundwasser seiner Umgebung (vgl. auch J. Zötl, 1961, S. 130). Sie werden meistens vom allgemeinen Karstwasserkörper her alimentiert und senken seine Oberfläche je nach den herrschenden hydrogeologischen Gegebenheiten mehr oder weniger stark ab.

2.3.2. Die Schwäbische und Fränkische Alb

Das Gebiet der Schwäbischen und Fränkischen Alb ist das größte außeralpine Karstareal Mitteleuropas (Abb. 56).

Bei den mächtigen Ablagerungen des Jurameeres in Süddeutschland treten im Schwarzen (Lias) und Braunen Jura (Dogger) die Karbonatgesteine stark zurück, Tone, Mergel und Sandsteine herrschen vor. Die Schichtserie des Weißen Jura (Malm) hingegen besteht hauptsächlich aus gut gebankten oder fein

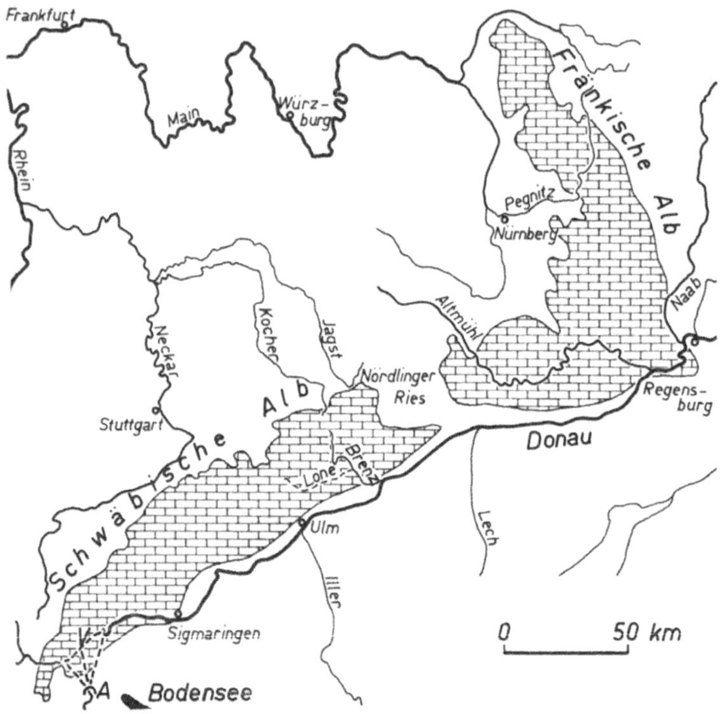

Abb. 56. Das Karstgebiet der Schwäbischen und Fränkischen Alb. *V* Bereich der Donauversickerung, *A* Aachquelle. Gezeichnet unter Verwendung der Karte „Die Karstlandschaften Deutschlands" von A. GERSTENHAUER (1969)

geschichteten Kalken, Mergeln, Massenkalken und Dolomiten, wobei die Verbreitung letzterer innerhalb der geschichteten Fazies vorwiegend auf Schwammriffe zurückgeht. Die Malmsedimente bauen das ausgedehnte Karstgebiet der Alb auf.

Vor allem durch die zielbewußten Arbeiten des Bayerischen Geologischen Landesamtes zählt die *Fränkische Alb* zu den in ihrer Gesamtheit karsthydrologisch am besten untersuchten Gebieten.

Den wichtigsten Stauhorizont unter den Malmkalken bildet hier der Ornatenton, das oberste Schichtglied des Dogger. Erst in jüngster Zeit hat man auch dem noch tieferliegenden Doggersandstein als Grundwasserhorizont steigende Aufmerksamkeit geschenkt. Der Karstwasserkörper aber liegt in den etwa 300 m mächtigen Karbonatgesteinen des Malm. Diese sind im S und E von postjurassischen Sedimenten überdeckt. Diese „Albüberdeckung", die örtlich durch die verschiedenen Abtragungsphasen ein recht unübersichtliches Gemenge von autochthonen und umgelagerten Sedimenten von der Kreidezeit bis zum Quartär sein kann (R. Apel, 1971, S. 280), ist über weite Bereiche für den Schutz des Karstwasserkörpers von Bedeutung.

Tektonische Bewegungen haben die Fränkische Alb von der Kreidezeit bis zum Quartär durch Hebungen, Senkungen, Verbiegungen und Verwerfungen überformt. In der nördlichen Fränkischen Alb ist besonders die von Verwerfungen und Flexuren begleitete Frankenalb-Furche (v. Freyberg, 1969) von hydrologischer Bedeutung (s. u.). Während die E-Grenze der Alb an Störungen liegt, tauchen die Malmschichten im S unter das Molassebecken ein (Abb. 57). Durch die tektonische Beanspruchung entstand in den Karbonatgesteinen ein dichtes Netz von Dehnungs- und Scherklüften, wobei die beiden Hauptsysteme der rheinischen bzw. herzynischen Richtung folgen. Dieses ausgeprägte Kluftnetz bedingt über weite Bereiche einen zusammenhängenden Karstwasserkörper (R. Apel, 1971, S. 283).

Aus Lagerung, Tektonik und Landformung ergibt sich die im Profil dargestellte karsthydrographische Gliederung. Die wesentlichste Unterscheidung ist zunächst jene zwischen Seichtem und Tiefem Karst. Im Bereich des Seichten Karstes streicht der stauende Ornatenton im N weit über den Talboden aus, viele Quellen schütten nur intermittierend und sind stark niederschlagsabhängig. Es besteht kein zusammenhängender Karstwasserkörper.

Den Tiefen Karst der Fränkischen Alb gliedert R. Apel (1971, S. 293/294) in eine äußere, eine innere und eine überdeckte Zone. In der äußeren Zone hat der Karstwasserkörper noch eine relativ geringe Mächtigkeit. Wesentlich ist, daß hier einzelne Quellen noch in direkter Verbindung mit der Oberflächenversickerung stehen können, wenngleich der Großteil der Quellschüttung aus dem tieferen Karstwasserkörper stammt.

Erst vom Altmühltal nach S beginnt in der südlichen Frankenalb die innere Zone des tieferen Karstes, an die schließlich die überdeckte Zone anschließt. Schon in der inneren (nicht überdeckten) Zone des Tiefen Karstes erreicht der Karstwasserkörper eine Mächtigkeit bis zu 150 m. Nach R. Apel (1971, S. 294) vollzieht sich hier die Karstwasserbewegung entsprechend dem Gefälle in den zahlreichen, miteinander in Verbindung stehenden Klüften und Gerinnen im Karstwasserkörper flächenhaft auf die Vorfluter zu, wobei sich die Bewegung überwiegend auf den Spiegelbereich beschränkt. In den tiefen Teilen unter dem Niveau der Vorflut beträgt die Bewegung nur wenige Meter pro Jahr, wie Carbon-14-Messungen ergeben haben (R. Apel, 1971, S. 329). In der überdeckten Zone ist das Karstwasser gespannt und hier sind zweifelsohne die besten Voraussetzungen für die Nutzung des Karstwasserkörpers gegeben (vgl. R. Streit, 1971, S 264 und F. Traub, 1971, S. 356 ff.).

Für die Gliederung der Karstwasserbereiche der Fränkischen Alb haben Temperaturmessungen und systematische chemische Wasseruntersuchungen gute Dienste geleistet (vgl. R. Apel, 1971, S. 334 ff.). Die Resultate der dazu von M. A. Gey durchgeführten Tritiumbestimmungen zeigt Tabelle 10.

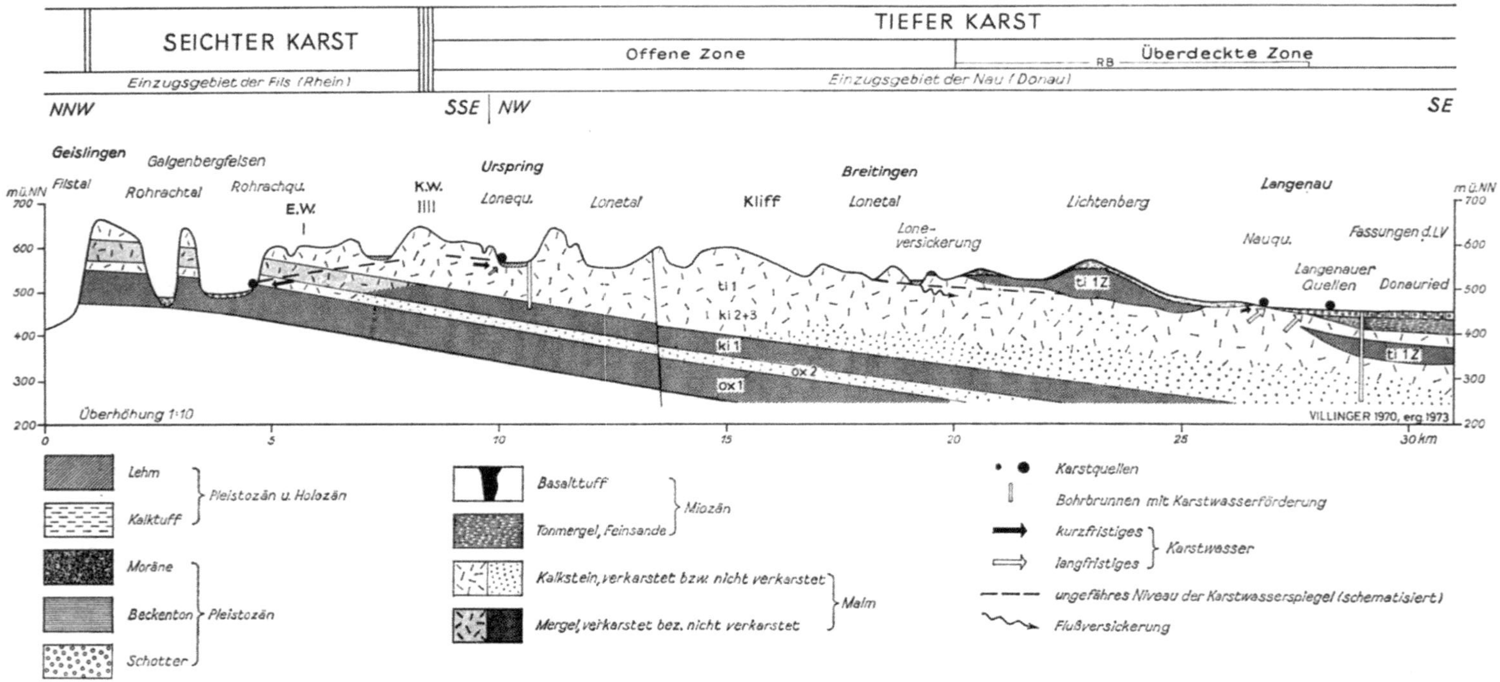

Abb. 57. Profil durch die östliche Schwäbische Alb. Originalzeichnung E. VILLINGER, 1973. *E. W.* oberird. Europ. Wasserscheide Rhein/Donau, *K. W.* unterirdische Karstwasserscheide, *RB* Randbereich der Überdeckten Zone. Buchstabenerklärung für Stratigraphie s. Abb. 94.

Ein wichtiges Resultat der intensiven hydrogeologischen Bearbeitung der Frankenalb ist, daß heute für das gesamte Gebiet die Karstwasserhöhengleichen vorliegen. Abb. 58 ist ein Ausschnitt aus der Karte der Karstwasserhöhengleichen der Südlichen und Mittleren Frankenalb von G. Andres und G. Claus (1964). Der Verlauf der Hydroisohypsen zeigt den Einfluß der

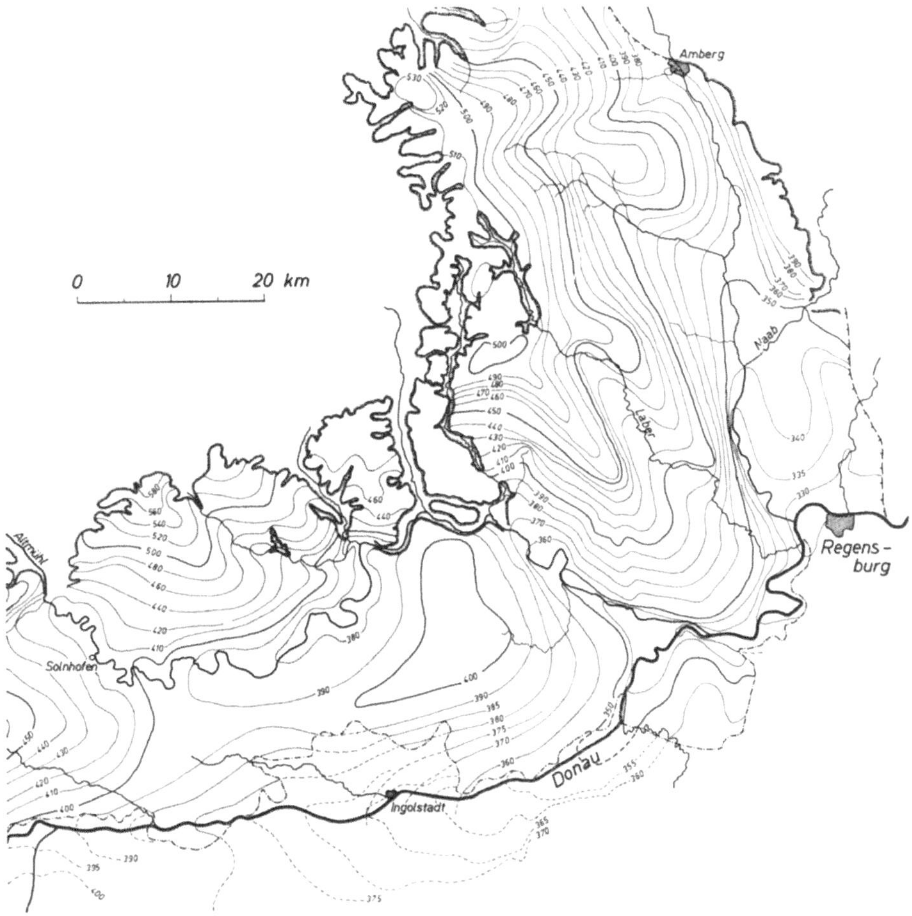

Abb. 58. Ausschnitt aus der Karte der Karstwasserhöhengleichen der südlichen und mittleren Frankenalb. Nach G. Andres u. G. Claus (1964). Südlich der Altmühl modifiziert nach R. Apel (1971, S. 317)

Vorfluter Donau, Altmühl, Laber und Naab, auf den Karstwasserkörper sowie dessen ungefähres Einzugsgebiet, das vom topographischen erheblich abweichen kann. Zu beachten ist der breite Karstwasserscheitel zwischen Donau und Altmühl aber auch zwischen der unteren Altmühl und der Schwarzen Laber (Abb. 59). Im Zusammenhang mit den Ergebnissen der 1968 bis 1970 durchgeführten Markierungsversuche weist R. Apel (1971, S. 320) mit Recht darauf hin, daß schluckfähige Dolinen anscheinend lokale (und temporäre)

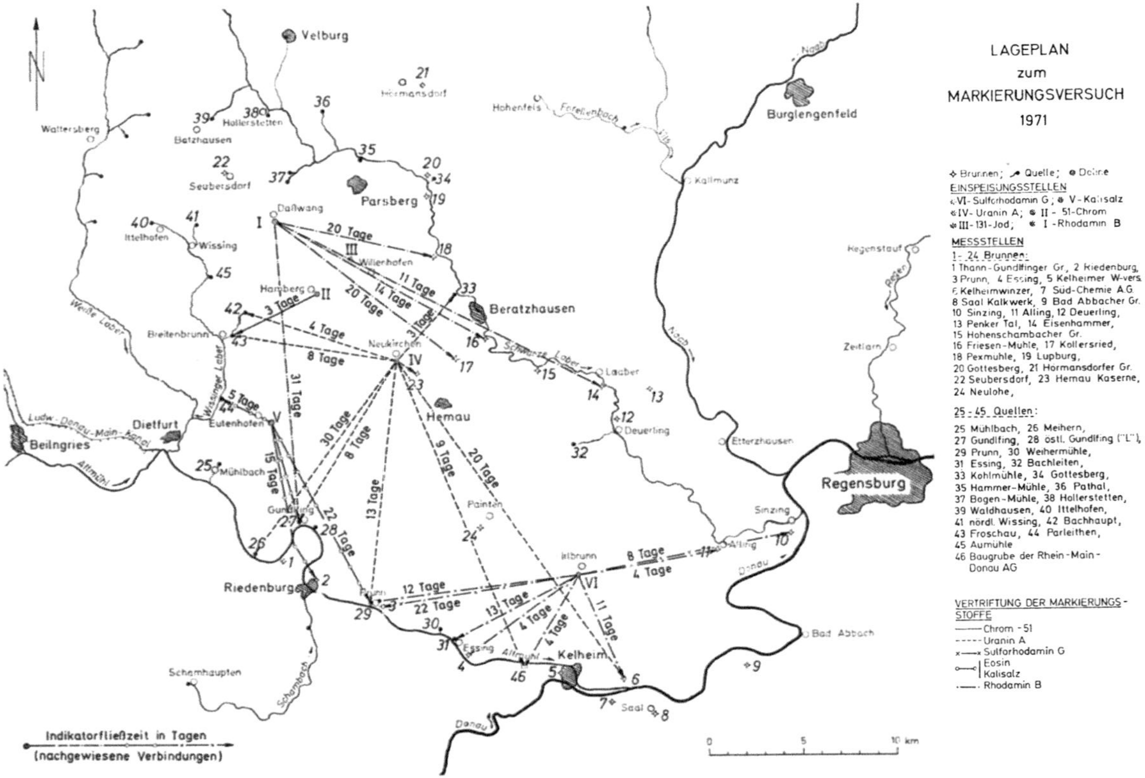

Abb. 59. Die Ergebnisse von Markierungsversuchen im Gebiet zwischen der unteren Altmühl und der Schwarzen Laber. Originalzeichnung von H. Behrens, 1973. Einspeisstellen: *VI* Sulforhodamin-G, *V* Kalisalz, *IV* Uranin, *III* Jod-131, *II* Chrom-51, *I* Rhodamin-B. Meßstellen: *1—24* Brunnen, *25—45* Quellen

Tabelle 10. *Tritiumkonzentrationen aus Karstwasserproben (Oktober 1969) der Fränkischen Alb (nach* R. Apel, *1971, S. 331)*

Quelle bzw. Brunnen	Ruhewassersp. bzw. Quellmund m ü. NN	T. U.	Rezentwasseranteil, Jahresdurchschnitt 1968	Karstzone
Riedenburg	359	3,2 ± 1,4	1%	
Prunn	357	9,3 ± 1,3	4%	
Grundlfing	370	11,4 ± 1,4	4%	innere Zone des Tiefen Karstes
Lenting, Br. II	382	12,2 ± 1,4	4%	
Schamhaupten	402	16,1 ± 1,7	5%	
Birktal	395	32,9 ± 1,8	10%	n. Lage innere Zone
Böhming	380	24,6 ± 1,9	11%	
Parleiten	385	48,4 ± 2,9	15%	äußere Zone des Tiefen Karstes
Isenbrunn	385	51,8 ± 1,7	17%	
Regelmannsbrunn	385	83,6 ± 2,8	25%	
Kinding	377	129,2 ± 3,4	45%	Seichter Karst
Kaising	440	182,4 ± 4,8	60%	

Aufbuckelungen der Karstwasseroberfläche bedingen können, was zu einem Abfließen der Tracer bzw. der hier von der Oberfläche versinkenden Wässer nach allen Richtungen führt. Es ist offensichtlich, daß sich daraus die Notwendigkeit besonderer Schutzmaßnahmen für diese Areale ergibt.

Die Karstwasserhöhengleichen lassen demnach den Zusammenhang zwischen dem Karstwasserkörper und den Vorflutern erkennen. Das Ergebnis der umfangreichen Untersuchungen ist, daß in verschiedenen Flußstrecken sowohl der Donau als auch der Albflüsse über das offene Kluftsystem eine direkte Verbindung zwischen dem Karstwasserkörper und dem Vorfluter gegeben ist. Im Donau- und Naabtal konnte in einzelnen Flußstrecken durch komplizierte Temperaturmessungen auch ein mehr oder minder „diffuses" Übertreten von Karstwasser in das Flußwasser direkt im Flußbett nachgewiesen werden. Von Bedeutung ist das Untersuchungsergebnis, daß die Schwankungen des Donauwasserspiegels vom Niederwasser bis zum Hochwasser keinen wesentlichen Übertritt von Donauwasser in den Karstwasserkörper, sondern eher eine Anhebung des Karstwasserspiegels durch Rückstau und Druckausgleich bewirken. Auch Tritium-, Deuterium- und Oxygen-18-Messungen an Karstwasserproben ließen erkennen, daß der Karstwasseranstieg bei hohem Donaustand haupsächlich auf einen Rückstaueffekt und nicht auf eine Flußwasserinfiltration zurückzuführen ist (R. Apel, S. 302). Wie Abb. 4 und 5 bei R. Apel (1971, S. 300 u. 304) illustrieren, zeigen weiter vom Fluß entfernte Karstwasserpegel nur eine geringe Verzögerung des ersten Anstieges des Flußwasserspiegels, wohl aber eine merkliche Dämpfung der Amplitude und stärkere Verzögerung des Peaks der Kurve. Der flußnahe Pegel reagiert sofort und mit wenig dem Fluß nachstehender Amplitude.

Von enormer praktischer Bedeutung ist der Versuch, die nutzbaren Karstwasservorräte anzuschätzen. R. Streit (1971) hat diesbezüglich für die Fränkische Alb eine wichtige Grundlage geschaffen, als es ihm gelungen ist, die Mächtigkeit des Karstwasserkörpers für das gesamte Gebiet kartographisch darzustellen. Er bediente sich dabei der Methode, die Höhenlinien der Malmbasis auf der tektonischen Karte von B. v. Freyberg (1969) mit der Karte der Karstwasserhöhengleichen abzudecken und so an den Schnittpunkten der Höhenkurven jeweils den Höhenunterschied zwischen der Malmbasis und dem Karstwasserspiegel abzulesen. Abb. 60 ist eine vergröberte Zusammenfassung der beiden Karten der Höhen gleichen Karstwasserstandes über der Malmbasis von R. Streit. Sie läßt deutlich erkennen, daß die tektonischen Mulden der Fränkischen Alb mit Karstwasser erfüllte Becken sind. Desgleichen ist der nach S abtauchende Malmkomplex ein gewaltiges Karstwasserreservoir.

Bei der Annahme eines nutzbaren Porenvolumens von 1% des erfüllten Gesteinskörpers kommt R. Streit allein für die Frankenalb nördlich der Linie Neumarkt-Schwandorf auf eine Karstwassermenge von 1,15 Milliarden m^3, wobei er die Vorräte der Vilsecker Kreidemulde unberücksichtigt ließ (1971, S. 263). Die Höchstentnahme müßte sich allerdings nach der Ergänzung aus dem Niederschlag richten. Ohne bereits eine Grundwasserbilanz für die gesamte Fränkische Alb vorlegen zu wollen, kommt R. Streit unter der Annahme, daß mindestens 75% der Abflußspende aus dem unterirdischen Abfluß stammen, zu dem Ergebnis, daß die aus dem Tiefen Karst stammende

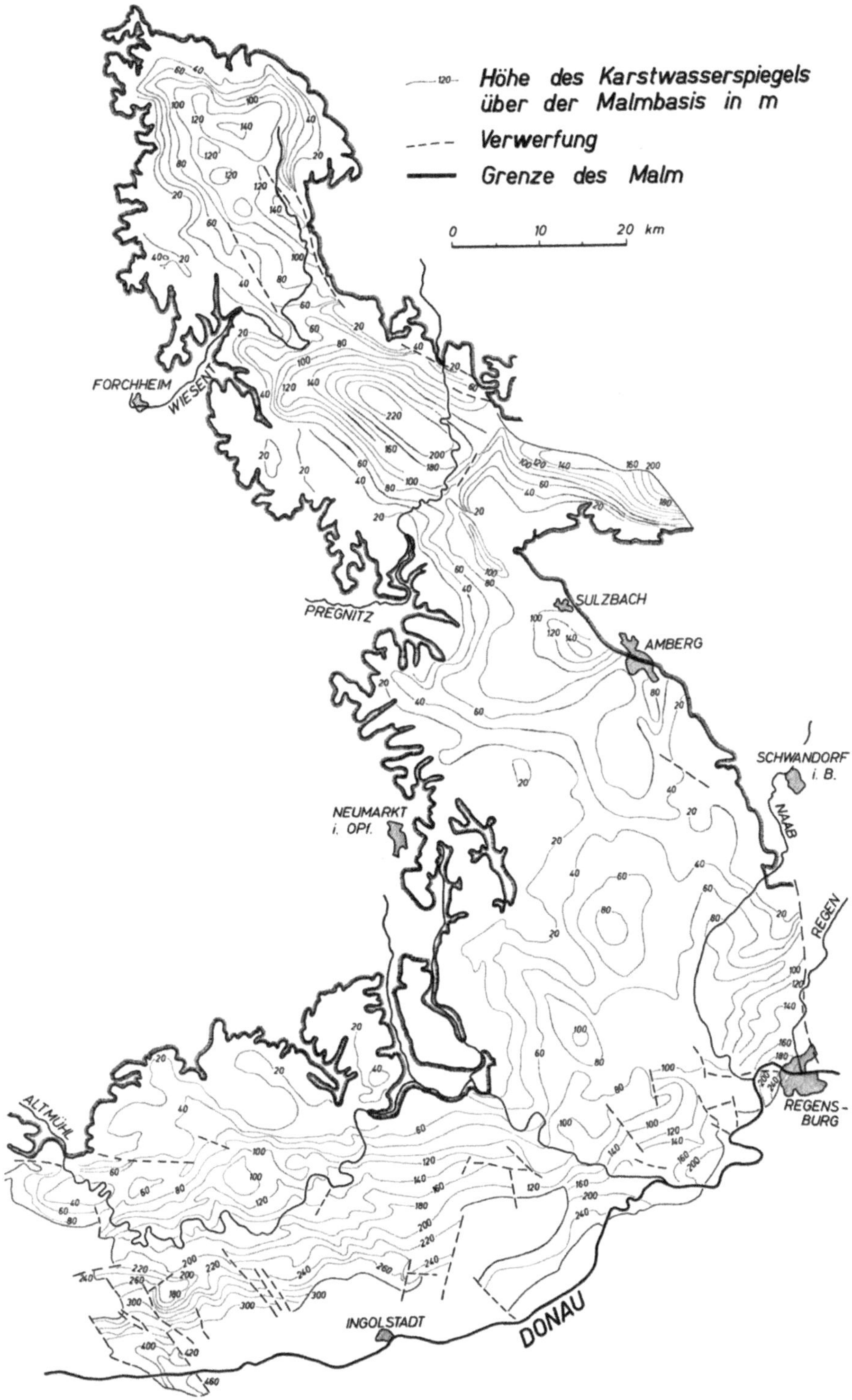

Abb. 60. Die Mächtigkeit des Karstwasserkörpers der Fränkischen Alb über der Malmbasis (vereinfachte Darstellung nach R. Streit, 1971)

Abflußmenge für die nördliche Frankenalb 10,7 m³/s und für die mittlere und südliche Fränkische Alb bei 20,6 m³/s liegt (1971, S. 264).

Im Ostteil der *Schwäbischen Alb* herrschen im großen gesehen dieselben karsthydrologischen Verhältnisse wie in der südlichen Fränkischen Alb, obwohl der im Nördlinger Ries gegebene Riesenkrater und die die Malmkalke bedeckenden Riestrümmermassen eine gewisse morphologisch-hydrographische Abgrenzung erlauben (W. Treibs, 1969; H. Schmidt-Kaler und W. Treibs, 1970). Die für die Karsthydrogeologie des gesamten Schwäbisch-Fränkischen Jura grundlegende, bereits beschriebene regionale Gliederung in den Seichten und Tiefen Karst und den verschiedenen Karstwasserzonen des letzteren (äußere, innere und überdeckte Zone) ging meines Wissens von Untersuchungen in der östlichen Schwäbischen Alb aus (F. Weidenbach, 1960, S. 183 ff., Abb. 6)[1].

Den interessanten Gegenüberstellungen des durch Bohrungen erschlossenen und durch Quellen mit geringen jahreszeitlichen Schüttungsschwankungen gekennzeichneten qualitativ hochwertigen Wassers der inneren Zone (Buchmühlenquelle, Brünnele usw.) mit den bekannten Quellen der äußeren Zone wie Blautopf und Brenzquelle mit all den Nachteilen der Wasserführung großlumiger Karstgefäße, fehlen die leider damals noch nicht gängigen Messungen der Umweltisotope, die R. Apel (1971, S. 326 ff) bei den Untersuchungen im Fränkischen Jura mit Erfolg nutzen konnte. Dennoch ist nicht zu übersehen, daß die Erfahrungen von F. Weidenbach im Schwäbischen Jura die so weitgehende Klärung der karsthydrogeologischen Verhältnisse in der Frankenalb wesentlich erleichterten, was von den Bearbeitern der Karsthyrogeologie im Fränkischen Jura (R. Apel, 1971; R. Streit, 1971 u. a.) auch gewürdigt wird.

Allerdings beginnt gegen W die Karstentwässerung der Schwäbischen Alb zusätzliche individuelle Züge zu zeigen. Kann man die Brenz noch (der Altmühl ähnlich) als lokalen Vorfluter für die Karstentwässerung bezeichnen, so hat das Tal der Lone bereits den Charakter einer wirksamen Erosions- oder Korrosionsbasis für die unterirdische Entwässerung verloren (vgl. Abb. 56). In der Zeit von 1848 bis 1960 war nur in den Jahren 1840, 1877—1880, 1915, 1927, 1937, 1939—1942, 1956 und 1957 der Karstwasserspiegel so hoch, daß das Flußbett der Lone Wasser führte (G. Wagner, 1960, S. 193; vgl. auch H. Binder, 1960). In den meisten Jahren liegt der Großteil des Tales trocken und das aus dem Quelltopf der Lone bei Ursprung austretende und nach kurzem Lauf versickernde Wasser folgt nicht etwa unterirdisch dem Talverlauf zur Brenz, sondern zieht den kürzesten Weg zu den Quellen der Nau im Langenauer Becken vor (vgl. auch G. Trossbach, 1948). Andererseits wird aber auch das Einzugsgebiet des Lone-Ursprunges von N her zugunsten des Flußgebietes der Rohrbach geschmälert (G. Wagner, 1960, S. 196).

Die gleiche Verlagerung der unterirdischen Wasserscheide nach S findet sich weiter im W auch im Ursprungsgebiet der Lauchert (E. Villinger, 1969,

---

[1] Es ist dabei von untergeordneter Bedeutung, daß die Begriffe „Seichter" und „Tiefer" Karst nicht von A. Crund (F. Weidenbach, 1960, S. 183) sondern von F. Katzer (1909) eingeführt wurden.

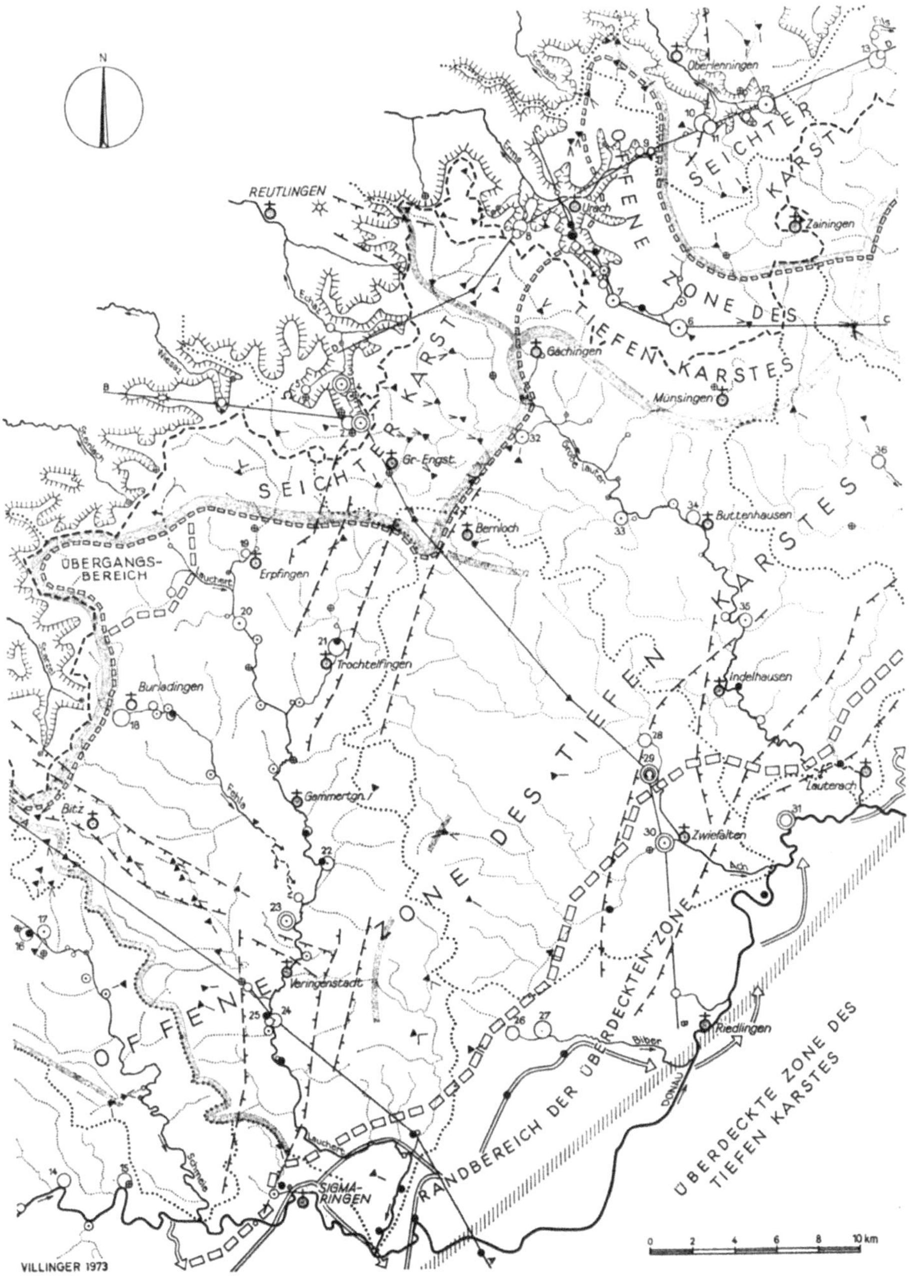

Abb. 61. Die Karsthydrographie der Reutlinger Alb. Originalzeichnung E. VILLINGER, 1973. (Ringe mit Nr. = Quellen, Pfeile = Abflußrichtung)

S. 210), während in dem noch weiter im W gelegenen Gebiet der Ebinger Alb diese Verschiebung kaum nennenswert ist (G. STRAYLE, 1970, S. 121). Im Bereich der oberen Lauter und der oberen Lauchert (südliche und südöstliche Reutlinger Alb) beeinflussen weiters besondere tektonische Verhältnisse auch die generellen hydrogeologischen Züge des Seichten und Tiefen Karstes. Hier entstand in der Zone des Seichten Karstes in der Verlängerung des rheinischen Lauchert-Grabensystems durch die tektonische Beanspruchung eine intensive Zerklüftung mit einem ausgedehnten Karstwasserspeicher. Die aus diesem großen Kluftwasserkörper gespeisten starken Quellen im Seichten Karst des Echaztales (vgl. E. Villinger, 1969, Abb. 6, S. 218 a) zeigen durch eine relativ gleichmäßige Schüttung und langfristige Speicherung (Abflußverzögerungen der Niederschläge über vier Monate) den hydrologischen Charakter von Wasseraustritten aus dem Tiefen Karst (E. Villinger, 1969, S. 243 ff., S. 271), während außerhalb dieses tektonischen Grabens, in der westlichen Reutlinger Alb, große Schüttungsschwankungen der Quellen und eine nur kurzfristige Speicherung den typischen Verhältnissen im Seichten Karst entsprechen. Im S aber bildet hier noch die Donau bzw. das Langenauer Becken das Vorflutniveau für die Lonewässer, die Lauter und Lauchert. Noch fließt die Donau hier am Rande der überdeckten Zone des Tiefen Karstes (Abb. 61). Donauaufwärts ist diese Situation bis etwa Sigmaringen gegeben. Von hier ab ändern sich flußaufwärts die Verhältnisse entscheidend: Der N-Rand der Tertiärüberdeckung des Malmkörpers weicht stark nach S zurück, inselhafte Reste der Tertiärsedimente haben keine hydrologische Wirksamkeit für den Karstwasserkörper. Dieser findet seine Vorflutbasis nunmehr in der Höhenlage der Aachquelle (475 m Sh) und nicht mehr in dem zwischen Immendingen und Sigmaringen in den Malmkalken verlaufenden Donaubett (s. Kap. 2.3.7.), das hier einem dem unteren Lonetal recht ähnlichen Schicksal entgegengeht. Nur sind die Folgen dieser Entwicklung wesentlich einschneidender, geht es doch um eine beachtliche Verlagerung der europäischen Hauptwasserscheide.

2.3.3. Die zentral- und südfranzösischen Karstgebiete (Grands Causses)

Zu den interessantesten Karstgebieten Europas gehören die *Grands Causses*. Sie stellen in ihrer Morphogenese der Randgebiete eine Schichtstufenlandschaft im südlichen Teil des französischen Zentralmassivs dar (R. Schwarz, 1970).

Nach der geologischen Struktur handelt es sich um die mesozoische Sedimentfüllung einer (grabenförmigen) Synklinale mit ungefährer N-S-Achse innerhalb des kristallinen Grundgebirges (Abb. 62/63). Die Begrenzung bilden im E die südlichen Cevennen, im N das Granitmassiv der Montagne de le Margeride, die Vulkanite der Monts d'Aubrac und das Granitplateau de la Viadéne und im W das Kristallin von Lévézou und permotriadische Sedimente. Nach SE setzt sich die Landschaft der Causses in den Bereich von Montpellier (H. Paloc, 1964, 1967, P. Dubois, 1964) fort, einen Abschnitt der Bas Languedoc, der zwischen den Cevennen, dem Mittelmeer und den Küstenflüssen Herault und Vidourle liegt und karsthydrogeologisch von den Causses nicht zu trennen ist.

Was die Sedimentfolgen anbelangt, so liegen auf der paläozoischen Basis zunächst triassische Sandsteine, Mergel und Konglomerate, die allerdings mancherorts fehlen bzw. (z. B. am Fuß des Mount Aigoual) nur in Form geringmächtiger Basiskonglomerate vertreten sind. Darauf folgen 150—200 m

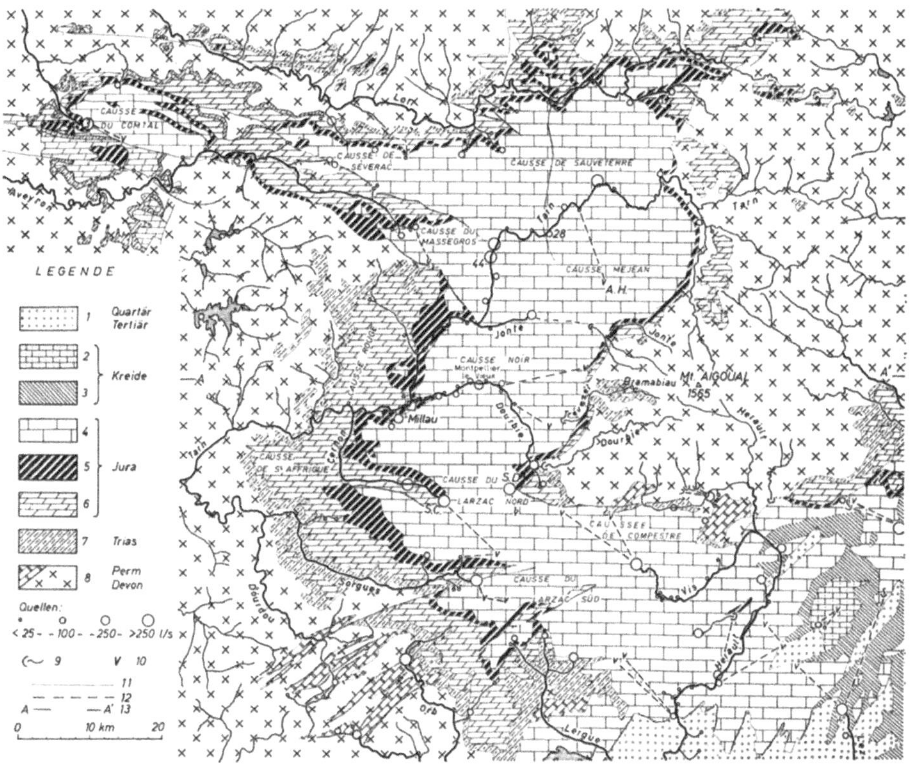

Abb. 62. Vereinfachte hydrogeologische Kartenskizze des Gebietes der Grands Causses (nach H. Paloc, 1972). *1* Mächtige quartäre und tertiäre Ablagerungen, die im SE die Jura- (und z. T. auch Kreide-)gesteine überlagern. Die pliozänen Basaltintrusionen in die Jurakalke (z. B. im Tal des Tarn) sind ob ihrer Kleinräumigkeit nicht berücksichtigt. *2* Kreidekalke (Valanginien). Nur im SE lokal auftretend, mit eigenem Karstwasserkörper. *3* Kreidemergel (unteres Valanginien), Wasserstauer unter den Kreidekalken. *4* Kalke und Dolomite des mittleren und oberen Jura (oberes Aalénien bis Portlandien). Mächtigster karstwasserführender Komplex der Grands Causses. *5* Liasmergel (Domérien bis unteres Aalénien), meist über 100 m mächtiger Wasserstauer im Liegenden des Kalk-Dolomit-Komplexes. *6* Liaskalke und Dolomite (Hettangien bis Domérien), Karstwasserkörper der Avant Causses, unter den Liasmergeln z. T. gespanntes Wasser führend. *7* Konglomerate, Sandsteine und Mergel der Trias, im allgemeinen wasserstauend. *8* Basisgesteine der Grands Causses. Konglomerate, Mergel vor allem aber Schieferserien des Devon und Perm. Lokal eingeschaltet (kristalline) Kalke und Dolomite, die sich dann auch in der Wasserführung (stärkere Quellen) von den paläozoischen Schiefern unterscheiden. *9* Schwinden. *10* Aven (Schachthöhlen, meist auch als episodische Schwinden fungierend). *11* Gesteinsgrenzen und Störungen. *12* Nachgewiesene unterirdische Karstwasserverbindung. *13* A—A' = geologisches Profil (Abb. 63). *S.D.* Source du Cernon. *A.H.* Aven de Hures

mächtige Kalke des unteren Lias. Diese zwar gut gebankten und geklüfteten aber zum Teil mergelig-sandigen Kalke streichen im W aus und bauen großteils die „Avant-Causses" (z. B. Causse Rouge, s. Abb. 62, 63) auf. Auf diese Kalke folgen blauschwarze tonige Mergel des Lias mit einer wechselnden, maximal 200 m erreichenden Mächtigkeit. Einerseits leicht ausräumbar, andererseits wasserstauend, sind sie sowohl für die morphologische Ausbildung des Schichtstufenrandes als auch für die Entwicklung der Karsthydrographie im gesamten Bereich von ausschlaggebender Bedeutung. Über diesen Mergeln liegt eine vom mittleren bis zum oberen Jura (vgl. Text Abb. 62) reichende Serie von Karbonatgesteinen, die die Plateaulandschaften der Causses de Severac, Souveterre, Mejean, Noir und du Larzac aufbaut und in ihrer Gesamtheit eine Mächtigkeit von etwa 1300 m erreicht. Diese Serie ist im ganzen stärker verkarstet als die die Avant-Causses aufbauende Folge des unteren Lias. Im einzelnen zeigen diese oberjurassischen Karbonatgesteine jedoch sehr bedeutende lithologische Variationen. So besteht ein morphologisch sehr wirksamer Unterschied zwischen den Dolomitgesteinen und den meist dünn ge-

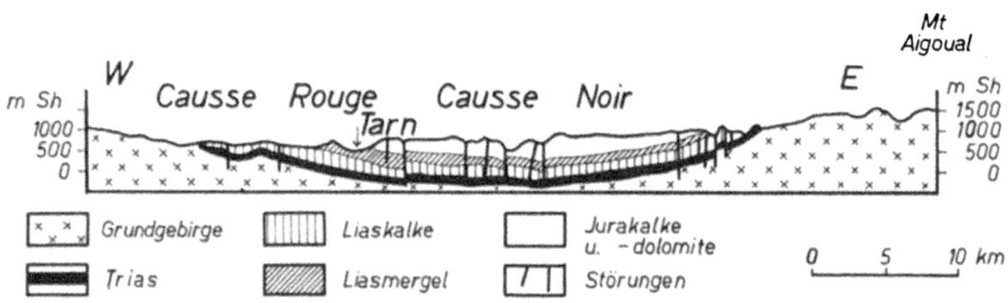

Abb. 63. Vereinfachtes geologisches Profil (W—E) durch die Grands Causses (nach H. PALOC, 1972, Notice explicative, S. 20)

Abb. 64. Blick in das Vistal auf die trockene Mäanderschlinge und den Inselberg im sog. Cirque de Navacelles (vgl. Michelin-Karte 1 : 200.000, Blatt 80), etwa 6 km unterhalb des heutigen Ursprungs des Vis-Flusses (Abb. 65). Heute fließt der Fluß hinter dem abgeschnittenen Mäander. Blick gegen NE. Die Wände der obersten Hangpartien bestehen aus Dolomiten

bankten, gelegentlich etwas mergeligen Kalken. Im Gegensatz zu den Nordalpen erscheinen über weite Bereiche der Causses besonders im Tal des Tarn, die Dolomite als das widerstandsfähigste Gestein, wand- und turmbildend, während die dünnbankigen, stark zerbrochenen mergeligen Kalke die schuttbedeckten sanfteren Hänge aufbauen (Abb. 64). Gegen SE folgen schließlich Kreide- und Tertiärablagerungen.

Große Störungen zerlegten den Schichtkomplex in eine Reihe von Schollen. Der Einfluß dieser Störungen ist lokal verschieden, nicht nur bezüglich des

Abb. 65. Source de la Foux, der heutige Ursprung des Flusses Vis, eine der schönsten Karstquellen der Grands Causses. Sie entspringt an der rechten Talseite der Gorge, etwa eine Gehstunde unterhalb der Ortschaft Vissec in etwa 360 m Sh.

Ausdruckes in der Landform sondern auch hinsichtlich der hydrographischen Wirksamkeit. Morphologisch sind die Bruchstufen innerhalb der Massive durch die Einebnungsphasen großteils verlöscht, deren letzte H. Baulig (1928) in das obere Miozän (Pont) setzt, da der S-Rand des Zentralmassivs klar erkennen läßt, daß im folgenden Pliozän die Erosionsbasis sank und mit dem vertikalen Einschneiden der Flüsse die Entstehung der großen Flußschluchten (gorges) und die intensive unterirdische Verkarstung des karbonatischen Jurakomplexes begann. Für die Eintiefung der großen Flußtäler seit dem Beginn des Quartärs nimmt F. Schwarz (1970, S. 45) ein Ausmaß von 250 m an.

Die Entwicklung der Karsthydrographie des Gebietes wurde, abgesehen von den geologisch-lithologischen Gegebenheiten, von der Morphogenese des Schichtstufenrandes und der großen Flußtäler bestimmt.

Von den allochthonen Flüssen, die, von den umrahmenden Basisgesteinen kommend, das Karstgebiet der Grands Causses queren, hat nur bei den wasserreichsten die fluviatile Tieferlegung des Tales mit der jungtertiären-quartären Tieferlegung der Erosionsbasis schritthalten können. Sehen wir vom Fluß Lot ab, der das Gebiet der Grands Causses nur im N streift, so sind dies die beiden Flüsse Tarn und Herault. Ihr Talboden ist die heutige Erosionsbasis für die Karstentwässerung der Grands Causses. Andere, ebenfalls vom kristallinen Rahmen her kommende Flüsse hinken in der Tieferlegung ihrer Talfurchen nach und verlaufen zum Teil unterirdisch (Jonte, Trevezel, Dourbie, vgl. Abb. 62) und heute hochliegende, die Plateauflächen querende Trockentäler und Senken mit Quarz- und verwitterten Granitgeröllen beweisen, daß noch zu Beginn des gegenwärtigen Erosionszyklus eine größere Zahl von Flüssen als heute das Kalkgebiet von E nach W kreuzte. Dabei tritt die Frage auf, ob die Anlage der heutigen Flußtäler und Canyons auf die Tiefenerosion der Flüsse oder auf zunächst unterirdische Gerinne mit folgendem Einsturz des Höhlenflußsystems zurückgeht. R. J. Small (1970, S. 147) meint, daß die „normale“ Flußerosion wohl die Hauptrolle spielte, wobei er vor allem den Verlauf des Vistales mit seinen eingesenkten Mäandern im Auge hat. Wer in der Tat diesen prächtigen, heute trockenliegenden Altarm und Inselberg im Vistal gesehen hat (Cirque de Navacelles, Abb. 64) zweifelt nicht an der erosiven Entstehung dieses Karsttales. Der Fluß entspringt heute in der etwa 6 km flußaufwärts gelegenen Source de la Faux (s. Abb. 65, Quelle am Beginn des Vislaufes). Diese Quelle tritt am Hang einer tiefen, engen, Gorge aus, die — heute trocken — bis Vissec zurückreicht, von wo aus das Vistal als trockenes V-Tal weit in das Hinterland zurückgreift [1].

Ein Beispiel der Entstehung eines Flußtales durch den Einsturz eines Höhlensystems gibt hingegen ein Quellfluß des Trevezel, der als Bonheur an den W-Hängen des Aigoual entspringt und zunächst in den Untergrund verschwindet, sobald er auf die Kalke des Unteren Lias am Ostrand der Causse Noir trifft (Abb. 66). Der Wiederaustritt liegt in der tiefen Schlucht von Bramabiau, deren rückschreitende Entwicklung unzweifelhaft mit dem Einsturz der Höhlen des unterirdischen Flußsystems verbunden ist (Abb. 67).

Wie sowohl die Tieferlegung der Hauptflußsysteme als auch die Zurückverlegung des Schichtstufenrandes (escarpements) zur Absenkung des Karstwasserkörpers bzw. seiner Oberfläche führt, zeigt eine der Beschreibung von R. Small (1970, S. 151) übernommene schematische Darstellung (Abb. 68). Bezogen auf die Rückverlegung des Schichtstufenrandes um ein Ausmaß von 2 km ergibt sich bei einem Einfallen der Schichten von 5 bis 10 Grad immerhin eine Absenkung des Karstwasserspiegels im Bereich des Stufenrandes um 150 bis 350 m.

Daß die Tieferlegung der Hauptflußsysteme nicht gleichmäßig in einem Zug sondern in Phasen erfolgte, zeigen nicht nur Zonen konzentrierter Höhlen-

---

[1] Für alle Ortsnamen, die nicht auf Abb. 62 verzeichnet sind, vgl. Michelin-Karte 1 : 200.000, Nr. 80. Dieses vorzügliche Kartenwerk ist mit den dazugehörigen Führern für jede Bereisung französischer Landschaften unentbehrlich.

ausgänge in den Talflanken des Tarn und der Dourbie. Besonders ausgeprägt ist eine solche Stillstandsphase in der Tieferlegung, in der sich die unterirdische Entwässerung auf das damalige Niveau einspielen konnte, in der grandiosen Dolomitlandschaft von Montpellier le Vieux (vgl. Abb. 62; 69, 70). Hier, im Hinterland der rechten Talflanke der Dourbie, ist in die wilde Auflösung des Dolomites in Türme, Pfeiler und Rippen etwa 150 bis 200 m unter dem Plateau eine Zone von Halbhöhlen, Hohlkehlen, Höhlenausgängen, Höhlen-

Abb. 66. Eintritt des Baches Bonheur in den E-Eingang der Höhle von Bramabiau an der Grenze der Triassedimente zu den Liaskalken (in 1087 m Sh.). Der Durchlauf bis zum W-Ende der Höhle (Abb. 67) ist begehbar, das System diente einst als Musterbeispiel für die Vertreter der „Höhlenflußtheorie" (vgl. Kapitel 2.1.)

resten, Naturbrücken und Felsterrassen eingeschaltet, deren einheitliches Niveau nicht zu übersehen ist und zu den markantesten Zeugen eines alten, außer Funktion gesetzten Entwässerungsniveaus zählt, die ich überhaupt aus Karstgebieten kenne (Abb. 69, 70).

Heute liegen die Karstwasseraustritte faktisch überall im Niveau des Vorfluters bzw. an der Oberkante der stauenden Liasmergel, und stellenweise ist bereits eine starke Konzentration der Wasseraustritte zu verzeichnen. So wird der zentrale Komplex der Causse du Larzac Nord praktisch ausschließlich von zwei Quellen, der Source du Durzon (Abb. 62 S. D.) im E und der Source du Cernon (Abb. 62 S. C.) im W entwässert. Bezeichnenderweise haben beide Quellen auf Zehntelgrad genau die gleiche Wassertemperatur (20. Sept. 1972 11,0° C).

Abb. 67. W-Ende der Höhle von Bramabiau. Die Anlage der Höhle am saiger stehenden Kluftsystem der Liaskalke ist gut sichtbar, die Weiterentwicklung zur Gorge, zur offenen Schlucht, unverkennbar nur noch eine Frage der Zeit. Man geht kaum fehl, wenn man für die von diesem Talschluß talauswärts zum Trevezeltal führende Schlucht denselben Entstehungsvorgang annimmt

Im Gegensatz zur pittoresken Dolomitlandschaft von Montpellier le Vieux, die übrigens ihresgleichen nicht nur in den talnahen Bereichen sondern auch in den zentralen Hochflächen der Causse du Larzac Süd hat (z. B. NW le Caylar, Michelin-Karte Nr. 80), — wobei sich unwillkürlich der Gedanke an eine klimabeeinflußte Morphologie aufdrängt (s. Kapitel 1.3.) — im Gegensatz hierzu stehen die Oberflächenformen der Causse Mejean. Hier bilden mergelige Kalke die Hochflächen zwischen 900 und 1000 m Sh. Mulden und flache Dolinen tragen meistens nur karge Wiesen, der Wald fehlt fast vollständig und vom November bis April ist es kalt und windig. Die jährliche Niederschlagshöhe liegt im Durchschnitt bei 1000 mm, kann aber 3000 mm erreichen, wobei Starkregen bis zu 400 mm pro Tag auftreten. Diese Intensivregen sind sicherlich der Ausbildung und Freihaltung von Schachthöhlen (Aven) förderlich, durch die Hochflächen rein unterirdisch entwässert wer-

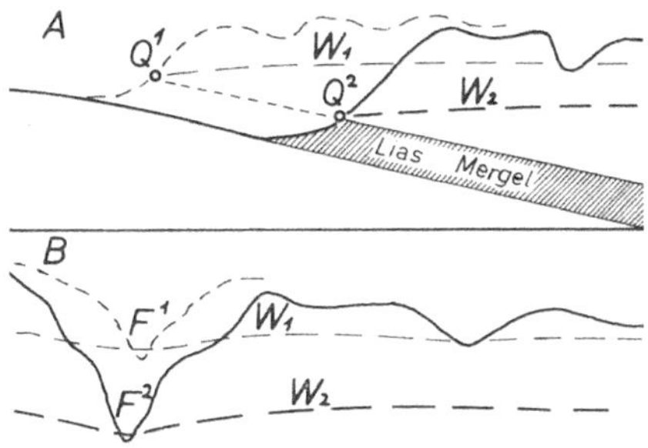

Abb. 68. Schematische Darstellung der Auswirkung der Tieferlegung eines Flußsystems (*B*) bzw. Rückverlegung des Schichtstufenrandes (*A*) auf den Karstwasserkörper (nach R. Small, 1970, S. 151, Fig. C 6). *Q 1* Alter Quellhorizont, *W 1* alter Karstwasserspiegel, *Q 2* Quellhorizont nach der Rückverlegung des Schichtstufenrandes, *W 2* tiefergelegter Karstwasserspiegel. Desgleichen *F 1* Niveau des alten Flußtales, *F 2* gegenwärtiges Talniveau

den. Die tiefste Aven dieses Gebietes (350 Höhenmeter vermessen) ist die Aven de Hures in 1067 m Sh (Abb. 62 A. H.). So beeinflußt das vorherrschende Gestein die Morphologie zwar wesentlich, ändert jedoch nichts an der allseits gegebenen vollkommen unterirdischen Entwässerung.

Betrachtet man die geologische Karte und das Profil (Abb. 62, 63), so ist deutlich, daß sich der sogenannte Seichte Karst auf kleine Bereiche der Randgebiete und jene Talflanken beschränkt, an denen die Liasmergel ausstreichen. Diese Liasmergel sind ein im gesamten Gebiet wirksamer Stau- und Quellhorizont und die Untergrenze der Verkarstung der überlagernden Karbonatgesteine des Dogger und Malm. Infolge des Untertauchens dieses Mergelhorizontes unter die Vorflut findet sich in den meisten Bereichen der Grands Causses ein sogenannter Tiefer Karst. P. Dubois (1964, S. 23) betont, daß für diesen Typus der unterirdischen Entwässerung der Grad der Gesteinsklüftung zum entscheidenden Faktor wird, er unterscheidet wenig und stark geklüftete Massive, wohl betonend, daß alle Übergänge existieren.

Zum Typus der wenig geklüfteten Massive gehören vor allem die als Tiefer Karst zu betrachtenden Teile der Grands Causses. Erdölbohrungen ha-

Abb. 69. Montpellier le Vieux. Die wilde Auflösung des Dolomites in Pfeiler, Grate und Türme zeigt etwa in Bildmitte eine Zone deutlicher Unterbrechung durch eine Etage von Hohlkehlen und Felsterrassen

Abb. 70. Detailansicht von der in Abb. 69 angedeuteten Etage im Dolomitgebiet von Montpellier le Vieux. Neben Höhlenausgängen finden sich Naturbrücken und Felsentore als Zeugen alter Höhlengänge, ausgerichtet auf ein altes Vorflutniveau

ben gezeigt, daß die Zentren dieser Massive wenig geklüftet und fast wasserundurchlässig zu sein scheinen (ähnliche Beobachtungen gibt es auch in anderen Gebieten, etwa in manchen alpinen Massiven). Die Klüftung wird erst in den Randzonen und besonders gegen die Täler hin intensiv. In der zerklüfteten Zone am Rande der Täler hat sich ein Karstwasserkörper aufgebaut. Liegt sein Spiegel im Niveau des Obertaggerinnes, so steht dieses mit ihm in Wechselbeziehung und fließt perennierend, wie z. B. der Hérault und die Vis in ihrem Mittel- und Unterlauf. Liegt dagegen dieser Karstwasserkörper tiefer als das Obertaggerinne, so fällt dieses immer wieder streckenweise trocken, wie am Oberlauf der Vis und an anderen Flüssen zu beobachten ist. Färbeversuche haben ergeben, daß die im Talboden flußabwärts immer wieder auftretenden Quellen miteinander in Verbindung stehen, die sie begleitenden Höhlen sind im allgemeinen unpassierbar. Ihnen entsprechen höher in den Talflanken gelegene, schliefbare Galerien, die alten Abflußniveaus folgen. Die wasseraktiven Höhlen sind Gravitations- und Druckgerinne im phreatischen Bereich der unter Wasser stehenden Talzone.

Der Bereich der stark zerklüfteten Massive findet sich vor allem um die kleinen Causses im N und W von Montpellier und in den kleinen Küstenmassiven.

Durch die starke tektonische Beanspruchung sind hier die Kalke extrem zerbrochen, wobei ausgeprägte Störungen mehr oder weniger selbständige Bereiche mit einem einheitlichen Kluftwasserkörper bedingen, der die Merkmale eines echten Grundwasserkörpers aufweist (J. Avias und P. Dubois, 1963). Einen Austritt aus derartigen verzweigten Karstwassernetzen stellt die Lez-Quelle, 15 km von Montpellier entfernt, dar (s. Abb. 62). Diese Vauclusequelle mit einer Niederwasserschüttung von 600—800 l/s dient der Wasserversorgung von Montpellier. Durch Färbeversuche ist bekannt, daß die Karstwässer unter den Tertiär- und Kreideablagerungen aus den Jurakalken dieser Quelle zufließen. Hier liegen beträchtliche Karstwasserreserven, von denen derzeit nur das Überwasser genutzt wird.

Schwer zu beurteilen ist die Frage, wieweit die zwischen den Liasmergeln und der Trias auch im zentralen Teil der Grands Causses vorliegenden und unter das derzeitige Meeresniveau hinabreichenden Liaskalke verkarstet sind. H. Paloc (mündliche Mitteilung) ist der Meinung, daß eine alte, vortertiäre Verkarstungsphase auch diesen Karbonatgesteinskörper erfaßte. Im allgemeinen ist die mächtige Schicht der Liasmergel dicht genug, um diesen Wasserkörper in Spannung zu halten. Eine Ausnahme scheint allerdings vorzuliegen bzw. ist bekannt: An einer starken Störung, die das mittlere Tarntal kreuzt, liegt die Quelle Nr. 28 (Numerierung nach H. Paloc, 1972, s. Abb. 62). Es handelt sich um einen Waller mit einer Wassertemperatur von 18° C. Die Wassertemperaturen der übrigen Quellen lagen nach einigen Messungen im September 1972 je nach der mittleren Höhe des Einzugsgebietes zwischen 9,9 und 12,5° C. Nach H. Paloc handelt es sich bei Quelle Nr. 28 um Wässer aus den Liaskalken, die hier in etwa 200 m Tiefe liegen und die mächtige Mergeldecke entlang der Störung nach oben durchdringen [1].

---

[1] Es gibt im Tarntal auch Basaltintrusionen in die Jurakalke. Die Basalte sind wegen

Rückblickend erweist sich der Karst der Grands Causses als eines der besten und anschaulichsten Beispiele für die Einwirkung der Erosionsbasis bzw. ihrer Entwicklungsphasen auf die unterirdische Verkarstung und die Karstwasserzirkulation. Sie sind eine der klassischen Modellandschaften der Karsthydrogaphie.

Auch in den Grands Causses wurden viele Markierungsversuche zur Abklärung der Einzugsgebiete der großen Karstquellen durchgeführt. Eine generalisierte Darstellung der aufgrund dieser Untersuchungen anzunehmenden Einzugsbereiche gibt Abb. 71.

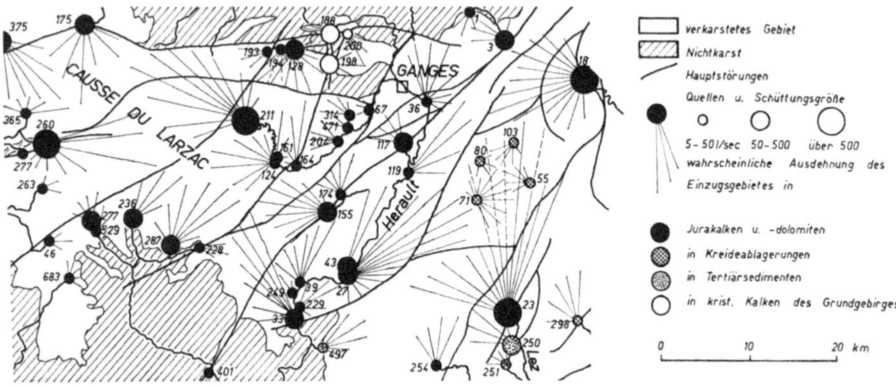

Abb. 71. Vermutliche Einzugsgebiete von Quellen am Rand der Grands Causses aufgrund der Ergebnisse von Markierungsversuchen (nach H. Paloc, 1964)

2.3.4. Der dinarisch-griechische Karst

Das ausgedehnteste Karstgebiet Europas erstreckt sich über den Westen und Süden der Balkanhalbinsel. Von Jugoslawien nehmen die verkarstungsfähigen Gesteine $^1/_3$ der Fläche des Landes ein (M. Herak, 1972, S. 25), von Griechenland etwa den gleichen Prozentsatz.

Im äußersten Nordwesten, die Halbinsel Istrien begrenzend, liegt jener kleine Gebirgszug namens Karst, dessen Eigenname zur weltweiten Bezeichnung der den Charakter der korrosiven Gesteins- und Landschaftsformung tragenden Bereiche wurde. Hier im Raume Istriens und Krains liegen nicht nur seit altersher weltbekannte Karstphänomene wie die Adelsberger Grotte (Postojnska jama) und die Höhle von St. Kanzian (Škocjanska jama) sondern auch Gebiete altösterreichischer klassischer Karstforschung [1].

---

der kleinräumigen Verbreitung in der Kartenskizze nicht verzeichnet. Die höhere Temperatur von Quelle Nr. 28 hängt jedoch nicht mit diesem Vulkanismus zusammen.

[1] In diesem Raum liegt eines der interessantesten karsthydrologischen Areale, das Poljen-, Flußschwinden-, Höhlen- und Quellgebiet vom Prezid- und Zirknitzer Polje (Cerkniško polje) bis zu den Quellen der Laibach (Ljubljanica). Das Gebiet ist derzeit Objekt intensiver kooperativer karsthydrologischer Untersuchungen jugoslawischer, deutscher, österreichischer und Schweizer Wissenschaftler. Da ich diesem Forschungsteam angehöre, könnte bei einer Beschreibung dieses Gebietes in diesem Buch der Gedanke einer Verwendung geisti-

Das Herzstück des dinarischen Karstes ist der dalmatinisch-bosnisch-herzegowinische Raum. An seinen Phänomenen hat sich die Diskussion um die grundsätzlichen Faktoren der Karsthydrologie entzündet (vgl. Kap. 2.1.).

Es ist überraschend wie bald nach der Okkupation bereits eine umfassende geologische Abhandlung über Bosnien und die Herzegowina erschien (E. v. Mojsisovics, E. Tietze und A. Bittner, 1880). Die Publikationen von Ph. Ballif (1896, 1900), J. Cvijic (1893, 1901), A. Grund (1903, 1910), F. Katzer (1909, 1921) u. a. beweisen, daß die Entwicklung dieses Bereiches vor und um die Jahrhundertwende bedeutender war als in der Zeit zwischen den beiden Weltkriegen.

Für das Gesamtgebiet wesentliche gemeinsame Züge liegen in der Tektonik und im petrographischen Aufbau. Im gesamten dinarisch-griechischen Raum sind es die *Kreidekalke*, die die am intensivsten verkarsteten Bereiche ein-

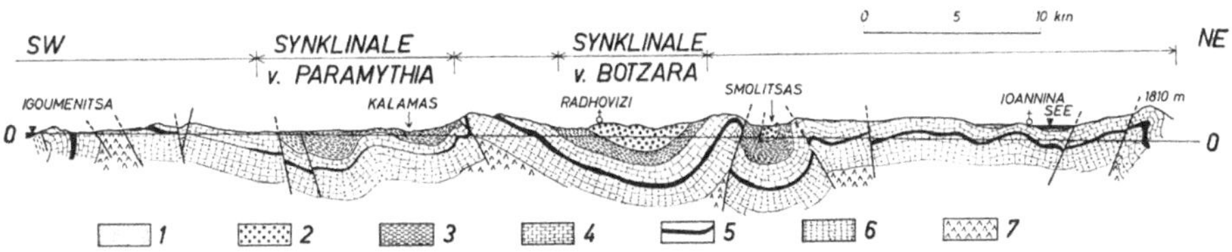

Abb. 72. Vereinfachtes geologisches Profil vom Küstengebiet bei Igoumenitsa (NW-griechische Küste) nach Ioannina im nordwestgriechischen Festland (nach Étude Géologique de l'Epire, 1966, Beilagen). *1* Quartär, *2* Jungtertiär, *3* Flysch, *4* Eozän- und Kreidekalke, *5* Schiefer, *6* Jurakalke, *7* Trias (Gips)

nehmen. Das erweckt selbst bei Geologen dieser Länder die Vorstellung, daß die Kreidekalke eine wesentliche Voraussetzung für eine wirklich ausgeprägte Verkarstung seien, wobei aber etwa der triassische Dachsteinkalk in den nordöstlichen Kalkhochalpen oder der devonische Schöckelkalk im Grazer Bergland durchaus dieselbe Verkarstungsbereitschaft zeigen.

Die *Tektonik* ist im einzelnen sehr kompliziert, die Faltungen und Brüche schließen einerseits noch das jüngste Tertiär ein, stellen andererseits aber oft eine Wiederbelebung älterer Vorgänge dar. Als Beispiel diene ein geologisches Profil aus dem Raume Igoumenitsa-Ioannina (nach Etude Géologique de l'Epire, 1966; Abb. 72) bzw. ein geologischer Querschnitt durch das dalmatinisch-bosnische Poljengebiet (Abb. 73). Abb. 72 ist zu entnehmen, daß einerseits Faltenbau und tektonische Absenkung, andererseits die leichtere Ausräumbarkeit der weicheren Flyschgesteine den morphologischen Wechsel von Becken und NW-SE-streichenden Gebirgszügen begünstigen.

Die jüngere erdgeschichtliche Stellung der tektonischen Bewegungen und Gesteine hat auf die *Karstmorphologie* einen entscheidenden Einfluß. In den

---

gen Eigentums des Gesamtteams auftauchen. Andererseit ist es unbefriedigend, der Beschreibung einen Forschungsstand zugrunde zu legen, der in wenigen Jahren überholt und wesentlich erweitert sein wird. So scheint mir die Entscheidung richtig zu sein, sich für dieses Gebiet auf die wesentlichsten Literaturangaben zu beschränken (I. Gams, 1965; F. Habe, 1971; M. Herak, 1972, S. 47; F. Jenko, 1959, S. 31 ff.; N. Kreps, 1907, 1908 und 1924; R. Savnik, 1965; W. Treibs, 1954; G. Wagner, 1960; u. a.). Eine hydrogeologische und karsthydrologische Karte des Slowenischen Karstes bringt F. Jenko (1959).

Kalkhochalpen ist ein Großteil der Überschiebungen und Faltungen vorgosauischen Alters, und die Morphologie hat im allgemeinen zu diesen tektonischen Vorgängen keine unmittelbaren Beziehungen. Die Erosion hat in den Kalkhochalpen ihre Bindung im wesentlichen an die generelle Hebung im Tertiär und Anpassung an tektonisch bedingte Schwächezonen. Im allgemeinen besteht keine Beziehung zwischen Faltungssätteln und Kammlinien bzw. Faltenmulden und Talverlauf. Schon im Schweizer Jura tritt aber vielfach eine Beziehung zwischen Antiklinale und Gebirgsrücken bzw. Faltenmulde und Becken auf. Auch im dinarisch-griechischen Raum ist trotz vieler Störungen, Brüche und junger Überchiebungen nicht zu übersehen, daß die Faltensättel sehr oft die Höhenzüge, die Faltenmulden aber meist die Talzonen bilden (R. SCHUBERT, 1914, S. 30, vgl. Abb. 72). Diese Feststellung scheint mir sowohl für die Betrachtung der Morphologie als auch der Hydrographie wesentlich.

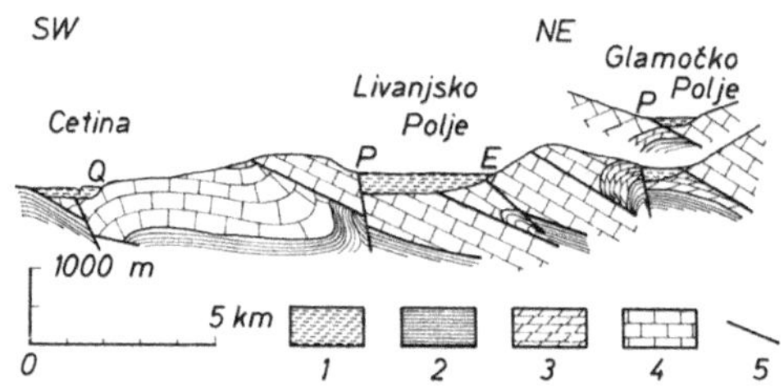

Abb. 73. Vereinfachter geologischer Querschnitt durch das dalmatinisch-bosnische Poljengebiet (umgezeichnet nach J. PAPEŠ in M. HERAK, 1972, S. 49, Fig. 22). *1* Jungtertiäre Beckenfüllungen, *2* klastische Triassedimente, *3* mesozoische Dolomite, *4* mesozoische Kalke (vorwiegend Kreidekalke), *5* Störung. Quartäre Ablagerungen sind nicht ausgeschieden. Q Quelle, *P* Ponor, *E* Estavelle

Was die Tektogenese des dinarischen Karstes betrifft, so gibt M. HERAK (1972, S. 30, 31) den besten Überblick. Es zeigt sich, daß die vorkretazische Tektonik im Bild der heutigen Verkarstung kaum zum Ausdruck kommt. M. HERAK spricht der Laramischen Hebungsphase (Oberkreide bis Paläogen) den ersten bedeutenderen Einfluß auf die Entwicklung der unterirdischen Verkarstung und Entwässerung im dinarischen Karst zu (S. 30), allerdings mit einer zeitlichen Unterbrechung und Senkung großer Areale, verbunden mit neuerlicher Transgression und Sedimentation zuerst karbonatischer dann flyschartiger Ablagerungen. Nach einer für die Verkarstung nicht so bedeutenden Epoche im Mitteleozän, ereigneten sich in der pyrenäischen und savischen Phase (Eozän-Oligozän) weitreichende Hebungen, begleitet von Faltungen, Brüchen und Überschiebungen. Es ist die Zeit, wo alte Sedimentationsbecken verschwanden und neue entstanden. Seither kann im großen die Entwicklung der unterirdischen Verkarstung und Entwässerung sowie der Karstmorphologie mehr oder weniger deutlich verfolgt werden, wenngleich auch im Neogen (Steirische und Attische Phase) noch neue Sedimentationsbecken entstanden. Im allgemeinen wird angenommen, daß das Gebiet im Neogen nur wenig über dem Meeresspiegel lag und ein hochliegender unterirdischer Karstwasserspiegel mit einer hauptsächlich der Vielfalt der Klüfte folgenden Entwässerung in die Beckenlandschaften vorlag, mit einer schon damals auftretenden periodischen Überflutung und Entleerung derselben. M. HERAK betont, daß das Pleistozän nicht nur mit klimatischen, sondern auch erheblichen tektonischen Veränderungen eingeleitet wurde. Eine intensive allgemeine Hebung mit einer Neubelebung alter tektonischer Leitlinien ist nicht nur im dinarischen Raum wahrscheinlich, ich konnte sie vor allem im NW-griechischen Bereich verfolgen, wo etwa das Vikostal im griechisch-albanischen Grenzgebiet eine mehrere hundert Meter tiefe Erosion seit dem Beginn des Pleistozäns belegt. Daß diese Vorgänge für die

Tafel II.

Ergebnisse von Markierungsversuchen im Berei

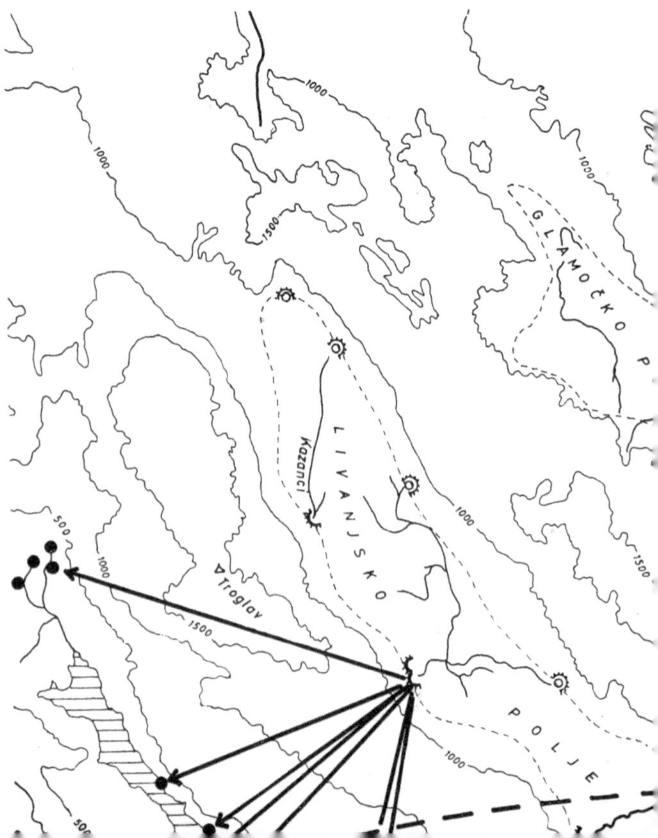

ßen bosnisch-dalmatinischen Poljentreppe

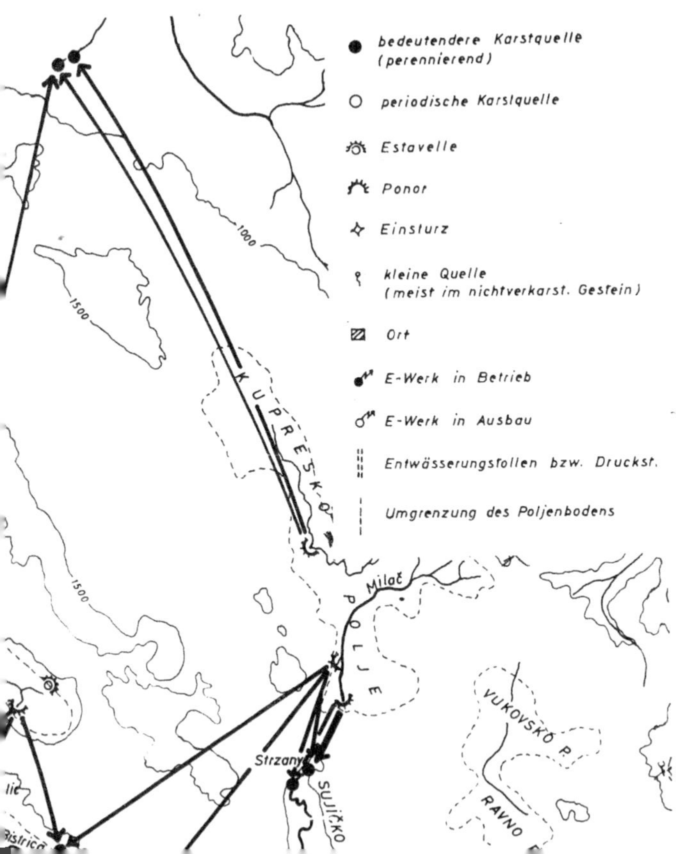

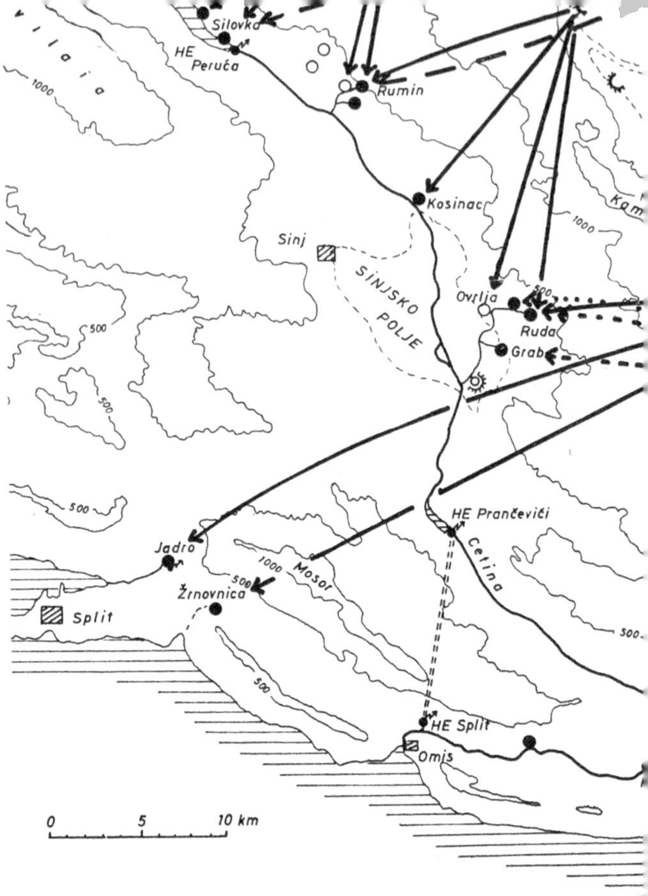
Silovka
HE Peruća
Rumin
1000
Kosinac
Sinj
SINJSKO POLJE
Ovrlja
Ruda
Grab
500
HE Prančevići
Cetina
Jadro
Mosor
Žrnovnica
Split
HE Split
Omis
0
5
10 km

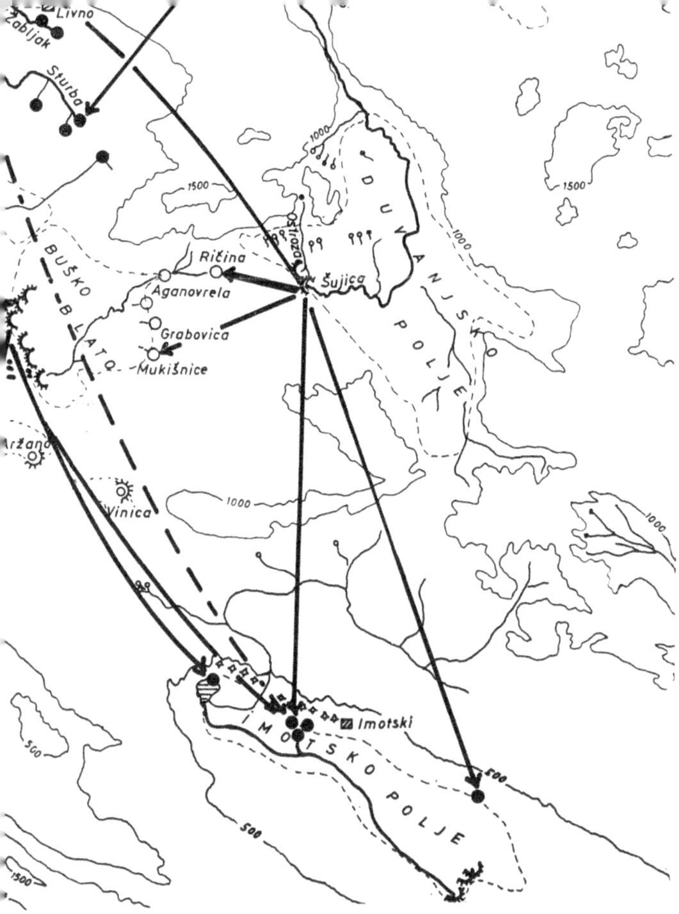

Springer-Verlag Wien · New York

Gestaltung der rezenten Poljen von Bedeutung waren bleibt unbestritten, ihre Anlage aber reicht weiter zurück, das beweisen die tertiären Füllungen.

Kaum in einem anderen (nichttropischen) Bereich liegt die Beziehung zwischen Karstmorphologie und Karsthydrographie so offen wie im dinarisch-griechischen Karst. Es ist das Karstphänomen der *Poljen,* das sowohl die Morphologie prägt, als auch einen besonderen unterirdischen Entwässerungsmechanismus präsentiert. Poljen sind unterirdisch entwässerte, eine Akkumulationsebene umschließende Karsthohlformen, deren Beckenboden eine von wenigen bis über 100 km² umfassende Fläche einnehmen kann. Ähnliche Formen in den Grands Causses und im Schweizer Jura sind unbestritten, ebenso wenig aber die Massierung der klassischen Ausbildungen, der zyklenhaften Wechselfolge von Überflutung und Trockenlegung und der Verteilung von Ponoren, Estavellen und Quellen auf den dinarisch-griechischen Raum.

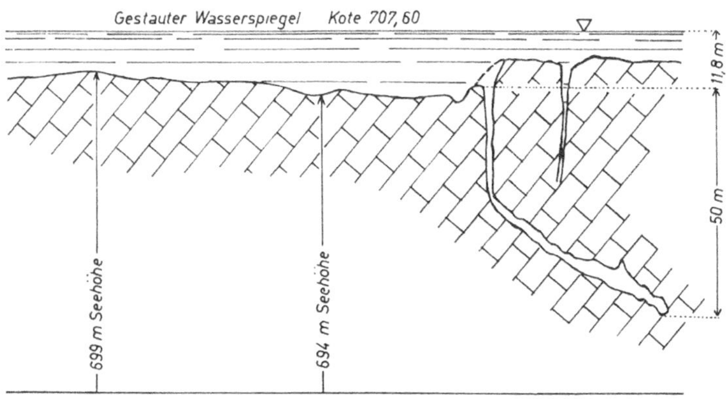

Abb. 74. Schnitt durch den gereinigten Ponor von Čaprazlije (nach Ph. Ballif, 1896, Fig. 2)

In vielen Zügen scheint mir die Gesetzmäßigkeit der Karsthydrographie dieses Bereiches eher mit den Gegebenheiten im tropischen Karst als mit den Verhältnissen in mitteleuropäischen Karstgebieten verwandt zu sein.

Obwohl die in den letzten Jahrzehnten intensiv betriebene Karstforschung eine wesentliche Erweiterung auch bezüglich der Kenntnis von Poljenlandschaften brachte, zählt die bosnisch-dalmatinische Poljentreppe noch immer zu den eindrucksvollsten Phänomenen dieser Art.

Schon kurz nach der Okkupation Bosniens und der Herzegowina durch die Österr.-ung. Monarchie im Jahre 1878 setzten umfangreiche Meliorationen ein, die sich hauptsächlich auf die Poljen konzentrierten und nicht selten auch für die Karstforschung interessante Details erbrachten. So findet sich beispielsweise in dem Bericht von Ph. Ballif (1896) bei der Beschreibung der Meliorationsarbeiten im Livanjsko Polje ein Schnitt durch einen Ponor bei Čaprazlije, der im Zusammenhang mit der Beschreibung jene fortschreitende korrosive Erweiterung des Poljebodens illustriert, wie sie H. Louis (1956) als karstmorphologischen Vorgang beschrieb (Abb. 74). Ph. Ballif betont ausdrücklich (S. 43), daß der im Zuge der Meliorationsarbeiten gereinigte Ponor (50 m tief!) vollkommen durch Einschwemmung plombiert war.

Zu wenig Beachtung fanden vielfach die Arbeiten von F. KATZER. Von ihm, dem besten zeitgenössischen Kenner der Geologie Bosniens, wurden zwar vor allem durch O. LEHMANN (1932) seine Auffassungen über die Karsthydrographie bekannt, sein bedeutendes Werk der Kohlengeologie Bosniens und der Herzegowina (1918, 1921) wird in den karstmorphologischen Arbeiten aber nur selten zitiert.

Im Gegensatz zu G. WAGNER (1960, S. 45) hat man schon bald erkannt, daß Poljen nicht „Dolinen großen Ausmaßes" sind.

Die derzeit vorherrschende Meinung über die Bildung dieser Poljen wird am besten durch einige Zitate belegt: „Auch die Hauptzahl der Poljen des Dinarischen Karstes bilden durch differenzierte Erosion entstandene blinde Karsttäler. Vom undurchlässigen Gestein stürzen Flüsse herab, sie durchfließen die Poljen und bei Berührung mit den Kalksteinen versinken sie" (J. ROGLIĆ, 1960, S. 122) und nach einer Besprechung der Funktion der Ablagerungen und Verlegung der Ponore weiter „die Wasser fließen durch die Ponore am Rande der Ablagerungsebene ab, dort konzentriert sich ein korrosiver Prozeß, durch den die Ebene erweitert wird".

Mit dieser Ansicht sollen zunächst die gegebenen hydrologischen Verhältnisse im Bereiche der bosnisch-dalmatinischen Poljentreppe verglichen werden. Tafel II gibt einen Überblick über die Ergebnisse von Markierungsversuchen [1]. Beginnen wir beim höchstgelegenen Polje, dem von Kupresko (Poljenboden 1120—1150 m), so wurde nicht nur die schon von PH. BALLIF (1896, S. 7) angenommene Verbindung mit der Quelle der Šujica, also zum Sujičko Polje, bestätigt, es ergaben sich auch Zusammenhänge vom südwestlichen Ponor des Kupresko Poljes mit den großen Quellen Zabljak und Sturba im Livanjsko Polje. Die nördlichen Ponore des Kupresko bzw. Glamočko Poljes entwässern bereits nach Norden. Damit zeichnet sich auch ein ungefährer Verlauf der unterirdischen Wasserscheide ab. Die in die Ponore im südlichen Teil des Glamočko Poljes (etwa 890 m Seehöhe) abfließenden Wässer treten in Quellen und Estavellen bei und nordwestlich von Livno im Livanjsko Polje wieder zutage. Dies und den Zusammenhang zwischen der in den Ponor Kovači versinkenden Šujica mit der mächtigen Ričina am Ostrand des Buško Blato hat ebenfalls schon PH. BALLIF vermutet (1896, S. 7 und 17). Die im prachtvollen Höhlentor von Kovači am Westrand des Duvanjsko Poljes versinkenden Wässer der Šujica (Abb. 75) speisen aber nicht nur die Ričina sondern noch weitere Quellen im Livanjsko Polje, Buško Blato und Imotsko Polje.

Besonders informativ sind die Ergebnisse der Beschickungen von Ponoren im Livanjsko Polje. Die im nordwestlichen und mittleren Abschnitt des Poljenrandes versinkenden Wässer speisen faktisch sämtliche Quellen im Raume Peruća bzw. am Nord- und Ostrand des Sinjsko Poljes. Die in die Ponore

[1] Die Ergebnisse der in der Zeit von 1948 bis 1965 im Auftrage der Dalmatinske Hidroelektrane durchgeführten Versuche wurden uns im Zusammenhang mit von V. MAURIN und dem Verfasser geleiteten Triftversuchen in diesem Gebiet in dankenswerter Weise zur Verfügung gestellt.

Abb. 75. Eintritt der Šujica in den Ponor Kovači im Duvanjsko Polje

Abb. 76. Blick auf einen Teil der riesigen Überschwemmungsfläche, die im Winter große Bereiche des Livanjsko Poljes einnimmt

am Westrand des Buško Blato absitzenden Wässer alimentieren sowohl die großen Quellen im Sinjsko als auch im Imotsko Polje, sie tragen darüber hinaus aber auch zur Speisung der großen Quellen im Küstenbereich bei. Interessant ist aber auch, daß die in die Estavelle Kablic am Ostrand des Livanjsko Poljes eingegebenen Tracer in Quellen vom Cetina- und Küstengebiet bis zum Imotsko Polje nachgewiesen werden konnten. Das Livanjsko Polje ist mit einer Bodenfläche von 379 km² das größte Polje des Dinarischen Karstes und weist noch im Spätwinter ein ungewöhnlich ausgedehntes Überschwemmungsgebiet auf (Abb. 76).

Es zeigt sich, daß der oberflächliche Zufluß aus den nicht verkarsteten Bereichen nur im Kupresko Polje eine tragende Rolle spielt. Hier kommen aber Inundationen nur bei abnorm starken Niederschlägen vor, dauern nur einige Tage und beschränken sich auf kleine Gebiete (vgl. Ph. Ballif, 1896, S. 7). Schon im Duvanjsko und Imotsko Polje kommt der Hauptteil der inundierenden Wässer von Karstquellen, die im Buško Blato, Livanjsko und Sinjsko Polje allein die Spender der Inundationswässer sind. Hier werden die großen Überflutungen nicht durch „vom undurchlässigen Gestein herabstürzende Flüsse" (J. Roglić, 1960) sondern durch Schwankungen im Karstwasserkörper bestimmt.

Man betrachte in diesem Zusammenhang auch die Lage der Quellen, Estavellen und Ponore (Tafel II). Die bedeutenden Karstquellen und die Estavellen liegen an der Ost- und Nordseite der Poljen, die Ponore am West- und Südrand.

Was die bosnisch-dalmatinische Poljentreppe betrifft, werden die Vorstellungen über ihre Entstehung und die dabei wirksamen Elemente doch noch mehr Faktoren heranziehen müssen als bisher. Der Karstwasserkörper, sein Entwicklungsstand und sein Schwankungsbereich sind mit ins Kalkül zu ziehen, desgleichen das jeweils wirksame Vorflutniveau.

Weiters wäre in den verschiedenen Bereichen zu prüfen, inwieweit für Entstehung und Weiterentwicklung dieselben Maßstäbe anzusetzen sind. Die Möglichkeit der Weiterentwicklung der Poljenböden durch korrosive Zurückverlegung des Poljenrandes ist auch in den bosnischen Poljen belegt (Abb. 74). Daß dazu aber auch eine geeignete hydrologische Situation erforderlich ist, sieht man sowohl am Beispiel des in Zerstörung befindlichen Poljes von Kupresko als auch an jenem der Reka. Die Entwicklung einer Öffnung des Kupresko Poljes gegen Süden geht bei den derzeitigen hydrologischen Verhältnissen nicht durch ein Verschieben des Poljebodens gegen Süden vor sich, sondern durch die rückschreitend erodierende Šujicaquelle bei Stržany. Es ist hier eine Landschaft in Entwicklung begriffen, wie sie heute bereits das Flußtal zwischen dem Sujičko Polje und dem Duvanjsko Polje präsentiert. Beide Fälle scheinen darauf hinzuweisen, daß nicht die ständige Belieferung des Ponors mit größeren Wassermengen die für die Weiterbildung des Poljebodens günstigen Bedingungen schafft, sondern erst die periodische, plötzlich auftretende Anlieferung großer Wassermengen. Diese aber ist an den Mechanismus des Karstwasserkörpers gebunden, dem durch die Ponore in kurzer Zeit sehr große Wassermengen zugeführt werden können (vgl. Abb. 76). Daß für die erste Anlage der Poljen die tektonischen Grundzüge maßgeblich sind, wird heute kaum noch bezweifelt. Das gilt, wie bereits belegt, für das dalmatinisch-bosnische Poljengebiet (Abb. 73) und für Griechenland (Abb. 72), aber auch für den Schweizer Jura, wo wir es mit geschlossenen Synklinalwannen zu tun haben (D. AUBERT, 1969, S. 397). Eine Ausnahme bildet das Popovo Polje. Es hat keine scharfe tektonische Begrenzung und zeigt einen gewundenen Verlauf. Eine eingehende Begehung macht eine weitere Ausnahme augenscheinlich: Hier fehlt die Einlagerung von Tertiärsedimenten, die in den dalmatinisch-bosnischen Poljen landschaftsbestimmend und oft sehr mächtig sind (Livanjsko Polje bis zu 800 m!). Alle diese Gegebenheiten geben der Vermutung von O. MAULL (1958, S. 315) Wahrscheinlichkeit, der annimmt, daß sich dieses Polje aus einer alten Talanlage entwickelte. Damit ist aber auch

Abb. 77. Die Akkumulationsebene des unteren Neretvatales. Die augenförmig aufstoßenden Quellen sind eine Anpassung der unterirdischen Karstentwässerung an das neue Vorflutniveau, sie werden z. T. vom westlichen Bereich des Popovo Poljes her alimentiert

hier eine „Vorform“ gegeben. Dies ist für die Genese wichtig, für die bestätigt wird, daß für jede Poljenform die Entwicklung der unterirdischen Entwässerung bestimmend ist. Es paßt dazu, daß wir auch hier im Popovo Polje so wie in den dalmatinisch-bosnischen Poljen kein wahlloses Auftreten von Ponoren, Estavellen und Quellen vorfinden, sondern eine hydrogeologische Gruppierung dieser Karstphänomene. Instruktiv hiezu sind die Untersuchungen von B. PAVLIN (1970) im Zuge des Ausbaues des Stauraumes von Kruščica. Er kommt zwischen den Flußgebieten der Lika und Gačka zu einer Gliederung in eine Zone der Quellen, eine Zone der Estavellen und eine Zone der

Ponore (B. Pavlin, 1970, S. 210, Fig. 1), wobei durch Bohrungen und Abpreßversuche auch eine (gegen die Ponorzone hin) zunehmende Tiefe der Verkarstung festgestellt wurde. Auch im Popovo Polje ist die Gruppierung von Ponoren und Estavellen augenscheinlich (P. Čubrilovic, 1965, S. 56, Fig. 1), wobei das untere Neretvatal die Vorflut für die im Westen des Poljes versinkenden Wässer darstellt (P. Milanović, 1971). Das untere Neretvatal, ein riesiger Akkumulationskörper (Abb. 77), ist wiederum ein gutes Beispiel für

Abb. 78. (Montage zweier Fotos): Der sogenannte „Rote See", eine der mächtigsten Einsturzdolinen westlich Imotski. Der Seespiegel liegt hier bei Sommerniederwasser etwa 250 m über dem Meer. Der Boden der Einsturzdoline wurde mit 4 m über dem Meeresspiegel gelotet

die Anpassung der Karstwasseraustritte an eine junge Vorflut. Es ist übrigens bemerkenswert, daß die bisher im mittleren Popovo Polje auftretenden Estavellen seit dem Aufstau des Speichers Trebišnjica nur mehr als Quellen fungieren.

Die Gestaltung, Umgestaltung und hydrologische Funktion der Poljen hat praktisch jeden Karstforscher beschäftigt. Es ist daher nicht verwunderlich, daß einer der größten Ingenieurgeologen unserer Zeit, J. Stini (1952) Beobachtungen niederschreibt, die auch von morphogenetischer Bedeutung sind, wenn er sagt, daß der Boden dieser großen Becken, der als eine Ebene erscheint, sich bei der Abteufung von Schächten und Bohrungen in der Regel als eine Decke aus verschiedenen Absätzen entpuppt, die sich über eine mehr oder minder *unregelmäßig* gestaltete Felsoberfläche ausbreitet, wobei gar nicht selten Erhebungen des felsigen Untergrundes gleich Inseln aus den Ablagerungen herausragen (1952, S. 271). Er spricht auch sowohl von Auslaugungen „welche nach aufwärts wirken" also Ausspülungen von unten her (wie sie zur Katastrophe von Perdikkas führten; s. Kap. 3.2.1.), als auch davon, daß der Poljeboden zumindest teilweise undicht sein kann. Ein schematischer Schnitt (J. STINI, 1952, S. 271, Abb. 5) erläutert diese Gedanken.

J. BÜDEL (1973) greift diese Gedankengänge wieder auf. Die „ständige Feuchthaltung an der Verwitterungs-Basisfläche durch die Bodensedimentauflage" scheint ihm von wesentlicher Bedeutung für die Erhaltung und Weiterbildung korrosiver Poljen-Sockelflächen (1973, S. 137). Ich stimme mit J. BÜDEL völlig überein, daß die Poljen präpleistozäner Anlage sind (Vorzeitformen) und für ihre Entstehung anderer klimatischer Gegebenheiten bedurften. Die

Abb. 79. Der „Blaue See" unmittelbar am Westrand des Ortes Imotski. Das Bild zeigt einen Frühjahrshochstand mit einem Wasserspiegel in etwa 320 m über dem Meer

Beziehungen zu den Rumpfflächensystemen sind noch nicht ganz geklärt, aber sicher hat J. BÜDEL recht, daß diese nichts mit einer Schichtstufenlandschaft zu tun haben (1973, S. 135).

Eine karsthydrologische Betrachtung der Poljen und des Dinarischen Karstes kann nicht an den Phänomenen am Rand des Imotsko Poljes vorbeigehen.

Das Imotsko Polje liegt in der südwestlichen Fortsetzung der Streichrichtung des oberen Cetinatales etwa 40 km südlich des Sinjsko Poljes (Tafel II). Den Nordrand des nordwestlichen Beckenteiles, begleitet — schon in der Umrahmung gelegen — eine Reihe von Einsturzdolinen gewaltigen Ausmaßes. Die bekanntesten dieser zu einer richtigen Touristenattraktion gewordenen Dolinen sind der sogenannte Rote und Blaue See, letzterer unmittelbar am Westrand des Ortes Imotski gelegen (Abb. 78, 79 und 80).

Abb. 80. Der seltene Anblick des trockenen Dolinenbodens vom „Blauen See" bei Imotski; er liegt 239 m über dem Meeresspiegel. Nur in sehr wasserarmen Jahren fällt der See trocken (Aufnahme Oktober 1973)

Nicht einmal 1 km voneinander entfernt, zeigen die beiden Einsturzdolinen ein völlig verschiedenes hydrographisches Verhalten. So hat die Doline mit dem sog. Roten See (Abb. 78) eine totale Tiefe von 518,8 m, was bedeutet, daß der Grund der Doline nur 4,1 m über dem Meeresspiegel liegt (B. Mija-

TOVIC, 1973, S. 16, nach M. PETRIK, 1960). Die jahreszeitliche Schwankung des Seespiegels beträgt etwa 30 m (Minimum im Spätsommer 250 m ü. M., Wintermaximum etwa 280 m ü. M.). Ganz anders der sog. Blaue See. Die Gesamttiefe der Doline erreicht keine 300 m (298,7 m), und der Grund der Doline liegt 239 m über dem Meeresspiegel. Sein winterlicher Hochstand erreicht 342 m ü. M., das ist etwa 60 m höher als der winterliche Höchststand im Roten See (vgl. Abb. 79). Das mittlere Spätsommerminimum liegt bei 252 m ü. M., das entspricht etwa jenem im Roten See, in sehr wasserarmen Perioden aber kann die Doline überhaupt trocken fallen. Diesen seltenen Fall zeigt Abb. 80, der Wasserspiegel liegt hier also unter dem Dolinenboden (239 m ü. M.), d. h. unter dem Sommerminimum des Roten Sees.

Dieses verschiedene hydrographische Verhalten (und morphologische Bild) der beiden benachbarten Dolinen ist ein Paradebeispiel aller jener, für die es keinen zusammenhängenden Karstwasserkörper gibt, sondern jedes „Karstgefäß“ ein völlig unabhängiges, durch keine gemeinsamen Faktoren beeinflußtes Phänomen darstellt (R. ROGLIĆ, 1960, u. a.). Dies ist eine scheinbare Bestätigung der Thesen O. LEHMANNS (1932). In Wirklichkeit handelt es sich aber (im Gegenteil) um ein typisches Beispiel dafür, daß es nicht erlaubt ist, Einzelphänomene für die Beurteilung grundsätzlicher Gesetzmäßigkeiten heranzuziehen. Erst große Areale umfassende systematische Untersuchungen erlauben ein allgemein gültiges Urteil, wie etwa die Zusammenfassung vieler Untersuchungsergebnisse in Tafel II und für die Erklärung des verschiedenen hydrologischen Verhaltens könnten viele karsthydrologische Möglichkeiten herangezogen werden, die jedoch mangels einer Kenntnis des unterirdischen Karstwassersystems hypothetisch bleiben würden.

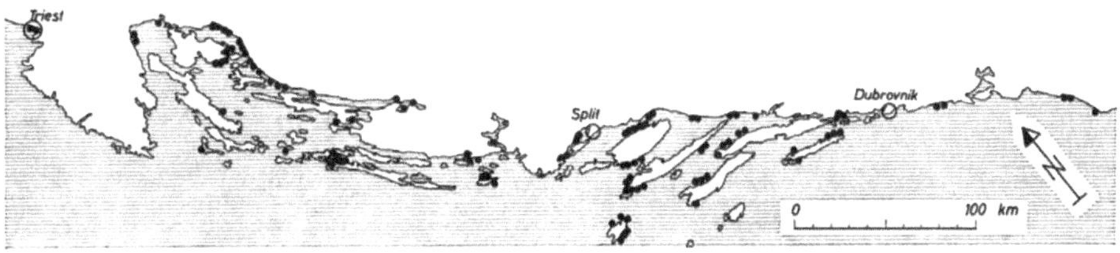

Abb. 81. Submarine Quellen entlang der dalmatinischen Küste (nach S. ALFIREVIC, 1969, S. 185—187, Fig. 2—4)

Eine weitere Eigenheit des dinarisch-griechischen Karstes ist sein Kontakt mit dem Meer. Die Ghybben-Hertzberg Regel wird dort von komplizierten Nebenerscheinungen überdeckt, wo Karstschläuche direkte hydraulische Verbindungen zu höhergelegenen Arealen darstellen. Submarine Quellen sind die Folge.

Das Phänomen der *submarinen Quellen* ist eines der Hauptargumente gegen die Annahme, daß der Meeresspiegel bzw. die Gleichgewichts- und Mischungszone nach der Ghybben-Hertzberg-Regel eine Basiszone für die Entwicklung der unterirdischen Verkarstung im Küstengebiet darstellen könne. Meist ging (und geht) die Verneinung dieser Annahme mit einer generellen Ablehnung des Einflusses der Erosionsbasis auf die Entwicklung der Karstwasserzirkulation Hand in Hand (O. LEHMANN, 1932, S. 20).

Allein aus dem Auftreten submariner Quellen solche Schlüsse zu ziehen, ist jedoch nicht richtig. Diese Quellen können in großer Zahl auftreten (Abb. 81) und im Zusammenhang mit den Niederschlägen im Einzugsgebiet eine stark wechselnde Schüttung und Salinität aufweisen (Abb. 82). Bevor man allgemein gültige Rückschlüsse für die Karsthydrologie aus den submarinen Quellen zu ziehen versucht, ist sowohl ihre gegenwärtige Funktion als auch ihre Genese zu studieren. Für die letztere sind vor allem tektonische Bewegungen und eustatische Meeresspiegelschwankungen zu berücksichtigen. Eingehende Untersuchungen von submarinen Quellen ergaben, daß sie in den pleistozänen Kaltzeiten entweder als Quellen über dem Meeresspiegel oder in dessen Höhe lagen (z. B. die submarinen Quellen an der Ostküste Kephallinias) oder Dolinen und Karstspalten des Festlandes waren. Dies haben für die dalmatinische Küste vor allem die eingehenden Untersuchungen von S. ALFIREVIC (1969) ergeben, die neben Temperatur- und Salinitätsmessungen auch genaue morphologische Studien einschlossen (S. 202, s. auch Fig. 5, S. 192, Foto eines submarinen Quellmundes). Damit ist klar, daß die Entwicklung dieser heute unter dem Meeresspiegel liegenden Karstwassersysteme

Abb. 82. Submarine Quelle an der Ostküste der Insel Kephallinia. Nach starken Winterniederschlägen (hier Februar 1963) stark aufwallend, ist sie nach der sommerlichen Trockenzeit kaum sichtbar

auf eine ältere Vorflut eingestellt war und die submarinen Quellen nicht als Zeugen gegen einen Zusammenhang von Erosionsbasis und Genese der unterirdischen Karstentwässerung dienen können. Nur so ist es auch zu erklären, daß zahlreiche Bohrungen in Küstenbereichen griechischer Karstgebiete mehrere Etagen stärkerer unterirdischer Verkarstung unter dem heutigen Meeresspiegel feststellten, die zweifellos mit längerdauernden unveränderten Meeresständen zusammenhängen. Für heute unter dem Meeresspiegel liegende Höhlensysteme konnte durch Carbon-14-Bestimmungen von Stalaktiten bewiesen werden, daß sie in den Kaltzeiten über dem Meeresspiegel lagen (vgl. V. MAURIN und J. ZÖTL, 1967, S. 436).

Zahlreich sind *Brackwasserquellen* an den Küsten Dalmatiens, des griechischen Festlandes, des Peloponnes und der jugoslawisch-griechischen Inselwelt. Da sie oft von beträchtlicher Schüttung sind, fehlt es nicht an Versuchen, ihren Süßwasseranteil zu separieren und der Nutzung zuzuführen.

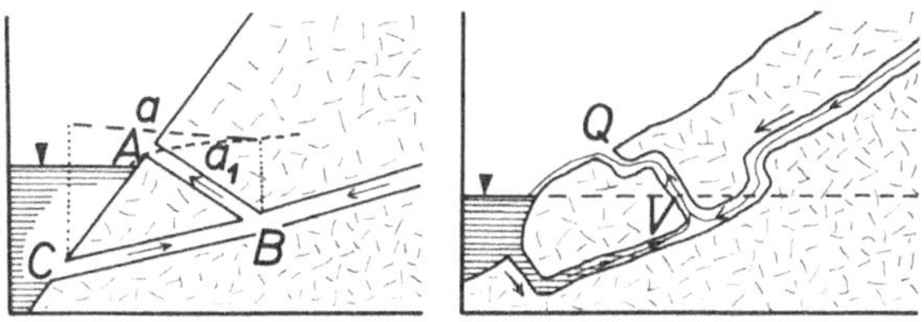

Abb. 83. Vereinfachte Skizze einer Brackwasserquelle nach M. PETRIK aus M. HERAK (1972, S. 45, Fig. 18). *a* Piezometrischer Spiegel für *C—B* in Abhängigkeit vom spezifischen Gewicht des Meerwassers, a_1 piezometrischer Spiegel für *B—A*. *V* = Mischungszone für die Brackwasserquelle Q

O. LEHMANN (1932, S. 71 ff.) versuchte eine Erklärung der hydraulischen Situation bei Brackwasserquellen, aber M. HERAK (1972, S. 44) sagt mit Recht, daß solche Beispiele in der Natur höchstens ausnahmsweise auftreten, während in den meisten Fällen gerade gegenteilige Verhältnisse vorliegen. Seither versuchen viele Autoren (vgl. auch T. V. STRINGFIELD, 1969) die Entstehung von Brackwasserquellen und submarinen Wasseraustritten durch die Unterschiede des spezifischen Gewichtes von Meer- und Süßwasser zu erklären. M. HERAK beschreibt richtig die oft jahreszeitlich wechselnden Gegebenheiten (1972, S. 45). Bezogen auf Abb. 83 führt diese Küstenquelle im Sommer Brackwasser. Mit dem Einsetzen der Herbstregen erhöht sich der Druck und Zufluß des (süßen) Karstwassers, der Salzgehalt des Quellwassers geht zurück bis schließlich die Küstenquelle und die submarine Öffnung des Karstschlauches (Abb. 83, C) Süßwasser führen (= submarine Quelle, jugosl. „vrulja"). Hören die (im Mittelmeergebiet im Winterhalbjahr fallenden) Niederschläge auf, so gehen der Nachschub und Druck des süßen Karstwassers zurück und in den im Winterhalbjahr als Quellmund tätigen Karstschlauch tritt Meerwasser ein (= unterseeische Estavelle). Der Wasseraustritt bei A wird mehr und mehr brackisch.

M. JEVREMOVIC (1966) und andere betonen auch den Einfluß der Gezeiten auf diese Vorgänge. Dies ist prinzipiell richtig und vor allem in Gebieten mit großem Tidenhub (also nicht im Mittelmeer) von wesentlicher Bedeutung. Wo ein großflächiger Kontakt von Meer- und Karstwasser durch zahllose offene Klüfte besteht, mag auch die Diffusion für die Vermischung von Salz- und Süßwasser eine Rolle spielen. Dies scheint mir vor allem in Bereichen zu berücksichtigen zu sein, wo kein wesentliches Gefälle der Karstwasseroberfläche zur Küste hin besteht und kein turbulentes Fließen durch Karstschläuche auftritt. Damit kommt weniger der dinarisch-griechische Küstensaum in Frage als etwa die Kalktafel von Apulien, deren Karstwasserspiegel nur einen piezometrischen Gradienten von 0,3 bis 0,6‰ aufweist (V. Cotecchia, 1956, vgl. Kapitel 4). In den dinarisch-griechischen Küstengebieten sind die Verhältnisse komplizierter und örtlich differenzierter, nicht zuletzt deshalb, weil auch der Karstwasserkörper im Hinterland nicht von einheitlicher Mächtigkeit und Ausbildung ist. Die Schwankungen des Karstwasserspiegels sind hier bedeutend, halten sich aber in Grenzen. So ist durch Detailuntersuchungen belegt, daß der Karstwasserspiegel unter dem Buško Blato, dem Südostteil des Livanjsko Poljes, nicht unter 660 m Seehöhe absinkt, das heißt, auch in den Trockenperioden nur wenig unter dem Beckenboden (700—710 m Sh.) liegt (M. Herak, 1972, S. 65). In der Natur wirken daher so viele Faktoren auf den Mechanismus der einzelnen Küstenquellen zusammen, daß jeder Quellbereich eigener Untersuchungen bedarf.

Auch in den dinarisch-griechischen Karstgebieten kommt den Ergebnissen von Markierungsversuchen höchste Aussagekraft zu, wie bereits gezeigt (Tafel II). Wesentlich ist dabei, daß für große Teile des bosnischen Hinterlandes noch heute die Niveaus der Poljenböden als örtliche Vorflut wirksam sind. Das gilt aber auch für die Poljen im griechischen Bereich, angefangen vom Becken von Ioannina in NW-Griechenland bis zu den Poljen im Peloponnes (Stymfalia, Tripolis und Feneos). Als Folge der einst (in den pleistozänen Kaltzeiten) wesentlich tiefer gelegenen Erosionsbasis sind es erst einzelne Karstwasserwege, die tiefer greifen und unter den Beckenböden durchziehen. Eine Beschleunigung der Tieferlegung dieser Karstwasserschläuche und ihre allmähliche Vermehrung tritt durch junge Hebungsvorgänge ein. Der oberste Saum des Karstwasserkörpers (der lokale „Karstwasserspiegel") ist, wie bereits gesagt, beträchtlichen, meist jahreszeitlichen Schwankungen unterworfen, wie die vorhin beschriebenen Verhältnisse im Buško Blato zeigen. Daß der Karstwasserkörper gegen das Landesinnere noch ansteigt, ist schon durch die Lage der Estavellen, deren Auftreten sich auf die nordöstliche Begrenzung des Poljebodens beschränkt, indirekt belegt und wurde inzwischen durch Beobachtungsbohrungen bestätigt. Es ist in diesem Zusammenhang von überregionaler Bedeutung, daß M. Herak (1972, S. 65) für dieses Gebiet berichtet, daß die Zone starker Permeabilität (und damit der intensiven Verkarstung!) im Bergleib nicht unter 640—650 m Sh. hinabreicht. Derartige exakte und langfristige Beobachtungen erfordern sowohl einen hohen Kosten- als auch einen dementsprechenden Zeitaufwand. Sie blieben daher bisher auf einzelne Bereiche beschränkt, obwohl sie den einzigen Weg zur Erforschung der karsthydrographisch allgemein gültigen und wirksamen Faktoren darstellen.

Abb. 84. Blick in den Cetina-Canyon vor der Mündungsstrecke in die Adria. Die rückschreitende Erosion ist der unterirdischen Korrosion vorausgeeilt. So rückte die Gefällsstufe weiter flußaufwärts, während die Karstwasseraustritte auch unterhalb der Erosionsstufe noch im alten Vorflutniveau liegen

Dort, wo sich die wenigen stärkeren Oberflächengerinne behaupten konnten (Cetina, Neretva, Kalamas, Arachthos) geschah dies in einem raschen Einschneiden und der Ausbildung von Canyons und Durchbruchsschluchten durch das Randgebirge. Eines der schönsten Beispiele dafür, daß auch hier einerseits die unterirdische Verkarstung nicht mit der Eintiefung bzw. Zurückverlegung der Erosionsstufen Schritt halten konnte, andererseits aber der Fluß eben doch die lokale Erosions- bzw. Korrosionsbasis für den unterirdischen Karstwasserkörper bildet, ist Abb. 84. Eindrucksvoll bezeugen die Karstwasseraustritte im Niveau der inzwischen zurückverlegten Gefällsstufe der Cetina, daß der so oft bestrittene Zusammenhang von unterirdischer Verkarstung und lokaler Erosionsbasis nicht nur in den alpinen und französischen Karstgebieten sondern ebenso im dinarisch-griechischen Karst besteht.

Sind die Küstengebiete in jüngster Zeit tektonisch stärker abgesenkt, so akkumulieren die Flüsse im Mündungsbereich und begraben das z. Teil schon stark verkarstete Karbonatgebirge. Dies ist insbesondere im Flußgebiet der Neretva (Abb. 77), des Kalamas bei Igoumenitsa und im Bereich von Arta zu beobachten. Hier besteht ein im Detail sehr schwer durchschaubares Nebeneinander von Überlaufquellen an der Grenze Karbonatgebirge—Schwemmlandebene und direktem Eintritt des Karstwassers in das Grundwasser der (dann meist versumpften) Küstenebene.

Die griechischen Landschaften weisen nicht nur im Festlandsbereich und auf zahllosen Inseln, sondern auch am Peloponnes großräumige Karstbereiche auf. Besonders typisch ist hier das Gebiet zwischen Tripolis und Argos. Dieser Teil des Peloponnes hat geotektonisch im Süden noch Anteil an der sogenannten *Olonos-Pindos-Zone* (Kalke von der Obertrias bis zum Jura als Plattenkalke ausgebildet, darüber Kreidekalke und Flysch), wird aber hauptsächlich von der sogenannten *Parnaß-Ghiona-Zone* eingenommen, die das Zentrum und den Norden des Peloponnes beherrscht. In ihr liegen über triassisch-jurassischen Kalken Kreidekalke und Flysch (N. Papakis, 1962, S. 293, Fig. 4). Es liegt ein Deckenbau vor.

Im östlichen Zentralbereich des Peloponnes liegt das größte abflußlose Becken der Halbinsel, das Becken von Tripolis mit einer N-S-Erstreckung von 40 km und einer W-E-Breite von maximal 15 km. Im ganzen von der 700 m-Isohypse begrenzt, zeigt es eine Gliederung in vier Teilbecken, von denen das südliche die Stadt Tripolis beherbergt. Sowohl am W-Rand (z. B. bei Sarki und Milisa) als auch am E-Rand (z. B. bei Nestani) liegen große Ponore, in die die Entwässerung des Beckens versinkt. Da die durch die Olonos-Kalke überschobene kristalline Basis aus metamorphem Gestein hier nur untief liegt, ja sogar an die Oberfläche tritt, ist die Annahme, daß unter dem Becken auch die Wasserscheide der Halbinsel liegt, berechtigt. Die nach Osten abfließenden Wässer vereinigen sich mit Wässern aus kleineren Karstbecken zwischen Tripolis und Argos und alimentieren die Quellenreihe von der Kephalari von Argos bis zur Anavalos. Erstere liegt 6 km landeinwärts der Bucht von Argos und tritt an der Aufschiebungsgrenze der Kreidekalke über den Flysch aus (Abb. 85). Sie ist eine typische Überfallquelle von 0 bis 5,5 m^3/s Schüttung. Die Flysch-Kalk-Grenze fällt gegen Süden ein, so daß die nächste Quellgruppe, die Lerni-Quellen von Myloi, etwa 500 m von der Küste der Bucht von Argos

Abb. 85. Die Kephalari von Argos

entfernt, nur mehr 1,5 m über dem Meeresspiegel liegen. Es handelt sich um einen sehr bedeutenden Quellhorizont mit geringer Schüttungsschwankung (1,01 m^3/s — 1,5 m^3/s), dessen Wässer zur Zeit unseres Besuches (1963) in die

Planung der Wasserversorgung der Stadt Nauplion einbezogen waren. Gegen Süden folgen Küstenquellen, wie die durch spektakuläre Fassungsbemühungen bekannte Quelle von Ag. Georgios, und schließlich eine Reihe von unterseeischen Quellen, deren bekannteste die sog. Anavolos von Astros ist. Diese Quelle weist eine große Schüttung auf, sodaß sie, obwohl der Quellmund —72 m unter dem Meeresspiegel liegt, wiederholt Objekt von Untersuchungen war. Doch zeigte sich, daß zumindest im Sommer das hier austretende Wasser bereits brackisch ist (D. J. BURDON, 1965). Damit sind wir wieder im Küsten-

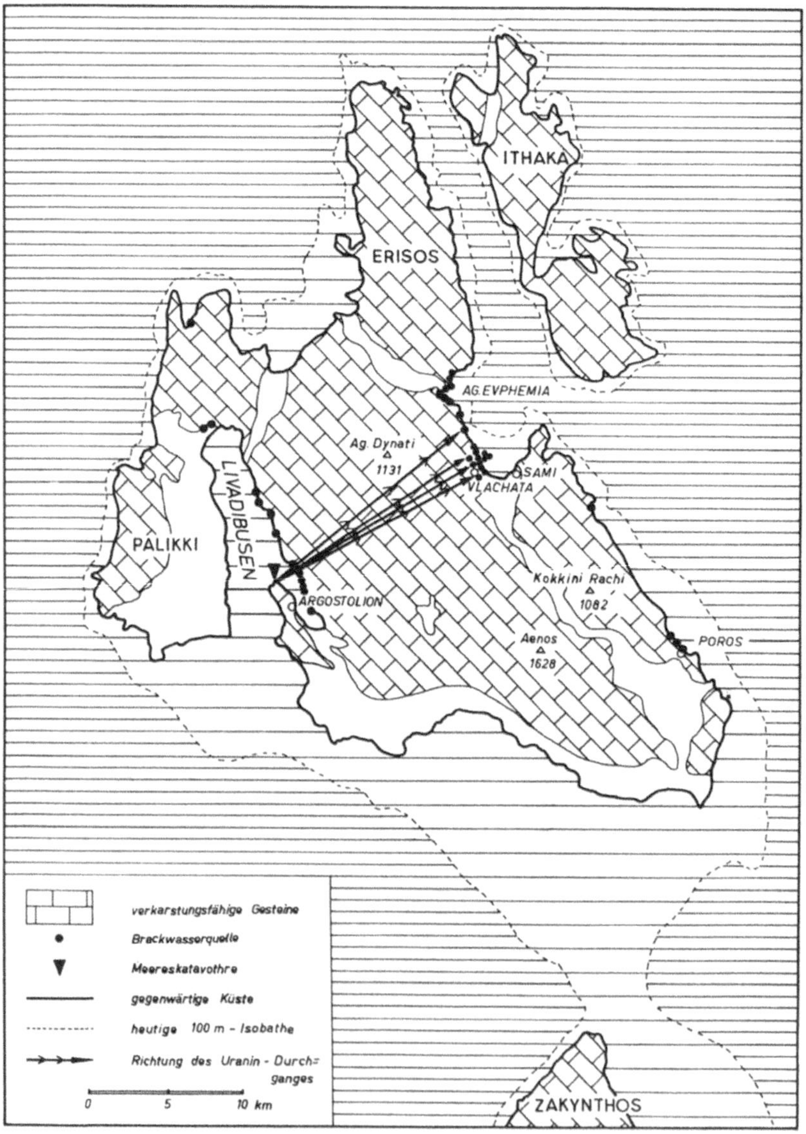

Abb. 86. Kephallinia und Ithaka (Ionische Inseln) und die Ergebnisse der Meerwassermarkierung 1963

bereich und D. J. BURDON (1965, S. 6) bestätigt auf Grund von Bohrungen drei bis vier verschiedene Verkarstungszonen unter dem Meeresspiegel, die nur auf die Einwirkung der eustatischen Meeresspiegelschwankungen im Pleistozän zurückgeführt werden können.

2.3.5. Die Meerwasserschwinden von Argostolion (Kephallinia)

Zu den interessantesten Einzelerscheinungen und bekanntesten Phänomenen der Karsthydrogeologie gehört das Einfließen von Meerwasser in einen Küstenabschnitt Kephallinias.

Abb. 87. Der Zufluß des Meerwassers zu den Meerwasserschwinden von Argostolion

Die Meerwasserschwinden von Argostolion, der Hauptstadt der größten der Ionischen Inseln, Kephallinia (etwa 750 km^2), werden in den griechischen Schulbüchern als das Phänomen der „Meermühlen von Argostoli" für die Jugend ganz Griechenlands beschrieben.

Die Insel Kephallinia erhält durch die dem Hauptmassiv im N und W angegliederten Halbinseln Erisos und Palikki ihre charakteristische Form (Abb. 86). In den zwischen Palikki und dem Hauptmassiv liegenden Livadibusen ragt eine kleine Halbinsel vor, die nach der dort liegenden Hauptstadt der Insel, Argostolion, benannt ist. Das Kernstück der Insel ist der im Hauptmassiv von Ag. Dynati (1131 m) zum Aenos (1628 m) ziehende Gebirgszug, dessen höchste Bereiche noch Reste des einst berühmten Tannenwaldes der Insel tragen.

Der Großteil der Insel besteht aus Kalken und Dolomiten von der Kreidezeit bis zum Paläogen, wobei im Hauptmassiv die Kreidekalke überwiegen.

Im S und SE und auf der Halbinsel Palikki sind sandig-tonige Tertiärsedimente den Karbonatgesteinen auf- und angelagert. Der östlichste Gebirgszug (Kokkini Rachi, 1082 m) besteht aus Kalken und Dolomiten der Trias- und Jurazeit. In tektonischer Hinsicht gehört der Ostteil der Insel (Kokkini Rachi) der Adriatisch-Ionischen Zone an (C. Renz, 1940, 1955), das Hauptmassiv der Paxos-Zone.

Infolge der weiten Verbreitung der Karbonatgesteine treten Karsterscheinungen auf der ganzen Insel auf. Besonders eindrucksvoll sind die großen Einsturzdolinen im Hinterland des Golfes von Sami im E des Hauptmassivs, deren größte in einer Tiefe von 20 m einen Brackwassersee im Ausmaß 160 × 40 m aufweist. Hier tritt auch eine größere Anzahl stark schüttender Brackwasserquellen auf.

Das spektakulärste Karstphänomen der Insel sind jedoch zweifelsohne die Meerwasserschwinden im nördlichen Teil der Halbinsel von Argostolion. Hier liegt der Karstwasserspiegel dauernd unter dem Niveau des Meeresspiegels, was zu einem permanenten Einfließen des Meerwassers in die Klüfte des Kalkgesteins führt. Schon 1835 hat der britische Steuereinnehmer Stevenson dieses Phänomen zum Betrieb einer Mühle genutzt, indem er durch die Anlage eines kleinen Kanals den Zufluß des Meerwassers verstärkte. Später wurde einige hundert Meter weiter südöstlich eine zweite Mühle auf diese Weise betrieben, beide Mühlen wurden durch die Erdbebenkatastrophe des Jahres 1953 zerstört. Nunmehr wurde als Touristenattraktion der Zuflußkanal ausgemauert und ein Wasserrad installiert (Abb. 87, 88).

Nach einer hydrogeologischen Aufnahme der Insel in den Jahren 1959 und 1961, die insbesondere eine Konzentration großer Brackwasserquellen im Bereich zwischen Ag. Evphemia und Sami im E der Insel ergab (vgl. Abb. 86), wurde 1963 eine Markierung des in die Meerwasserkatavothren verschwindenden Wassers durchgeführt (V. Maurin und J. Zötl, 1965). 16 Tage nach der Einspeisung in die Meerwasserschwinde traten die ersten nachweisbaren Spuren in der Quellgruppe in „Phridi“ in der Bucht von Sami auf, der Peak des Durchganges wurde 2 Tage später beobachtet. Das ergibt eine mittlere Fließgeschwindigkeit von 34 m pro Stunde bezogen auf die Luftlinie zwischen Meereskatavothre und Quellen. Es muß vermerkt werden, daß der Versuch unter Hochwasserverhältnissen durchgeführt wurde.

Die hydrogeologische Erklärung des überraschenden Versuchsergebnisses fußt in der geologischen Struktur der Insel und ihrer karstmorphologischen Entwicklung während des Pleistozäns.

Die während der Kaltzeiten des Pleistozäns erfolgte Absenkung des Meeresspiegels betrug in diesem Raum für die Würmeiszeit etwa 100 m. Ein Blick auf die gegenwärtige 100 m-Isobathe (Abb. 86) zeigt, daß während des Hochwürms Kephallinia und Zakynthos ein zusammenhängender Komplex waren, während Ithaka auch damals durch das Meer von Kephallinia getrennt war. Während also im Zentrum des Golfes zwischen Ag. Evphemia und Sami die 100 m-Isobathe sehr nahe an der heutigen Küste verläuft, war der Golf von Livadi, wo das Meer heute nur eine maximale Tiefe von 28 m erreicht, zur Würmzeit Land und zwar ein flaches Becken mit einer Schwelle am heutigen S-Ende des Golfes. Hier sammelten sich die Oberflächengerinne der tonigen

Tertiärsedimente von Ost-Palikki und suchten sich durch die verkarsteten Kalke der Halbinsel von Argostolion den Weg zum nächstgelegenen tiefsten Punkt der Vorflut. Da wasserstauende Tertiärsedimente den Weg nach S verschlossen, war der unterirdische Abfluß durch das verkarstete Hauptmassiv zur E-Küste der kürzeste. Dies war eine ganz natürliche unterirdische Entwässerung des damaligen Beckens von Livadi durch den verkarsteten Gebirgskörper zur 70 m tiefer gelegenen Vorflut, der damaligen Küste. Solche Verhältnisse sind auch heute keinesfalls außergewöhnlich, sondern finden sich in vielen Karstgebieten der Welt. Die zahlreichen Poljen Jugoslawiens und Griechenlands sind die besten Beispiele einer dergestalten unterirdischen Ent-

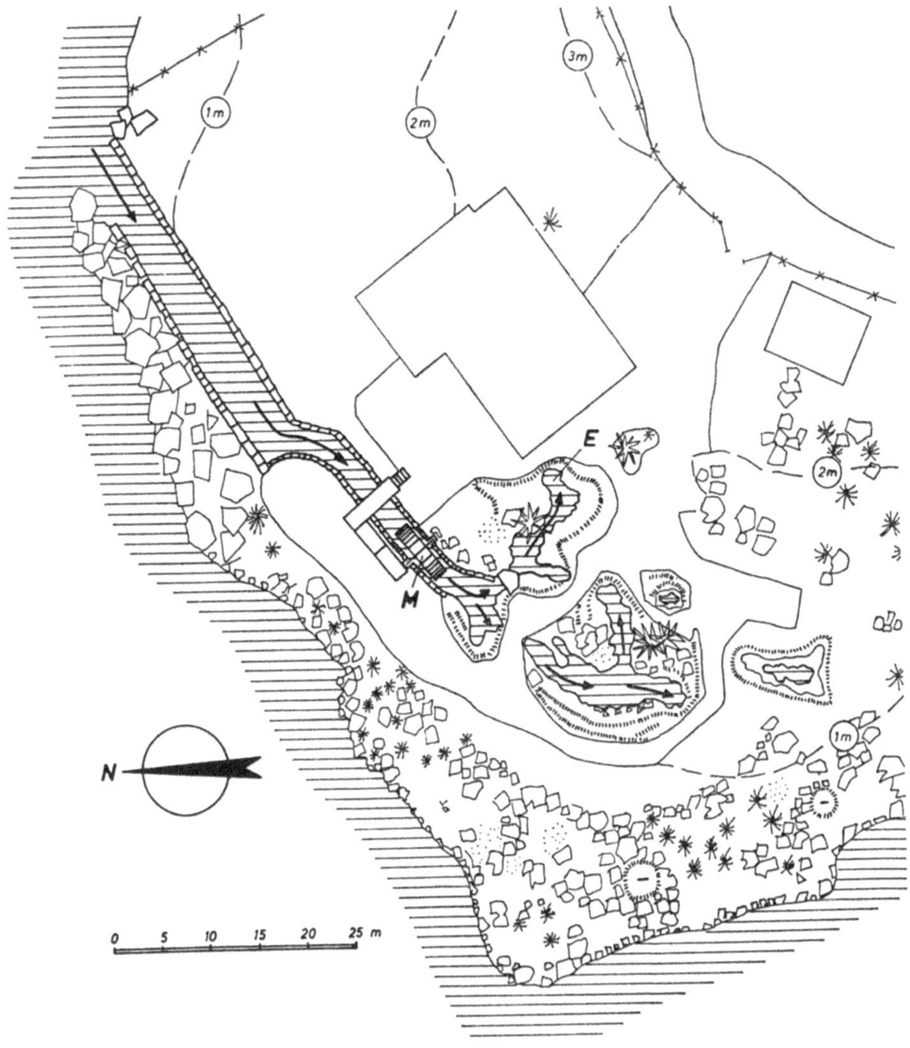

Abb. 88. Plan der nördlichsten Meerwasserkatavothre auf der Halbinsel von Argostolion nach V. Maurin u. J. Zötl, 1967. (*M* Mühlrad, *E* Einspeisstelle 1963)

wässerung, wobei hier die unterirdischen Wasserwege z. T. über 50 km Luftlinie reichen.

Durch den mit dem Ende des Pleistozäns erfolgten Anstieg des Meeresspiegels füllten sich die tieferen Karsthohlräume mit Meerwasser. Die auf die Insel fallenden und in den Gebirgskörper eindringenden Niederschlagswässer (in den höheren Bereichen des Aenos mehr als 1000 mm im Jahresmittel) fließen im Gebirgskörper, dem E-Fallen der Kreidekalkbänke folgend, hauptsächlich nach E ab. Diese ostwärts fließenden Karstwässer einerseits und die alten pleistozänen Abflußwege andererseits geben die Voraussetzungen für das Phänomen der Meerwasserschwinden. Diese Überlegungen werden gestützt durch die Ergebnisse von Untersuchungen an Stalaktiten aus dem Einsturzkessel von Melissani, wenige 100 m hinter der E-Küste in der Bucht von Sami. 1961 konnten von der Decke des überfluteten unterirdischen Höhlensystems Stalaktiten aus Bereichen von 3 m und 26 m unter dem Meeresspiegel geborgen werden. Carbon-14-Bestimmungen durch K. O. Münnich (Zweites Physikalisches Institut der Universität Heidelberg) ergaben ein Alter von etwa 16.000 bzw. 20.000 Jahren (V. Maurin und J. Zötl, 1967, S. 436). Ein weiterer Beweis dafür, daß in dieser Zeit der Meeresspiegel abgesenkt war. Obwohl in diesem Gebiet auch mit tektonischen Bewegungen gerechnet werden muß, lassen verschiedene Beobachtungen auf Kephallinia (Strandterrassen) den Schluß zu, daß die Hauptveränderungen bezüglich des Vorflut- bzw. Küstenniveaus seit der Würmeiszeit in erster Linie auf eustatische Veränderungen des Meerwasserspiegels zurückzuführen sind.

Der Klärung der hydrogeologischen und morphogenetischen Hintergründe des Phänomens folgte der Versuch von H. Bergmann und Th. Glanz, die hydraulischen Vorgänge zu erfassen (Th. Glanz, 1965). Dies geschah sowohl theoretisch als auch durch die Konstruktion eines Modells.

Die chemischen Analysen ergaben für die großen Brackwasserquellen im Golf von Sami ein Verhältnis von Frisch- zu Salzwasser 6 : 1 und 3,5 : 1. Der Hauptteil des hier austretenden Wassers kommt daher aus den im Gebirgszug des Aenos versickernden Niederschlägen, wobei hier eine beachtliche Speicherung gegeben sein muß, wie die hohe sommerliche Wasserführung der Quellen und die relativ tiefen und konstanten Temperaturen beweisen [1].

In einem verkarsteten Gebirge nimmt die Zahl der Wasserwege von der Oberfläche gegen die tieferen Bereiche ab, dasselbe gilt auch für die *Summe* der Querschnitte der durchflossenen Klüfte. Das heißt, daß die Fließgeschwindigkeit des unterirdisch abfließenden Wassers mit der Tiefe zunimmt (bis zum Austritt im ungefähren Vorflutniveau). Es wird daher fortschreitend potentielle Energie in kinetische Energie umgewandelt (Th. Glanz, 1965, vgl. Abb. 89).

V. T. Stringfield und H. E. LeGrand (1969) geben einer anderen hydraulischen Erklärung des Phänomens der Meerwasserschwinden den Vorzug. Inspiriert von einem ähnlichen Phänomen des Küstenkarstes in Florida (Lake Tarpon) knüpfen sie an eine Angabe von F. W. Crosby und W. O. Crosby (1896) an, nach der ein Brunnen (Bohrung ? d. Verf.)

---

[1] So zeigten alle bei der Quelle „Phridi“ von 1959 bis 1963 durchgeführten Temperaturmessungen zu verschiedenen Jahreszeiten nur Werte von 15,0 bis 15,1 ° C.

in Argostolion etwa eine Meile von den Meermühlen entfernt in einer Tiefe von 224 ft. eine Höhle anfuhr, deren vertikale Ausdehnung 200 ft. gehabt haben soll. In der Annahme, daß im Hauptmassiv der Insel die Karstwasseroberfläche auch im Innern nur wenig über dem Meeresspiegel liege, weisen sie darauf hin, daß ein Karstwasserspiegel von nur 5 ft. über Meeresniveau genüge, einer 200 ft. hohen Säule von Salzwasser das Gleichgewicht zu halten, wenn das spezifische Gewicht des Meerwassers mit 1,025 angenommen wird. Wenn nun die Mischung des Meer- und Süßwassers in den von F. W. CROSBY und W. O. CROSBY angegebenen kavernösen Bereich in 200 ft. Tiefe vor sich gehe, müsse der Karstwasserspiegel weniger als fünf Fuß über dem Meeresspiegel sein, damit das Gewicht der Salzwassersäule über jenem des Süßwassers liegt und ein kontinuierliches Fließen des Salzwassers in die Misch- und Diffusionszone stattfinden könne. Nach der Mischung sei das Brackwasser nicht mehr so schwer wie das Salzwasser und könne daher entlang des Grenzsaumes vom Süß- und Salzwasser zu den Küstenquellen hochsteigen.

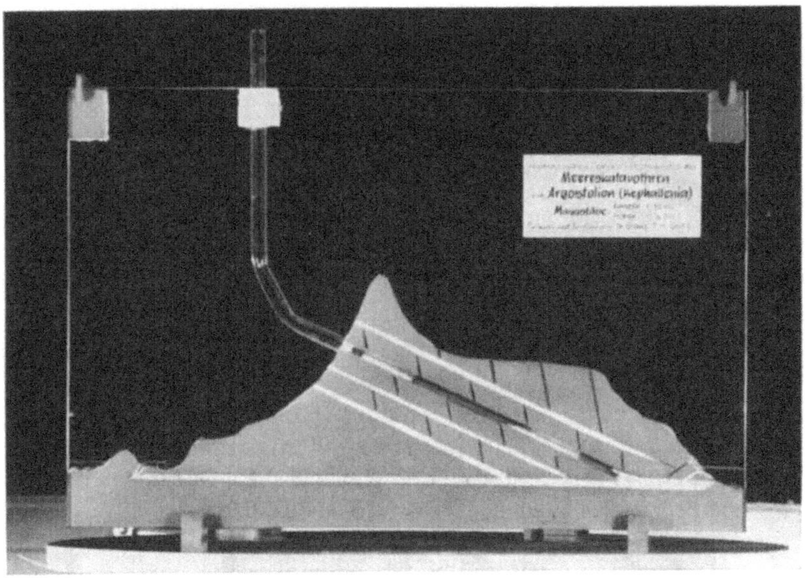

Abb. 89. Hydraulisches Modell nach TH. GLANZ (1965)

Auch diese Erklärung würde der von mir dargelegten morphogenetischen Entwicklung des Systems während des Pleistozäns nicht widersprechen. Rein sachliche Einwände gegen diese Hypothese sind, die nicht klare örtliche Lage des von F. W. CROSBY und W. O. CROSBY (1896) genannten Brunnens, wobei zu berücksichtigen ist, daß die Stadt Argostolion sich von Meereshöhe 0 bis etwa 90 m Sh. erstreckt. Weiters ist nicht richtig, daß kein beachtliches Gefälle der Karstwasseroberfläche vorhanden ist, wie dies V. T. STRINGFIELD und H. E. LEGRAND (1969, S. 400) annehmen. Sicher liegt der Wasserspiegel in der Einsturzdoline Melissani nur wenige dm über dem Meeresspiegel. Hier handelt es sich aber bereits um Brackwasser und der Einbruch liegt in einer Küstenverebnung. Erst weiter im Hinterland erhebt sich das Massiv des Aenos (bis über 1600 m) und hier liegen, durch eine Schürze von Tertiärsedimenten bedingt, beachtliche Quellaustritte in 300—600 m Sh., die beweisen, daß der Karstwasserkörper im Gebirge weit höher ansteigt als dies V. T. STRINGFIELD und H. E. LEGRAND (1969) annehmen (vgl. V. MAURIN und J. ZÖTL, 1960). Es ist jedoch für mich, der ich durch Jahre hindurch immer wieder auf Kephallinia gearbeitet habe, erfreulich zu sehen, daß das hydrogenetisch geklärte Phänomen der Meerwasserkatavothren von Argostolion noch immer den Anreiz zu hydraulischen Debatten gibt.

2.3.6. Dolomitentwässerung und Erdfälle in Transvaal (Südafrikanische Union)

Im Raume Pretoria-Johannesburg-Witwatersrand treten verbreitet Dolomite auf, in denen einerseits auf Grund der geologisch-tektonischen Entwicklung ganz eigenartige natürliche Entwässerungsverhältnisse vorliegen und andererseits durch künstliche Entwässerung das spektakuläre Phänomen großer Erdfälle ausgelöst wurde. Besonders eingehend untersucht ist das Gebiet von Far West Rand zwischen Johannesburg und Potchefstroom (J. F. Enslin, 1969, u. a.).

Die in diesem Raum ausstreichenden Gesteine gehören hauptsächlich zum präkambrischen Transvaal-System, das von oben nach unten in die Pretoria-Serie (Tonschiefer, Quarzite, Vulkanite), die Dolomit-Serie (dolomitische Kalke und Hornsteine) und die Black Reef-Serie (Quarzite und untergeordnet Tonschiefer) gegliedert wird. Die gesamte Folge fällt mit 6°—12° nach S ein. Daher bilden die Ausstriche der verschiedenen Horizonte ungefähr E-W-streichende Zonen.

Die Black Reef-Serie bildet die nördliche Grenze des Dolomitgebietes. Dieses selbst ist ein gegen das Tal von Wonderfonteinspruit und den Movi River hin abfallendes Flachland. Die Pretoria-Serie baut den Gatsrand auf, eine Reihe von Hügeln, die 100 bis 160 m über das flache Dolomitgebiet aufragen und dessen südliche Grenze darstellen. Die älteren unterlagernden Gesteine des Ventersdorp- und Witwatersrand-Systems treten in den niedrigen Hügeln im N und W des Gebietes zutage.

Die Dolomite erreichen Mächtigkeiten von 500 bis 1200 m, sie waren schon in vorpermischer Zeit einer intensiven Verkarstung ausgesetzt. Die spätpaläozoische Landoberfläche der Dolomite zeigt Reliefunterschiede bis zu 120 m. Während des Perms wurde diese Landoberfläche von Sedimenten des Karrusystems überdeckt (Sandsteinen, Tilliten, Tonschiefern; A. W. Rogers, 1929), die später wieder weitgehend abgetragen wurden, so daß heute die Dolomite z. T. wieder die Landoberfläche bilden oder bis nahe unter diese aufragen. In den großen Hohlformen der alten Landoberfläche sind sie aber mit Mächtigkeiten bis zu 120 m erhalten. Das überdeckte Relief hat zum Teil steile Ränder, an denen auch die rezente Verkarstung wieder wirksam wird. In den jüngeren Talungen und Mulden liegen bis zu 30 m mächtige Sedimente (Terra rossa, Schutt, Dolomitblöcke, in situ verwitterter Dolomit, Hornstein, äolische Ablagerungen usw.), in denen sich lokale kleinere Grundwasserkörper entwickeln konnten.

Kleinere Karsthohlformen sind an vielen Stellen mit mangan- und eisenhydroxydreichen Ablagerungen erfüllt (wad), die im Falle einer Entwässerung stark schrumpfen.

Die gesamte Dolomitserie nimmt im Transvaal etwa 14.000 km² ein und ist der wichtigste Aquifer (grundwasserführende Körper) der Republik (J. F. Enslin, 1969, S. 2). Nach Ablagerung der Dolomite wurde der gesamte Bereich von einer Aufwölbung erfaßt, mit der Zerrungserscheinungen Hand in Hand gingen. In deren Folge drangen, die Zerrungsklüfte oft in vielen Zehnermetern Breite und über Kilometer Längserstreckung füllende, syenitische magmatische Massen auf. Diese Gänge (dikes) teilen heute die gesamte Schichtfolge in sogenannte Compartments („Sektionen"; vgl. Abb. 90).

Der Verlauf dieser Dolerit- und Syenitgänge ist im Gebiet von Far West Rand N—S. In den durch diese Dikes gebildeten hydrographisch selbständigen Reservoiren stellt sich ein Wasserspiegel ein, der sich von dem des benachbarten Compartments deutlich unterscheidet. Am tiefsten Punkt des an der Geländeroberfläche ausstreichenden Ganges tritt eine als „Auge" bezeichnete Quelle aus, deren Wasser vom höher gelegenen Karstwasserkörper über die Barriere des Ganggesteines in das tiefere Compartment fließt.

Daneben gibt es auch noch E—W-streichende Gänge, die die Dolomitgebiete weiter unterteilen. Insgesamt unterscheidet man im Bereich von Far West Rand sechs Compartments mit den dazugehörigen Quellbezirken (Abb. 90). Die vor der Beeinflussung durch den Bergbau abfließenden Was-

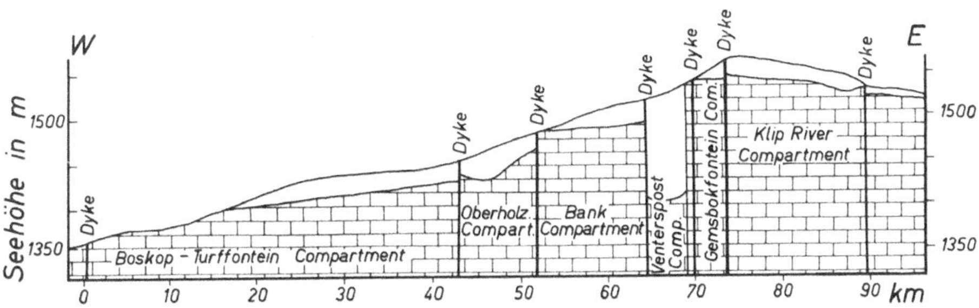

Abb. 90. Geologischer Schnitt durch die Dolomit-Compartments von Far West Rand, Transvaal (nach J. F. Enslin, 1969, Fig. 3)

sermengen waren z. T. sehr beträchtlich (z. B. Venterspost Eye im Mittel 240 l/s, max. 368 l/s; Oberholzer Eye im Mittel 625 l/s, max. 1.200 l/s), sie dienten hauptsächlich der Bewässerung.

Durch Morphogenese und Tektonik ist ein in den Dolomiten der einzelnen Compartments einheitliches, durch die Klüfte, Karsthöhlen und -kanäle zusammenhängendes Karstwasserreservoir entstanden.

Wenn man annimmt, daß die die einzelnen Compartments trennenden Gänge wirklich dicht sind, — und das ist durch in ihnen niedergebrachte Schächte erwiesen, — handelt es sich um natürliche Speicherbecken, deren Abfluß die Quellen (eyes) sind und deren Ergänzung durch Niederschläge, Versickerung aus Flüssen, die das Dolomitgebiet queren, Oberflächenabfluß aus der nicht dolomitischen Umgebung in das Dolomitgebiet und überschüssiges Bewässerungswasser erfolgt. Messungen über 50 Jahre am Steenkoppies Eye haben ergeben, daß von dem auf die Oberfläche des Compartmens fallenden Niederschlag in der Höhe von 26,4 inches (670 mm) 10,6% zur Karstwasseranreicherung versickern [1]. Da der Oberflächenabfluß sehr gering ist, geht aus

[1] Final Report of the Interdepartmental Committee on Dolomitic Mine Water: Far West Rand. Pretoria 1960.

diesen Angaben hervor, daß die Hauptmasse des Niederschlages der Evapotranspiration zum Opfer fällt.

Diese an sich eigenartige Ausbildung von Karstwasserkörpern in Sektionen (Compartments) erhält nun ihre besondere Problematik durch die Gold- und Uranerzminen. Diese wirtschaftlich bedeutenden Erze liegen mehr oder minder tief unter den Dolomiten in Konglomeraten und Quarziten der oberen

Abb. 91. Erdfall (sinkhole) unter Bahngeleise im Minengebiet von Far West Road, Transvaal

Schichten des Witwatersrand Systems (Main Reef und Carbon Leader) und in Konglomeraten der Basisschichten des Ventersdorp Systems (Ventersdorp Contact Reef), wobei die Schichten 35—40° ESE einfallen. Obwohl zum Teil sehr mächtige nichtkarbonatische Schichten zwischen den Erzabbauen und den hangenden Dolomiten liegen, sind jüngere, den gesamten Komplex durchdringende Klüfte und Störungen ausreichend wasserwegig, um ein Eindringen des überlagernden Dolomitwassers in den Bergbau zu ermöglichen, wobei die Eindringungsrate schließlich eine Funktion der Zunahme des durch den Bergbau abgestockten Bereiches wird.

Der Wasserzudrang zu den einzelnen Minen ist sehr verschieden, zu dem bisher bedeutendsten Wassereinbruch kam es am 26. Oktober 1968, an dem 365.000 m^3 Wasser in eine Mine zuflossen (J. F. ENSLIN, 1969, S. 3).

Abb. 92. Zerrungskluft am Rand des unterirdischen überdeckten Dolomithanges

Das erste Problem ist, daß mit dem Wasserabzug in die Minen die Schüttung der Quellen beeinträchtigt wird, die seit der Besiedlung des Gebietes die Grundlage für die Bewässerung darstellen, ohne die die intensive Landwirtschaft nicht betrieben werden kann.

Wird aus einem Compartment mehr Wasser abgezogen, als die natürliche Ergänzung beträgt, so wird der Karstwasserspiegel abgesenkt und die Quelle fällt trocken. Die Zeit bis zur Beeinflussung der Quelle hängt ab von der Entwässerungsrate, der Menge des im Compartment über der Ausflußhöhe gespeicherten Wassers und der Entfernung zwischen Quelle und Entwässerungspunkt. Da die Lateralbewegung des Karstwassers im allgemeinen langsam ist, hat der Wasserspiegel ein Gefälle in Richtung zur Quelle oder zum Pumpbereich. Dieses Gefälle liegt in den Dolomiten im allgemeinen zwischen 1 : 500 bis 1 : 5000.

Aus dem Gesagten ergeben sich folgende Überlegungen: Würde alles von den Minen gepumpte Wasser wieder in das Compartment zurückgeführt, so würde der Quellabfluß nicht beeinträchtigt. Da aber Verdunstungsverluste bestehen und die Minen selbst im Betrieb Wasser verbrauchen, geht die Quellschüttung auf alle Fälle zurück. Ist es aber notwendig (s. u.), das gepumpte Wasser in Gebiete außerhalb des Compartments abzuleiten, kann es zu einer weitgehenden Entleerung des Dolomitkörpers kommen. Während die Minen pumpen, sind die für die Bewässerung erforderlichen Wässer gegeben. Bei völliger Entwässerung geht auch der Zudrang zu den Minen (und dementsprechend die zu pumpende Wassermenge) auf das Ausmaß der natürlichen Ergänzung zurück. Bei dem Eigenverbrauch der Minen kann dies zu einer Klemme in der Versorgung der Bewässerung führen. Vor allen Dingen ist zu bedenken, daß mit der Schließung der Mine (und Aufhören des Pumpens), solange kein Wasser für die Bewässerung zur Verfügung stehen wird, bis daß der Dolomitkörper wieder aufgefüllt ist.

Berechnungen haben ergeben, daß mit der gänzlichen Schließung des Minenbetriebes in zwei Compartmens im Jahre 1995 bzw. 1999 eine erste Quellschüttung wieder in den Jahren 2038 bzw. 2039 einsetzen, die Normalschüttung aber erst in den Jahren 2042 und 2045 wieder hergestellt sein wird.

Das Studium zahlreicher Bohrungen ergab, daß Klüftung und Verkarstung im Dolomit gegen die Tiefe zu rasch abnehmen. So haben Berechnungen für die zwei obgenannten Compartments ergeben, daß von der gesamten gespeicherten Wassermenge von 102.000 Mill. Gallonen bzw. 232.000 Mill. Gallonen (= 463 bzw. 1.053 Mill. m^3) 84,4 bzw. 75% in den oberen Etagen des Dolomites vom Wasserspiegel bis 500 ft unter dem Wasserspiegel gelagert sind.

Ein zweites schwerwiegendes Problem sind die als Folge der Absenkung des Karstwasserkörpers auftretenden Erdfälle (sinkholes) und Senkungen. Durch den Wasserentzug werden in den Dolomiten einerseits Karsthohlräume freigespült und die Wasserzirkulation aktiviert, sodaß z. B. über ursprünglich erfüllten Hohlräumen sich in den überdeckenden Karru-Ablagerungen nach oben greifende, kuppelförmige Hohlräume ausbilden können, die bei Annäherung an die Oberfläche zu Einstürzen führen. Besonders gefährdet sind die Zonen steilerer Abfälle des präpermischen Reliefs wegen der unterschiedlichen Setzungsbeträge und der verschieden großen Mächtigkeit der jüngeren Sedimente.

Eine besondere Gefahr stellen die plötzlichen Einstürze dar. So zerstörte im Dezember 1962 ein plötzlicher Einsturz eine Brecheranlage in der West Driefontein Mine und forderte 29 Menschenleben. Im August 1964 verschwanden zwei Häuser und Teile zweier weiterer im Blyvooruitzicht Township in den Untergrund, wobei fünf Menschen den Tod fanden (J. F. Enslin, 1969, S. 4). Abb 91 und 92 illustrieren das Erscheinungsbild dieser Vorgänge. Durch umfangreiche Studien, insbesondere durch Schweremessungen war es möglich, die gefährdeten Gebiete abzugrenzen und letztlich durch Evakuierung der Bevölkerung aus diesen Bereichen weitere Opfer an Menschenleben zu verhindern.

2.3.7. Die Donauversickerung in Baden-Württemberg

Die Donau durchbricht etwa 20 km nach ihrer Entstehung aus dem Zusammenfluß von Brigach und Breg die Schwäbische Alb (Abb. 28). Hier erleidet sie Wasserverluste, die bei geringem Wasserstand zur völligen Trockenlegung des Flußbettes führen (Abb. 93).

Abb. 93. Die Donauversickerung östlich Immendingen (Brühl). Beginn der trockenen Donaustrecke und Eingabestelle *G* (Abb. 28) beim Markierungsversuch 1969. (Photo: W. Käss, 1969)

Die Vermutungen über den Wiederaustritt des versickernden Donauwassers konzentrierten sich schon frühzeitig auf die Aachquelle (Abb. 28). Den ersten definitiven Nachweis erbrachte ein im Spätsommer 1877 durchgeführter Markierungsversuch. Infolge der Interessengegensätze der Aach- und Donauanrainer und der Landesgrenze zwischen Baden und Württemberg in diesem Bereich wurde die Donauversickerung zu einem hydrologischen und politischen Problem ersten Ranges. Die umfangreiche damit befaßte Literatur sammelte W. Käss (1969).

Im Jahre 1874 trat erstmals eine Vollversickerung der Donau im Brühl östlich Immendingen ein. Seit 1901 gab es kein Jahr mehr, in dem hier nicht über längere oder kürzere Zeit das Donaubett trocken lag.

Die Aachquelle gilt als größte Quelle Deutschlands, ihre mittlere Schüt-

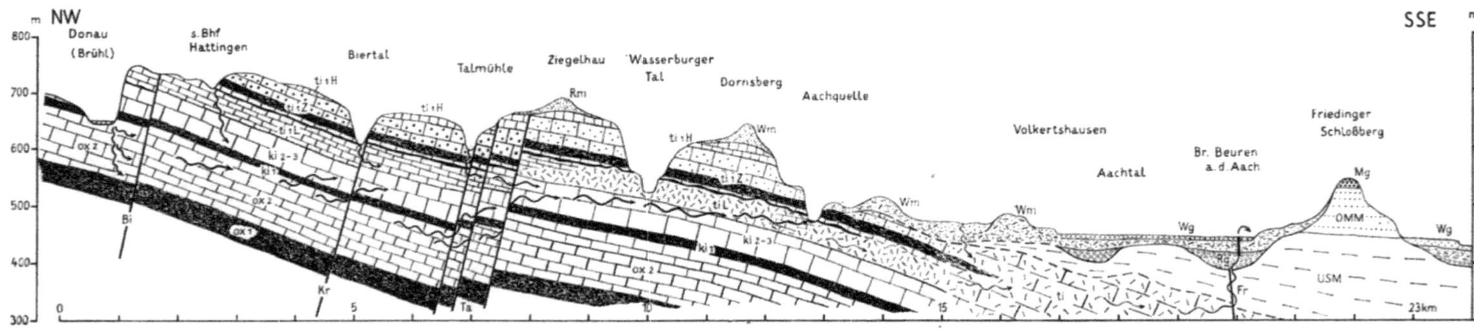

Abb. 94. Geologischer Schnitt Donauversickerung im Brühl—Aachquelle—Beuren a. d. Aach (10fach überhöht, nach A. Schreiner, 1970). Vermutlicher Weg des Donauwassers zur Aachquelle = Wellenlinie mit Pfeil; *Wg* Würm; Kies, Sand. *Wm* Würm; Moräne. *Rg* Rinnenschotter. *Mg* Mindelschotter. *OMM* Obere Meeresmolasse. *USM* Untere Süßwassermolasse. *ti 1H* Hangende Bankkalke. *ti 1Z* Zementmergel. *ti 1L* Liegende Bankkalke. *ti* Tithon, ungegliedert. *ki 2—3* Kimmeridge-Kalke. *ki 1* Kimmeridge-Mergel. *ox 2* Oxford-Kalke. *ox 1* Oxford-Mergel. *Bi* Biesendorfer Verwerfung. *Kr* Kriegertal-Verwerfung. *Ta* Talmühle-Verwerfungen. *Fr* Friedinger Verwerfung

tung liegt bei 8,8 m^3/s, das bisher festgestellte HHQ betrug 24,1 m^3/s. Nach den orographischen Verhältnissen würde das Einzugsgebiet der Aachquelle nur 9,5 km^2 umfassen, es ist jedoch anzunehmen, daß es je nach dem Karstwasserstand zwischen 250 und 350 km^2 einnimmt (H. Hötzl, 1970).

Das Donaubett ist zwischen Immendingen und Beuron keineswegs der Vorfluter des Karstwasserkörpers (vgl. Kapitel 2.3.2.). Treten Quellen im linken Talbereich auf, so ist dies auf die Lage der wasserstauenden Mergel zurückzuführen. Sind diese unter dem Talniveau, so zeigten Grundwasserbeobachtungen, daß ein Teil der aus dem Malm zufließenden Wässer nicht das Donautal abwärts sondern unter der Donau nach S fließt. Damit reicht das Einzugsgebiet des Rheins über das Donautal nach N.

Ursache dieser Entwicklung ist, daß die abdichtende Molasseschürze im S weit abgeräumt wurde und die Erosion die verkarsteten Jurakalke in einem Niveau von fast 200 m unter dem Donautal angeschnitten hat. So wurde die Aachquelle zum Hauptvorfluter der südlichen Alb (Hegaualb, Abb. 94). Der Quellaustritt, — nur 11,7 km Luftlinie von der Donauversickerung im Brühl entfernt —, liegt bei 475 m über NN und damit 175 m tiefer als das Donaubett unterhalb von Immendingen (650 m über NN). Im Jungpleistozän lag das Vorflutniveau noch an die 50 m unter dem heutigen und es wird angenommen, daß schon im Mindel-Riß-Interglazial das Vorflutniveau etwa dem heutigen entsprochen habe. Die Anlage des Quellaustrittes, des sog. Aachtopfes, zeigt auch, daß sich der Karstwasserkörper bereits auf ein tieferes Vorflutniveau eingestellt hatte. Tauchversuche ergaben, daß an den Aachtopf in 17 m Tiefe eine Unterwasserhöhle anschließt, die bisher 300 m weit nach N verfolgt werden konnte (J. Hasenmayer, 1968). Es sind also die eiszeitlichen Schmelzwasserinnen am N-Rand der alpinen Vorlandvergletscherung, die die Freilegung und Absenkung des Karstwasserkörpers in der südlichen Schwäbischen Alb (Hegaualb) bewirkten.

Nach den gegenwärtigen hydrogeologischen Verhältnissen *hat* die Donau bereits ihren Oberlauf an den Rhein verloren, denn nur die Verbindung zum Rhein (Aachquelle) ist eine ständige. Sie ist zur Zeit der Vollversickerung im Brühl der einzige Wasserweg von Brigach, Breg und Aitrach (der „oberen Donau“), während bei Wasserführung des Donaubettes im Brühl eine Bifurkation besteht.

3. Beispiele hydrogeologischer Erfahrungen im Zuge des Ausbaues technischer Objekte in Karstgebieten

Wie bei anderen Fächern der Naturwissenschaft (Geologie, Physische Geographie) kann auch die Karsthydrogeologie in ihrer Zielrichtung auf eine vorwiegend technische Fragestellung hinauslaufen. Diese Verbindung mit der Praxis war nicht zuletzt insofern nützlich, als viele grundsätzliche Probleme der allgemeinen Karsthydrogeologie erst durch die Erfahrungen im Zuge der Bearbeitung technischer Belange ins richtige Licht gerückt und von erstarrten Hypothesen befreit wurden, wie etwa die Frage des „Karstwasserspiegels". Schließlich war auch die Entwicklung neuer Methoden der Karsthydrogeologie erst durch die für praktische Arbeiten vorhandenen Mittel möglich.

Besondere Bedeutung hat diese angewandte Karsthydrogeologie für den Speicher- und Sperrenbau und den Tunnelbau im Karbonatgebirge gewonnen. Die Wasserversorgung in Karstgebieten und die Nutzung großer Karstquellen für die Versorgungswasserwirtschaft sind zwar seit altersher Objekte der Karsthydrogeologie, jedoch gerade in jüngster Zeit im Zusammenhang mit den Problemen der Umweltverschmutzung und den damit aktuellen Fragen des Einzugsgebietes von Karstquellen neuerdings in den Mittelpunkt speziellen Interesses gerückt. Eine vermehrte Bedeutung gewinnt in diesem Rahmen auch die Frage der Beziehungen zwischen Karst- und Talgrundwässern.

3.1. Karsthydrogeologie und Tunnelbau

3.1.1. Der Schneealpenstollen

Eines der aufschlußreichsten Beispiele des Stollenbaues im Karbonatgebirge ist der in den Jahren 1965 bis 1968 durchgeführte Ausbau des 9681 m langen Wasserleitungsstollens durch das Schneealpenmassiv. Das Schneealpenmassiv bildet mit Rax und Schneeberg die östlichsten Ausläufer der Kalkhochalpen. Die Lage des Stollens ist aus Abb. 113 (Übersicht über I. u. II. Wiener Hochquellenleitung) ersichtlich.

Zweck dieser Stollenanlage war die Einleitung der Wässer der im Karlgraben am Südfuß der Schneealpe gelegenen „Sieben-Quellen", die bereits 1899 (!) von der Stadt Wien angekauft worden waren, in das System der I. Wiener Hochquellenleitung. Der Vortrieb des Stollens erfolgte gleichzeitig vom Norden und Süden, freilich mit recht verschiedener Vortriebsleistung. Das Mundloch des Südtrums im Karlgraben liegt in 792 m Seehöhe, jenes des Nordtrums im Reistal in 772 m Seehöhe, woraus sich ein Gefälle von 2‰ nach Norden ergibt (F. Bauer, 1969, S. 194). Die Lage des Stollens an oder nahe der Basis des Karstwasserkörpers, ja unter den Austrittsstellen der beiden großen Quellgebiete im Bereich des Stollens [1], ließ von vornherein große Schwierigkeiten mit der Wasserhaltung erwarten, und dies vor allem im Südtrum. Gerade deshalb gehört dieser Vortrieb zu den lehrreichsten Beispielen.

Ein Jahr nach dem am 6. Dezember 1965 erfolgten Stollenanschlag waren im Südtrum erst 663,5 Stollenmeter erreicht, wobei zum Teil nur Vortriebsleistungen von 1,0—1,5 m pro Tag erzielt wurden (P. STEINWENDER und J. DONNER, 1970, S. 623) und besondere Sicherungen mittels armiertem Spritzbeton (bis 15 cm Stärke) notwendig waren.

Man saß hier bereits 106 m in einer Störungszone und hatte ständig mit starken Wasserzutritten, „die sich im Zuge der Stollenarbeiten stets in Richtung zur Stollenbrust verlagerten" S. 623) zu kämpfen. Der erste zunächst nicht beherrschbare Wassereinbruch erfolgte bei Stollenmeter 637, wo eine mit sandigem Lehm und Gesteinsblöcken erfüllte, quer zur Stollenachse streichende Kluft angefahren wurde. Durch die Ausschwemmung der Kluftfüllung trat eine erhöhte Wasserwegigkeit ein und bei gleichzeitigem Absinken der Schüttung der Sieben-Quellen stieg die Stollenwasserführung über 100 l/s an (F. BAUER, 1969, S. 198, Fig. 4). Im Juli 1966 fielen die Sieben-Quellen erstmals trocken und ihr gesamtes Wasser (etwa 500 l/s) trat im Stollen aus. Die Sieben-Quellen sprangen nun nur noch nach ergiebigen Niederschlägen an (24. Juli 1966 Stollenwasserschüttung etwa 1300 l/s, Sieben-Quellen über 2000 l/s). Diese Kluftzone wurde schließlich im Oktober 1966 abgemauert und ein Umfahrungsstollen angeschlagen, wobei der Blindstollen nun zur Wasserentlastung diente. Zur Zeit der Schneeschmelze im Frühjahr 1967 erfolgte auch eine provisorische Abmauerung des Umfahrungsstollens, um die Wasserhaltung zu beherrschen.

Zehn Stunden nach Schließung der in die Abmauerung einbetonierten Entlastungsrohre (und Flutung von 120 m Stollen in der Störungszone!) sprangen die seit 31. Juli 1966 trockenen Sieben-Quellen wieder an. Dieses Zusammenspiel von Quellschüttung und Schieberstellung bei den Entlastungsrohren offenbarte sich noch des öfteren.

Nachdem die Frühjahrsschneeschmelze im April 1967 nicht nur einen starken Schüttungsanstieg bei den Sieben-Quellen (etwa 1490 l/s) sondern im Stollen bei Station 522 m auch einen Sohlenbruch und einen Anstieg der Stollenwasserführung auf 250 l/s zur Folge hatte (P. STEINWENDER und J. DONNER, 1970, S. 624), wurde für die Wasserhaltung, die längst zum zentralen technischen und wirtschaftlichen Problem dieses Bauvorhabens geworden war, ein völlig neues Konzept erstellt, nämlich die Umstellung vom Pumpbetrieb auf den Ausbau einer Heberleitung, mit deren Hilfe und der Installation von Zusatzeinrichtungen eine Wasserhaltung bis über 1000 l/s ohne wesentlichen Pumpeneinsatz möglich war. Tatsächlich wurden Leistungsspitzen von 750 l/s gemessen. Mittels dieser Einrichtung wurden bis November 1967 etwa 7,689.600 m³ Wasser aus dem Südtrum des Stollens geleitet, was im Falle einer Leistung durch elektrische Pumpen Stromkosten von etwa 6,5 Millionen Schilling ergeben hätte (P. STEINWENDER und J. DONNER, 1970, S. 626). Obwohl natürlich auch der Ausbau der Heberleitung beachtliche Mittel erforderte, war diese Lösung dennoch die weitaus beste und die Beschreibung der technischen Details durch die obzitierten Autoren ist für den Bergingenieur und den Hydrogeologen in gleicher Weise informativ.

Schon die starken Wassereinbrüche im noch kurzen Südtrum des Stollens zeigten, — was übrigens auch Lage und Schüttungsgang der Sieben-Quellen schon vermuten ließen —, daß zumindest in den Randbereichen des Massivs die Verkarstung bis zur Basis der Kalke fortgeschritten war. Es ist daher nicht verwunderlich, daß bei Stollenmeter 750 eine ca. 7 m breite und bis 8 m hohe Kaverne angefahren wurde, der bis Station 847 m immer wieder mit Lehm und Blockwerk gefüllte Spalten folgten. Die umfangreichen bautechnischen Maßnahmen sind bei P. STEINWENDER und J. DONNER (1970, S. 626) und T. E. GATTINGER (1973, S. 41 ff) eingehend beschrieben. Die starken Wassereinbrüche hörten auf, als der Stollen bei etwa Meter 880 in

---

[1] Das Mundloch des Südtrums liegt 10 bis 20 m unter den Sieben-Quellen, jenes des Nordtrums etwa 30 m unter dem Hauptaustritt der Wasseralm-Quelle (F. BAUER 1969, S. 195).

die auf eine längere Strecke im Südteil des Stollens aufbuckelnden Werfener Schichten einfuhr.

Den im Südtrum tätigen Bauingenieuren blieb jedoch wahrlich keine Schwierigkeit erspart. Nach ersten Haselgebirgseinschlüssen trat im Bereich von Station 906 m bis 928 m erstmals geschlossen (stark druckhaftes und nachbrechendes) Sulfatgestein auf, dem später reiner Gips (Station 954 m) und Anhydrit (Station 997 bis 1173 m) folgten. Dies erforderte nicht nur besondere Betonzusätze und eine schwere Stollenauskleidung sondern vor allem eine Absicherung dieser Strecke gegen einen Zudrang von Wasser aus dem südlichen, im stark wasserführenden Karbonatgebirge liegenden Stollenbereich. Ein solcher Zutritt entlang der Stollenröhre hätte die Gefahr von Laugungserscheinungen in der Gips-Anhydritzone und deren Folgen bedeutet. Zur Bannung dieser Gefahr wurde bei Station 888 m eine Dichtscheibe aus Stahlbeton von 1 m Breite und einer Einbindtiefe von 1,50 m um die Stollenröhre vorgesehen.

Um das Maß an Schwierigkeiten voll zu machen folgte der nunmehr beherrschten Wasserhaltung im März 1968 bei Station 1383 m ein Erdgaseinbruch, der nur dadurch zu keiner Katastrophe führte, daß sich das Gas sofort entzündete (Flächenbrand von über 10 m^2 an der linken Ulme) und dadurch kein explosives Luftgasgemisch entstand. Die damit verbundenen bautechnischen Maßnahmen und die Zusammensetzung des Erdgases sind bei P. Steinwender und J. Donner (1970, S. 627 f.) und T. E. Gattinger (1973, S. 37—38, 49) nachzulesen.

Die geschilderten Schwierigkeiten widerspiegeln am besten die der Tab. 3 von P. Steinwender und J. Donner (1970, S. 630) entnommenen Zahlen: In 3 Baujahren gab es 336 Vortriebstage, deren Ergebnis nur 1.579 m Vortriebslänge war. Unter anderem wurden 2.654 t Zement und 6.458 m^3 Zuschlagstoffe verarbeitet. Trotz der Heberleitung wurden insgesamt 2,620.670 kWh an elektrischem Strom verbraucht. Der gesamte Kostenaufwand für das Südtrum belief sich auf 66,400.000 öS. Die Kosten der reinen Vortriebsleistung betrugen pro Meter S 36.200,—, umgerechnet auf den Gesamtaufwand kamen die Kosten auf S 41.500,— pro Meter.

Im *Nordtrum* des Schneealpenstollens lagen zunächst günstigere Verhältnisse vor. Hier stand man nach 14 Monaten Vortrieb am 28. Februar 1967 bereits bei Station 3917 m. In den durchfahrenen Wetterstein- und später Gutensteinerkalken- und -dolomiten waren nur teilweise Absicherungen mit Spritzbeton notwendig und die Wasserzutritte wurden durch insgesamt 26 Quellfassungen erfaßt und in den Wassergraben abgeleitet, wobei bis zur Schneeschmelze 1967 die zudringenden Wassermengen zwischen 51 und 187 l/s lagen (P. Steinwender und J. Donner, 1970, S. 717).

Aber schon in den ersten 1000 m erfolgten durchaus bemerkenswerte Wassereinbrüche (F. Bauer, 1969, S. 205), deren Schüttung jedoch rasch nachließ. Mit dem Vortrieb verbundene Aufschlüsse neuer Wasserwege führten zum Versiegen der vorher angefahrenen. Dieses „Mitgehen des Wassers mit der Brust“ ist typisch für die Randbereiche des Karstwasserkörpers. Interessant ist ein Hinweis von F. Bauer (1969, S. 205) auf zwei zwischen Stollenmeter 997 und 1000 angefahrene Kamine mit starker dynamischer Wetterführung, die so kräftig war, daß sie kurzfristig als natürliche Stollenbewetterung dienen konnte.

Der erste mit bemerkenswerten Schwierigkeiten verbundene Wassereinbruch erfolgte im Nordtrum bei Station 4497 m. Er war insofern unangenehm, als die Wässer (90 l/s) große Sandmengen mit sich führten. Man war nunmehr in eine stark verkarstete Zone geraten und schon am nächsten Tag (20. April 1967) folgte dem neuerlichen Anfahren einer stark wasserführenden

Kluft ein Niederbruch der Stollenfirste und gewaltige Gesteins-, Sand- und Lehmmassen drangen in den Stollen ein.

Bei diesem Einbruch wurden 180 lfm Stollen vermurt und im Laufe einer Exkursion konnte ich selbst beobachten, daß die rotbraunen Stollenwässer den Vorfluter bis zu einer Entfernung von mehr als 70 km verfärbten. Die durch Räumung und den Wassertransport abgeführten Schlammassen wurden auf rund 3000 m³ geschätzt.

Karsthydrographisch interessant ist die Beobachtung, daß die Messung der abfließenden Stollenwassermenge nunmehr sich regelmäßig wiederholende Veränderungen der Schüttung erkennen ließ (P. STEINWENDER und J. DONNER, 1970, S. 717). Man schloß daraus auf ein siphonartiges System, das nach neun- bis zwölfstündiger Füllungs- bzw. Evakuierungszeit immer wieder heberartig ansprang.

Nach der Sanierung des beschriebenen Verbruches erfolgte bei Station 4531 m erneut ein sand- und lehmführender Wassereinbruch, der wiederum umfangreiche Sicherungsmaßnahmen erforderte. Trotzdem erreichte der Vortrieb Ende August 1967 bereits die Station 5700 m. Je nach den Regenmengen schwankte die Stollenwasserführung im Nordtrum im Sommer 1967 zwischen 240 und 740 l/s.

Aufgrund der außergewöhnlichen Schwierigkeiten im Südtrum des Stollens wurde der Vortrieb des Nordtrums auf eine Länge von über 8 km vergrößert, wozu ein bedeutender Ausbau der Baustelleneinrichtung und eine beachtliche Vergrößerung der Deponiefläche im Norden notwendig wurde. Weitere Wassereinbrüche mit starker Sandführung waren noch bei den Stationen 6445 m, 6927 bis 6990 m, 7075 m und 7237 m zu verzeichnen, wobei aus diesem Bereich insgesamt 2189 m³ Feinsand abtransport wurden (P. STEINWENDER und DONNER, 1970, S. 719). Es ist interessant, daß neben Wetterstein- und Gutensteinerkalkdolomit und später Werfener Schichten mit Haselgebirge an einigen Stellen (z. B. Station 7686 m) tektonisch eingelagertes, stark zerrüttetes Gosaukonglomerat angefahren wurde (s. Abb. 95).

Neben den lokalen Wassereinbrüchen waren es vor allem die Schneeschmelze und die Starkregen, die die Stollenwasserführung beeinflußten.

Vor einer zusammenfassenden Betrachtung des Karstwasserkörpers und seiner Beziehung zum Stollenvortrieb sollen noch einige bautechnisch-wirtschaftliche Details erwähnt werden.

Um den Bergwasserkörper, dem bis Ende 1968 durch den Stollenvortrieb ca. 20 Mio m³ Wasser entzogen wurden, wieder aufzubauen und damit auch die weitere Schüttung der bereits für die I. Wiener Hochquellenleitung gefaßten Wasseralmquelle zu sichern, wird das im Süden gefaßte Wasser der Sieben-Quellen in einer Druckrohrleitung durch den Stollen geführt und dieser selbst nach Abmauerung im Süden und Norden geflutet. Dabei sind im gefluteten Bereich nur die sog. Außenzonen von Stollenmeter 841 bis 1206 im Norden und 625 bis 1842 m von Süden im armierten Spritzbeton vollkommen abgedichtet, im inneren, 6632 m langen sog. Mittelbereich besteht nur eine dem Gebirgsdruck angemessene Spritzbetonauskleidung mit Abschlauchungen bei den wasserführenden Klüften, wodurch in diesem Bereich der Bergwasserkörper in dauernder Verbindung mit dem gefluteten Stolleninneren steht.

Zum wirtschaftlichen Vergleich seien den Angaben von P. STEINWENDER und J. DONNER (1970, S. 722) Daten ähnlich jenen zum Südtrum entnommen. In den 3 Baujahren gab es 564 Vortriebstage, deren Ergebnis eine Vortriebslänge von 8.101,5 m war. An Zement wurden 3.850 t, an Zuschlagstoffen 19,547.000 m³ verbraucht. Der gesamte Kostenaufwand für den Ausbau des Nordtrums des Schneealpenstollens betrug 95,5 Mio. öS. Die Kosten des Vortriebes beliefen sich hier im Durchschnitt umgerechnet auf den gesamten Kostenaufwand S 12.158,— pro Meter. Die Gefällsstufe zur Einleitung in die I. Wiener Hochquellenleitung wird im neuen Wasserleitungskraftwerk Hinternaßwald abgearbeitet.

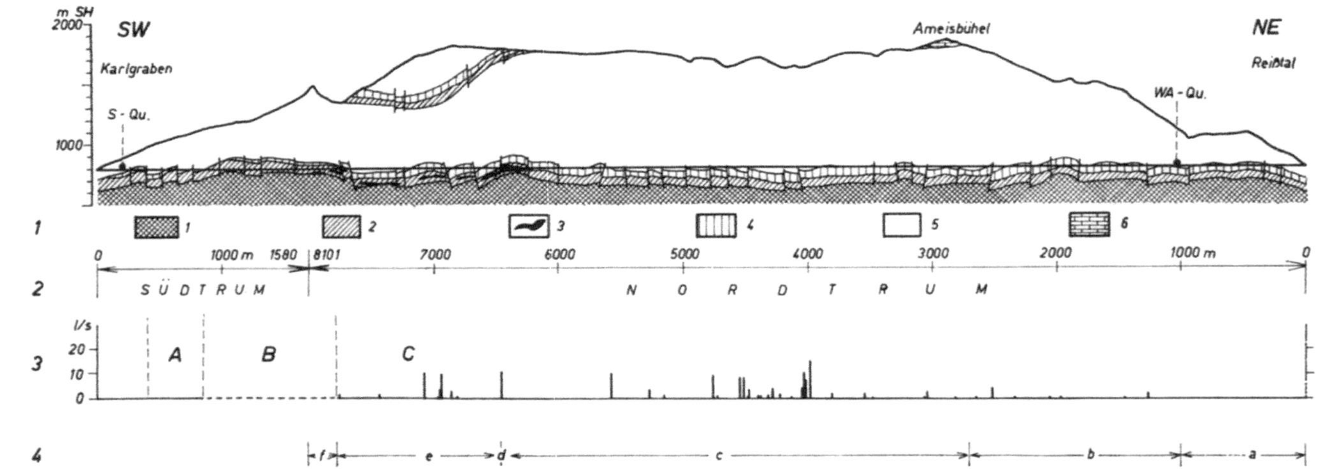

Abb. 95. Längsprofil des Schneealpenstollens nach F. Bauer, 1969, 1970.

1 Geologie nach Dr. T. Gattinger (Geologische Bundesanstalt Wien): *1* Gesteine der Grauwackenzone, *2* Werfener Schichten, *3* Gosaukonglomerat (tektonisch eingelagert), *4* Gutensteinerkalk und -dolomit, *5* Wettersteinkalk und -dolomit, *6* Dachsteinkalk. *S-Qu.* Sieben-Quellen, *WA-Qu.* Wasseralm-Quelle;

2 Stollenkilometrierung;

3 Abschnitte der Wasserführung. *A* Zone des Austrittes des Wassers der Sieben-Quellen, *B* keine Wasseraustritte, Stollen in der geschlossenen Aufwölbung der Werfener Schichten mit Haselgebirge, Gips und Anhydrit, *C* Hauptwasseraustritte im Nordtrum des Stollens mit den Durchschnittsschüttungen

4 Hydrologische Zonengliederung des Nordtrums nach F. Bauer 1969, 1970

Daß zwischen der Aufbuckelung der Werfener Schichten im Stollenbereich Südtrum zwischen 1000 und 1500 m und dem viel ausgedehnteren Nordtrum entscheidende hydrologische Unterschiede bestehen, ist schon aus den bisherigen Ausführungen zu entnehmen. Die Wasserverhältnisse im Südtrum sind typisch für die randnahen Zonen des Seichten Karstes. Ein gutes Beispiel für den unterschiedlichen Entwässerungsmechanismus dieser Randzone zur Wasserabgabe eines größeren Karstwasserreservoirs sind die von F. BAUER (1969, S. 196) dargestellten Schüttungsgänge der Sieben-Quellen und der Wasseralm-Quelle für das Jahr 1966 und die Ganglinien der Stollenwasserführung im Jahre 1968 (P. STEINWENDER und J. DONNER, 1970, S. 720). Die Ähnlichkeit des Charakters der Schüttung der Wasseralm-Quelle mit der Stollenwasserführung im Nordtrum bzw. von den Sieben-Quellen und im Südtrum ist unverkennbar. F. BAUER (1970, S. 132), der die hydrologischen Messungen beim Stollenbau leitete, hat das Stollen-Nordtrum in mehrere hydrologische Zonen unterteilt (vgl. Abb. 95): In der Außenzone a reagieren die Stollenwasseraustritte in Schüttung, Temperatur und Chemismus rasch auf Niederschläge und Schneeschmelze. In der Zone b wirken sich diese zwar noch deutlich im Chemismus des Wassers aus, nur mehr schwach jedoch in Temperatur und Schüttung. In der Innenzone c und e sind die meisten Wasseraustritte in Temperatur, Schüttung und Chemismus konstant. Eine Ausnahme macht ein großer Wasseraustritt bei d (Stollenmeter 6445), der in Temperatur, Schüttung und Chemismus sehr stark auf die Schneeschmelze reagiert und somit eine ziemlich direkte Verbindung zum Plateaubereich besitzen muß. Die Zone f liegt in den Werfener Schichten und hat dementsprechend nur unbedeutende Wasseraustritte. Dieser verschiedene Typus der Stollenwässer gibt einen guten Einblick in die Hydrographie dieses Karststockes. Die Schmelz- und Niederschlagswässer fließen zum Großteil rasch über die oberflächennahen und stark wasserwegigen obersten Partien und Randzonen ab. Der zentrale Kern ist mit wenigen Ausnahmen ein riesiger Kluftwasserkörper mit sehr langsamer bzw. teilweise stagnierender Wasserbewegung. Der Schluß, daß diese Wässer zum Teil ein hohes Alter haben müssen, wurde nicht nur durch den von F. BAUER seit 1966 erbrachten Nachweis von Uranin in Wasseraustritten bei Stollenmeter 3034 bis 3040, das 1963 in eine Schwinde am Ameisbühel eingespeist worden war, augenscheinlich, sondern ist inzwischen auch durch Tritium- und Karbon-14-Untersuchungen bestätigt worden.

3.1.2. Der Triebwasserstollen des Ennskraftwerkes Altenmarkt

Von den Kraftwerkstufen des Ennsflusses ist die Stufe Altenmarkt an der oberösterreichisch-steirischen Grenze morphologisch besonders begünstigt, weil der Fluß den breiten quartären Terrassenkörper mit dem Ort Altenmarkt in einer weiten Schlinge umfließt und einem ableitenden Umleitungsstollen besonders günstige Möglichkeiten bietet (Abb. 96).

Für die Trassenführung des Triebwasserstollens standen zunächst vier Varianten zur Diskussion, von denen schließlich die in Abb. 96 eingezeichnete zur Ausführung kam. Maßgeblich für die Wahl dieser Variante war der komplizierte geologische Aufbau des Gebietes.

Das Basisgebirge gehört zur Lunzer Decke der Kalkalpen. Es besteht hier aus Hauptdolomit, in den ein vom Voralpengipfel bis zum Weinberg (NE-SW-streichender) aus Rhät- und Jurakalken und Neokommergel aufgebauter Muldenzug eingebettet ist (E. CLAR, 1961 S. 118). Angelagert sind sehr dichte Ablagerungen der Oberkreide (Gosau; Grundbrekzien aus Hauptdolomit oder Jura-Hornsteinkalken, bunte Konglomerate). Aufgeschoben auf den gesamten Komplex ist die Scholle des Hainbachsteins, eine „Art Schüssel mit der ungefähren Schichtfolge Haselgebirge und tonige Werfener Schichten, Muschelkalk und Wettersteindolomit" (E. CLAR, 1961, S. 119). Abb. 96 zeigt, daß die Stollentrasse dieser Scholle ausweicht. In der Tat

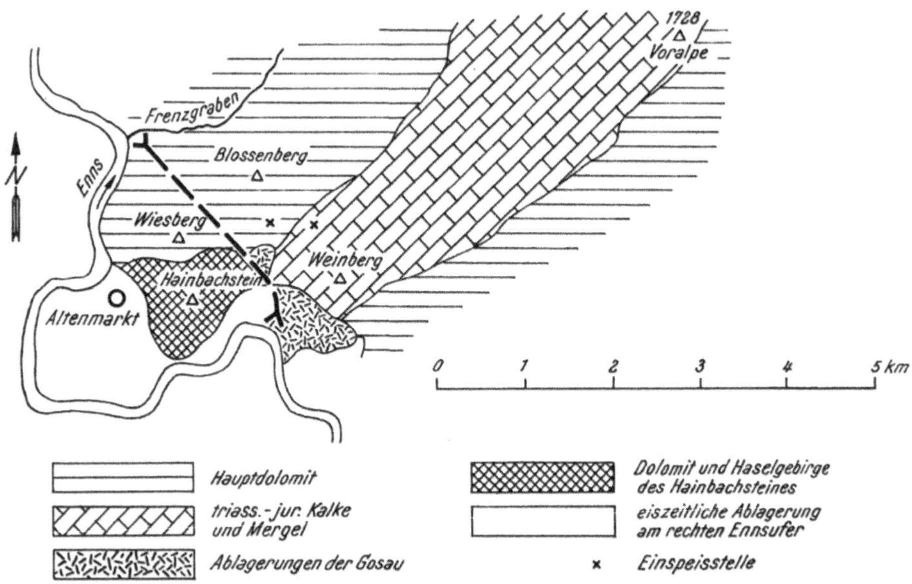

Abb. 96. Vereinfachte geologische Skizze des Bereiches KW-Altenmarkt. Strichlierte Linie = Trasse des Triebwasserstollens

wurde nur ein schmaler Zwickel Haselgebirge zwischen Stollen-km 0,6 und 0,7 angefahren, auch der eingemuldete Jurakalkzug blieb unberührt, sodaß der Triebwasserstollen vornehmlich in der Gosau und den Basisdolomiten verblieb.

Bei den geschilderten geologischen Verhältnissen entlang der Stollentrasse schien es zunächst hauptsächlich eine Sache der Beweissicherung, die der Wasserversorgung des Ortes Altenmarkt dienende Quelle (Abb. 97 Nr. 40) zu untersuchen. Diese an der Grenze Rhätkalk-Hauptdolomit-Gosauschürze auftretende Quelle schien zunächst wenig gefährdet. Dennoch entschloß sich die Bauleitung für Voruntersuchungen, in die auch die verschiedenen Quellwasserversorgungen von Einzelgehöften einbezogen wurden.

Die durchgeführte Quellenaufnahme bestimmte für jeden Wasseraustritt des Gebietes die hydrogeologische Situation (J. ZÖTL, 1961, S. 135 ff.; Abb. 97). In Verbindung mit den wiederholten Temperatur- und Schüttungsmessungen und den chemischen Untersuchungen der

Quellwässer ergab schon die Aufnahme, daß die meisten der kleinen hochliegenden Quellen lokale Austritte örtlicher Sickerwässer darstellen. Soweit sie der Versorgung von Gehöften dienen, war eine Gefährdung der Versorgungslage dieser Einzelsiedlungen auf Grund der Aufnahmeergebnisse auszuschließen. Die Stellung einer weiteren Anzahl kleinerer Quellen und der genannten großen Fassung von Nr. 40 (Wasserversorgung von Altenmarkt) war zunächst nicht ohne weiteres zu erkennen.

Die sommerlichen Quellwassertemperaturen lagen im allgemeinen generell höher als in den Kalkhochalpen. Das ist sowohl auf die viel geringere durchschnittliche Höhenlage des Gesamtgebietes zurückzuführen, als auch

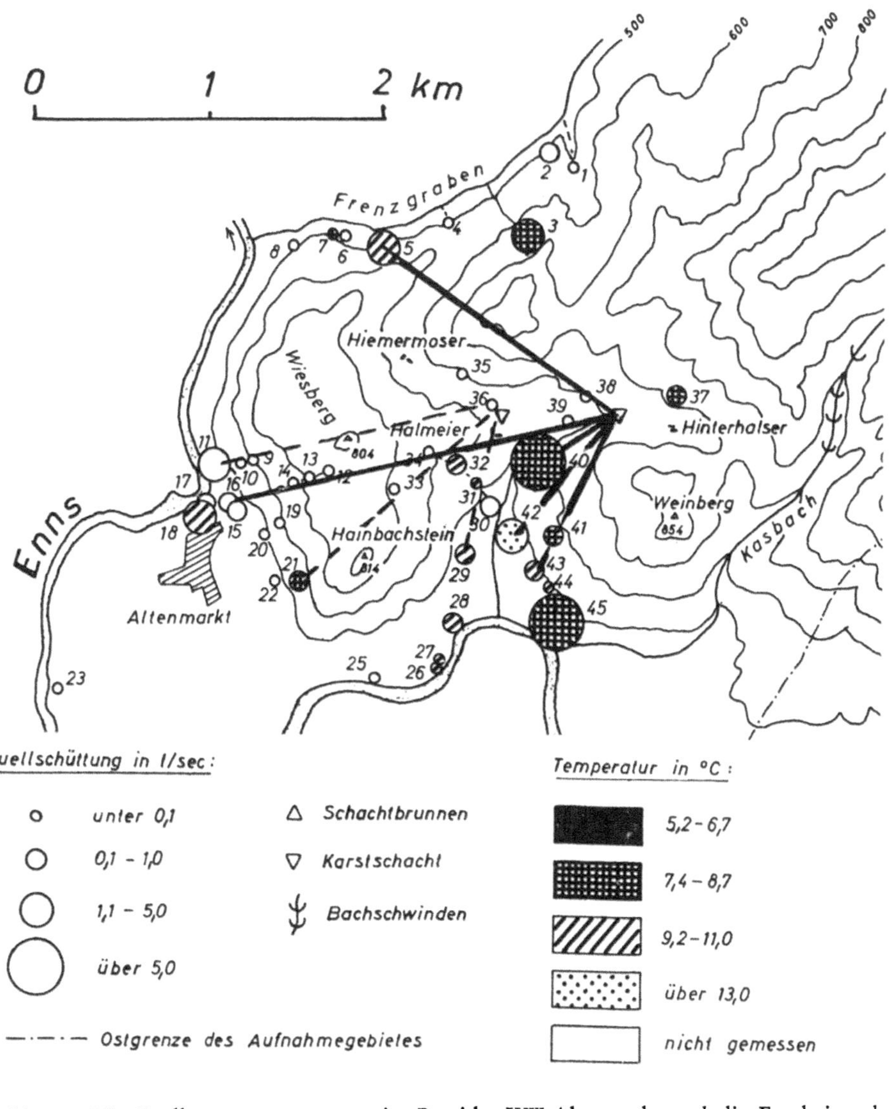

Abb. 97. Die Quellwassertemperaturen im Bereiche KW-Altenmarkt und die Ergebnisse der Sporentriftversuche. Volle Linien = Triftrichtung der blauen Sporen, strichliert = Triftrichtung der roten Sporen

auf den Umstand, daß es sich zum größten Teil um ohnehin wärmere Dolomitwässer handelt. Die räumliche Differenzierung und eine gewisse Höhengliederung tritt klarer hervor als in den Kalkhochalpen. Die Temperatur des Wassers von Quelle Nr. 42 (gleichmäßig durch das Jahr 13,2—13,4° C) ist für das Gebiet zu hoch und kann nur dadurch erklärt werden, daß das Wasser aus größerer Tiefe aufsteigt. Dieser Quelle war daher im Verlauf der weiteren Untersuchungen besonderes Augenmerk zuzuwenden.

Von den chemischen Untersuchungsergebnissen wurde die Karbonathärte im Kartogramm dargestellt (Tafel VI in J. Zötl, 1961). Die Werte der einzelnen Quellen schwankten im Gegensatz zur Gesamthärte im Laufe der wiederholten Untersuchungen nur unbedeutend. Wiederum gilt generell, daß die Werte höher lagen als in den Kalkhochalpen, was damit zu erklären ist, daß keine der Quellen reine Kalkwässer führt. Bei den Mischwässern aus dem Dolomit und den eingefalteten Kalken (Nr. 40, 41) und den hochgelegenen Dolomitquellen (Nr. 3, 35) lagen die Werte der Karbonathärte zwischen 10,0 und 11,0 deutschen Härtegraden, auch das Auftriebwasser von Quelle Nr. 42 gehört zu dieser Gruppe. Die anderen Dolomitquellen hatten Karbonathärten über 11 d. H. Die geringsten Werte zeigten die Quellen Nr. 29 und 45. Es gab zunächst keine Erklärung dafür, bis im Rahmen spezieller Untersuchungen für die Quelle Nr. 45 die Beimengung von Wässern aus dem Obertaggerinne des Kasbaches nachgewiesen werden konnte.

Die Sulfatwerte übersteigen im Abschnitt Altenmarkt 100 mg/l (Quellen Nr. 5, 28, 42). Die Ursache der hohen Werte ist das die Dolomitscholle des Hainbachsteins unterlagernde Haselgebirge.

Zur Erkundung der allgemeinen Wasserbewegung im Gebirgskörper und zur Untersuchung der Funktion der vorhandenen Quellaustritte wurde nach der Quellaufnahme ein Sporentriftversuch angesetzt (J. Zötl, 1961, S. 136 f.).

Die Umstände hiefür waren insofern günstig, als sowohl am Rande der in die Dolomite eingefalteten obertriassisch-jurassischen Kalke als auch im Bereiche des Hauptdolomits offene Karstschächte vorhanden waren, in die blau- bzw. rotgefärbte Bärlappsporen mit Hilfe herangefahrenen Wassers eingebracht werden konnten.

Die Einspeisung verschieden gefärbter Sporen in zwei Karstschächte zeigte die für einen Karstwasserkörper typische sektorenhafte Streuung des Triftgutes (Abb. 97). Von großer Bedeutung aber waren zwei Hinweise:

1. Der obere Saum des Karstwassers war im allgemeinen ziemlich hoch. Die höchste Austrittsstelle der blauen Sporen (Qu. Nr. 41) lag nur 40 Höhenmeter unter der Einspeisstelle, die höchste Austrittsstelle der roten Sporen (Quelle Nr. 21) 55 m unter der entsprechenden Einspeisstelle. Für den eingefalteten Kalkzug (Qu. Nr. 41) konnte dies mit einem Rückstau des Wassers (Überfallquelle) durch die anlagernde Gosauschürze begründet werden. Bei Quelle Nr. 21, deren Abfluß ebenfalls der Ortswasserleitung von Altenmarkt zugeführt wurde, handelt es sich aber um einen hochliegenden Wasseraustritt im Dolomit, der dafür spricht, daß in der unmittelbaren Umgebung dieser Quelle das allgemeine System sehr hoch lag.

2. Der Austritt blauer Sporen bei der künstlich erschlossenen Quelle Nr. 42, einem artesischen Wasserauftrieb, zeigte, daß das Karstwassersystem entlang von Störungen aber auch in größere Tiefen reicht.

Die Beantwortung der gestellten Fragen mußte nach den Ergebnissen der Aufnahme und der Sporentriftversuche und nach der dargelegten Auffassung über die Grundzüge der Karstentwässerung folgende Aussagen beinhalten:

Die Einzugsbereiche der wichtigsten Quellen greifen bis in die höchsten Bereiche des Voralpenzuges zurück. Neben den zahlreichen kleinen Sickerwasseraustritten mit einem lokalen selbständigen Einzugsgebiet vollzieht sich die Entwässerung in Form eines einheitlichen, aber weit verzweigten und komplizierten Karstsystems, das im Dolomit im großen und ganzen ziemlich hoch liegt, entlang der Störungen aber in größere Tiefen hinabreicht.

Die Quelle Nr. 40 ist eine Überfallquelle aus den eingefalteten Kalken. Da nach den entsprechenden Bohrprofilen damit zu rechnen war, daß der Druckstollen ohne Berührung der eingefalteten Kalke direkt von der Gosau in den liegenden Dolomit übertrat, lag die größte Gefahr für diese Quelle in den tiefgreifenden Störungen, da diese ohneweiters auch den Übertritt von Wässern aus den Kalken in den Dolomit gestatten. Besonders die Störungszone entlang des Grabenanrisses, etwa bei km 0,7 des geplanten Stollens, ließ eine Beeinträchtigung der Quelle befürchten.

Auch Quelle Nr. 5, eine zur Versorgung von Häusern im Frenzgraben gefaßte Karstquelle mittlerer Schüttung (3 l/sec) war als gefährdet zu betrachten, da die geplante Stollentrasse eine Störung kreuzte, die durch die große Karstwanne in der alten Talfurche beim Hiemermoser angedeutet ist.

Für Quelle Nr. 21, die Nebenquelle der Ortswasserversorgung, wurde keine Gefährdung befürchtet. Obwohl mit den tiefen Spalten in mittelbarer Verbindung, zeigte die Sporentrift, daß das Wasser aus weiter zurückliegenden Teilen des Karstwasserkörpers stammt.

Als Ersatz für die zu erwartende Anzapfung von Quelle Nr. 40 wurde Quelle Nr. 45, für die Quelle Nr. 5 die Quelle Nr. 3 vorgeschlagen. Beide Quellen liegen außerhalb der vom eingespeisten Sporengut betroffenen Sektoren und greifen weit in den zentralen Karstwasserkörper zurück.

Bezüglich der Wassereinbrüche während des Stollenvortriebes wurde auf einige gefährdete Stellen (Störungen) hingewiesen. Im allgemeinen war zu schließen, daß im Innern des geschlossenen Dolomitbereiches mit keinen stärkeren plötzlichen Wassereinbrüchen zu rechnen sei. Diese Ansicht stützte sich sowohl auf die im Dolomit sehr hoch liegende Zone der zirkulierenden Karstwässer, als auch auf die im Vergleich zu den anderen Gebieten niedrigeren Triftgeschwindigkeiten.

Der Vortrieb des Stollens erfolgte gleichzeitig von der Einlaufseite bei Eßling und von einem Fensterstollen im Kessel unterhalb Altenmarkt aus. Auf Grund der durch die Untersuchungen gegebenen Hinweise, daß in der durch die große Karstwanne beim Hiemermoser markierten Störungen mit Komplikationen zu rechnen sei, wurde die Trasse so gelegt, daß man dieser Talfurche auswich.

Während der Vortriebsarbeiten mußten wegen des zwar nicht durch den Stollen aufgeschlossenen, aber in der Nähe lagernden Haselgebirges alle Wasseraustritte im Hinblick auf eine etwaige Betonaggressivität auf ihren Sulfatgehalt untersucht werden. Bei dieser Gelegenheit lockte der Versuch, durch Analysen aller Wasseraustritte im Stollen im Vergleich zum Chemismus der gefährdeten Quelle Nr. 40 Hinweise auf deren bevorstehende Anzapfung zu gewinnen. Beim Vortrieb von Norden her konnte beim Fortschreiten von km 0,830 bis 0,749 (die Kilometrierung wurde von der Wehrseite her gezählt) eine Angleichung der chemischen Beschaffenheit der Stollenwässer an den Chemismus von Quelle Nr. 40 beobachtet werden. Am 25. Mai 1959 konnte zum letztenmal eine Vergleichsprobe von Quelle Nr. 40 gezogen werden. Mit der Aufschließung einer stärkeren Quelle an der Stollensohle bei km 0,683 (einige l/sec) war offensichtlich die auch im Hauptdolomit der Basis wirksame Störung getroffen und die Überfallquelle Nr. 40 endgültig abgeleitet worden. Auch die Wassertemperatur lieferte gleichlaufend mit dem Chemismus ein sehr eindrucksvolles Vergleichsbild. Die Ergebnisse der Sulfat- und Temperaturbestimmungen zweier an den Wasseraustritten im Stollen gezogener Probenreihen (die zweite nach dem Versiegen von Quelle Nr. 40) wurden in den Abb. 98 und 99 veranschaulicht.

Es entspricht der Dolomitentwässerung, daß die Absenkung von Quelle Nr. 40 nicht plötzlich erfolgte. Das erste Anzeichen war damit gegeben, daß

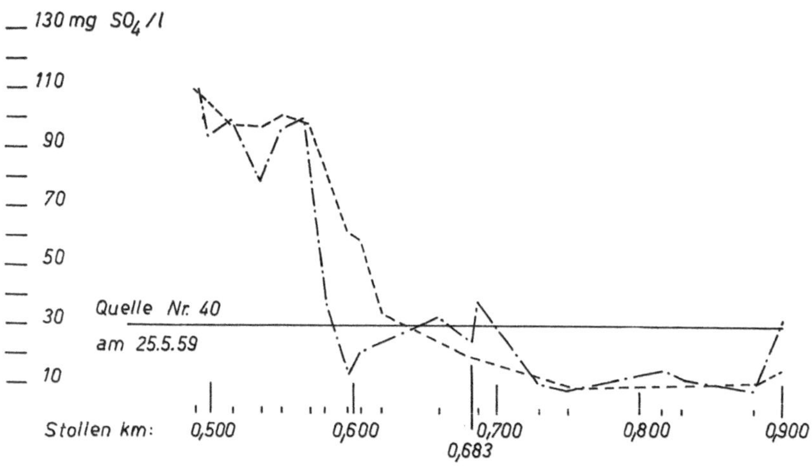

Abb. 98. Die Sulfatwerte der im Triebwasserstollen aufgeschlossenen Wässer. Strichpunktiert = Messung vom 25. 5. 1959, strichliert = Messung vom 19. 10. 1959

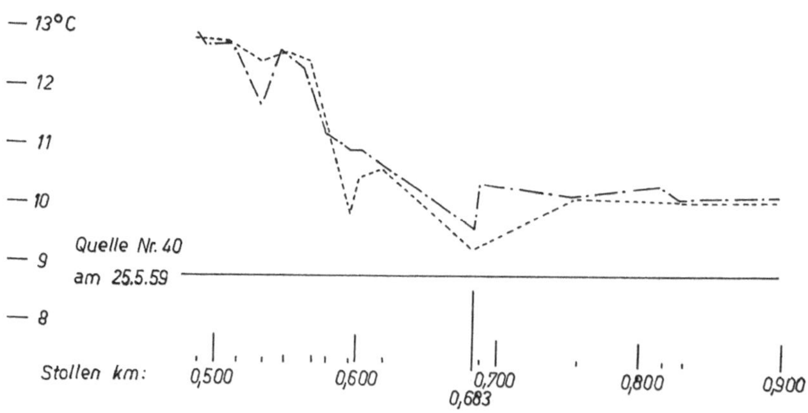

Abb. 99. Die Temperaturen der im Triebwasserstollen aufgeschlossenen Wässer. Meßzeiten wie bei Abb. 98

die Mitte Mai anfallenden Schmelzwässer aus den höheren Bereichen der Voralpe im Gegensatz zu den anderen Quellen bei Quelle Nr. 40 keinen Schüttungsanstieg zur Folge hatte. Es wurde ersichtlich, daß zwar eine Hauptkluft die größte Wassermenge der Quelle abzog und ihr Versiegen verursachte, aber andere kleinere Wasseraustritte im Stollen ebenfalls eine Beimengung des sonst in Quelle Nr. 40 austretenden Wassers aufwiesen. Diese Verhältnisse in Dolomit erklären auch, daß bei sehr starken Niederschlägen bei Quelle Nr. 40 nach der Absenkung immer wieder eine kurzfristige Schüttung eintrat.

Die zahlreichen kleinen Quellen und Quelle Nr. 3 wurden erwartungsgemäß nicht beinträchtigt. Quelle Nr. 5 wurde sicherlich nur durch die Verlegung der Stollentrasse gerettet, sie fließt ebenso wie die hochgelegene Dolomitquelle Nr. 21 unverändert.

Wie vorausgesagt, blieb auch die starke Quelle Nr. 45 trotz des in unmittelbarer Nähe verlaufenden Stollens ohne Schaden. Erst als Ersatz für Quelle Nr. 40 herangezogen, wurde sie später von einer Grundwassererschrotung abgelöst und ergießt ihr Wasser heute noch unverändert knapp oberhalb des Wehres in die Enns.

3.1.3. Der Plöckentunnel der Ölleitung Triest—Ingolstadt

Im Zuge der 1965 bis 1967 durch die TAL errichteten Erdölpipeline von Triest nach Ingolstadt wurden die Karnischen Alpen im Bereich des Plöckenmassivs durch einen fast 7 km langen Tunel gequert. Der Tunnel durchörtert das Massiv in etwa 900 m Seehöhe in NNE-Richtung, wobei das Südportal im But-Tal ca. 1 km nordwestlich von Timau (Italien), das Nordportal etwa 1 km südöstlich von Würmlach (Kärnten) liegt (Abb. 100).

Das Plöckenmassiv weist einen durch den Tunnel gut aufgeschlossenen Deckenbau auf (Abb. 101), den H. R. Gaertner (1931) im großen bereits aus den Geländeaufnahmen erkannte. Nur die an der Oberfläche vom Gr. Pal bis zum Lauscheck reichenden Hochwipfelschichten werden im Tunnel durch einen Sattel der Cellon-Decke unterteilt, der obertags nicht aufgeschlossen ist (P. Pölsler, 1967, S. 39 bzw. Abb. 101).

Die Kalke sind im Detail sehr vielfältig ausgebildet (vgl. P. Pölsler, 1967, S. 39—51), was auf Abb. 101 nicht berücksichtigt wurde. Aber auch die Hochwipfelschichten, im allgemeinen schwarze, sandig-tonige Schiefer mit Partien von Standsteinen und Grauwacken sowie geringmächtigen Lyditen und Lyditbrekzien weisen Kalkeinschaltungen auf. Nichtsdestotrotz, ist an der Oberfläche der Wechsel der Kalkareale und der Schieferbereiche sehr augenscheinlich, nicht zuletzt durch die Entwässerungsverhältnisse. In den Kalkarealen liegen wenige, aber dafür stark schüttende Quellaustritte, die bezeugen, daß die oberflächennahen Partien der Kalkpakete verkarstet sind. In den Schieferbereichen (Angerbachtal) findet sich hingegen eine Vielzahl kleiner und kleinster Quellaustritte, die eine stark verzweigte Oberflächenentwässerung zur Folge haben. Nur dort, wo in die Schiefer eingeschaltete Kalkbänder ausstreichen, treten auch hier stärker schüttende Quellen auf, die sich auch im Chemismus (höherer pH-Wert und größere Härte) von den Schieferwässern unterscheiden.

Die größten Quellen liegen naturgemäß in den orographisch tieferen Teilen der ausstreichenden Kalkdecken oder sind Folgequellen im Lockergesteinsmäntel. Die größeren Quellen bzw. Quellbezirke oder deren Abflüsse

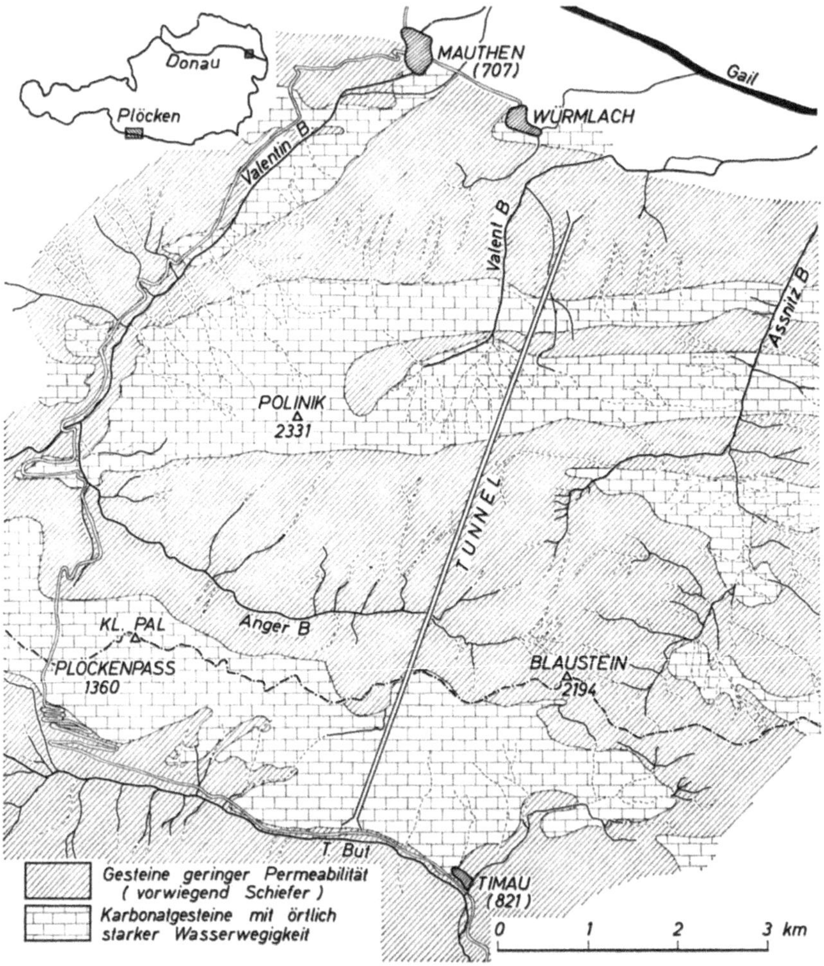

Abb. 100. Hydrogeologische Übersichtskarte des Plöckenmassivs mit Lageskizze und Tunneltrasse

sind durchwegs genutzt (Wasserversorgung von Kötschach-Mauthen, Wasserversorgung Würmlach, E-Werk Würmlach, E-Werk Weidenburg, Hauswasserversorgungen). Die stärkste Quelle des ganzen Plöckengebietes ist die Sorgente Fontanon bei Timau, die im Durchschnitt mehrere hundert Liter pro Sekunde schüttet. Der Quellaustritt ist an eine stauende Schiefereinklemmung geknüpft. Das dahinter liegende kleine Höhlensystem zeigt, daß hier die Verkarstung im Berg bereits bis nahe an das Talniveau herabreicht. Bei keiner der anderen großen Quellen des Plöckengebietes konnte eine Verbindung mit einem Höhlensystem festgestellt werden. Auch diese Quelle dient der Wasserversorgung mehrerer Ortschaften.

Der *Stollenvortrieb* begann von Norden her am 27. März 1965 [1]. Bis 28. Juli 1965 verblieb der Vortrieb im nördlichen Schieferkomplex mit Einlagerungen von Grauwacken (vgl. Abb. 101). Als mittlere Wasserführung in der Zeit vom 1. bis 30. 7. 1965 werden 24,4 l/s angegeben. Dies ist für einen Schieferbereich von etwa 1 km Gesamtlänge reichlich und auf die starke tektonische Zerbrechung zurückzuführen. Am 29. Juli wurde bei 1.055 m die Grenze zu einem zerriebenen weißen Dolomit durchfahren, der bei 1.060 m in einen schwarzen, stark Kalzit führenden Kalk mit starker tektonischer Beanspruchung überging. Bereits vom 30. Juli bis 1. August stieg die Wasserführung im Stollen auf 33 l/s an. Der Abfluß stieg dann vom 4. bis 13. August immer rascher bis 120 l/s. In dieser Zeit erreichte der Vorbetrieb 1.250 m. In der folgenden Zeit stieg die Stollenwasserführung rasch stufenweise weiter an und erreichte am 13. September (1.650 m) das Maximum (etwa 270 l/s). Bei Stollenmeter 1.760 erreichte der Vortrieb am 22. September wieder schwarze tonige Schiefer.

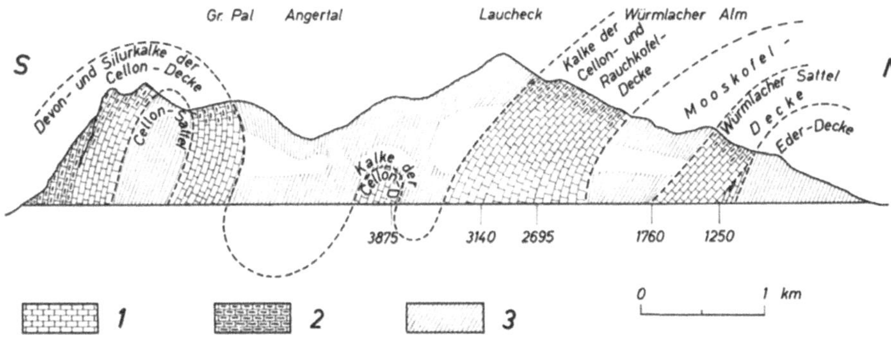

Abb. 101. Geologischer Schnitt durch den Plöckentunnel (vereinfacht nach P. Pölsler, 1967).
1 Devon- und Silurkalke, *2* Kalke verkarstet, *3* Schiefer.
Die Zahlen im Bereich der Tunnelsohle beziehen sich auf die im Text erwähnte Stollenkilometrierung

Spontane Einbrüche erhöhten die Wassermengen beträchtlich über diese Mittel und laut Mitteilung von Prof. Dr. E. H. Weiss erreichte die Höchstwasserführung 650 l/s. Die beschriebene, etwa 700 m lange Tunnelstrecke (von m 1.060 bis m 1.760) im ersten Kalkpaket der Deckenfolge von Norden her war die wasserreichste. Erste, sofort eingeleitete Injektionsmaßnahmen drückten die zuströmenden Bergwassermengen auf 120 bis 180 l/s herab. Durch systematische Injektionen im späteren Ausbau ging der bis heute weitgehend konstante Dauerabfluß aus dem gesamten Stollen auf 60—80 l/s zurück. Heute sind stärkere (eingeschlauchte) Wasserzutritte u. a. bei m 1.600 (10—12 l/s), zwischen 3.140 und 3.170 m, von 3.875 bis 4.013 m und bei 4.085 m zu beobachten; dazwischen liegen Strecken mit teilweise starkem Tropfwasser.

Es ist bemerkenswert, daß einerseits die Kalkabschnitte des Südtrums des Stollens kaum Wasserzutritte aufweisen, andererseits bei dem stark wasserführenden Abschnitt im Norden keine größeren Karstschläuche angefahren wurden. Das Wasser entströmt hier offenen Kluftscharen und nicht Schläuchen

[1] Die folgenden Daten stellte mir Herr Professor Dr. E. H. Weiss zur Verfügung, wofür ich zu Dank verpflichtet bin.

oder Höhlen. Erst im äußersten Süden, nahe dem Südportal wurde ein (weitgehend trockenes) Höhlensystem angefahren. Diese im Süden tief reichende Verkarstung erklärt auch die Entleerung des höher liegenden Gebirgskörpers, die Sorgente Fotanon liegt tiefer als das Südportal des Stollens.

Mit Beginn der Bauarbeiten oder kurz vorher hat die TAL in großzügiger Weise versucht, durch Pegelanlagen an sämtlichen Oberflächengerinnen die Abflußverhältnisse unter Kontrolle zu bekommen. Ein Großteil dieser aufwendigen Anlagen wurde aber zu spät errichtet und verlor so seine Aussagekraft. So wurde der Abfluß der Kreßquellen bis Oktober 1965 aus der Leistung des E-Werkes Würmlach (Mahlbach) errechnet und erst ab April 1966 direkt gemessen. Die Messungen am Müllnerbach konnten erst ab Ende Februar, Messungen am Tränk- und Valent-Bach gar erst ab Ende Juni — Anfang Juli 1965 ausgewiesen werden. Typisch für die Situation sind die vorliegenden Meßdaten der Quellen auf der Würmlacher Alm. Aus dem Jahre 1964 liegen nur 2 Messungen vor. Aus den Meßdaten von 1965 bzw. 1966 ist daher nicht schlüssig zu beweisen, ob die Niederwasserführung den normalen Wintertiefstand ausweist oder auf eine Beeinflussung durch den Stollen zurückzuführen ist, zumal auch die Wasserführung im Stollen erst im September 1965 ihren Höhepunkt erreichte. Die sicherlich mit hohem Aufwand im Winter 1965/66 durchgeführten Messungen sind somit wertlos.

Dieses Beispiel zeigt treffend, daß rechtzeitig vor Baubeginn anzusetzende Messungen durch nichts zu ersetzen sind. Ihre Kosten hätten in diesem Fall kaum einige Prozent der tatsächlich gezahlten Entschädigungen betragen.

Temperaturmessungen an den derzeit im Pipeline-Stollen austretenden Wässern geben leider keine Hinweise auf Zusammenhänge von Bergwasserführung und Obertagquellen. Durch die hohen Lufttemperaturen im Stollen (bei der Begehung am 25. 8. 1971 im Bereiche km 3.000 ca. 30° C) werden auch die Wassertemperaturen beeinflußt.

3.1.4. Allgemeine Bemerkungen

Von den vielen bestehenden Tunnelbauten im Karbonatgebirge wurden drei Beispiele ausgewählt, von denen jedes für verschiedene Bereiche charakteristisch ist.

Der *Schneealpenstollen* verläuft an der Basis eines nordostalpinen Gebirgsstockes von relativ einfachem geologischem Bau. Trotz einer Mächtigkeit der Karbonatgesteine bis annähernd 1000 m handelt es sich um einen sogenannten „Seichten Karst", da das wasserstauende Liegende der Karbonatgesteine im großen und ganzen der Höhe des Vorflutniveaus und der Basis des Massivs entspricht. Der Stollen ist demnach eine echte Drainage und erbrachte auch eine ziemlich genaue Abgrenzung karsthydrographischer Zonen, wobei ein rasch durchfluteter, in Schüttung, Temperatur und Chemismus des Wassers unmittelbar auf Niederschläge und Schneeschmelze reagierender Rand- und Oberflächenbereich einem Kern mit geringer Wasserzirkulation gegenübersteht. Dazwischen liegen Übergangszonen. Da wir uns in einem Seichten Karst befinden, können entlang von schweren Störungen auch im Kerngebiet ältere Verkarstungserscheinungen bis zur Basis reichen. Sie wurden jedoch schließlich verfüllt und damit zu Totformen, bis die Hohlräume durch den Stollen wieder aufgeschlossen wurden.

In der Außenzone wurde die Oberfläche des Karstwasserkörpers mit dem Vorschub der Stollenbrust abgesenkt. Würde der Stollen in höherer Lage verlaufen, so würde dieses Mitgehen des Karstwasserspiegels mit der Stollenbrust im Gesamtbereich eingetreten sein und wie etwa in dem viel längeren, aber karsthydrogeologisch weniger aufregenden Albstollen der Zweiten Bodenseewasserleitung das augenscheinlichste karsthydrogeologische Phänomen darstellen.

Die erste Bodensee-Wasserversorgung wurde am 16. Oktober 1958 in Betrieb genommen. Es handelt sich um eine Druckleitung, die mit Hilfe verschiedener Pumpstationen die Schwäbische Alb mit ihren Scheitelbehältern bei Liptingen in 748 m Sh überquert.

Für die zweite Leitung entschied man sich später für eine Durchtunnelung der Alb auf eine Länge von 24,1 km (U. KOERNER, 1969; G. DAMM, 1970). Der Tunnelausbau hatte nicht nur karsthydrographische Fragen sondern auch seismische Probleme im Zusammenhang mit der Kreuzung der Erdbebenzone des Hohenzollerngrabens zu meistern. Diesbezügliche technische Maßnahmen und deren Bewährung beim Erdbeben vom 22. 1. 1970 s. F. SCHMIDT, 1970, S. 248. Der Stollen wird als Druckstollen betrieben, sein Fertigprofil ist kreisrund mit 2,25 m lichtem Durchmesser. Der Vortrieb von Süden aus, wo der Stollen im stark verkarsteten Weißjura mit tektonisch lebenden Störungen verläuft, erfolgte in konservativer Sprengmethode, von Norden her 9 km mit einer Krupp-Tunnelfräse bzw. etwa 5 km mit einer Robbinsmaschine. Der Durchstich erfolgte am 7. 3. 1969, der Ausbau war Mitte März 1970 abgeschlossen. Die Auskleidung erfolgte im allgemeinen mit einer 4 mm starken Lukobitfolie, nur im Bereich des Hohenzollerngrabens mit einer Panzerung von 13—14 mm Wandstärke und einer 5—10 mm starken Kunststoffolie.

Im Bereich des *Triebwasserstollens des KW-Altenmarkt* liegt ein sogenannter „Tiefer Karst“ vor, d. h. die verkarstungsfähigen Gesteine reichen unter das Vorflutniveau. Störungen ermöglichen hier auch eine tiefergreifende Karstwasserzirkulation. Dies ist insbesondere dann zu beachten, wenn ältere (pleistozäne) Akkumulationen ein einst tiefer gelegenes Erosionsniveau verhüllen oder dieses in größerer Entfernung liegt. Der Karstwasserkörper eingemuldeter und höher liegender Kalke ist dabei nicht von jenem der unterlagernden Dolomitbasis zu trennen, wie es oft den Anschein hat. Der im Basisgestein (und der anlagernden Gosauschürze) verbleibende Triebwasserstollen hat auch den Karstwasserkörper in den überlagernden Kalken entleert. Entsprechend dem feinmaschigen Kluftnetz des Dolomites vollzog sich dieser Vorgang nicht abrupt sondern allmählich. Er ist aber nichtsdestotrotz ein lehrreiches Beispiel dafür, daß Dolomit- und Kalkentwässerung zwar verschiedenartig ablaufen aber trotzdem in enger Beziehung stehen. Das Ergebnis des Triftversuches in Verbindung mit einer genauen Quellenaufnahme ist besonders instruktiv, weil der Nachweis des Markierungsmittels in einer Quelle, deren Wassertemperatur auf eine Verbindung mit größeren Tiefen hinwies, diese Zusammenhänge schon vor dem Stollenvortrieb erkennen ließ. Die Bedeutung eingehender Voruntersuchungen von einer genauen Quellenaufnahme bis zum Markierungsversuch wird durch dieses Beispiel besonders unterstrichen.

Die einschneidende (und kostspielige) Auswirkung des Versäumnisses solcher Voruntersuchungen demonstriert die Verfolgung der Geschehnisse im Zusammenhang mit dem Vortrieb des *Tunnels durch das Plöckenmassiv.* Die zu spät vorgenommenen, sehr ausgedehnten Messungen waren kostspielig aber wertlos, da sie erst im Zuge des Baugeschehens erfolgten. Solche Messungen müssen *Vor*-Untersuchungen sein, wenn sie der Beweissicherung dienen sollen.

Aber auch in allgemeiner karsthydrogeologischer Sicht ist der Plöckentunnel lehrreich. Zeigt er doch einerseits, daß das Vorflutniveau für die Ausbildung von Karstphänomenen von beherrschender Bedeutung, andererseits aber für die unterirdische Entwässerung auch der Grad der Klüftigkeit des Gesteins von starkem Einfluß ist.

Im Nordtrum des Stollens wurden keinerlei Karstphänomene aufgeschlossen. Dies ist verständlich, wenn man bedenkt, daß die oberflächennahe Wasserzirkulation bzw. die Lage der starken Quellen durch die Schiefer-Kalkgrenze bestimmt wird. Sie ist eben hier das örtliche Vorflutniveau für die Verkarstung. Andererseits traten im Stollen bereits in den Schiefern größere Wassermengen aus, weil die tektonische Zerrüttung und die durch sie bedingte Wasserwegigkeit im Grenzbereich nicht nur auf die spröderen Kalke beschränkt blieb, sondern auch noch in den Schieferkomplexen wirksam wurde, wo deren Ausbildung nicht zu tonig war.

Anders im Süden, wo die Kalke bis unter das Vorflutniveau bzw. das Südportal des Stollens hinabreichen. Hier ist in der Außenzonne die Verkarstung im Bergleib bis zum Talniveau entwickelt. Da das Stollenportal höher liegt als der Hauptwasseraustritt, ist der Karstwasserkörper tief abgesenkt und die im Südtrum des Stollens angefahrenen Karstschläuche lagen praktisch trocken, sie führen nur bei starken Regenfällen episodisch Wasser.

Da die Wasserhaltung im Stollen nicht nur zu technischem Aufwand führen, sondern damit auch zu einem wesentlichen wirtschaftlichen Faktor werden kann (s. Schneealpenstollen Südtrum!), sollen die Voruntersuchungen auch die Vortriebsplanung, und, falls kein einheitliches Gefälle erforderlich ist, die Festlegung des Stollenscheitels einschließen.

Schätzungen des Injektionsaufwandes bedürfen Angaben über das durchschnittliche Hohlraumvolumen des Gebirges. Für den Schneealpenstollen werden hiefür 2,5 bis 3% im inneren Teil des Massivs und durchschnittlich 8 bis 10% in der Außenzone angegeben (T. E. Gattinger, 1973, S. 55).

3.2. Speicheranlagen im verkarsteten Gebirge

3.2.1. Ein Beispiel einer mißglückten Speicheranlage

Dieser Beschreibung sei eine in meinen Augen sehr wichtige Bemerkung vorangestellt: Mir selbst sind in anderen Bereichen wenigstens zwei Beispiele bekannt, bei denen wie im nachfolgend beschriebenen Fall leere Speicherbecken hinter wohlkonstruierten Dämmen ruhen. Über sie gibt es aber weder Beschreibungen noch die Erlaubnis, das Terrain zu betreten, vom Photographieren ganz zu schweigen, das in vielen Teilen Südosteuropas schon für Kraftwerksanlagen in der Dimension von Dorfversorgungen unmöglich ist.

Umsomehr ist es zu begrüßen, daß der Bauherr des Projektes *Perdikkas* (Nordgriechenland) die Unterlagen, Berichte und Gutachten zur Verfügung stellte und damit eine eingehende Beschreibung dieses Beispieles einer mißglückten Speicheranlage ermöglichte (N. S. Kaessaris, A. Falconnier und E. v. Gottstein, 1965). Es ist dies einer der wenigen Fälle, wo der Empfehlung des VII. Internationalen Talsperrenkongresses von Rom 1961, auch über Mißerfolge zu berichten, Folge geleistet wurde.

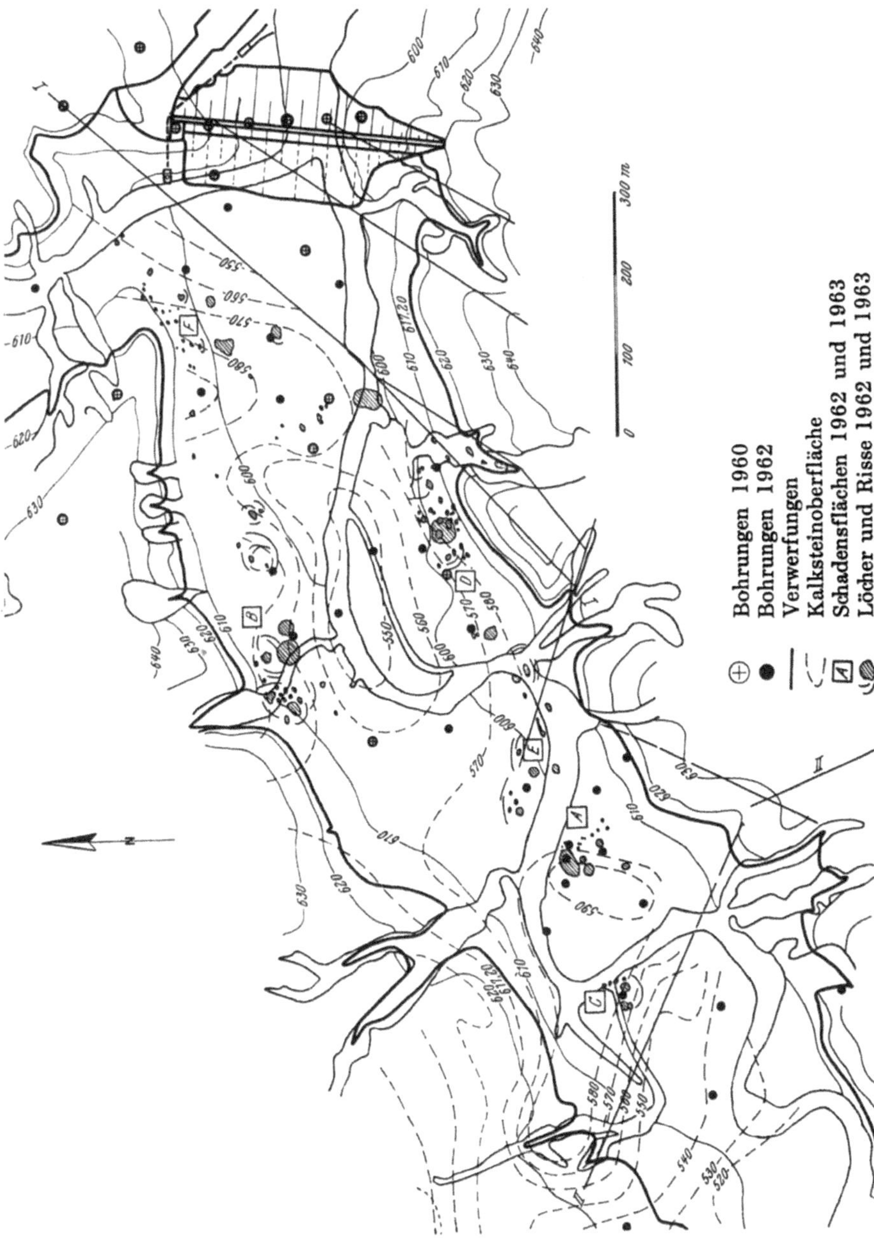

Abb. 102. Vereinfachter Lageplan des Stauraumes von Perdikkas (Nordgriechenland) nach Abb. 7 bei N. S. Kaessaris et al. (1965, S. 15)

Zur Wasserversorgung des Industriegebietes von Ptolemais in Nordgriechenland wurde im Jahre 1961 im Tal des Perdikkas oberhalb der gleichnamigen Ortschaft ein 27 m hoher Erddamm von 350 m Kronenlänge errichtet und damit ein Stauraum von 10 Mio. m^3 geschaffen (Abb. 104).

Eine Zusammenfassung der geologischen Aufnahmen besagt, daß das Tal des Perdikkas oberhalb der nahe des Dammes verlaufenden „Hauptstörung" (vgl. Abb. 102) in kristallinen Sedimenten (Kiesen, Sanden, Schluffen und tonig-lehmigen Zwischenlagen), unterhalb dieser Störung bis zum Ort Perdikkas in mächtigen Kalkdetritus-Sedimenten (vorwiegend Konglomeraten und Mergeln) entwickelt ist.

Die ersten Bohrungen im Talboden wurden im Dammbereich niedergebracht. Diese Bohrungen erreichten Tiefen von 30 bis 58 m und ergaben, daß schon in etwa 2,5 m Tiefe die stark durchlässigen Talalluvionen von wenig

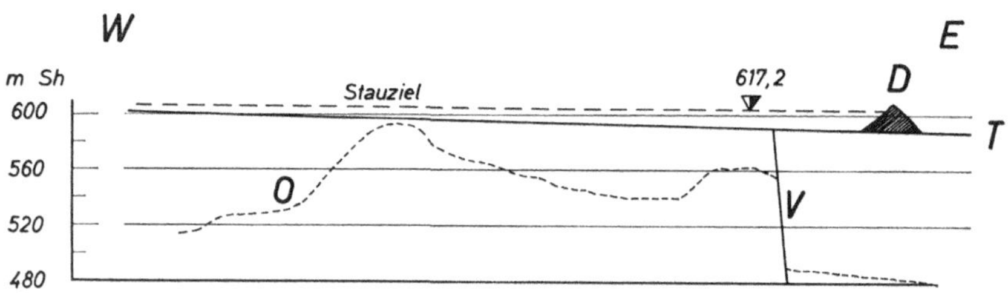

Abb. 103. Vereinfachtes Längsprofil durch den Stauraum von Perdikkas nach Abb. 3 bei N. S. Kaessaris (1965, S. 6). *D* Damm, *T* Taloberfläche, *O* Oberfläche des Kalkuntergrundes, *V* Hauptverwerfung I. Die Hauptverwerfung II liegt weiter talauswärts

durchlässigen tonig-mergeligen Schichten unterlagert waren. Diesen folgte eine Wechsellagerung von mehr oder weniger durchlässigen Sanden, Kiesen und Konglomeraten. Darunter wurde eine harte undurchlässige Lignitschicht und darauf eine bis 58 m unter Gelände erbohrte Schichtfolge von undurchlässigen Tonen und Mergeln festgestellt.

Trotz dieser günstigen Ergebnisse wurden im Oberwasserbereich weitere sieben Bohrungen bis über 30 m Tiefe abgeteuft, von denen fünf im Talboden situiert waren. In zweien von diesen wurde in 26,2 m bzw. 20,6 m Tiefe Kalk angefahren (P VI u. P XI; vgl. N. S. Kaessaris et al., 1965, S. 9). Untersuchungen der Permeabilität wurden bei P VI in 27,0 m, 30,0 m und 35,0 m durchgeführt, wobei zuerst auch der Kalk ziemlich dicht war (Durchlässigkeit maximal 10^{-4}cm/s), in größerer Tiefe jedoch durch starke Wasserverluste sich als verkarstet erwies. Da die anderen Bohrungen bis 30 m Tiefe keinen Kalk erreichten und die dichte Überlagerung auch bei P VI und XI mehr als 20 m mächtig war, wurde der Kalkbasis keine Bedeutung beigemessen.

Bereits im Zuge des ersten Einstaues, der im Frühjahr 1972 eine maximale Stauhöhe von 10,8 m erreichte, wurden Wasserverluste bis mehr als 1,8 m^3/s errechnet und der Stauraum fiel in den folgenden Sommermonaten trocken. Es zeigte sich, daß es sich nicht um eine Unter- oder Umströmung des Staudammes handelt, sondern daß die Wasserverluste im Stauraum selbst zu suchen waren. Auch die Vermutung, daß die Wasserverluste nur entlang oder in den Störungen auftreten würden, erwies sich als unrichtig. Schon im Herbst 1962 erkannte man, daß die Schlucklöcher, Setzungstrichter und Rißzonen vereinzelt oder in Feldern westlich der Hauptverwerfung auftraten.

Nach geoelektrischen Untersuchungen und einer größeren Zahl von Bohrungen (etwa 30) im Talboden des geplanten Reservoirs (vgl. Abb. 102), kam man zu einer Dreiteilung des Staubereiches (N. S. Kaessaris, 1965,

Abb. 104. Erdfall und Schluckloch im Stauraum (Mittelabschnitt) von Perdikkas. Im Hintergrund der Staudamm

S. 16 f.): 1. Der Bereich unterhalb der Hauptverwerfung. Hier liegt der Kalk so tief (ca. 100 m), daß die mächtige Deckschicht auch im Stauraum keinerlei Schlucklöcher oder Schäden aufweist. 2. Der „mittlere Staubereich". Er liegt zwischen der Hauptverwerfung I und der Querverwerfung II, hat eine Fläche von etwa 350.000 m². Hier liegen sämtliche Schadensbereiche! (vgl. Abb. 103). 3. der „obere Staubereich". Er liegt oberhalb der Querverwerfung II, ist ohne Versickerungsstellen und hat wieder eine mächtigere Überdeckung der Kalkoberfläche.

Die große Zahl der Bohrungen (30), die alle bis in den Kalk vorgetrieben wurden, ergab nunmehr, daß im mittleren Abschnitt der Kalk an einer Stelle als Kuppe aufragte und nur 6 m unter der Oberfläche des Talbodens liegt (vgl. Isohypsen der Kalkoberfläche auf Abb. 102). Sonst wurde der Kalk im Mittelabschnitt in Tiefen von 20 bis 45 m erbohrt. Die Schadensbereiche beschränkten sich nicht auf die untiefe Kalkoberfläche, die Erdfälle traten auch dort auf, wo die Überlagerung bis 45 m beträgt.

Nach einer Aufbringung von Lehmdecken (Gesamtfläche 37.300 m^2) in der Stärke von 1,0 bis 1,5 m in den Schadensbereichen erfolgte im Winter 1962/63 ein neuerlicher Einstau. Die Wasserverluste waren zwar etwas geringer aber nach wie vor katastrophal und betrugen beim Höchststau über 5 m^3/s. Dem Zufluß in der Zeit vom September 1962 bis einschließlich März 1963 in der Höhe von 46,6 Mio. m^3 standen Wasserverluste von 32,2 Mio. m^3 gegenüber (N. S. Kaessaris et al. 1965, S. 18). Die Schadensbereiche verteilten sich nunmehr nahezu über den gesamten Mittelabschnitt des Stauraumes. Das Reservoir blieb auch in den Sommermonaten der folgenden Jahre trocken (Abb. 104).

Die Erklärung der Vorgänge als rückschreitende (besser: nach oben fortschreitende) Erosion vom verkarsteten Kalkbereich aus ist grundsätzlich richtig (N. S. Kaessaris et al., 1965, S. 20 f.). Nur ist sie zweifellos komplizierter, als bei N. S. Kaessaris et al. (Abb. 13, S. 21) dargestellt.

Vor allem traten Schwankungen des Karstwasserspiegels im tektonischen Horst des Mittelabschnittes des Stauraumes sicherlich nicht nur im Laufe der Jahrtausende auf, sondern sind auch in der Gegenwart im Rhythmus der Jahreszeiten vorhanden. Es wird nichts davon berichtet, daß an irgendeiner Bohrung eine Beobachtung des Karstwasserspiegels erfolgt wäre. Dazu wäre nicht zuletzt das hydrologische Jahr 1962/63 geeignet gewesen, in dem die extrem hohen Niederschläge in diesem Bereich (685 mm) um ca. 115% über dem Mittel der Jahresreihe 1950—1959 lagen.

3.2.2 Ein absolut dichter Speicherraum in den Kalkhochalpen

Beispiele von dichten Reservoirs in Karstgebieten sind von dinarischen, mediterranen und alpinen Gebieten beschrieben. Erfolgsmeldungen schreiben sich besser. Die Auswahl des folgenden Beispieles erfolgte sowohl wegen der Höhenlage des Bereiches als auch deshalb, weil mir scheint, daß hier eine grundsätzliche Voraussetzung für erfolgreiche Speicheranlagen in Karstgebieten besonders deutlich hervortritt. Es handelt sich um den *Dießbach-Speicher* am Westrand des Steinernen Meeres, dem westlichsten Karstmassiv der nordöstlichen Kalkhochalpen (s. Kap. 2.3.1.).

Das Dießbachbecken war vor dem Einstau ein typisches Hängetal in etwa 1400 m Seehöhe, das als Rest des jungtertiären Entwässerungssystems ca. 700 m über dem heutigen Talboden des Saalachtales frei ausstreicht (vgl. Abb. 105 und 106). Der Dießbach durchfloß das Hochtal und stürzte dann steil in das Saalachtal ab. Das Hochtal wurde glazial überformt, die pleistozänen Gletscher schürften ein Becken aus, wobei Seetone bezeugen, daß ein postglazialer See der Auffüllung des Hochtales durch Zuschüttung voranging.

Die günstige orographische Lage stand außer Diskussion, schon auf Grund der beachtlichen Rohfallhöhe von 718 m, der kurzen Triebwasserführung, der günstigen Sperrenstelle und der späteren weiteren Ausbaumöglichkeiten (inzwischen bereits erfolgte Überleitung aus dem Weißbach). Die Unsicher-

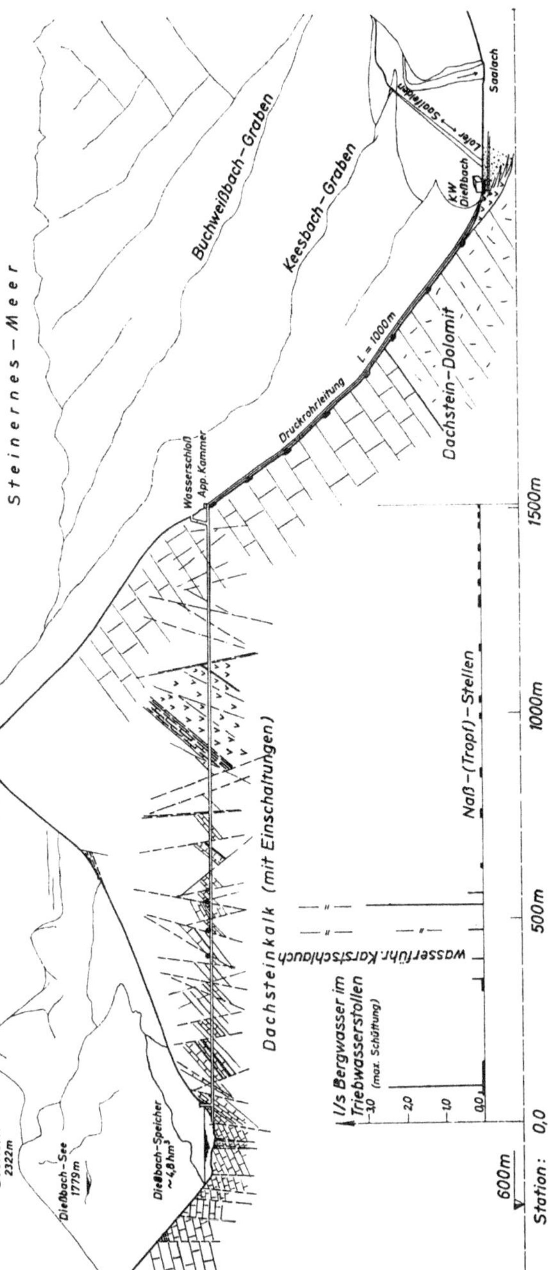

Abb. 105. Geologischer Querschnitt Dießbachstauraum—Triebwasserstollen—Saalachtal (nach H. Brandecker et al., 1965, S. 72, Abb. 1)

heiten lagen vor allem in der Frage nach der Dichtheit des Speicherraumes und diesbezüglich widersprüchigen Vorgutachten.

Das Staubecken selbst liegt fast ausschließlich im gebankten Dachsteinkalk, nur untergeordnet treten tonig-mergelige Einschaltungen (z. Teil auch Liasgesteine) auf. Im weiteren Bereich kommen auch andere Gesteine der Trias (vorwiegend Dachsteindolomit) und des Jura vor.

Tektonisch liegt auch in diesem Gebiet ein komplizierter Deckenbau vor (Einzelheiten s. H. BRANDECKER et al., 1965, S. 70). Für die Karsthydrographie bedeutender aber waren auch hier die mit den letzten Gebirgsbewegungen im Jungtertiär verbundenen starken Heraushebungen und Gefügestörungen. Bruchstörungen und Verschuppungen sind besonders lebhaft (s. Abb. 105).

Die den geologischen Vorarbeiten folgende karsthydrogeologische Aufnahme strebte die Erfassung des gesamten NW-Teiles des Steinernen Meeres an und reichte mit der Einbeziehung des Buchweißbachgrabens im Süden und des Klaus- und Wimbachtales im Norden (bereits bayrisches Gebiet und in den Abb. 105, 106 nicht mehr enthalten) weit über das Dießbach- und Saalachgebiet hinaus. Die Aufnahme umfaßte nicht nur die Quellen und deren physikalisch-chemischen Kennwerte (Schüttung, Temperatur, elektrolytische Leitfähigkeit, pH-Wert, Karbonat- und Gesamthärte) sondern auch die Verbreitung der Karstphänomene überhaupt, wobei ein besonderes Augenmerk auf der möglichst vollständigen Erfassung von Schwinden und Schächten lag.

Schon die Verteilung der Quellaustritte zeigt eine interessante Gruppierung. Da sind zunächst die Quellen im derzeit tiefsten lokalen Erosiosniveau, dem Saalachtal. Auch die großen Karstwasseraustritte im Buchweißbachgraben liegen nahe der Talsohle, die höher gelegenen dieses Gebietes sind an die Kalk-Dolomit-Grenze gebunden (s. Abb. 106). Auffallend ist die große Zahl von Quellen im Bereich des Dießbachbeckens. Schon die Tatsache dieser Quellaustritte ließ vermuten, daß die unterirdische Entwässerung der das Dießbachbecken umrahmenden Kalkareale in wesentlichen Teilen noch immer auf das Niveau des jungtertiären Talrestes in 1400 m Seehöhe eingespielt ist.

Dieser, für die Frage der Dichtheit der Beckenflanken bzw. die Möglichkeit eines erfolgreichen Aufstaues enorm wichtigen Vermutung mußte durch nähere Untersuchungen nachgegangen werden. In diesem Zusammenhang ergab schon die Quellgruppe beim Labeck-Bach im Saalachtal (Abb. 106) einen interessanten Hinweis. Obwohl sämtlich am Rande des Talbodens situiert, ließen Wassertemperaturen und Chemismus deutlich die Unterscheidung zweier Typen zu: Die Quellen Nr. 29—33 hatten Temperaturen zwischen 4,7 und 6,7° C und relativ weiche Wässer von 3,7—5,5 d. H. Karbonathärte, dies obwohl die Austritte selbst im Dolomit lagen.

Die zweite Quellgruppe (Abb. 106) wies sowohl höhere Temperaturen als auch größere Härten auf. Die wichtigste Frage war nun einerseits, ob diese Unterschiede die Folgerung zuließen, daß es sich bei den Quellen mit tieferer Temperatur und niedrigen Härten um Karstwässer, bei den Wässern mit höheren Temperatur- und Lösungswerten aber um aufstoßendes Talgrundwasser handelt, und andererseits, wenn ja, ob die hier austretenden Karst-

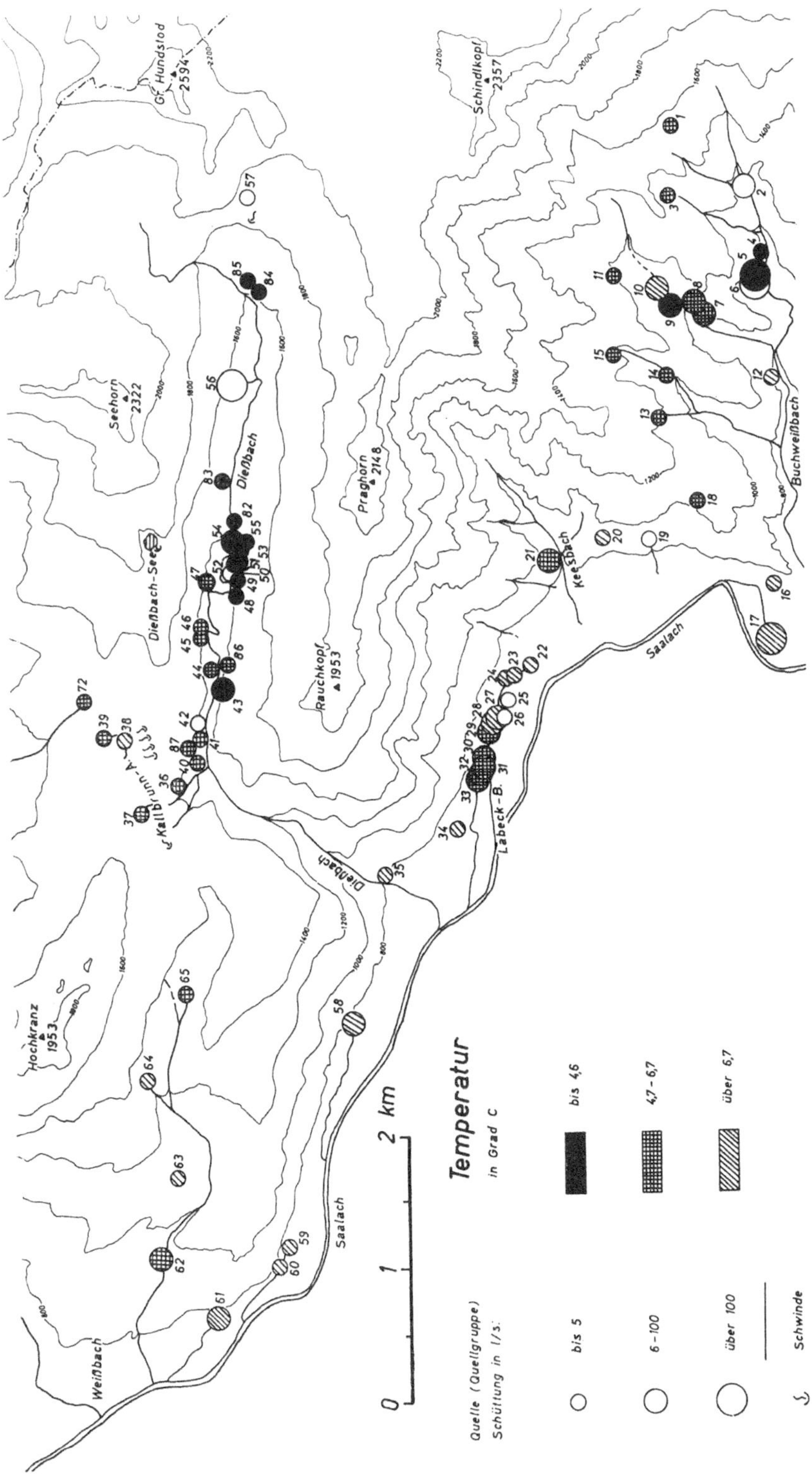

Abb. 106. Quellen und Quellwassertemperaturen im nordwestlichen Steinernen Meer vor dem Einstau des Dießbachbeckens (nach H. BRANDECKER et al., 1965, Tafel II)

wässer einem gemeinsamen Kluftnetz entströmten oder weitgehend selbständige bzw. isolierte Karstwasseraustritte darstellen. Diese Fragen konnten nur durch Markierungsversuche geklärt werden.

Durch die genaue karsthydrologische Aufnahme war eine Reihe von Schluckstellen bekannt, deren Beschickung mit verschiedenen Markierungsmitteln brauchbare Aufschlüsse versprach (Abb. 107, Einspeisstellen Nr. I bis IV).

Bei dem im Juli 1963 abgelaufenen Markierungsversuch wurden in Schwinde I 15 kg Uranin, in Schwinde II 25 kg blaugefärbte, in Schwinde III 25 kg grüngefärbte und in die

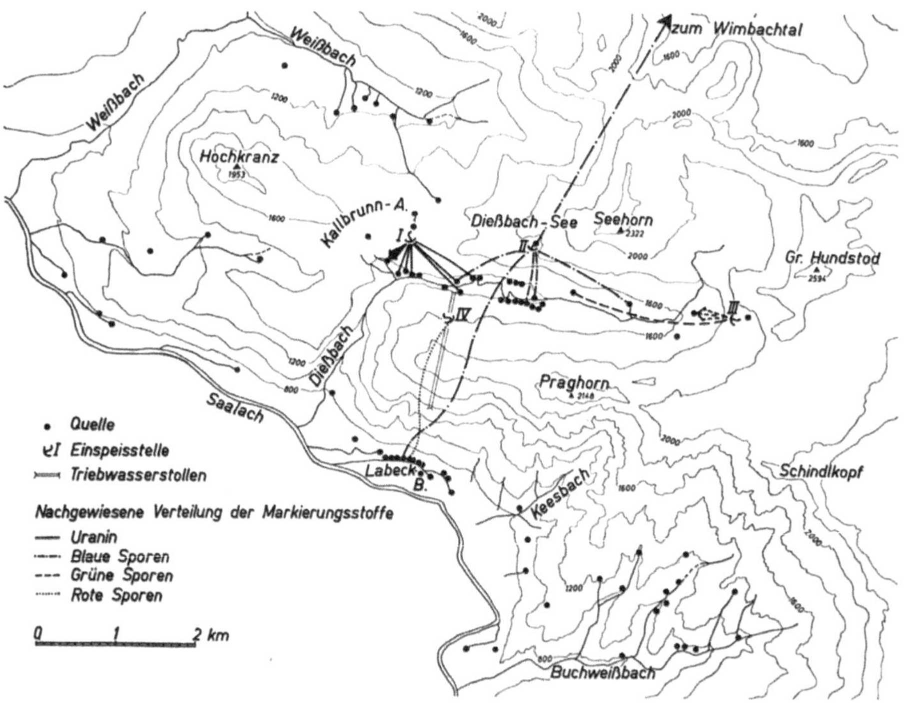

Abb. 107. Die Ergebnisse des kombinierten Färbe- und Sporentriftversuches im Bereich des Dießbachbeckens (nach H. BRANDECKER et al., 1965, S. 84, Abb. 4)

Einspeisungsstelle IV 10 kg rotgefärbte Lycopodiumsporen eingesetzt. Unter Beobachtung standen alle nennenswerten Wasseraustritte, auch die Quellen auf bayrischem Gebiet, die aus Darstellungsgründen auf Abb. 107 nicht mehr enthalten sind. Im einzelnen ist dazu zu sagen: Die Farbeinspeisung in die Schwinde I hat ausschließlich im Niveau des Hängetales gelegene Wasseraustritte betroffen. Besonders interessant ist das Ergebnis der Einspeisung in die Schwinde II. Diese Schwinde ist der unterirdische Abfluß am Rande eines kleinen Seeleins, das in einer durch Moränenreste plombierten großen Hangdoline liegt (Dießbach-See). Auch die Hauptmasse dieses Einspeisungsgutes wurde in Quellen im Niveau des alten jungtertiären Hochtalsystems nachgewiesen, aber es traten auch Spuren einerseits in einer Quelle im bayrischen Wimbachtal, andererseits in einer (einzigen!) Quelle beim Labeckbach im Saalachtal auf. Die Verbindung der beiden in entgegengesetzer Richtung liegenden letztgenannten positiven Quellen entspricht einem NNE streichenden Hauptkluftsystem des Gebietes, das seinen orographischen Ausdruck sowohl im Verlauf des Wimbachtals als auch des unteren Dießbachtales findet.

Die Einspeisung in die Schwinde III betraf wiederum nur Wasseraustritte im Bereich des Hochtales.

Von entscheidendem Gewicht war auch das Ergebnis der Beschickung von Einspeisungsstelle IV. Es handelt sich hier um einen Karstschlauch, der am Beginn des Triebwasserstollens angefahren wurde. Auch von dieser Einspeisung wurde nur eine einzige Quelle im Bereich des Labeckbaches betroffen, wobei die Durchgangszeit des Triftgutes sehr kurz war (etwa 24 Stunden). Die Beobachtungen im Gebiet des Weißbaches, des Klaus- und Buchweißbaches blieben negativ, ein Ergebnis, daß in Anbetracht der positiven Nachweise in den anderen Bereichen ebenfalls von bedeutender Aussagekraft war.

Der kombinierte Färbe- und Sporentriftversuch hat bestätigt, daß das Dießbachbecken noch immer das Vorflutniveau für die unterirdische Karstentwässerung eines großen Teiles der umgebenden, höherliegenden Bereiche darstellt. Bei den Verbindungen zum Saalachtal zeigte sich, daß es sich noch um weitgehend isolierte Karstschläuche handelt, die hauptsächlich den in diesem Gebiet verbreiteten NNE-Störungen folgen. Das negative Beobachtungsergebnis im Gebiet des Weißbaches weist darauf hin, daß die tektonische Grenze zwischen den Kalken des Seehorns und den Liasschiefern in den Bereichen der Kallbrunn-Alm und des oberen Weißbaches auch eine hydrologische Grenze ist.

Diese Untersuchungsergebnisse ließen das Urteil zu, daß das Dießbachbecken selbst als weitgehend dicht bezeichnet werden konnte und auch der Dammbereich und die Felsflanken durch entsprechende Injektionen beherrschbar waren. Die in der Folge angesetzten baugeologischen Maßnahmen bestätigten die aus den karsthydrologischen Untersuchungen gezogenen Folgerungen. Bei den Wasserabpreßversuchen und Injektionsbohrungen zeigte sich der oberflächennahe Fels bis zu etwa 20 m Tiefe stärker zerklüftet.

Die zahlreich vorhandenen Großklüfte, wie auch die Bruchstörungen waren so weit geöffnet, daß die Wasserverluste schon bei einem Druck von einigen Atmosphären 10 bis 20 (vereinzelt noch mehr) Liter je Minute und lfm Bohrung betrugen. Höchstwerte bis zu 50 l/min/lfm wurden nur in einigen Abschnitten festgestellt, wo schon bei nahezu druckloser Auspressung das Wasser längs der Klüfte wieder an die Geländeoberfläche austrat. Oft konnten verwertbare Ergebnisse in oberflächennahen Zonen erst durch länger währende Abpressungen erhalten werden. Verläßliche Rückschlüsse über die Dichtheit des Gebirges lieferten die 20 bis 35 m unter Gelände liegenden Prüfstrecken, in welchen die Wasserverluste mit durchschnittlich 2 bis 5 l je min und lfm bei Drücken bis zu 30 atü schon wesentlich niedriger lagen. Von 35 bis 70 m zeigten die Bohrungen eine auffallend geringe Wasserwegigkeit, die durchschnittlich etwa 1 l/min/lfm und maximal 4 l/min/lfm erreichte, obzwar mit einem Druck bis zu 30 atü verpreßt wurde. Aus diesen Ergebnissen aber zum Teil auch aus den durch die Bohrungen direkt erhaltenen Aufschlüsse war der Schluß zu ziehen, daß mit einer Tiefe von etwa 20 bis 30 m die Dichtheit des Felsens sprunghaft ansteigt. Dieser Umstand kann darauf zurückgeführt werden, daß einerseits die Verkarstung nach der Tiefe zu abnimmt, andererseits aber vorhandene Wasserbahnen durch Einschwemmungen abgedichtet wurden.

H. Brandecker hat als baugeologischer Berater der SAFE seinerzeit für einen Stau auf Seehöhe 1415,0 m 6000 lfm Injektionsbohrungen und 800 t Zement als Injektionsgut veranschlagt. Diese Mengen wurden bei den Bohrungen um 20% und bei den Injektionen um nur 7% überschritten. Der Mehraufwand ist auf den Verzicht auf Oberflächendichtungen zugunsten von Tiefeninjektionen, zum Teil auch auf notwendige Absicherungsarbeiten des durch Sprengungen arg in Mitleidenschaft gezogenen Steinbruches an der Südflanke und auch auf einige unkontrollierbare Oberflächenverluste während der Injektionsarbeiten im Winter zurückzuführen.

Auf Grund der Vorerhebungen und der beim Bohren laufend gewonnenen Erfahrungen konnte der unter dem Damm mittels Injektionsbohrungen herzustellende Dichtungsschleier mit 30 bis 35 m Tiefe bemessen werden. Das entspricht etwa der Stauhöhe, womit das übliche Ausmaß (Schleiertiefe = $^2/_3$ der Stauhöhe) sogar merklich überschritten wurde. Während bis etwa 20 m Tiefe die Untergrunddichtung sehr solide sein mußte, waren die Verpressungen darunter eher als Vorsichtsmaßnahme zu bezeichnen.

Die Richtung und Neigung der Injektionslöcher wurde, soweit dies aus baulichen Gründen möglich war, den Bankungsflächen, Hauptkluftscharen und Gebirgsstörungen angepaßt. Um diese als Wasserbahnen gefährlichen Fugen möglichst häufig und in kurzen Abständen mit den Bohrungen zu treffen, war in der südlichen Dammhälfte eine vertikale und eine mit 70 Grad Süd geneigte Schirmreihe zweckmäßig, während im nördlichen Dammbereich mit überwiegend senkrechten Löchern ein maximaler Erfolg erhofft werden durfte.

Die Abdichtung des Überganges zwischen Dammuntergrund und den Talflanken erfolgte durch fächerartige Anordnung von Injektionsbohrungen mit einer Länge bis zu 50 m.

Ein während der noch im Gange befindlichen Felsdichtungen vorgenommener Teilstau erbrachte den wertvollen Hinweis der Dichtheit der Beckensohle und des unteren Ufersaumes, was nicht nur Anlaß zur Auspressung dieses Flankenschirmes gab, sondern auch — wenigstens zunächst — zum fast völligen Verzicht der Flankendichtung des nördlichen Ufergeländes führte! Auf Grund der günstigen Teilstauergebnisse war es möglich, sich hier mit einem weniger aufwendigen kurzen Schirm zu begnügen, der lediglich die gefährlich scheinenden N-S-Störungen zu erfassen hatte.

Die nachstehende Tabelle zeigt eine Zusammenstellung der Bohrungen und des Zementverbrauches für die Abdichtung der Sperrenstelle und des Beckens, hier hauptsächlich der Südflanke.

Tabelle 11. *Aufteilung des Abdichtungsaufwandes für das Dießbach-Staubecken*

Injektionsbereich	Fläche Tiefenschirm (m^2)	Bohrungen Summe (lfm)	Bohrungen je m^2 (lfm)	Zementaufnahme Summe (t)	Zementaufnahme (Trockengew.) je lfm Bohrung (kg)	Zementaufnahme (Trockengew.) je m^2 Fläche (kg)
Dammuntergrund einschl. Fächer	12.500	4.287,4	0,34	288,44	67,4	23,1
Südflanke	17.000	3.265,0	0,19	574,39	176,0	33,8
Summe bzw. Durchschnitt	29.500	7.552,4	0,26	862,83	114,0	29,2

Seit dem ersten Vollstau im November 1964 erwies sich das Becken als vollkommen dicht.

3.2.3. Allgemeine Bemerkungen

Die Frage der Dichtheit eines geplanten Reservoirs zur Speicherung von Oberflächenwasser ist im verkarstungsfähigen Gebirge wesentlich aktueller aber auch schwieriger zu beantworten als in den meisten nichtverkarsteten Gebieten. Zum Unterschied von letzteren stehen nicht nur hauptsächlich Fragen der Umläufigkeit im Sperrenbereich sondern auch die Dichtheit des gesamten Beckenareals mit seiner Umrahmung zur Debatte. Es ist dabei von untergeordneter Bedeutung, ob es sich bei den Speicherbecken um Anlagen im Rahmen des Kraftwerkbaues und der Energiegewinnung handelt, wie dies in den humiden Breiten fast ausschließlich der Fall ist, oder um Speicher für Bewässerungs- und Wasserversorgungszwecke, wie sie in ariden und semiariden Gebieten überwiegen.

In allen Kapiteln dieses Buches wurde versucht, die theoretischen Erwägungen und speziellen Fragen durch die Beschreibung von Musterlandschaften zu untermauern. Im Falle der Karsthydrogeologie des Speicher- und Sperrenbaues wurden je ein Beispiel eines völligen Mißerfolges und eines mit vollem Erfolg im Karst errichteten Speichers einander gegenübergestellt:

Die in den Kapiteln 3.2.1. und 3.2.2. beschriebenen Beispiele haben mehr gemeinsame Aspekte, als auf den ersten Blick ersichtlich ist, wenngleich oft in entgegengesetzter Hinsicht.

a) Die Ausfüllung des Beckenbodens mit wenig durchlässigen Feinsedimenten. Aber während diese im Bereiche des Dießbach-Stauraumes quartärer Natur sind, stammen sie in der Füllung des Perdikkastales aus dem Neogen.

b) Verkarstungsfähige Kalke als Basis der Beckenfüllung. Aber während Abpreßversuche im Bereiche Dießbach trotz einer Lage von 700 m über der derzeitigen lokalen Erosionsbasis des Saalachtales eine nach unten abnehmende Permeabilität ergaben, nahm diese in den Kalken unter dem Stauraum von Perdikkas zu.

c) Die Lage des Karstwasserkörpers. Hier sind auffallend gegensätzliche Verhältnisse zu verzeichnen. Während im Falle Dießbach ein hoch im Gebirgskörper ansteigender Karstwasserspiegel vorliegt und nur isolierte Schläuche in die tieferen Lagen entwässern, liegt der lokale Karstwasserspiegel im Falle Perdikkas unter der heutigen Talsohle.

Der wesentlichste Unterschied liegt wohl darin, daß im Bereiche Dießbach das alte Hochtal noch immer die Funktion einer Vorflut auf den Karstwasserkörper ausübt, während diese für den Karstwasserkörper unter dem Perdikkas-Tal weit im Vorland zu suchen ist und niemals geortet wurde.

Anschließend werden in den Tabellen 12 und 13 (nach H. Brandecker et al., 1965, Tab. 4 u. 5, p. 102 und 104) Vergleiche des Aufwandes für die Untergrunddichtung bei Stauräumen in verkarsteten Gebirgen gegeben.

Leider fehlen die Unterlagen, um das vom wirtschaftlichen Gesichtspunkt notwendige Verhältnis etwa zur Leistung der Energieerzeugung oder der Gesamtbaukosten aufzuzeigen. Trotz des lückenhaften Zahlenmaterials ist zu erkennen, daß die Aufnahme von Injektionsgut (und damit der Anteil der Hohlräume der durch Injektionen verbesserten Gebirgsmasse) recht unterschiedlich ist. So betrug die mittlere Aufnahme an Verpreßmaterial je lfm Bohrung bei der Salza-Sperre (Steweag) 14,1 kg (Trockengewicht), während sie bei De Castillion (Frankreich) 800 kg erreichte. Aus 18 im verkarsteten Gebirge liegenden Sperren wurde ein Mittelwert von 213 kg/lfm Bohrung errechnet. Beim Dießbachwerk wurde dieser Wert nur gut zur Hälfte erreicht (114 kg/lfm). Für die Salza-Sperre darf nochmals darauf hingewiesen werden, daß die Krone der Sperre das durch den Tertiärsockel im Ennstal bzw. durch Quellaustritte knapp unterhalb der Sperrmauer angezeigte Vorflutniveau bzw. die Tiefe der Verkarstung im Gebirgskörper nicht übersteigt (vgl. Kapitel 2.3.1.). Diese Gunst der Lage ist selten und findet ihren Ausdruck in den außergewöhnlich geringfügigen Aufwendungen für Dichtungsmaßnahmen.

Zwischen den beiden Grenzfällen, irreparabler Wasserverlust in einem Ausmaß, das einen vollkommenen Fehlschlag bedeutet, und dem hundert-

Tabelle 12. *Gegenüberstellung des Aufwandes für Abdichtungsarbeiten des Sperrenuntergrundes in vorwiegend kalkigen Felsgesteinen von den beiden annähernd vergleichbaren österreichischen Sperren Dießbach und Salza sowie Talsperren in Algerien, Frankreich, Jugoslawien und Spanien* (nach H. BRANDECKER, 1965)

Projekt	Land	Geologische Formation (Gestein) an der Abschlußstelle	Injektionsbohrung: Fläche der Abdichtung (m²)	Injektionsbohrung: Summe (lfm)	Injektionsbohrung: je m² Dichtungsfläche (lfm)	Injektionsbohrung: Tiefe bis (m)	Injektionsgut (vorw. Zement, z. T. Bentonit, Lehm u. Sand): Summe Trokkengew. (t)	Injektionsgut: je m² Dichtungsfläche (kg)	Injektionsgut: je lfm Bohrung (kg)	Kostenaufwand im Verhältnis: Gesamtkosten Projekt (%)	Kostenaufwand: Jahresenergie Erzeug. je GWh (ö. S)	Kostenaufwand: Speicherinhalt je m³ (ö. S)	Fußnote
Dießbach	Öst.	Dachsteinkalk [1]	29.500	7.552	0,26	35	863	34,2	114,0	3	0,14	0,73	2
Salza	Öst.	Riffkalk, z. T. dolomitisch	5.000	1.363	0,27	30	19,3	3,9	14,1	4,3	0,064	0,165	3
Bakhadda	Alg.	Kalk- u. Sandstein	35.000	20.000	0,56	50—70	3.500	100	175	20	—	—	
Bou Hanifia	Alg.	Kalk, Sandstein Kongl., Mergel	97.000	62.000	0,42	110	19.000	333	434	—	—	0,99	4
Ghrib	Alg.	Kalk	30.000	140.000	4,7	120	8.940	297	63,8	—	—	—	
Foum El Cherza	Alg.	Oberkreidekalk	88.000	18.608	0,21	200	—	—	—	—	—	—	5
De Castillion	Frank.	Jurakalk	35.000	15.000	0,43	180	12.000?	343	800	—	—	—	6
Peruća	Jug.	Kreidekalk	200.000	169.590	0,85	300	43.000	216	253	25?	0,32?	1,54?	7
Camarasa	Span.	Jurakalk u. Dolomit	200.000	49.600	0,25	390	—	—	—	—	—	—	8

[1] Dachsteinkalk mit Einschaltungen von Liaskalk und Starhemberger Schichten (rote Tonmergel-Zwischenlagen).

[2] Preisbasis 1964.

[3] Staurauminhalt 10,5 hm³, Jahresarbeitsvermögen 27 GWh (davon 10 GWh im Winter), Sperre: Gewölbemauer, Höhe 52 m, Kronenlänge 55 m, Anteil Kontaktbohrung 257 lfm. Preisbasis 1947 bis 1949.

[4] Staudamm ca. 55 m hoch, 460 m lang; Betondichtungsschürze im Dammuntergrund bis zu 70 m tief. 6000 lfm Untersuchungsbohrungen. Injektionsbohrungen nur in beiden Talflanken, da Dichtfunktion unter dem Damm von der oa. Abdichtungsschürze übernommen wird. Kosten der Untergrundabdichtung 70 Mill. öS (Bauzeit 1933—1940). Staurauminhalt 71 hm³.

[5] Zuerst Wasserverluste von 370 l/s.

[6] Hohlräume ca. 3% der verbesserten Felsmasse. Offene Klüfte wurden ausbetoniert.

[7] 14.000 lfm Untersuchungsbohrungen.

[8] Einsickerung über große Flächen, daher schwierige Abdichtung. Injektionsschleier 1029 m lang und 112 bis 394 m tief. Bis 11 m³/s Wasserverlust.

Tabelle 13. *Gegenüberstellung des Aufwandes für Abdichtungsarbeiten des Sperrenuntergrundes in vorwiegend kalkigen Felsgesteinen. Aufstellung von 12 italienischen Talsperren mit Angaben über Höhe und Kronenlänge des Abschlußbauwerkes* (nach Angaben der ANIDEL)

Projekt	Geologische Formation (Gestein) an der Abschlußstelle	Abschlußbauwerk Höhe (m)	Abschlußbauwerk Kronenlänge (m)	Injektionsbohrung Summe (lfm)	Injektionsbohrung Tiefe bis (m)	Injektionsgut (Zementmilch) Summe (t)	Injektionsgut (Zementmilch) je lfm Bohrung (kg)	Fußnote
Barcis	Kalk (kretazisch mit Flyschlage)	50,15	83,70	14.413	50	982,1	68,0	1
Cancano II	Kalk und Mergel	136,00	381,37	18.000	150	300,0	17,0	
Carboi	Miozän-Kalk	47,00	137,70	8.760	40	780,0	89,0	
Gela	Miozän-Kalk u. Mergel	48,00	285,60	31.000	40	12.200,0	394,0	
Lumiei	Ladin-Kalk	136,15	138,36	8.060	65	686,0	85,0	
Mignano	Eozän-Kalk	64,00	341,00	11.280	70	3.900,0	346,0	
Salto	Miozän-Kalk (diaklastisch)	108,00	184,64	14.040	50	3.486,0	248,0	
S. Giustina	Kalkdolomit	152,50	ca. 105	105.000	60	ca. 8.400,0	80,0	2
Turano	Kalk	80,00	256,00	5.100	96 (i. M.)	962,0	189,0	
Vagli	Räth-Kalk	95,50	145,00	14.928	75	1.319,3	88,0	
Vale di Cadore	Kalkdolomit	61,25	37,50	4.080	90	1.530,0	375,0	
Vajont	Jura- u. Kreidekalke u. Mergel	261,60	190,15	—	100	—	—	3

1 22.000 m² Abdichtungsfläche; Zementaufnahme je m² Abdichtungsfläche 45 kg.
2 Stauinhalt 172 hm³.
3 Stauinhalt 168,7 hm³. Abdichtungsfläche etwa 70.000 m². Durch die am 9. Oktober 1963 erfolgte Felsgleitung außer Funktion gesetzt.

prozentig dichten Reservoir, gibt es viele Zwischenstufen, bei denen Maßnahmen zu Verminderung der Wasserverluste Gegenstand besonderer Bemühungen sind.

Für den dinarischen Karst im großen gesehen günstige geologische Verhältnisse lagen für den Bau des Dammes von Peruća im Flußgebiet der Cetina vor. Es trafen mehrere vorteilhafte Gegebenheiten zusammen. Zunächst war dieser Teil des Cetinatales noch die natürliche Vorflut der Ponore im nordwestlichen Livanjsko Polje, wie Markierungsversuche zeigten (Tafel II). Eine besondere Gunst aber ist, daß die Kreidekalke hier schüsselförmig ziemlich dichtem Dolomit eingelagert sind. Beides zusammen bewirkte, daß der Karstwasserspiegel dieses Bereiches vor dem Speicherbau mit seinem tiefsten Stand nicht unter das Talniveau sank (Abb. 108 nach B. Pavlin, 1965 Fig. 3). Nach dem Aufstau glich sich der Karstwasserspiegel dem Stauziel an und die Dichtungsschürze dient vor allem der Verhinderung einer Umströmung im Wehrbereich.

Untersuchungsmethoden betreffend Wasserverluste in kurz vor der Ausführung stehenden oder bereits fertiggestellten Projekten in Karstgebieten schlägt B. Guzina (1970) vor. B. Guzina stützt sich auf Erfahrungen in Jugoslawien (Nikšićko Polje), fußend auf der Tatsache, daß der Wasserhaushalt in dem komplizierten Verhältnis von unterirdischem und oberirdischem Abfluß seinen Schlüssel hat. Nach dem Versuch einer Klassifikation der Versickerungsverluste, legt B. Guzina (1970, S. 228 ff) hydrologische Methoden zu ihrer Untersuchung dar, als deren wesentlichste die Korrelationsmethode auf dem Vergleich des Abflußverhaltens des zu untersuchenden Beckens mit einem anderen Vergleichsbereich beruht.

Ein gutes Beispiel erfolgreicher Dichtungsinjektionen ist der im Flußgebiet der Lika gelegene Speicher von Kruščica (B. Pavlin, 1970). Der 81 m hohe Damm, flankiert von Kreidekalken und -dolomiten wurde durch eine 1200 m lange, 96.000 m² einnehmende Dichtungsschürze, ausgeführt in zwei Bögen von Injektionsbohrungen, abgesichert. Da weitere Angaben (insbesondere über das Kostenverhältnis zum Gesamtprojekt) fehlen, wurde das Beispiel nicht in die Tabelle 12 aufgenommen.

Von technischem Interesse ist vielleicht die Zusammensetzung der Dichtungsmasse, im allgemeinen 30% Portlandzement PC 250 oder PC 350 und 70% Illitton mit einem Zusatz von ungefähr 2,5% Bentonit mit einem Mischungsverhältnis von 1,0 fest auf 1,5 bis 3,0 Wasser. Eine tixotrophe Aktivierung des Tons wurde durch die Beigabe von 2,5% anhydritischem Natriumkarbonat und Verwendung eines Schnellmischers erreicht. Jedenfalls konnte durch die Maßnahmen der Versickerungsverlust auf insgesamt 500 l/s, und zwar 300 l/s Umströmung und 200 l/s Unterströmung vermindert werden.

Eine Verbesserung der Wasserverluste auf 300 bis 350 l/s, das ist etwa ein Fünftel der ursprünglichen Versickerung, durch eine Dichtungsschürze konnte auch beim Limmernboden-Damm in der Schweiz erzielt werden (Farces Motrices du Nord-Est de la Suisse S. A., 1970).

Besondere Dichtungsmethoden wurden im Oberbecken des Pumpspeicherwerkes Glems am Nordrand der Schwäbischen Alb entwickelt und angewandt (H. Brüderlin, 1965, G. Zichner und H. Haas, 1964; A. Feiner und G. Horstmann, 1966; H. Link, 1970).

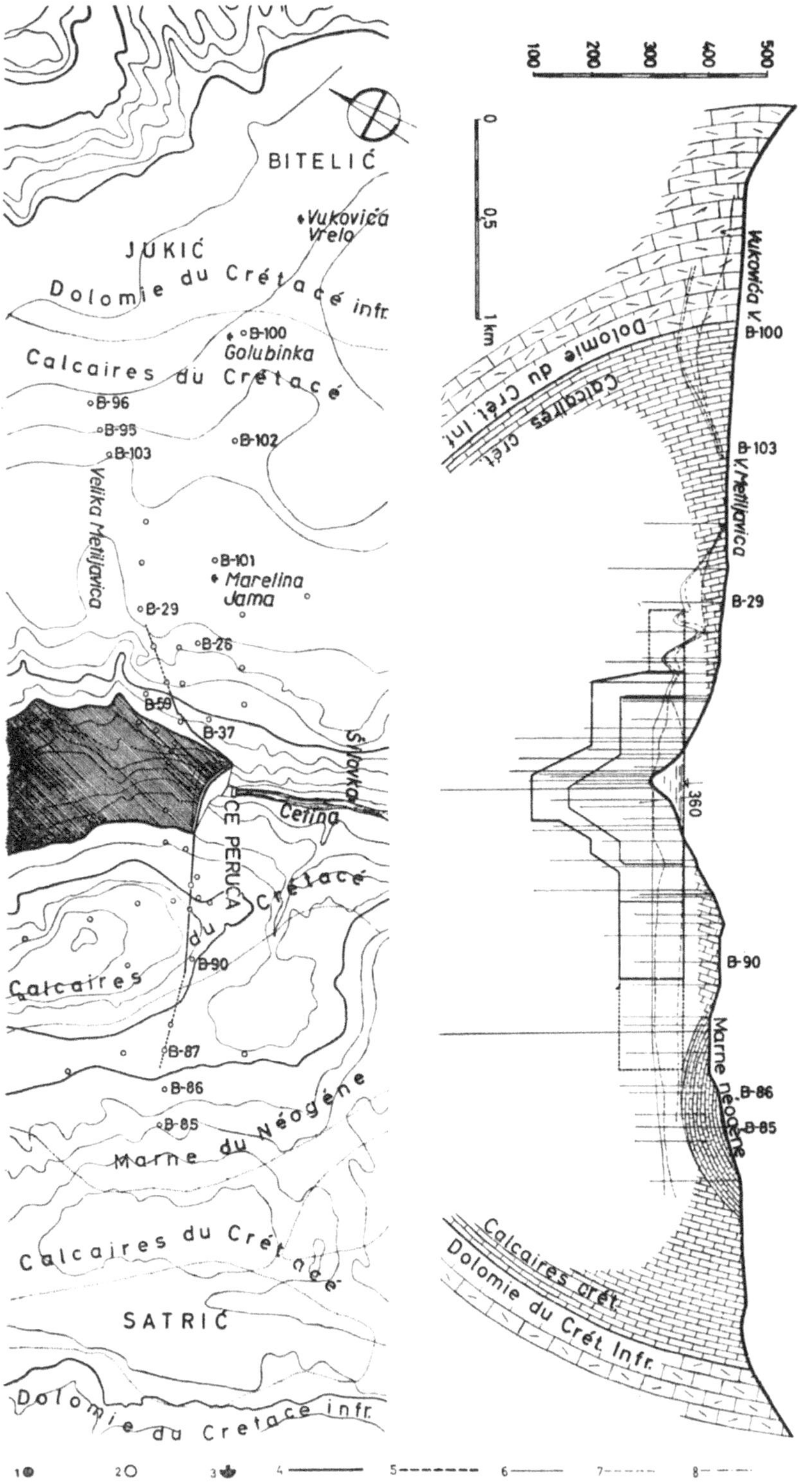

Abb. 108. Hydrogeologie und bautechnische Maßnahmen im Bereich von Peruća. *1* Quelle, *2* Bohrung, *3* Karstschacht, *4* erste Stufe der Dichtungsschürze, *5* zweite Stufe der Dichtungsschürze, *6* tiefster Wasserstand vor dem Ausbau des Speichers, *7* höchster Karstwasserstand vor dem Einstau, *8* Karstwasserspiegel nach dem Einstau (nach P. PAVLIN, 1965)

Es besteht nicht die Möglichkeit, eine Vollständigkeit in der Beschreibung von Speicherbecken im Karbonatgebirge bzw. der für ihre Errichtung notwendigen Vorarbeiten zu geben. Die wichtigsten karsthydrogeologischen Voruntersuchungen finden sich im Kapitel über die Methoden der karsthydrogeologischen Forschung (2.2.). Zusätzliches Gewicht für Prognosen bezüglich der Errichtung von Speicherbecken im verkarsteten Gebirge kommt langfristigen piezometrischen Messungen in einer entsprechenden Anzahl von Beobachtungssonden zu. Geophysikalische (seismische und geoelektrische) Messungen gehören nicht mehr direkt zu den Methoden der Karsthydrogeologie, sind aber in den meisten Fällen unbedingt notwendige Maßnahmen.

Von örtlich unterschiedlicher Bedeutung ist die Durchführung verschiedener „Logs" in den Bohrungen [1]. Ein *Temperatur-log* in einer einzelnen Bohrung kann bereits Aufschlüsse geben. Besteht jedoch eine Anzahl von Bohrungen über ein größeres Areal, so können Temperaturmessungen sowohl einen Gradienten und Hinweise auf die allgemeine Fließrichtung des unterirdischen Karstwassers als auch Hinweise auf dessen Einzugsgebiete geben. *Abpreßversuche* sind der gängigste Vorgang zur Ermittlung von Zonen verschiedener Permeabilität, sie werden in Karstgebieten selten durch geoelektrische Verfahren wie Neutron-, Sonic- und Dichtelogs ergänzt (vgl. Schlumberger Publ. bzw. F. Hallenbach und O. Rülke, 1961). Sind in den Bohrlöchern Zonen stärkerer Permeabilität festgestellt worden, können Versuche zur *Messung der Fließgeschwindigkeiten* in diesen Horizonten von großer Bedeutung sein. Sie können mittels der sog. „point-dilution-Methode" in einem einzigen Bohrloch durchgeführt werden. Dieses „Verdünnungsverfahren" bedient sich der Injektion eines radioaktiven Tracers und der Messung der Konzentrationsabnahme mittels der eingeführten Sonde. Die Abpackerung des jeweiligen Horizontes nach unten und oben soll dabei den Einfluß der Vertikalströmung ausschalten (vgl. J. Mairhofer, 1963, 1967; H. Moser und F. Neumaier, 1967; W. Drost et al. 1972; H. Moser et al. 1973). In vielen Fällen ist aber auch die Kenntnis des Ausmaßes und der Richtung der *Vertikalströmung* im Bohrloch und im Karstwasserkörper von Interesse. In Grundwasserkörpern im Lockergestein kann mittels der „Einbohrlochmethode" auch die horziontale *Fließrichtung* festgestellt werden.

---

[1] Der in der Seefahrt altbekannte Ausdruck „Log" wurde im technischen Sinn zuerst im amerikanischen Ingenieurwesen gebräuchlich. Wörtlich übersetzt heißt „Log" Tagebuch (s. Logbuch der Seefahrt). In der technischen Geologie kann der Ausdruck in einem dreifachen Sinn gebraucht werden (s. Dictionary of Geological Terms, Dolphin Books, New York 1962, S. 296): 1. Für die graphische Darstellung der lithologischen und (oder) stratigraphischen Einheiten, die eine Bohrung durchfahren hat (= geologisches Log, entspricht im Deutschen dem Bohrprofil). 2. Für die einfache Darstellung der Variation von physikalischen Eigenschaften des Gesteins in einem Bohrloch mit der Tiefe, z. B. des elektrischen Widerstandes, des Eigenpotentials, der Gammastrahlenintensität oder -geschwindigkeit usw. Hiefür wird auch im Deutschen vielfach der amerikanische Ausdruck „log" verwendet. 3. Für den Bericht über die durchfahrenen Schichten, über den Bohrfortgang, über die Tiefenlage von Wasser, Öl, Gas oder Mineralien, den Bericht über Durchmesser oder Länge der Verrohrung und die Beschreibung weiterer mit der Bohrung zusammenhängender Fakten oder Ereignisse (im Deutschen praktisch das Bohrbuch). Über geophysikalische Logs s. S. N. Davis und R. J. M. DeWiest, Hydrogeology, (1967, S. 298 ff.).

Grundsätzlich ist dies auch in Bohrungen möglich, die im Karbonatgebirge niedergebracht wurden. Doch kann man sich hier — im Gegensatz zum Grundwasser der Talfüllungen — dieser Aussage nur mit Vorbehalt bedienen, da die örtliche Fließrichtung eines verkarsteten Kluftsystems keineswegs mit der allgemeinen großräumigen Fließrichtung übereinstimmen muß, ja, es nur in Ausnahmefällen tun wird.

Für weitere Informationen über den Speicherbau im Karst sei noch auf die Veröffentlichungen von M. Borelli und B. Pavlin (1965), D. N. Dutta und K. C. Thomas (1970), W. Liechti und E. Wullimann (1970), B. Pavlin (1965), I. V. Popov et al. (1972, S. 392), T. Silvestri und S. Penati (1970), C. E. Vural Selcen (1970) und einer französischen Arbeitsgruppe (Groupe de travail du Comite Français des Grands Barrages, 1970) hingewiesen.

3.3. Karstwasser und Grundwasser in Talfüllungen

Bestehen die Flanken und der Untergrund eines Tales ganz oder teilweise aus Karbonatgestein und ist dem Tal eine jüngere Füllung aus Lockergestein eingelagert, so ist im allgemeinen eine Kommunikation zwischen dem in der Lockergesteinsfüllung liegenden Talgrundwasser und dem Karstwasserkörper im flankierenden Karbonatgestein anzunehmen. Es ist dabei von untergeordneter Bedeutung, ob die junge Talfüllung — wie allgemein in den Wurzeln der Täler der Kalkhochalpen — aus mächtigen Hangschutt- und Bergsturzmassen besteht und nur ein intermittierendes oder gar kein Oberflächengerinne aufweist, oder ob mehr oder minder mächtige fluviatile Terrassen vorliegen, deren Schotter von pleistozänen Schmelzwässern aufgeschüttet wurden (z. B. Murtal).

Als Beispiel für das Zusammenspiel von Talgrundwasser und Karstwasser in einer der Talwurzeln im südlichen Hochschwabgebiet können die Spiegelschwankungen des Grünen Sees dienen.

Im Gegensatz zum Nordrand des Massivs wird das südliche Hochschwabgebiet durch tief in den Gebirgskörper eingreifende NW-SE-verlaufende parallele Talfurchen gegliedert. Eines dieser Täler ist das *Tragößtal,* das von Oberort bergwärts über zwei Talstufen in die „Jassing“ zurückgreift (Abb. 109). Die unterste Stufe ist durch eine Stadialmoräne markiert, über ihr liegt der Grüne See. Die nächste Stufe bilden gewaltige Bergsturzmassen, hinter denen erst der 3 km lange ebene Talboden der Jassing liegt. Vermutlich handelt es sich um das aufgefüllte Becken eines natürlichen Stausees. Alle von den Seitengräben einmündenden Gerinne versinken beim Eintritt in den Schotterkörper der Jassing, die ohne offenes Gerinne ist. Ein kleines stehendes Gewässer auf tonigen Schichten des Talbodens, die Pfarrer-Lacke, wird vom Lamingbach gespeist. Der Abfluß erfolgt unterirdisch und speist den Grundwasserstrom, der erst in den Quellen an den Kreuzteichen unter der letzten Talstufe, am Ausgang in das Tragößtal und fallweise im Grünen See wieder zutage tritt.

Der See hat seinen Höchststand im Frühling, nachdem die Schneeschmelze auf den Höhen das Karstwassersystem aufgefüllt hat. Mit dem Eintritt des Sommers erfolgt eine langsame Absenkung des Spiegels, die zu Zeiten starker Regenfälle unterbrochen wird, bis zum Spätwinter aber zum völligen Verschwinden des Sees führen kann. Mit der neuerlichen Schneeschmelze wird dann das Becken wieder aufgefüllt.

Die Begründung des Phänomens liegt im geologischen Bau des Terrains und der verschiedenartigen Wasserwegigkeit der Baustoffe.

Der See gliedert sich in zwei flache Wannen, die mit tonsandigem Moränenmaterial ausgekleidet sind. Die abdichtende Haut ist nur geringmächtig, am Südostufer stößt dolomitischer Wettersteinkalk durch, auch der Grund des südlichen Seebeckens ist undicht. Neben den seitlich liegenden Karstwasserzuflüssen erhält der See zeitweise durch Auftriebwasser im südlichen Seebecken Zufuhr. Hier handelt es sich, wie die chemischen Untersuchungen ergaben, um den von der Jassing her zu den Kreuzteichen ziehenden Grundwasserstrom. Dieser stößt ganzjährig in den Quellen bei den Kreuzteichen auf (Nr. 210 bis 214). Bei hohem Grundwasserstand erreicht der Spiegel dieses Grundwasserstromes aber auch den undichten Seeboden des südlichen Beckens und drückt Wasser in den See. Sinkt der Spiegel des Grundwassers, so hört nicht nur dieser Zufluß auf, sondern Seewasser und das zufließende Karstwasser sitzen nun zum Grundwasserstrom ab. Unbeschadet dieses Wechsel-

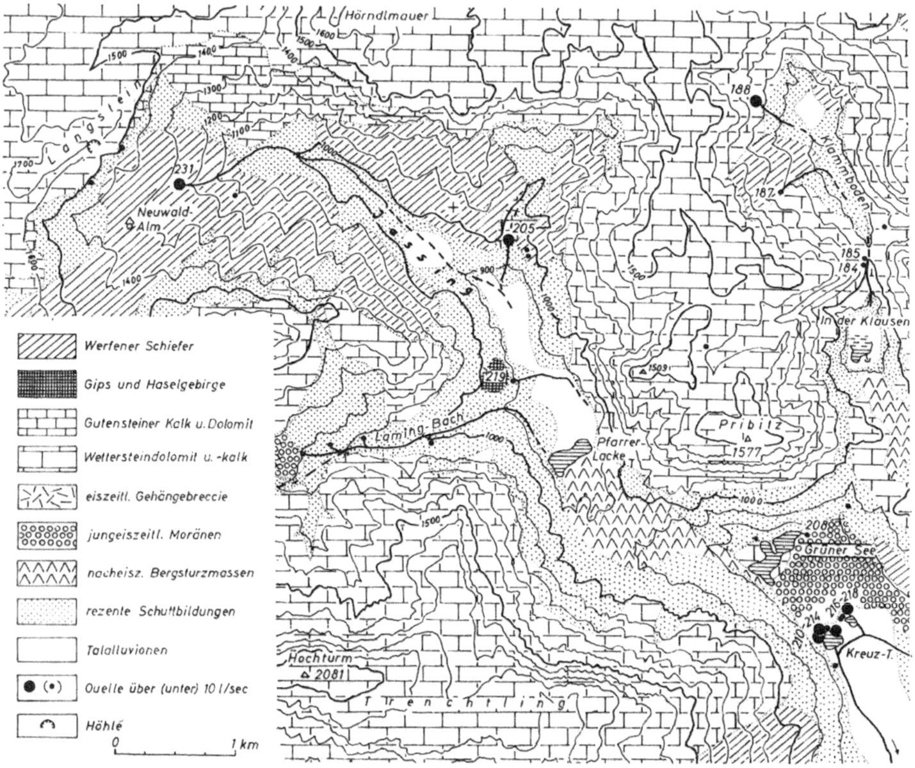

Abb. 109. Hydrogeologische Skizze des oberen Tragößtales und der als „Jassing" in das Hochschwabmassiv zurückgreifenden Talfurche und ihrer Umrahmung

spiels fließt mit Ausnahme von Hochwasserverhältnissen das Seewasser ständig durch den perforierten Teil des Südostufers ab, wo der dolomitische Wettersteinkalk ansteht. Der dolomitische Charakter des Kalkes einerseits und der in der Wasserführung träge reagierende Grundwasserstrom andererseits bedingen, daß sich der Vorgang der Spiegelschwankungen des Grünen Sees im Gegensatz zu den raschen Schüttungsschwankungen der großen Karstquellen langsam und in einem durch die Niederschläge modellierten jahreszeitlichen Rhythmus vollzieht.

Die hydrogeologische Aufnahme wurde durch systematische Leitwertbestimmungen ergänzt. Ein besonders glücklicher Umstand war dabei, daß sich ein natürlicher Indikator für die speziell auf das Phänomen des Grünen Sees gerichtete Untersuchung fand, nämlich Quelle Nr. 219, Abb. 109. Sie kommt aus einem Gipsstock und das Wasser zeigt einen ungewöhnlich hohen Sulfat-, Gesamthärte- und Leitwert. Der Abfluß dieser Quelle versinkt und tritt in den Grundwasserstrom des Jassingbodens ein, wodurch dieser einen höheren Leitwert und eine Sulfatbeimengung erhält, die den seitlich zufließenden Karstwässern fehlt. Die systematische Untersuchung der Wässer ergab für die Karstwässer Leitwerte von 179 bis 245 µS (bei 16° C), für die Gipsquelle 1620 µS. Das Wasser der Pfarrer-Lacke wies einen Wert von 235 µS auf, der Tümpel wird also vom versinkenden Gipswasser nicht berührt, sondern nimmt ausschließlich Wasser aus dem Lamingbach auf. Im Grünen See ergab sich nun eine durch die Leitwertbestimmungen bestätigte verschiedene Wertigkeit in den beiden, weitgehend getrennten Seebecken. Im nordöstlichen Becken, in das vor allem der Karstwasserzufluß von Quelle Nr. 208 erfolgt, betrug der Leitwert 228 µS und entsprach damit jenem der Quelle (230 µS). Im südlichen Seebecken ergaben wiederholte Messungen Leitwerte zwischen 261 und 266 µS. An Sulfat zeigte das Wasser des nördlichen Beckens nur Spuren, jenes im Südbecken 20 bis 30 mg/l, dabei floß noch Wasser vom Nordbecken in das südliche über. Im Südbecken stießen also unsichtbar härtere, Sulfat-führende Wässer auf, von denen nach den gegebenen Umständen nur angenommen werden kann, daß sie aus dem mit dem Gipswasser von Quellen Nr. 219 versetzten Grundwasserstrom aus dem Jassingboden stammen. Andere Gipsvorkommen sind in dem unmittelbar in Frage kommenden Bereich nicht aufgeschlossen und aus der geologischen Situation heraus nicht anzunehmen.

Die Untersuchung der Quellwässer an den Kreuzteichen ergab ein ergänzendes Bild. Die Leitwerte lagen bei den Quellen im Süden (Nr. 210—213) zwischen 270 und 280 µS, der Sulfatgehalt betrug 30 bis 50 mg/l. Wir haben es hier mit den Austritten des mit dem Gipswasser markierten Grundwasserstromes aus der Jassing zu tun. Bei den Quellen am nördlichen Kreuzteich (Nr. 216—218) betrugen die Leitwerte 234—238 µS, Sulfat war nur in Spuren nachweisbar. Es handelt sich um Karstwasser aus dem Bereich des Pribitz.

Bezeichnend für diese Verhältnisse sind auch die Wassertemperaturen. Die Quellwässer am südlichen Kreuzteich hatten 7,8 bis 8,0° C, jene am nördlichen 6,6—6,8° C. Auch darin liegt ein Hinweis, daß die Quellen Nr. 210—213 ein Auftrieb des Grundwasserstromes sind, weil sich in diesen langsam fließenden Wässern die Temperaturen gegenüber den fließenden Karstwässern erhöhen.

Schwer durchschaubar sind die Verhältnisse in den großen alpinen Längs- und Quertälern. Im allgemeinen ist anzunehmen, daß im Falle eines Kontaktes von Talgrundwasser und Karstwasser letzteres den Grundwasserstrom in den Talfüllungen alimentiert (vgl. auch Kap. 3.4.2.). Beachtliche unterirdische Karstwasserzutritte macht R. Oberhauser (1970) für das *Vorarlberger Rheintal* zwischen Feldkirch und Hohenems-Klien glaubhaft. Dabei ist von besonderer Bedeutung, daß die Talsohle in diesem Bereich noch vor ca. 9000 Jahren bis zu 350 m unter der heutigen Oberfläche lag (R. Oberhauser, 1970, S. 350). Damit ist die Annahme berechtigt, daß die das Tal flankierenden Kalke bis unter das Niveau des heutigen Bodensees verkarstet und für die unterirdische Alimentation des Talgrundwassers durch bergseitiges Karstwasser viele Wege offen sind. In ariden oder semiariden Gebieten kann aber durchaus der umgekehrte Vorgang, nämlich, daß Talgrundwasser in den verkarsteten Untergrund absitzt, eintreten.

Eingehende, auf zahlreiche Bohrungen fußende Untersuchungen der Grundwasserverhältnisse im *aargauischen Rheintal* zwischen Wallbach und Rheinfelden durch H. Jäckli und L. Wyssling (1972) ergaben ein instruktives Beispiel eines kommunizierenden Grund- und Karstwasserkörpers, wo letzterer im Untergrund frei ausspiegeln kann. Erst wo der in einer leichten Mulde liegende Karstwasserkörper durch überlagernde dichte Mergel von den pleistozänen Schottern getrennt ist, tritt gespanntes Karstwasser auf, dessen piezometrisches Niveau in den die Mergel durchfahrenden Bohrungen aber dem freien Grundwasserspiegel entspricht. Ein vereinfachtes Querprofil (nach Tafel II von L. Wyssling, 1972) ist Abb. 110.

Absolute Werte über die Mengen unterirdisch den Talgrundwässern zusitzender Karstwässer sind kaum bekannt. In manchen Fällen ist damit zu rechnen, daß durch größere Grundwasserentnahme die natürliche Anreicherung durch Karstwasser verstärkt werden könnte.

Bei dem kombinierten Markierungsversuch 1966 im Raume *Semriach-Peggau* (vgl. 2.2.2.9. bzw. H. Batsche et al. 1967, S. 366) zeigte sich, daß maximal 70% des im Semriacher Becken in das Karstmassiv des Tannebenstockes eintretenden Lurbachwassers in der Hammerbachquelle bei Peggau wieder zutage traten. Es ist anzunehmen, daß selbst im Falle gewisser Adsorptionsverluste etwa 15 l/s direkt in den Grundwasserkörper der hier etwa 40 m mächtigen pleistozänen Schotterfüllung des Murtales übertraten. Dazu kommt noch eine unbekannte Menge Karstwassers, das nicht vom Lurbach stammt.

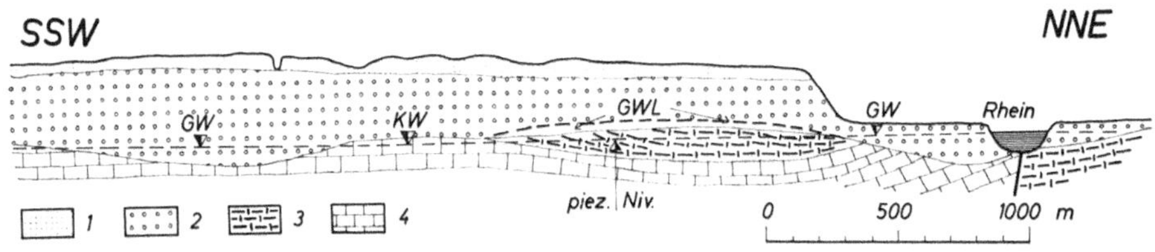

Abb. 110. Vereinfachtes hydrogeologisches Querprofil des Rheintales bei Möhlin nach H. Jäckli u. L. Wyssling (1972, Tafel II). *1* Löß oder Moräne, *2* pleistozäne Schotter, *3* undurchlässiger Mergel, *4* Muschel- bzw. Plattenkalk

Eine seltene aber umsomehr bemerkenswerte Auswirkung der Kommunikation von Grundwasser im Terrassenkörper und Karstwasser in kalkigen Mergeln der Schotterbasis wurde im *südlichen Grazer Feld* aufgedeckt.

Das Grazer Feld nehmen jungquartäre Schotterterrassen ein, die eine Nord-Süd-Erstreckung von etwa 24 km und eine maximale Breite (Ost-West) von 8,5 km erreichen. Den Rahmen des Grazer Feldes bilden im Norden und Nordwesten paläozoische Gesteine (hauptsächlich Kalke, Dolomite und Schiefer des Devons), im Osten das aus jungtertiären Sanden und Tegeln modellierte Oststeirische Hügelland, im Südosten und Süden die tortonischen Leithakalke, Mergel und Tegel der Wildoner Berge und im Westen die älter pleistozäne Terrasse des Kaiserwaldes.

Die Hauptterrasse des Grazer Feldes ist die sogenannte „Steinfeldterrasse“ (V. Hilber, 1912). Sie tritt sowohl östlich als auch westlich der Mur auf, hat aber im Westen die weitaus mächtigste Ausbreitung. Es handelt sich um kaltzeitliche, fluviatile, sandige Schotter des Würm. Diese Hauptterrasse weist eine zweite, etwas tiefer liegende und weniger ausgedehnte Stufe auf, die im Gelände nicht immer deutlich hervortritt.

Von der Würmterrasse ist der die Mur begleitende jüngste, holozäne Terrassenkörper durch eine deutliche Terrassenkante getrennt.

Die Mächtigkeit des Schotterkörpers sowohl der Würm- als auch der Holozänterrasse beträgt im Raume der Stadt Graz 25—30 m. Am Südende des Grazer Feldes ist die Mächtigkeit des Würmterrassenkörpers 8—10 m, die des holozänen Schotterkörpers 5—6 m (vgl. Profile 2 u. 3 bei H. Flügel, 1960).

Hier wurden im Zuge der Errichtung einer Werksanlage mehrere Brunnen zur Wasserversorgung niedergebracht, desgleichen ein Grundwasserbeobachtungsnetz an insgesamt 40 Sonden und Brunnen zur Beweissicherung eingerichtet. Die Talfüllung ist hier z. Teil ziemlich feinkörnig und die Grundwasserfließgeschwindigkeit wurde hier mit nur 3 m/Tag bestimmt. Zur gesicherten Bereitstellung von 40 l/s mußten mehrere Brunnen abgeteuft werden (H. NIEDERL, 1972, S. 62 f). Abb. 111 zeigt den ungestörten Verlauf der Grundwasserisohypsen in diesem Gebiet.

Knapp östlich des einen Brunnens wurde mit dem Bau eines Kühlwasserpumpenhauses begonnen. Dazu mußte eine Baugrube ausgehoben und dicht umspundet werden, deren tiefster Punkt unter der Höhe aller anderen Aufschlüsse im Werksbereich lag. Aber noch im Schotterbereich war während des Aushubes der Einsatz einer dauernden Wasserhaltung erforderlich. Als schließlich der Schotterkörper zur Gänze ausgehoben und die Oberfläche der Schotterbasis bloßgelegt war, stieß man auf mergelige Tortonschichten mit wasserführenden Karstschläuchen. Um die Fortführung der Bauarbeiten überhaupt zu ermöglichen, mußten in ständigem und ununterbrochenem Pumpeneinsatz Wassermengen in der Größenordnung von über 100 Sekundenliter aus der Baugrube gefördert werden, also mehr als das Zehnfache der aus einem Brunnen zu gewinnenden Maximalmenge.

Die von Anbeginn laufende Kontrolle der Hausbrunnen im gesamten möglichen Einzugsbereich erbrachte folgendes Ergebnis: Lediglich drei Brunnen zeigten eine Absenkung, während bei allen anderen Anrainern, sowohl unmittelbar benachbarten als auch vom Werksbereich weiter entfernten, keine Beeinflussung auftrat.

Die Tag und Nacht durchgeführte Beobachtung der Grundwasserstände ließ nach sechs Tagen die Erreichung eines annähernd konstant bleibenden Absenkungszustandes erkennen, der in Abb. 112 festgehalten ist.

Die Grundwasserspiegelhöhen zeigen einen unregelmäßigen Absenkungstrichter um die Baugrube. Weiters ergab sich die absonderliche Erscheinung, daß der Grundwasserspiegel in der am weitesten grundwasserstromaufwärts gelegenen Bohrung Z 15 tiefer lag als bei den Bohrungen Z 16, Z 17 und Z 18 (vgl. Abb. 112). Die in der allgemeinen Gefällsrichtung verlaufende Profillinie zeigte zwischen Z 15 und Z 16 ein umgekehrtes Gefälle. Daraus war zu schließen, daß im Bereich von Z 15 Karströhren des tertiären Untergrundes in Kontakt mit einer gröberen Partie der quartären Talfüllung stehen und Grundwasser aus diesem Bereich direkt in die Baugrube gezogen wurde.

Den effektiven Beweis für die Richtigkeit der Annahme, daß die Wasserentnahme aus den Karstschläuchen im Sockel der Schotterterrasse zu sekundären Absenkungstrichtern im Grundwasserkörper in den überlagernden Schottern führen kann, sollte ein Markierungsversuch erbringen.

Bei dem unter meiner Leitung durchgeführten Färbeversuch, wurden am 28. 1. 1968 in der Zeit von 10,00 bis 11,00 Uhr 5 kg Uranin AP, vorgelöst in 50 l Wasser, in die Bohrung Z 15 eingebracht. Die Beobachtung erfolgte durch Probenziehung aus allen vorhandenen Bohrungen und Brunnen im Bereiche des Werkes und auch noch jenseits der Mur. Nach einer bereits am 27. 1. 1968 gezogenen Vorprobe wurden vom 28. 1. 12 Uhr bis 31. 1. 20 Uhr die Proben alle 4 Stunden, am 1. und 2. 2. 1968 zweimal täglich und bis 9. 2. 1968 einmal täglich gezogen. Insgesamt wurden 766 Proben untersucht. Uraninpositiv waren *nur* die bei der Wasserhaltung in der Baugrube entnommenen Proben, alle anderen blieben negativ. In der Baugrube ergab sich eine klare Durchgangskurve des Farbstoffes (H. NIEDERL,

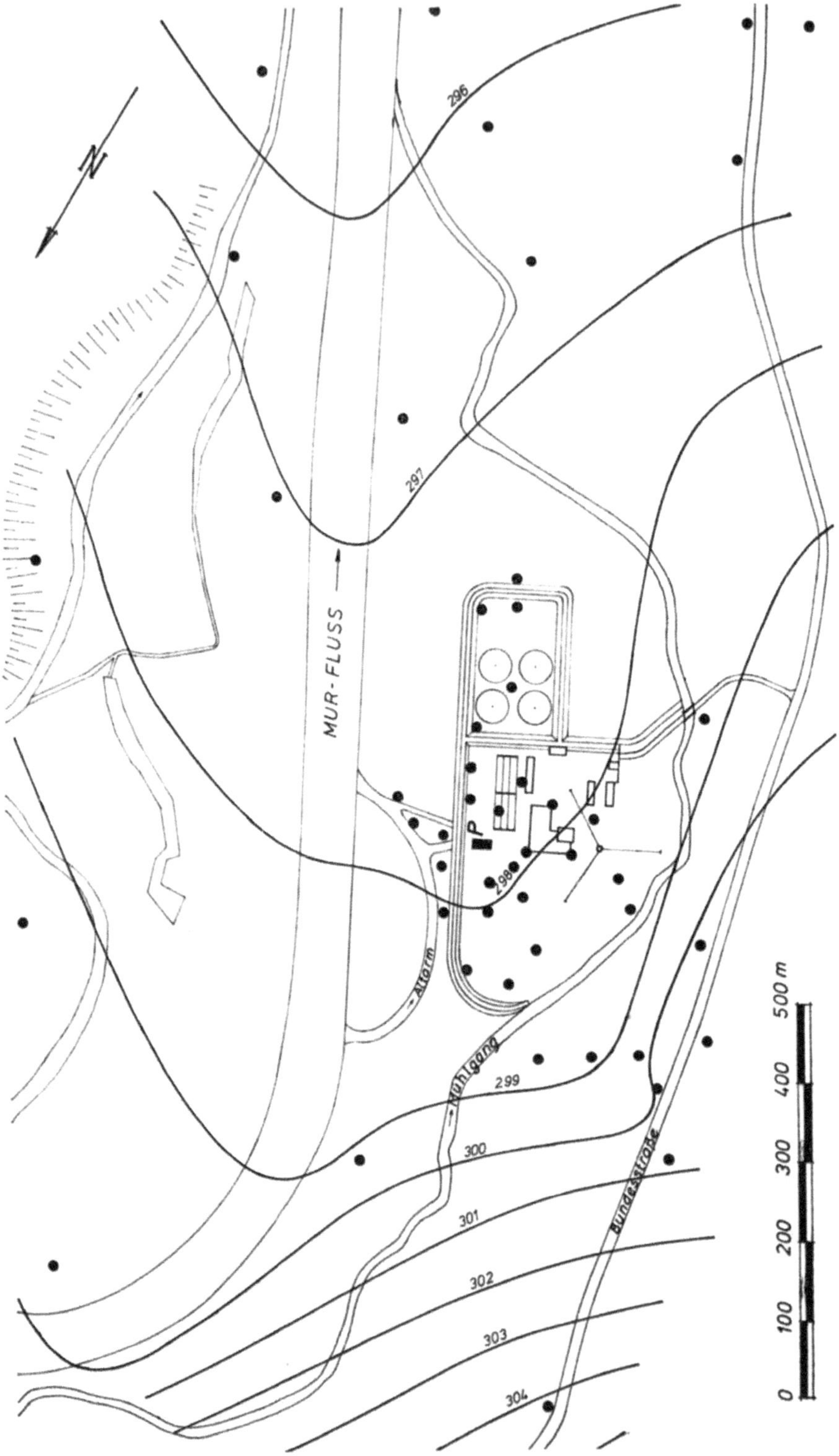

Abb. 111. Der Verlauf der ungestörten Grundwassergleichen im südlichen Grazer Feld in m über Adria. *P* Späterer Aushub für das Kühlwasserpumpenhaus, die schwarzen Punkte markieren Brunnen und Beobachtungssonden (nach H. NIEDERL, 1972, S. 60, 61, Fig. 2, 3)

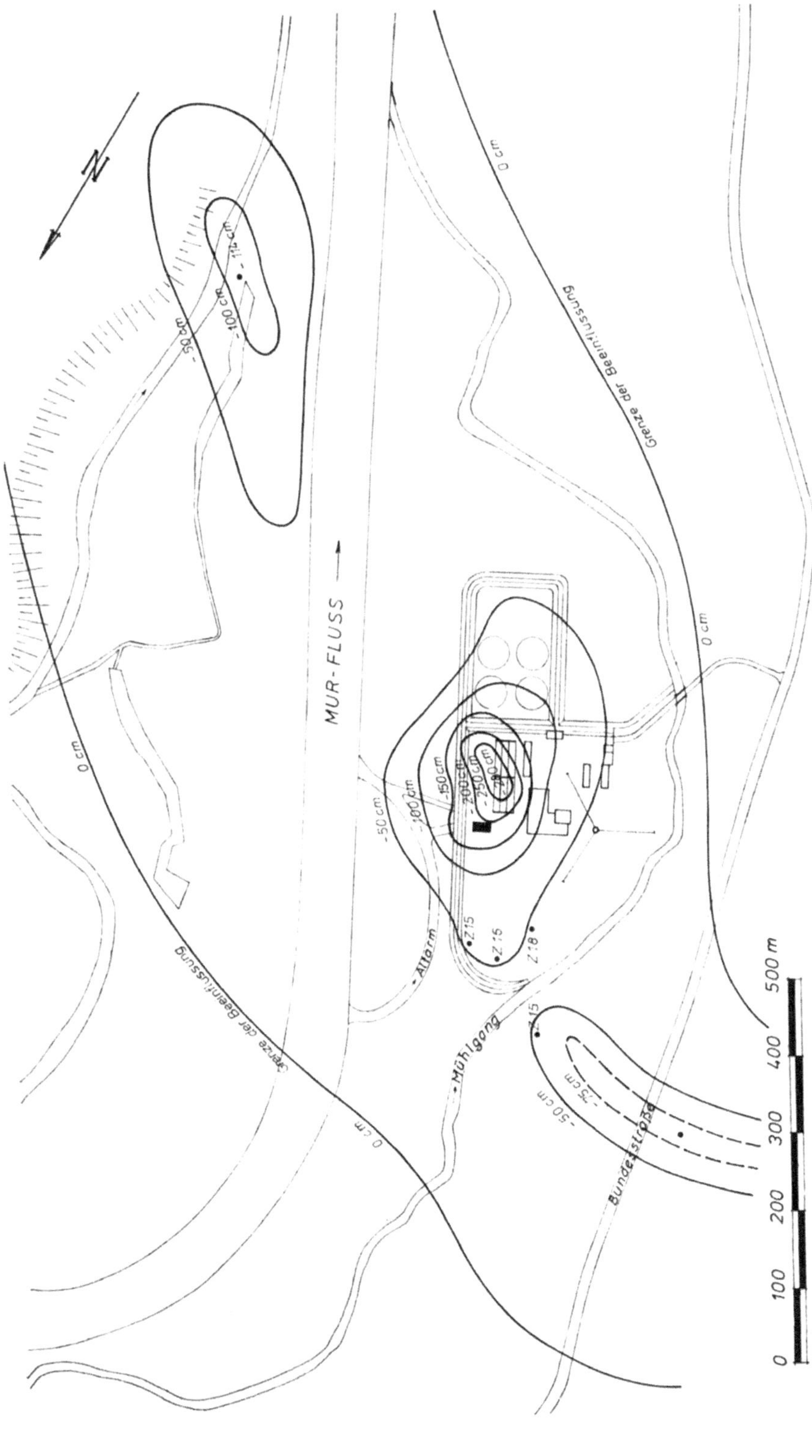

Abb. 112. Die Linien gleicher Absenkung des Grundwassers durch die Wasserhaltung in der Baugrube (volles schwarzes Rechteck). Deutlich zeichnen sich zwei Sekundärtrichter ab, von denen der eine sogar jenseits des Flusses lag (nach H. Niederl, 1972, S. 65, Fig. 5)

1972, Fig. 5). Hier zeigte die Probe vom 29. 1. 1968 16,30 Uhr erstmals eine Uraninkonzentration von 10^{-9}. Bis 30. 1. 16,30 Uhr stieg die Konzentration auf 8.10^{-8}. Die Grünfärbung des Wassers war zu dieser Zeit auch im Abflußgerinne zur Mur deutlich zu erkennen. Bis zum 4. 2. ging die Konzentration auf 2.10^{-9} zurück, die letzte Probe vom 9. 2. zeigte nur mehr Spuren. Bis einschließlich 4. 2. 1968 wurden 1050 g, das sind 21% der eingesetzten Farbmenge, durch den Wasserauftrieb in der Baugrube wieder ausgebracht. Bei den gegebenen Verhältnissen muß mit einem Adsorptionsverlust von etwa 50% gerechnet werden. Der Rest dürfte im Einspeisungsbereich in höheren Schotter- und Sandpartien lagern, von wo er bei steigendem Grundwasser neuerdings ausgeschwemmt werden kann (J. Zötl, 1968).

Das Versuchsergebnis bewies eindeutig, daß durch die Wasserhaltung nicht nur das Grundwasser im quartären Schotterkörper unmittelbar um die Baugrube abgesenkt wurde, sondern durch zurückgreifende Karstschläuche 280 m grundwasserstromaufwärts im Bereiche der Bohrung Z 15 Grundwasser abgezogen wurde, wodurch hier sowie östlich der Mur je ein *sekundärer Grundwassertrichter* entstand. So wird auch der außergewöhnlich schnelle Farbdurchgang erklärlich. Auf eine Entfernung von 280 m erfolgte das erste Auftreten des Markierungsmittels in der Baugrube etwa 28 Stunden nach der Einspeisung, das Maximum des Durchganges trat 54 Stunden nach der Einspeisung auf. Das ergibt eine durchschnittliche Fließgeschwindigkeit von 5,2 m pro Stunde (10^{-3} m/s) bzw. ca. 120 m pro Tag.

Sicherlich ist die hohe Fließgeschwindigkeit hauptsächlich durch das Vorhandensein großlumiger Karstschläuche bedingt. Andererseits ist es aber unwahrscheinlich, daß die ausgewaschenen Schläuche im tertiären Untergrund nicht an mehreren Stellen direkten Kontakt mit dem Grundwasser im quartären Schotterkörper haben. Daß das Wasser aber aus einzelnen Bereichen besonders stark abgezogen wird, ist ein Hinweis darauf, daß im quartären Schotterkörper Partien recht unterschiedlicher Korngröße und Durchlässigkeit vorliegen. So ist der eigenartige Verlauf der Hydroisohypsen wahrscheinlich ein Ausdruck des Zusammenwirkens von Karstwasserwegen in der tertiären Basis und örtlich verschiedener Durchlässigkeit des quartären Akkumulationskörpers (H. Niederl, 1972, S. 68).

3.4. Karstwasser und Trinkwasserversorgung

Viele Städte West-, Mittel- und Südosteuropas sowie Kleinasiens und des Vorderen Orients nutzen Karstwässer zur teilweisen oder gänzlichen Deckung ihres Wasserbedarfes. Obwohl mir auch Unterlagen über französische und griechische Ortswasserversorgungen auf der Basis alleiniger Karstwassernutzung zur Verfügung standen, glaube ich, daß die im folgenden beschriebenen Beispiele der Versorgung österreichischer Städte die Probleme der Karstwassernutzung ausreichend darstellen.

3.4.1. Die Wasserversorgung der Stadt Wien

Abgesehen von kleineren Zuleitungen zu öffentlichen Laufbrunnen versorgte sich der überwiegende Teil der Wiener Bevölkerung bis 1841 aus Hausbrunnen bzw. durch den Kauf von Trinkwasser beim „Wassermann". Die

1841 teilweise in Betrieb genommene und 1846 fertiggestellte „Kaiser Ferdinands-Wasserleitung" verfügte erstmals über ein verzweigtes Rohrnetz, brachte aber als Paradoxon zunächst eine Verschlechterung der Verhältnisse, da infolge der mangelnden Qualität des Wassers häufig Cholera und Typhus auftraten (Die Wiener Wasserversorgung, 1967, S. 78). Die entscheidende Wende zu einer gesicherten und einwandfreien Wasserversorgung der Stadt

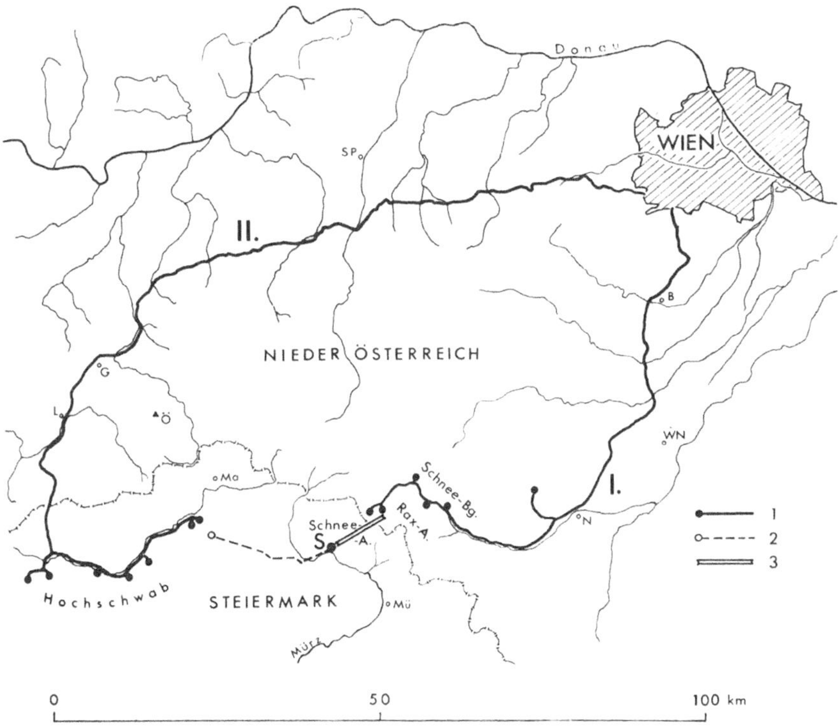

Abb. 113. Die I. und II. Wiener Hochquellenleitung.
1 Gefaßte Karstquellen und bestehende Leitungen. *2* Projektierte Fassungen und Leitungen. *3* Schneealpenstollen. (*B* Baden, *G* Gaming, *L* Lunz, *Ma* Mariazell, *Mü* Mürzzuschlag, *N* Neunkirchen, *Ö* Ötscher, *S* Siebenquellen, *SP* St. Pölten, *WN* Wiener Neustadt.) (Nach F. Bauer, 1969, Fig. 1, S. 193)

fiel mit dem Gemeinderatsbeschluß, Quellwässer aus dem Schneeberg-Rax-Gebiet zuzuleiten, wobei die Schenkung der Kaiserbrunn-Quelle durch Kaiser Franz Josef an die Stadt eine wesentliche Rolle spielte. Der Kaiserbrunnen ist eine große Karstquelle am SW-Fuß des Schneeberges (Abb. 113).

Raxalpe und Schneeberg bilden mit der Schneealpe (vgl. Kap. 3.1.1.) die östlichsten Ausläufer der Kalkhochalpen. Wie bei der Schneealpe, liegen auch bei Rax und Schneeberg die wasserstauenden Werfener Schichten als Basis der verkarsteten Triaskalke etwa im Vorflutniveau. Die im großen wieder als „Seichter Karst" zu bezeichnenden geologischen Verhältnisse führen zu einer Konzentrierung der Karstwasseraustritte am Fuße der Karstmassive.

Die starke Verkarstung dieser Gebirgsstöcke wurde vor allem durch einen von F. Dosch (1956) durchgeführten Markierungsversuch im Bereich des Hochschneeberges offensichtlich [1].

Der Baubeginn der *I. Wiener Hochquellenleitung* fiel auf den 6. Dezember 1869 und am 1. September 1873 wurde der Speicher am Rosenhügel in Wien erstmals mit Wasser aus dem Rax-Schneeberggebiet gefüllt. Die Leitung ist rund 118 km lang, ihr schließt sich heute noch der Schneealpenstollen mit 9,8 km an (vgl. Kap. 3.1.1.). Die maximale Leistung liegt bei 200.000 m³ pro Tag (Die Wiener Wasserversorgung, 1967, S. 95).

Der Wasserbedarf der Stadt Wien stieg in den letzten Jahrzehnten des 19. Jahrhunderts rasch weiter an. Die Voruntersuchungen für die Erweiterung der Wiener Wasserversorgung konzentrierten sich bald auf das steirische Salzatal zwischen Gußwerk bei Mariazell und Wildalpen. Hier entspringt am Nordrand des Hochschwabmassivs eine Reihe starker Karstquellen.

Die Hochschwabgruppe zählt zu den großen Karstmassiven der Nördlichen Kalkhochalpen (J. Zötl, 1961, S. 75 ff.). Die Karbonatgesteine der Hochschwabgruppe gehören fast ausschließlich der Trias an, Juragesteine fehlen. Gosauschichten (meist Konglomerate) sind in kleinen Resten erhalten. Pleistozäne und holozäne Bildungen geben den gewohnten Saum der Hänge und bauen die besonders in den Dolomitbereichen mächtigen Talfüllungen auf. Das weitaus verbreitetste Gestein ist der Wettersteinkalk. Im Westen nehmen weiters der Wettersteindolomit sowie Dachsteinriffkalk und geschichteter Dachsteinkalk größere Flächen ein. Für den Nordosten des Gebietes ist typisch, daß der zum Teil ohnedies schon dolomitische Wettersteinkalk ohne scharfe Grenze in Wetterstein- oder Ramsaudolomit übergeht, der hier und im Süden große Areale beherrscht. Der meist weiße, zuckerkörnige Dolomit nimmt durch seine typische Morphologie, die gewaltige Schuttbildung und seine hydrogeologische Eigenart eine besondere Stellung ein.

Gegen die genannten Sedimente treten die anderen Kalke und Dolomite der Trias (Hauptdolomit, Aflenzer Kalk usw.) stark zurück.

Die normale Schichtfolge ist häufig durch Überschiebungen, Schuppungen und Brüche gestört. Dadurch verliert der Umstand, daß die einzelnen Gesteine in der karsthydrographischen Wegsamkeit Unterschiede aufweisen, im großen wesentlich an Wirksamkeit. Hydrographisch bedeutsam sind zwei WSW—ENE durchziehende Antiklinalen, in deren Kern Werfener Schiefer aufscheint; es handelt sich um die vom Antengraben zur Brescceniklause ziehende Gschöderer Antiklinale und die über die Gsoll-Alm-Jassing-Buchberg nach Seewiesen ziehende Eisenerz-Seeberg-Antiklinale (E. Spengler, 1926).

Der Schichtwechsel von kalkiger und dolomitischer Fazies der Karbonatgesteine ist in den Hangbereichen und in tieferen Lagen von lokaler hydrologischer Wirksamkeit.

Auch Gutensteinerkalk und -dolomit neigen zur Ausbildung von Schichtgrenzquellen, doch ist ihre Verbreitung ebenso wie die der gleichfalls hydrographisch wirksamen Lunzer und Reingrabner Schichten zu gering, als daß es zur Bildung größerer Quellhorizonte käme.

Von allgemeiner, die Hydrographie des gesamten Hochschwabgebietes beeinflussender Bedeutung ist die Verbreitung und Lagerung der Werfener Schiefer. Wo sie in den tiefen Tälern taleinwärts das Talniveau erreichen, verursachen sie starke Talgrundwasserauftriebe.

Von großer hydrographischer Bedeutung ist das Auftauchen der Werfener Schiefer in der Eisenerz-Seewiesen-Antiklinale. Sie bilden eine Barriere, die für die Karstwässer des Hauptmassivs eine natürliche Staumauer gegen Süden darstellt. Die Stauwirkung dieser Barriere ist nicht nur für die Wasserführung der Riesenquellen im Hinterseegraben von ausschlaggebender Bedeutung, sondern höchstwahrscheinlich auch noch für jene der Siebensee- und Schreierklammquellen von Einfluß.

Von großer Bedeutung sind die Werfener Schiefer auch in der Gschöderer Antiklinale. Hier wirken sie nicht unmittelbar als Schichtgrenze, sondern verursachen durch ihre stauende

---

[1] Dieser Versuch verdient auch insofern Beachtung, als es sich um einen der ersten handelte, die die Erfassung des Gebirgsstockes in seiner Gesamtheit zum Ziele hatten.

Wirkung im Untergrund die großen Quellaustritte im Antengraben und vor allem den Austritt der Kläfferquellen, des größten Quellhorizonts im Hochschwabgebiet.

Die Ergiebigkeit der Kläfferquellen schwankt zwischen 50.000 und 600.000 m³ pro Tag. Die zweitstärkste Schüttung der großen Karstquellen am Nordrand des Hochschwabs zeigen die Siebenseequellen, deren Minimum bei 40.000 m³ pro Tag liegt und deren Maximalschüttung etwa das Dreifache beträgt. Die im Vergleich zu den Kläfferquellen stark gedämpfte Schwankungsziffer ist vor allem der im riesigen Quellkessel verbreiteten eiszeitlichen Moränendecke zuzuschreiben. Das starke Gefälle der Ableitung der Siebensee- und Schreyerklammquelle wird in sechs kleinen Wasserleitungskraftwerken abgearbeitet, wobei die pro Jahr erzeugten rund 10 Millionen Kilowattstunden vor allem dem Wasserleitungsbetrieb dienen (Die Wiener Wasserversorgung, S. 85).

Alle starken Quellen am Nordrand des Massivs sammelt die sogenannte *II. Wiener Hochquellenleitung* (vgl. Festschrift, 1910). Sie führt über Lunz und die Kalkvoralpen nach Wien (vgl. Abb. 113) und ist 200,8 km lang, eingeschlossen 5,9 km Aquädukte und Kanalbrücken. Die II. Wiener Hochquellenleitung wurde nach zehnjähriger Bauzeit am 2. Dezember 1910 in Betrieb genommen; sie gehört heute noch zu den größten Objekten der Versorgungswasserwirtschaft Europas.

Obwohl Wien derzeit auch über Grundwasserwerke in der quartären Tal- und Beckenfüllung des Wiener Beckens verfügt, werden nach wie vor nahezu zwei Drittel des Wasserbedarfes der Bundeshauptstadt durch Karstwasser gedeckt.

3.4.2. Der Karstwasseranteil an der Wasserversorgung der Stadt Salzburg

Den Karstwasseranteil an der Wasserversorgung der Stadt Salzburg könnte man in einen direkten und einen indirekten gliedern.

Der direkte Anteil ist die noch immer einen wesentlichen Prozentsatz der Wasserversorgung Salzburgs deckende Quelle Fürstenbrunn. Diese typische Karstquelle tritt in ca. 600 m Seehöhe, 150 m über der Talsohle des unteren Endes des Großen Brunntales aus dem Karststock des Untersberges aus (vgl. E. Seefeldner, 1961, S. 409 f., W. Del Negro, 1970, S. 62).

Der Untersberg ist ein sehr weit gegen den Alpenrand vorgeschobener Kalkstock, dessen Plateaubereich hauptsächlich aus Dachsteinkalk, im N aber auch von Plassenkalk aufgebaut ist, der dem Dachsteinkalk bezüglich der Verkarstungsfähigkeit durchaus gleichzustellen ist.

Die zahlreichen Dolinen des Untersbergplateaus sind vor allem an ein NW-SE-verlaufendes und ein darauf ungefähr senkrecht stehendes Kluftsystem geknüpft. Die stärkste Verkarstung weist das Gebiet um den Gamsalpkopf (1888 m) auf. Während im Nordteil des Plateaus im Anschluß an große Klüfte zumeist eng beieinander stehende Jamen vorherrschen, treten südlich der Mittagsscharte echte Dolinen mit mächtigen Verwitterungstrümmern am Grund auf. Sie erreichen eine beträchtliche Ausdehnung, wenn die Klüfte nicht allzu zahlreich sind. Wo viele kleine Sprünge das Gestein durchsetzen, werden die großen Dolinen durch kleine ersetzt (E. Seefeldner, 1961, S. 409). Es nimmt nicht wunder, daß es auch nicht an Zeugen einer intensiven unterirdischen Verkarstung fehlt, wozu besonders die etwa 80 im Höhlenkataster verzeichneten Höhlen zählen.

Die Fürstenbrunner Quelle tritt an der Grenze von Dachsteinkalk und anlagernder dichter Oberkreide aus. Sie ist eine typische Überfallquelle, mit den Nachteilen einer starken Schüttungsschwankung (Mindestschüttung etwa 50 l/s). Dies und der stark angewachsene Tourismus auf dem Salzburger „Hausberg" ist für die Nutzung zur Wasserversorgung keine reine Freude, der nicht zuletzt als Mitgift der Betrieb einer kostspieligen Ozonisierungsanlage anhängt.

Weniger bekannt aber umso wertvoller ist der indirekte Karstwasseranteil an der Wasserversorgung von Salzburg. Östlich des Unterberges liegt in einem mächtigen Schotterkörper der durch Horizontalfilterbrunnen genutzte Grundwasserkörper von Glaneck. Die Größe der hier möglichen Wasserentnahme (bis zu 400 l/s) ist nur dadurch erklärbar, daß entlang einer N-S-Störung Karstwasser aus dem Untersberg direkt in den Grundwasserkörper übertritt. Da diese Alimentation den filternden Schotterkörper passiert, werden alle unangenehmen Begleiterscheinungen der Nutzung der Fürstenbrunner Quelle ausgeschaltet (vgl. Kapitel 3.3. und H. BRANDECKER, 1974).

3.4.3. Das Trinkwasserwerk Mühlau der Stadt Innsbruck

Auch die Stadt Innsbruck hat ihre Geschichte der Wasserversorgung. Der Lage entsprechend wurden die Hausbrunnen schon frühzeitig durch Zuleitungen von Quellwässern ergänzt (Ende 15. Jahrhundert schon Zuleitung von Quellwässern des Höttinger Berges). Die Leitung durch gebohrte Baumstämme setzte in den früheren Jahrhunderten indes dieser Art der Wasserzufuhr klare Grenzen. Erst mit einer modernen Fassung der Mühlauer Quellgebiete in der Nordkette und dem Ausbau des Projektes kam am 6. Juli 1890 die über vier Jahrhunderte währende Trinkwasserversorgung Innsbrucks aus Holzrohrleitungen außer Betrieb (Das neue Trinkwasserwerk und Kraftwerk Mühlau, 2. Aufl., S. 17).

Die Nordflanke des Inntales bildet im Raume Innsbruck die Nordkette.

Die Nordkette zeigt einen deutlichen Deckenbau, wobei der unteren „Lechtaldecke" die obere „Inntaldecke" aufgeschoben ist (R. KLEBELSBERG in: Das neue Trinkwasserwerk ..., S. 42, 43 und Abb. 114). Die beiden Decken sind aus den gleichen Triasschichten aufgebaut, doch blieben in der unteren Einheit noch jüngere Sedimente wie Raibler Schichten und Hauptdolomit erhalten, die in der oberen Decke nicht mehr aufscheinen. Der gesamte Schichtkomplex fällt gegen das Berginnere, d. h. gegen Norden ein.

Im Zusammenwirken verschiedener geologischer Gegebenheiten wie der dem Gehänge anlagernden Schürze der dichten Höttinger Breccie oder des Tongehaltes der tiefsten Schichtglieder der Trias der oberen Decke und zwar sowohl der Rauhwacken als auch des Buntsandsteins, ist es im Verein mit dem Nordfallen der Schichten zuzuschreiben, daß das Wasser in den verkarsteten Muschel- und Wettersteinkalken zurückgestaut wird und seit altersher an den Schichtgrenzen in 1040 bis 1170 m Seehöhe in starken Überlaufquellen austrat.

Die Überlaufquellen wurden durch eine Stollenanlage unterfahren, die durch die Höttinger Breccie, den roten Sandstein und die Rauhwacke direkt den Karstwasserkörper im Muschelkalk anzapfen sollte. Der noch von O. Ampferer konzipierte Plan wurde nach dessen Tod von R. Klebelsberg weitergeführt und war ein voller Erfolg. Das zwischen 800 l/s (im Winter) und 1500 l/s (im Sommer) anfallende Karstwasserdargebot wird bei einer Fallhöhe von 445 m zusätzlich für die Erzeugung elektrischer Energie abgearbeitet, wobei die Jahresdurchschnittsleistung 400 kW beträgt.

Karsthydrologisch von großem Interesse ist nebst der geringen Jahresschwankung die einwandfreie bakteriologische Beschaffenheit des Wassers: praktisch enthält das Mühlauer Karstwasser durchschnittlich weniger als einen Keim pro cm³ (A. Schinzel in: Das neue Trinkwasserwerk ..., S. 50). Der

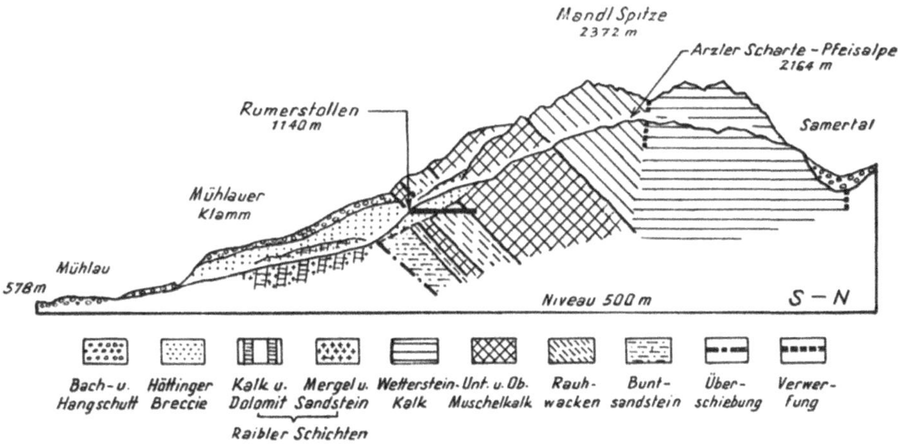

Abb. 114. Geologisches Profil durch die Nordkette bei Mühlau (nach O. Ampferer bzw. R. Klebelsberg, S. 43)

Grund für die einwandfreie Beschaffenheit ist zweifelsohne im Einzugsgebiet zu suchen, das weitgehend bewaldet und völlig unbesiedelt ist. Wie weit auch die leichte Dolomitisierung des Wettersteinkalkes in diesem Gebiet zu diesen günstigen Verhältnissen beiträgt, ist schwer zu sagen, doch spricht die geringe Schwankungsbreite von 1 : 2 zwischen Mindest- und Höchstschüttung für eine Dämpfung der Wasserbewegung durch ein engeres Kluftnetz. Aber daß auch großlumige Karstwasserwege nicht fehlen, beweist die Tatsache, daß im Zuge des Ausbaues des Stollensystems durch den Rumer Stollen bei m 206 eine Grotte mit einem See angefahren wurde (vgl. Abbildung in: Das neue Trinkwasserwerk ..., S. 17).

3.4.4. Allgemeine Bemerkungen

Die Nutzung von Karstquellen für Trinkwasserversorgungen wird recht verschieden beurteilt und nicht selten überhaupt abgelehnt.

In der Tat gibt es Beispiele wie etwa die zur Wasserversorgung der Stadt Salzburg herangezogene Fürstenbrunnquelle, deren Verwendung kostspielige

Aufbereitungsanlagen erfordert. Ein extremer Fall dieser Art ist z. B. die Wasserversorgung der Stadt Triest.

Andererseits ist aber bewiesen, daß auch völlig einwandfreie Trinkwasserversorgungen auf der Basis der Nutzung von Karstwasser möglich sind, wie am Beispiel der Stadt Innsbruck dargelegt wurde. Schließlich ist nicht zu übersehen, daß in vielen Gebieten die Nutzung von Karstwässern überhaupt die einzige Möglichkeit zu einer ausreichenden Wasserversorgung darstellt. Wohl aber sind im Bereiche von Karstwassernutzungen besondere Maßnahmen zu setzen.

Von besonderer Bedeutung ist die Frage des *Schutzgebietes*. Die besonders günstigen Schutzgebietsbedingungen im Einzugsgebiet des Mühlauer Trinkwasserwerkes der Stadt Innsbruck wurden beschrieben. Besondere Erwähnung verdient diesbezüglich die Einstellung der Wiener Wasserwerke, die jährlich große Summen für den Grundankauf auslegen, damit der Tatsache Rechnung tragend, daß *ein Schutzgebiet letzten Endes nur dann zu halten ist, wenn es sich im Eigentum des Wassernutzenden befindet*. Durch diese weise Maßnahme, deren Nachahmung auch Wasserwerken auf Grundwasserbasis zu empfehlen ist, sind große Teile des Hochschwabgebietes und nahezu der gesamte Rax- und Schneealpenbereich im Besitz der Stadt Wien. Nur so konnte im Zuge des steigenden Fremdenverkehrs die Aufschließung der Gebiete durch Liftanlagen und Errichtung von Hotels verhindert und eine Gefährdung der Karstwässer vermieden werden.

Großlumige Karsthohlräume führen oft lehmige Sedimente, die bei starker Wasserführung vor allem zu einer Trübung der Hochwässer aus Überlaufquellen führen können. Diesem Mangel kann in vielen Fällen durch kurze Umfahrungsstollen abgeholfen werden.

Die Ermittlung der Schwankungsziffer zu nutzender Karstquellen gehört aus diesem Grund, aber auch zwecks Abschätzung des Porenvolumens und des Charakters der Klüftigkeit und damit des Karstwasserkörpers im allgemeinen zu den wichtigsten Voruntersuchungen. Der Abschätzung der Kapazität einer künftigen Quellfassung dient dabei vor allem die *Ermittlung der Mindestschüttung*, die letzten Endes allein die effektiv zu nutzende Wassermenge darstellt. Sie kann nur durch kontinuierliche Abflußmessungen über Jahre, die Trockenperioden einschließen (im alpinen Bereich insbesondere den Hochwinter), gefunden werden. Die von H. Schneider (1973, p. 39) zitierte Methode, die Minimalschüttung einer Quelle mit nur wenigen vorliegenden Meßwerten durch ein graphisches Vergleichsverfahren mit längeren Meßreihen von Quellen aus dem gleichen Grundwasserleiter zu ermitteln, ist im Bereich des Seichten Karstes nicht immer anwendbar. Hier können ein verschiedener Quelltypus und eine unterschiedliche Gestaltung des Speichers bewirken, daß unmittelbar benachbarte Quellen sehr verschiedene Schwankungsziffern der Schüttung zeigen und, obwohl aus demselben Grundwasserleiter kommend, völlig verschiedene Ergiebigkeiten in Trockenzeiten aufweisen. Für Quellen aus dem Tiefen Karst liefert aber dieses schon von E. Prinz (1934) empfohlene Verfahren recht gute Schätzwerte. Es wird dabei auf doppellogarithmischem Papier mit gleicher Einteilung der Schüttungsmengen (l/sec oder l/min) auf Ordinate und Abszisse auf der ersteren die Ergiebigkeit der einen, auf der Abszisse jene der anderen Quelle aufgetragen. Die sich aus der Verbindungslinie ergebende Gerade läßt für den Fall, daß von einer der beiden Quellen eine genügende Anzahl von Messungen aus Trockenzeiten vorliegt auch die Mindestschüttung der nur durch wenige Messungen erfaßten Quelle mit ausreichender Genauigkeit abschätzen.

Letzten Endes sind Vorschläge, das verkarstete Gebirge als *unterirdischen Speicher* zu nutzen, nicht neu. Besonders in Gebieten mit jahreszeitlich gebundenen Niederschlägen, wie z. B. dem sommertrockenen Mittelmeerbereich, wird immer wieder nach Möglichkeiten gesucht, den winterlichen Überfluß für die sommerliche Niederwasserzeit zu nutzen. Bei Vorhandensein entsprechender unterirdischer Karsthohlräume im Tiefen Karst, kann das auch durch Überpumpen bzw. stärkere Absenkung des Karstwasserspiegels zur Trockenzeit und einer Nutzung des ansonsten frei abfließenden Winterüberschusses zur Wiederauffüllung des Reservoirs erfolgen (vgl. G. Aronis, 1962). Eine detaillierte Studie incl. der Ausbaupläne und Berechnungen des Speichervolumens beinhaltet der Vorschlag von J. Perić (1963) betreffend den Rückstau der Karstquelle Istok (20 km nordöstl. der Stadt Péc nahe der albanischen N-Grenze). Die Quelle tritt am tiefsten Punkt einer durch die Erosion angeritzten Karstsynklinale aus, wobei die obertriassischen, wasserführenden Kalke in einer Mulde wasserstauender Tonschiefer liegen. J. Perić schlägt vier Varianten der Nutzung des verkarsteten Gebirgskörpers als unterirdischen Speicher vor: Den Bau einer Sperre an der Erdoberfläche zum Rückstau des bei der Quelle austretenden Wassers, die Auflage eines verankerten undurchlässigen Teppichs im Quellgebiet, die Ausführung eines Injektionsschleiers oder den Ausbau einer Drainage-Galerie 30 m tiefer als der Quellaustritt kombiniert mit den drei vorher beschriebenen Varianten (1963, S. 96). Der Rauminhalt der Grundwasserakkumulation wurde mit 8,7 Mill. m^3 berechnet. Eine kleinere Akkumulation im unterirdischen Karst (Stauraum 1440 m^3) wurde auf Vorschlag von J. Perić (1972) bei Jakljan, einer kleinen Insel im NW von Dubrovnik, errichtet.

Als Vorteile einer unterirdischen Speicherung führt J. Perić (1963, S. 85) an:

1. Ausführung auch in Gebieten, wo die Topographie keine Oberflächenspeicher gestattet,
2. keine katastrophalen Überschwemmungen wie im Falle eines Dammbruches,
3. demnach keine Entschädigungszahlungen wie im Falle eines Dammbruches,
4. kein Volumsverlust durch Anlandung,
5. eine wesentliche Einschränkung von Verdunstungsverlusten,
6. keine wesentlichen Schwankungen der Wassertemperatur,
7. weitgehende Ausschaltung der Trübung des Wassers,
8. weniger Aufbereitung als im Falle der Entnahme zu Trinkwasserzwecken aus offenen Speichern,
9. geringere Verseuchungsgefahr, und
10. die unterirdische Abdämmung ist hinsichtlich der Tragfähigkeit des Geländes kaum gefährdet.

Der winterliche Tiefstand der Wasserführung alpiner Karstquellen zeigt, daß Überlegungen bezüglich einer Speicherung auch für mitteleuropäische Verhältnisse von Nutzen sein können. Ein bereits verwirklichtes Beispiel der Anzapfung des tieferreichenden Karstwasserkörpers unter Ausschaltung der Überlaufquellen ist schließlich der Trinkwasserstollen Mühlau des Wasserwerkes Innsbruck.

Ein bisher ungenutztes Ausgleichsbecken stellt der Altausseer See im Steirischen Salzkammergut dar. Bei einer Oberfläche von 2,09 km^2, einer mittleren Tiefe von 34,6 m (größte Tiefe 53 m) und einem Volumen von 72,4 Mill. m^3 speisen ihn obertags nur die Abflüsse zweier kleiner Quellhorizonte. Da der Seeabfluß im Durchschnitt bei einigen m^3/s liegt, muß das Gewässer seinen hauptsächlichen Zufluß aus unterseeischen Quellen empfangen. Auch hier könnten zur winterlichen Niederwasserzeit wesentlich größere Wassermengen entnommen werden als zufließen, der Abgang würde bereits zur Zeit der Schneeschmelze im angrenzenden Karstmassiv des Toten Gebirges wieder ausgeglichen werden.

4. Zusammenfassung und Ausblick

Zunächst hat es den Anschein, als ob die im ersten Abschnitt des Buches behandelten *geologischen, chemischen und klimatischen Bedingungen* für die Wasserführung verkarstungsfähiger Bereiche im großen heute geklärt seien, auch wenn im einzelnen noch unterschiedliche Auffassungen etwa über das Ausmaß der Wirkung der Mischung verschiedener Wässer auf ihre Korrosionsfähigkeit besteht. Zum Teil werden aber auch hier gerade in der Gegenwart neue Wege aufgetan. Laufende Untersuchungen von verschiedenen Seiten und Institutionen (J. Miserez, Universität Neuchâtel, W. Back, B. B. Hanshaw, U. S. Geological Survey) eröffnen zum Teil neue Aspekte für die Rolle der Chemie in der Karsthydrologie.

Bezüglich der klimabedingten Abwandlungen beginnt die spektakuläre Rolle des tropischen Karstes in aller Stille von den einerseits in der Verbreitung nicht viel weniger große Gebiete betreffenden, aber technisch aktuellen und schwer beherrschbaren Problemen der Karsthydrogeologie der Permafrostzone in den Hintergrund gedrängt zu werden. So werden wir uns schon beim Rückblick auf die ersten Seiten gewahr, daß das Buch auf den gegenwärtigen Stand der wissenschaftlichen Forschung bezogen ist, wie ihn der Verfasser je nach Zugang oder persönlicher Verbindung mehr oder weniger den jüngsten Erkenntnissen getreu zu erfassen vermochte.

Ist die Darstellung der *Entwicklung der Karsthydrogeologie* ein naturgemäß mehr der Vergangenheit zugewandter Rückblick, so ist im Gegensatz hiezu die Auseinandersetzung mit den *karsthydrogeologischen Forschungsmethoden* aktuelle Gegenwart. Hier wurde ein Kapitel absichtlich sehr ausführlich behandelt, weil ich es als die Grundlage für eine erfolgreiche Weiterentwicklung karsthydrogeologischer Forschung halte. Grundsätzliche Irrtümer theoretischer Überlegungen aber auch folgenschwere Unterlassungssünden bei Voruntersuchungen für technische Fragen in Karstgebieten waren und sind weitgehend einer mangelnden Kenntnis oder fehlenden Anwendung karsthydrogeologischer Arbeitsmethoden zuzuschreiben. Es ist daher ein echter Fortschritt, daß eine Einrichtung geschaffen wurde, die die Weiterentwicklung von Forschungsmethoden von Zeit zu Zeit zusammenfaßt und in Form von Arbeitstagungen zur Diskussion stellt. Diese Informationsquelle konstituierte sich mit der 1966 in Graz abgehaltenen ersten Fachtagung über die Anwendung von Markierungsstoffen zur Verfolgung unterirdischer Wässer. Der spontane Anklang, den diese Veranstaltung fand[1], bewies die Notwendigkeit dieser Form des Erfahrungsaustausches und die Zweckmäßigkeit, solche Veranstaltungen nach

[1] Aus einem ursprünglich beabsichtigten Treffen von etwa 20 Fachleuten erwuchs eine sprunghaft ansteigende Zahl von Anmeldungen von Interessenten und eine Tagung von etwa 130 Teilnehmern aus nahezu allen Ländern Europas.

Bedarf zu wiederholen. Die „Zweite Internationale Fachtagung zur Untersuchung unterirdischer Wasserwege mittels künstlicher und natürlicher Markierungsmittel“ fand 1970 in Freiburg i. Br. statt. Waren beim ersten Treffen faktisch ausschließlich Markierungsmittel und die Durchführung zweier kombinierter Markierungsversuche in den beiden Karstgebieten Buchkogel und Semriach-Peggau in der weiteren Umgebung des Tagungsortes Gegenstand der Diskussion, so änderten sich Ablauf und Inhalt der zweiten Tagung bereits dahingehend, daß die Ergebnisse über einen im Jahr *vor* der Tagung in Zusammenarbeit verschiedenster Institutionen durchgeführten Großversuch im Donau-Aachgebiet das zentrale Thema der Tagung bildeten, an das sich Berichte einerseits über die Neu- und Weiterentwicklung von Markierungsstoffen und -methoden, andererseits Darlegungen von Ergebnissen interessanter Markierungsversuche in anderen Gebieten knüpften. Das ist insofern von Bedeutung, als die Vorbereitung dieses Großversuches bereits zu einem Beispiel allgemeiner karsthydrogeologischer Methodik wurde. Die Arbeit begann mit einer vorbildlichen Sammlung der umfangreichen über das Arbeitsgebiet vorliegenden Literatur[2] und umfaßte eingehende geologische, hydrologische und radiologische Untersuchungen des Gebietes, denen es im Zusammenhang mit dem Großversuch zu verdanken war, daß trotz des Vorliegens schon früher durchgeführter Markierungsversuche wesentliche neue Erkenntnisse gewonnen wurden. Dies war bereits die Wendung des Tagungsinhaltes von einer engen Beschränkung auf Markierungsstoffe zu einer Diskussion der karsthydrogeologischen Methodik überhaupt. Vollends zum Durchbruch kommt dieser Wandel bei der dritten Fachtagung, die im Jahre 1976 in Jugoslawien stattfinden wird. Bereits seit 1972 laufen in Zusammenarbeit jugoslawischer, deutscher und österreichischer Institutionen in der karsthydrographischen Musterlandschaft des Bereiches Zirknitz—Postojna—Planina—Laibachquellen systematische karsthydrologische Arbeiten von bisher einmaliger Konzentration (u. a. Messung der Umweltisotope aller bedeutender Quellen und Wässer über 14 Monate und Installation von etwa einem Dutzend zusätzlicher Schreibpegelstationen usw.), die durch einen umfassenden Markierungsversuch im Jahre 1975 abgeschlossen werden sollen. Da trotz der Tatsache bleibender Grundzüge der Methodik der Karsthydrogeologie die einzelnen Untersuchungsgebiete individuelle Arbeitsmethoden verlangen, ist mit dem Wechsel der Abhaltung der Tagungen in verschiedenen Ländern sowohl eine intensive Bearbeitung einer karsthydrogeologisch besonders interessanten Landschaft, als auch die Anpassung karsthydrogeologischer Methoden an die jeweiligen Gegebenheiten, aber auch die Möglichkeit für Berichte über Neu- und Weiterentwicklungen gegeben. Das Studium der jeweiligen Tagungsberichte ist somit eine immer wiederkehrende Gelegenheit, sich über die Weiterentwicklung der karsthydrogeologischen Methodik zu informieren.

Die rasche Weiterentwicklung karsthydrogeologischer Arbeitsmethoden findet ihren Ausdruck nicht zuletzt in der stetig steigenden Bedeutung der *Isotopenmessungen.* Hier wurden schließlich auch die ersten Modellvorstellungen

---

[2] W. Käss: Schrifttum zur Versickerung der oberen Donau zwischen Immendingen und Fridingen (Südwestdeutschland). Steir. Beitr. z. Hydrogeologie **21**, Graz 1969.

über den Ablauf der unterirdischen Karstentwässerung (Piston-flow-Modell, Dispersionsmodell, Exponentialmodell) entwickelt. Es sei in diesem Zusammenhang nochmals auf die Periodika der Section of Isotope Hydrology (Leitung B. R. PAYNE) der International Atomic Energy Agency in Wien als wichtige Informationsquelle verwiesen.

Das anschließende Kapitel, eine Einführung in das Wesen der *elektronischen Datenverarbeitung* (EDV) und die Möglichkeiten der Anwendung für karsthydrologische Untersuchungen hat in dankenswerter Weise ein EDV-Fachmann geschrieben. Daß dieser Behelf in Zukunft rasch an Bedeutung gewinnen wird, wird nicht zuletzt dadurch gefördert, daß bei der Anwendung der beschriebenen Arbeitsmethoden durch jede Untersuchung neues objektives Datenmaterial anfällt. So liegen bereits eindrucksvolle Beispiele der Verarbeitung hydrochemischer Meßwerte mittels eines an die EDV-Anlage angeschlossenen automatischen Zeichengerätes zu Isolinienkarten der Hydrochemie vor (H. HÖTZL, 1973) [3].

Jede Karstlandschaft trägt neben den grundsätzlichen Verkarstungserscheinungen ihre eigenen Züge. Die Auswahl einer notgedrungen kleinen Zahl zu beschreibender *Musterlandschaften* erfolgte daher mit dem Ziel der Beleuchtung von Typen (Seichter-Tiefer Karst) und Genese unter Berücksichtigung des Standes der Forschung. Kürzer gefaßte Beschreibungen sollen einerseits eine Ergänzung bieten, andererseits aber auch dokumentieren, daß die Vielfalt der Karstbereiche und Karstphänomene in *einer* Darstellung nicht unterzubringen ist.

Ihre besondere Problematik hat die Karsthydrogeologie in den *Küstengebieten*. Liegt noch heute ein gegen das Innere des Festlandes (oder der Insel) mehr oder weniger rasch ansteigender Karstwasserkörper vor, so ist die Folge des örtlichen und zeitlichen Wechsels der Oberfläche des Karstwasserkörpers, seiner Kapazität und des Zuganges an Infiltrationswässern wiederum eine Vielfalt hydraulischer Phänomene wie submariner Quellen, Estavellen und Schwinden. Diese Verhältnisse finden sich insbesondere an den Küsten hochaufragender Karstmassive (vgl. Kap. 2.3.4.) [4].

Andere Bedingungen findet die Entwicklung der Karsthydrographie vor, wenn flachliegende Kalktafeln das Hinterland der Küste bilden, wie etwa in SE-Apulien. Hier, am Absatz des italienischen Stiefels, erstreckt sich eine Landschaft flacher Hügel und Kalkebenen in einer Länge von etwa 250 km vom Fluß Ofanto bis zum Kap S. Maria di Leuca, als 35 bis 50 km breite Halbinsel das Adriatische und Ionische Meer teilend (V. COTECCHIA, 1963) [5].

Den geologischen Aufbau bestreiten in erster Linie Kreidekalke (und örtlich begrenzt eozän-oligozäne Tertiärkalke z. B. zwischen Otranto und Leuca),

---

[3] H. HÖTZL: Die Hydrogeologie und Hydrochemie des Einzugsgebietes der obersten Donau. Steir. Beitr. z. Hydrogeologie **25**, Graz 1973.

[4] Von der S-Küste Anatoliens beschreibt G. GÜNAY (Hydrogeological Investigation of Ovacik Submarine Springs, DSI, Ankara 1973) ein Beispiel, wo im Hinterland submariner Quellen nur 500 m von der Küste entfernt die piezometrische Oberfläche bereits 60 m über dem Meeresspiegel liegt.

[5] V. COTECCHIA: Geohydrological aspects of the cretaceous limestone aquifer in Apulia, and their bearing on the practical avoidance of sea water contamination in extraction from wells and springs. Quaderni di geofisica applicata, XXIV, Milano 1963.

die an einem dem Apennin parallel laufenden Bruchsystem gegen SW unter jungtertiäre und quartäre Schichten eintauchen. Die kretazischen Kalke und (wesentlich weniger verbreiteten) Dolomite sind nur schwach gefaltet aber stark tektonisch zerbrochen. Hauptsächlich sandig-tonige Ablagerungen des Jungtertiärs und Quartärs überdecken Teile der Kalktafel. Infolge der relativ geringen Mächtigkeit der jungen Sedimente haben die Basiskalke ab einer gewissen Tiefe auch dort Kontakt mit dem Meerwasser, wo die unmittelbare Küstenlinie von den jungen, nicht verkarstungsfähigen Schichten gebildet wird.

Gestützt auf die Ergebnisse zahlreicher Bohrungen betont V. COTECCHIA (1963, S. 7), daß die kretazischen und lithologisch gleichartigen alttertiären Kalke durch die tiefreichende tektonische Zerbrechung einerseits und die Schichtfugen andererseits ein ziemlich einheitliches, ineinander greifendes Netzwerk offener Fugen aufweisen, in dem sich die Grundwasserbewegung abspielt. Während aber die tektonischen Klüfte in beträchtliche Tiefen hinabreichen, *ist die Verkarstung hauptsächlich auf die oberen 100 bis 200 m des Kalkes beschränkt.* V. COTECCHIA nimmt an, daß das unterirdische Wasser in diesen gut geklüfteten Kalken vorwiegend laminar fließt und sich hauptsächlich entlang der Schichtfugen bewegt (1963, S. 8), woraus der geringe hydraulische Gradient (0,3 bis 0,5‰) und das Wirksamwerden des Ghyben-Herzberg-Gleichgewichtes resultieren. Für die obertag ausstreichenden Areale der kretazischen Kalke wird angenommen, daß 50 bis 60% der (hauptsächlich von Oktober bis März) fallenden Niederschläge der Ergänzung der unterirdischen Wasservorräte zugute kommen.

Der gesamte mächtige Süßwasserkörper, für den V. COTECCHIA eine jährliche Ergänzung von etwa 1.600 bis 1.700 m^3 annimmt (1963, S. 9) liegt auf Salzwasser, und man hat nachgewiesen, daß unter der Halbinsel von Salentina das Ionische Meer (Golf von Tarent) mit der Adria kommuniziert (S. 10).

Diese Gegebenheiten boten die Möglichkeit, in Anlehnung an ähnliche Untersuchungen in Florida die Gültigkeit der Ghyben-Herzberg-Theorie bzw. deren Abwandlung an einem Typus des Küstenkarstes zu untersuchen.

Die wichtigsten Ergebnisse dieser Untersuchungen von V. COTECCHIA (1963) waren zunächst die größenordnungsmäßige Erfassung der Verzögerungen, mit denen sich die Infiltration von Niederschlagswasser auf die Verschiebung des Grenzsaumes von süßem Grundwasser zum unterliegenden Meerwasser auswirkt (rasch in Küstennähe, nach Wochen oder einigen Monaten im Inneren des Landes). Weiters waren von Interesse die damit verbundenen Veränderungen des hydraulischen Gradienten bis zur Wiederherstellung des statischen Gleichgewichtes, die Interpretation der Spiegelschwankungen des Karstwasserkörpers und der Veränderungen der Schüttung der Küstenquellen, wie schließlich die Erforschung der örtlichen Abwandlung des Ghyben-Herzberg-Gleichgewichtes. Dieses müßte bei den in diesem Gebiet vorliegenden Gegebenheiten (bei Dichte 1 des süßen Grundwassers ρ_s = 1,0299 kg/l für das Adriatische und 1,0307 kg/l für das Ionische Meer) theoretisch bei h = 32 bis 33 t liegen (t = Höhe der piezometrischen Oberfläche über dem Meeresspiegel). Tatsächlich treten jedoch wesentlich andere Größen auf; dies begründet sich

a) im Phänomen einer molekularen Salzdiffusion vom Meerwasser in das süße Grundwasser,

b) in der Mischung von Salz- und Süßwasser durch vertikale Schwankungen der Grenzfläche, verursacht sowohl durch die Gezeiten (vor allem in Küstennähe) und die jahreszeitlichen Schwankungen der piezometrischen Oberfläche (des Karstwasserspiegels), wodurch es zu Vertikalströmungen kommt. Weiters

c) in der Strömung des Meerwassers entlang der Grenzfläche zum süßen Grundwasser.

Alle diese Faktoren schaffen eine *Diffusionszone,* deren Breite von der Gesteinsdurchlässigkeit, der Mächtigkeit des Aquifers, der Infiltrationszeit und -menge, den Wasserspiegelschwankungen und der Entfernung von der Küste abhängt.

Zahlreiche in Apulien durchgeführte Messungen ergaben mit Ausnahme der unmittelbaren Küstenstreifen, wo nur ein geringmächtiger Grundwasserkörper vorliegt und die Einwirkung der Gezeiten stärker wirksam ist, daß die saline Schichtung im Grundwasserkörper charakterisiert ist durch eine konstante, geringe Salzkonzentration (0,10 bis 0,15 g Cl/l Wasser) von Meeresspiegelhöhe bis zu einer Tiefe von 20 bis 22 t unter dem Meeresspiegel. Dann beginnt eine allmähliche Zunahme der Salinität, die bei einer Tiefe von ungefähr 32 t eine Cl-Konzentration von ca. 5 g/l erreicht. Erst bei einer Tiefe von 40 t entspricht die Salzkonzentration der des Meerwassers.

Die anhand der beschriebenen Musterlandschaften aufgezeigte Vielfalt gilt im selben Maß für die Beispiele karsthydrologischer Erfahrungen im Zuge des *Ausbaues technischer Objekte.* Es besteht nur insofern eine veränderte Situation, als zwar auch das technische Objekt nach seiner Fertigstellung wie die Musterlandschaften dem Anschauungsunterricht dient, darüber hinaus aber bereits die Richtigkeit der gestellten Prognosen und der angewandten Untersuchungsmethoden überprüft ist.

Nur am Rande gestreift wurde die Frage der Wasserbilanz bzw. der *Wasserhaushalt* von Karstbereichen. Nun liegen durchaus genaue Berechnungen vor (vgl. E. Villinger, 1969; Lit. 2.3.2.). Aber alle berechneten Werte gelten nur für das jeweils untersuchte Gebiet. Solange die Angaben über den Versickerungsprozentsatz des Niederschlages in der Literatur zwischen 10 und 85% schwanken, ohne eine einigermaßen genaue Aufgliederung auf bedeckten oder nackten Karst bzw. vollhumide und semiaride Bereiche, bleiben in der allgemeinen Wasserhaushaltsgleichung

$$A = N - V - (R - B)$$

zuviele Unbekannte (A = Gesamtabflußhöhe, N = Niederschlagshöhe, V = Verdunstungshöhe, R—B = Rücklage minus Aufbrauch; alles in mm).

Für das Grundwasser im Lockergestein bedient sich die Hydrologie für die Wasserhaushaltsfragen des wichtigen Hilfsmittels von Lysimetern. Diesen Einrichtungen verdanken wir die ersten absoluten Zahlen für die wichtigsten Faktoren der Wasserhaushaltsgleichung. Erst an diese anknüpfend bekamen verallgemeinernde Vergleiche und Kalkulationen einen realistischen Hintergrund. Der Gedanke von V. Maurin[6], isolierte Karststöcke verschiedener Bereiche durch die Installation von Geräten zur Erfassung des gesamten Abflusses, des Niederschlages und der Verdunstung als „Naturlysimeter" einzurichten, könnte ein wichtiger Schritt zur Erfassung echter Größenordnungen des Wasserhaushaltes von Karstgebieten werden.

Bewußt verzichtet wurde auf ein Kapitel über *karsthydrogeologische Karten.* Jeder, der sich auch nur am Rande mit der Bearbeitung hydrogeologischer Karten beschäftigt hat, weiß, daß dieses Thema sowohl des Umfanges halber als auch der Einbeziehung kartographischer Probleme wegen den Rahmen einer Karsthydrogeologie sprengen würde.

Rückblickend auf die Entwicklung der Karsthydrogeologie haben heute einst erbittert verfochtene Standpunkte und Theorien ihre Bedeutung verloren.

Schwer verständlich aber erscheint noch immer, daß einer der Hauptfaktoren jeder karsthydrogeologischen Situation, nämlich die *Auswirkung örtlicher Erosionsbasen und Vorflutniveaus* auf die unterirdische Entwässerung bei einzelnen Autoren auf eine so hartnäckige Ablehnung stieß (O. Lehmann, 1932; s. Kapitel 2.1.). Nun ist zuzugeben, daß den vielen Beispielen einer eindeutigen Bindung von Karstwasseraustritten und Höhlen an das örtliche Vorflutniveau (nicht an die gesteinsbedingte Korrosionsbasis im Seichten Karst) Örtlichkeiten gegenüberstehen, die in der gegenwärtigen Situation keinerlei Zusammenhang zwischen Karstphänomenen und örtlicher Erosionsbasis erkennen lassen. Dieser Verwirrung stiftende Umstand liegt in einer Reihe von Tatsachen begründet: So konserviert beispielsweise das Karbonatgestein unterirdische Lösungsformen und Höhlensysteme, deren Entwicklung im Zusammenhang mit der Ausrichtung der unterirdischen Entwässerung auf ein altes Vorflutniveau im Nichtkarbonatgestein oder einem ehemaligen Akkumulationskörper erfolgte, das längst durch die Erosion wieder zerstört wurde, während die Formen im Kalkgebirge erhalten blieben. Selbst ein mehrfacher Wechsel von Transgressionen über das Karbonatgebirge und dessen Exhumierung mit phasenhafter Neubildung oder (und) Regeneration alter Karstsysteme kann vorliegen. Ist die Morphogenese eines Karstkomplexes und seiner nichtkarbonatischen Umgebung nicht mehr zu rekonstruieren, dann kann eben der Umstand eintreten, daß der Beschauer vor einer durchlöcherten Felswand steht, deren Höhlenausgänge keine zonale Ordnung mehr erkennen lassen. Nochmals ist auch darauf zu verweisen, daß die Auswirkung des Vorflutniveaus auf die unterirdische Verkarstung sowohl durch die örtlich individuelle Gestaltung der Erosionsbasis als auch die Eigenschaften des Karbonatgesteins (Bankung usw.) meistens nicht eine linienhafte sondern zonale ist. In vielen Fällen wird also nur eine eingehende morphologische Analyse zum Verständnis der Anlage des gegenwärtigen unterirdischen Entwässungssystems führen. Eines der besten Beispiele der Lösung eines äußerst komplizierten karsthydrographisch-morphogenetischen Problems ist die Untersuchung des tschechoslowakischen Karstmorphologen Vladimir Panoš über die Rolle der Erosionsniveaus bei der Entwicklung der oberflächlichen und unterirdischen Entwässerung des Mährischen Karstes (1970)[7].

[6] Vorstand des Institutes für Geologie II an der Technischen Universität Karlsruhe.

[7] V. Panoš: Die Rolle der Erosionsniveaus bei der Entwicklung der oberflächlichen

Der sogenannte „Mährische Karst“ ist in Devonkalken NNE von Brünn (Brno) entwickelt, wobei der oberirdisch geschlossene Bereich ein Ausmaß von ca. 23 km N-S-Erstreckung und durchschnittlich 5 km Breite (E-W) aufweist und im W von der Brünner Eruptivmasse, im N, E u. S von Grauwacken und Schiefern des Unterkarbons begrenzt ist. Die Sedimentgesteine des Devon-Karbons fallen gegen E und SE ein. In tektonischer Hinsicht sind sowohl wiederholte wellige Krustenbewegungen des weiteren Bereiches als auch die Bruchsysteme und Randstörungen von Bedeutung. Die wesentlichsten karsthydrogeologischen Ergebnisse der umfangreichen und sorgfältigen morphogenetischen, hydrogeologischen und speläologischen Untersuchungen sind einerseits der Nachweis des Zusammenhanges zwischen vortortonischen (burdigalischen und oberhelvetischen) Talvertiefungsphasen und der Anlage von Höhlenniveaus, die heute nur einen Teil eines durch Schächte verbundenen Systems mehrerer Höhlenstockwerke darstellen (deren Reaktivierung und Umbildung sich über das Pleistozän bis in die Gegenwart vollzieht), und andererseits die Tatsache der Auswirkung nicht eines einzigen sondern einer Reihe lokaler Erosionsniveaus, „wobei die größeren und wasserreicheren hydrodynamischen Rayone“ schon im Untergrund des Kalkgebirges die kleineren und wasserärmeren Karstwassersysteme bzw. Einzugsbereiche zerstören und an sich ziehen (V. PANOŠ, 1970, S. 121). V. PANOŠ nennt diesen Vorgang „Karstpiraterie“. Die Kompliziertheit der Verhältnisse wird betont durch die wichtige Feststellung, daß die Weiterentwicklung des Erosionsniveaus keinesfalls nur eine sinkende Tendenz haben müsse, sondern sowohl durch Krustenbewegungen als auch die Akkumulation undurchlässiger Ablagerungen erhöht werden kann. Positive Veränderungen von Erosionsniveaus im Mährischen Karst haben Werte von mehreren Zehnermetern erreicht, eine neue Überformung schon vorher verkarsteter Kalkzonen bedingt und dadurch eine komplizierte Verschmelzung der Höhlenniveaus verschiedener Generationen verursacht (V. PANOŠ, 1970, S. 122).

So verzahnen sich Karstgenese und Karsthydrogeologie, und die Methoden der karsthydrogeologischen Forschung müssen in die Aufnahmearbeiten auch das Studium der Landschaftsentwicklung einschließen. Dies gilt insbesondere für die Höhlengenese. Die Höhlenkunde oder Speläologie geht in ihrer Gesamtheit weit über diese Fragestellung hinaus und ist ein selbständiger Zweig der Karstwissenschaften [8].

Wie V. PANOŠ zeigt, ist der Nachweis dieser Zusammenhänge oft äußerst schwierig. Neben der Kompliziertheit der Landschaftsentwicklung kann aber auch die Wahl des Objektes die Erkenntnis des Zusammenhanges erschweren. Am Beispiel der Einsturzdolinen am Nordrand des Imotsko Poljes (Kap. 2.3.4.) wurde gezeigt, daß Einzelphänomene hierzu ungeeignet sein können. Das gilt auch für Einzelhöhlen kleinerer Dimensionen. Große Höhlensysteme aber gehören zu den überwältigenden Zeugen des untrennbaren Zusammenhanges von Karstgenese und Karsthydrogeologie. Für das größte europäische

und unterirdischen Entwässerung des Mährischen Karstes. Acta Universitatis Palackianae Olonucensis 29, 1970.

[8] H. TRIMMEL: Höhlenkunde. Braunschweig 1968.

Höhlensystem, das Hölloch in der Schweiz, hat dies A. BÖGLI (1970, S. 32 ff) überzeugend dargestellt [9]. Der großartigste Zeuge dieser Tatsache ist das „Flint Mammoth Cave System" in Kentucky, mit 253 km vermessenen Gängen das größte Höhlensystem der Welt [10]. Entwickelt in relativ flachgelagerten Karbonkalken, repräsentiert es mit seinen verschiedenen Höhlenstockwerken die Erosionsphasen des Green Rivers während des Pleistozäns (bzw. jene der Flüsse Ohio und Teays) [11], wobei die Höhlenetagen durch Vertikalschächte verbunden sind. Noch heute bilden die Flüsse, denen aus dem Karstsystem große Quellen zufließen, die Erosionsbasis für dieses gewaltige Höhlensystem.

---

[9] A. BÖGLI: Das Hölloch und sein Karst. Stalactite, Suppl. Bd. 4 a, Neuchâtel 1970.

[10] The Flint Mammoth Cave System. The Cave Research Foundation, Columbus (Ohio) 1973.

[11] F.-D. MIOTKE und A. N. PALMER: Genetic Relationship Between Caves and Landforms in the Mammoth Cave National Park Area. Veröff. a. d. Geograph. Inst. Techn. Univ. Hannover, Hannover 1972.

Literatur

Zu Kapitel 1.1.

AUBERT, D.: Estimation de la dissolution superficielle dans le Jura. Bull. Soc. vaudoise des sciences naturelles **69,** 8, 324, Neuchâtel 1967.

BAUER, F.: Kalkabtragungsmessungen in den österreichischen Kalkhochalpen. Erdkunde **18,** 2, Bonn 1964.

BARTH, T. F. W., C. W. CORRENS und P. ESKOLA: Die Entstehung der Gesteine. Göttingen 1939. Unveränderter Neudruck. Berlin—Göttingen—Heidelberg: Springer. 1960.

BÖGLI, A.: Der Chemismus der Lösungsprozesse im Karst. Report of the Commission on Karstphenomena. IGW, New York 1956.

— Kalklösung und Karrenbildung. Ztschr. f. Geomorph., Suppl. Bd. 2, Berlin 1960.

— Die Kalkkorrosion, das zentrale Problem der unterirdischen Verkarstung. Steir. Beiträge z. Hydrogeologie **15/16,** Graz 1964.

— Neue Anschauungen über die Rolle von Schichtfugen und Klüften in der karsthydrographischen Entwicklung. Geol. Rdsch. **58,** 2, Stuttgart 1969.

— Kalkabtrag in den Nördlichen Kalkalpen. Actes du 4e Congrès national de spéléologie, Neuchâtel 1970. Suppl. no 6 à „Stalactite“, Neuchâtel 1971.

BRANDECKER, H., V. MAURIN und J. ZÖTL: Hydrogeologische Untersuchungen und baugeologische Erfahrungen beim Bau des Dießbach-Speichers (Steinernes Meer). Steir. Beitr. z. Hydrogeologie **17,** Graz 1965.

CORBEL, J.: Erosion en terrain calcaire. Ann. Géogr. **58,** 366, Lyon 1959.

DAVIS, ST. N., und R. J. M. DEWIEST: Hydrogeology. New York—London—Sydney: Wiley. 1967.

GERSTENHAUER, A.: Der Einfluß des CO_2-Gehaltes der Bodenluft auf die Kalklösung. Erdkunde **26,** 2, Bonn 1972.

— und K.-H. PFEFFER: Beiträge zur Frage der Lösungsfreudigkeit von Kalkgesteinen. Abh. Karst- u. Höhlenkde. Reihe A, 2, München 1966.

GRUND, A.: Die Karsthydrographie. Geograph. Abh. hsg. A. PENCK **7,** 3, Wien 1903.

HEITFELD, K. H.: Hydro- und baugeologische Untersuchungen über die Durchlässigkeit des Untergrundes an Talsperren des Sauerlandes. Geol. Mitt. **5,** Aachen 1965.

KIESLINGER, A.: Restspannung und Entspannung im Gestein. Geol. u. Bauw. **24,** Wien 1958.

KNEBEL, W.: Höhlenkunde mit Berücksichtigung der Karstphänomene. Die Wissenschaft **15,** Wien 1906.

LEHMANN, O.: Die Hydrographie des Karstes. Enzyklopädie der Erdkunde 6 b, Leipzig—Wien 1932.

LINCK, G.: Kreislaufvorgänge in der Erdgeschichte. Jena 1912.

LINDNER, H.: Das Karrenphänomen. Pet. Mitt., Erg. Heft 208, Gotha 1930.

MATTHESS, G.: Beziehungen zwischen geologischem Bau und Grundwasserbewegung in Festgesteinen. Abh. Hess. Landesamt f. Bodenforschung **58,** Wiesbaden 1970.

MIOTKE, F.-D.: Die Messung des CO_2-Gehaltes der Bodenluft mit dem Dräger-Gerät und die beschleunigte Kalklösung durch höhere Fließgeschwindigkeiten. Zeitschr. f. Geomorph. **16,** 1, Stuttgart 1972.

MISEREZ, J. J.: Corrélations Na/K dans les eaux karstiques du Jura, Applications aux diagrammes d'equilibre des systèmes Na_2O- resp. K_2O—CO_2-H_2O et Na_2O- resp. K_2O-Al_2O_3-SiO_2-H_2O. Ztschr. dt. geol. Ges., Sonderheft Hydrogeol., Hydrogeochem., Hannover 1970.

— Premier bilan des indices de saturation en carbonates dans le bassin supérieur de l'Areuse (NE). Extr. Actes 4e Congr. suisse de Spéléologie Neuchâtel 1970, Neuchâtel 1971.

MOREHOUSE, D. F.: Cave development via the sulfuric acid reaction. Natl. Speleol. Soc. Bull. **30,** 1, S. 1—10, Washington 1968.

Müller, L.: Der Felsbau. I. Stuttgart: Enke. 1963.
— Geomechanische Auswirkungen von Abtragungsvorgängen. Geol. Rdsch. **59**, 1, Stuttgart 1970.
Paloc, H.: Caractéristiques hydrologéologiques des dolomites de la région Languedocienne. Mem. du centre d'études et de recherches hydrogéologiques **I**, Montpellier 1964.
Pia, J.: Theorien über die Löslichkeit des kohlensauren Kalkes. Mitt Geol. Ges. Wien 1953.
Pluhar, A., und D. C. Ford: Dolomite karren of the Niagara Escarpment, Ontario, Canada. Ztschr. f. Geomorph. **14**, 4, Berlin—Stuttgart 1970.
Priesnitz, K.: Zur Frage der Lösungsfreudigkeit von Kalkgesteinen in Abhängigkeit von der Lösungsfläche und ihrem Gehalt an Magnesiumkarbonat. Ztschr. f. Geomorph. **11**, 4, Berlin 1967.
Remy, H.: Lehrbuch der anorganischen Chemie. Leipzig 1959.
Schneiderhöhn, H.: Die Karsterscheinungen im Otavibergland, Deutsch-SW-Afrika. Abh. d. Senckenbg. Naturforsch. Ges. Frankfurt a. M. **37**, Frankfurt a. M. 1920.
Stini, J.: Unsere Täler wachsen zu. Geologie u. Bauwesen **13**, 3, Wien 1941.
— Nochmals der Talzuschub. Geologie u. Bauwesen **14**, 1, Wien 1942.
— Tunnelbaugeologie. Wien: Springer. 1950.
Sweeting, M.: Somes factures in the absolute denudation of limestone terrains. Erdkunde **18**, Bonn 1964.
— und A. Gerstenhauer: Zur Frage der absoluten Geschwindigkeit der Kalkkorrosion. Ztschr. f. Geomorph., Suppl. Bd. 2, Berlin 1960.
Thurner, A.: Hydrogeologie. Wien—New York: Springer. 1967.
Toussaint, B.: Hydrogeologie und Karstgenese des Tennengebirges (Salzburger Kalkalpen). Steir. Beitr. z. Hydrogeologie **23**, Graz 1971.
Tucan, F.: Oberflächenformen bei Karbonatgesteinen in Karstgegenden. Centralblatt f. Min. etc., Stuttgart 1911.
Zötl, J.: Die Hydrographie des nordostalpinen Karstes. Steir. Beitr. z. Hydrogeologie **1960/61**, 2, Graz 1961.

Zu Kapitel 1.2.

Biese, H.: Über Höhlenbildung. I. Teil: Entstehung der Gipshöhlen am südlichen Harzrand und am Kyffhäuser. Abh. Preuß. Geol. Landesanstalt NF, **137**, Berlin 1931.
Carle, W.: Salinare Tiefenwässer in Süddeutschland. Heilbad und Kurort **15**, 10, 1963.
Dombrowski, H. J.: Durch fossile Pollen markierte Mineralwässer. Steir. Beitr. z. Hydrogeologie **18/19**, Graz 1967.
Engelhardt, W. v.: Zur Bildung von Gips aus Anhydrit. Chemie der Erde **8**, Jena 1945.
Fricke, K.: Tiefenwasser, Solquellen und Solewanderung im Bereich des Münsterschen Beckens. Ztschr. Dt. Geol. Ges. **113**, Hannover 1961.
Götzinger, G.: Beobachtungen im Gipskarst der niederösterreichischen Kalkvoralpen. Mitt. Höhlenkomm. **1955**, 2, Wien 1957.
Haase, H.: Hydrologische Verhältnisse im Versickerungsgebiet des Südharz-Vorlandes. Diss., Göttingen 1936.
Haefke, F.: Karsterscheinungen am Südharz. Mitt. Geograph. Ges. Hamburg **37**, Hamburg 1925.
Herrmann, A.: Vergipsung und Oberflächenformung im Gipskarst. III. Int. Spel. Kongr. Wien, Sect. C, V, Wien 1966.
— Einführung in die Geologie, Morphologie und Hydrogeologie des Gipskarstgebietes am südwestlichen Harzrand. Jahresh. Karst- u. Höhlenkde., München 1968.
Kempe, St.: Beiträge zum Problem der Speläogenese im Gips unter besonderer Berücksichtigung der Unterwasserphase. Die Höhle **21**, 3, Wien 1970.
Kockert, W.: Zum Problem der NaCl-Salzlösungen im Südharz-Kalirevier. Bergakademie **20**, 12, Freiburg 1968.
— Höhlenbildungen im Zechstein der DDR und einige grundsätzliche Bemerkungen zur Karsthydrologie der Zechsteinschichten. Ber. dt. Ges. geol. Wiss., A, Geol. Paläont. **17**, 2, Berlin 1972.
— Abdichtung von Wasser- und Salzlösungszuflüssen im Salzbergbau durch Injektion. Neue Bergbautechnik **2**, 4, Freiberg 1972 a.

MOYE, A.: Der Gips. Leipzig 1906.
PFEIFFER, O., und J. HAHN: Karst of Germany. In M. HERAK und V. T. STRINGFIELD: Karst, Important Karst Regions of the Northern Hemisphere. Amsterdam—London—New York: Elsevier. 1972.
PINNEKER, E. V.: Klassifikacija podzemnych Solen po stepeni mineralizacii (na primere juga Sibirskoj platformy). Sov. geologija **9**, 1961.
Klassifikation der unterirdischen Salzwässer nach dem Grade des Mineralgehaltes (am Beispiel des Südens des Sibirischen Tafellandes). Sowj. Geologie **9**, 1961. (In russischer Sprache).
— Ocagi razgruzki rassolow Irkutskogo amfiteatra. Izv. Vost. Sib. otdela geogr. obscestva SSSR, **61**, Irkutsk 1963. Entlastungsstellen der Solen des Irkutsker Amphitheaters. Mitteilg. der Ostsibir. Abteilg. der Geogr. Ges. der UdSSR, **61**, Irkutsk 1963. (In russischer Sprache).
— Die Bestimmung der Fließrichtung und Fließgeschwindigkeit unterirdischer Wässer in tiefen Schichten der Tafelländer. Steir. Beitr. z. Hydrogeologie **18/19**, Graz 1967.
PRIESNITZ, K.: Über die Vergleichbarkeit von Lösungsformen auf Chlorid-Sulfat- und Karbonatgestein. Geol. Rdsch. **58**, 2, Stuttgart 1969.
REMUS, W., und M. SPILKER: Die hydrogeologischen Verhältnisse im Nordteil der Sangerhäuser Mulde. „Wie“, Broschüren-Reihe des Mansfeldkombinats Wilhelm Pieck, **38**, Eisleben (ohne Jahresangabe).
REUTER, F., und W. KOCKERT: Zu einigen Fragen des Karstproblems. Ztschr. f. Angewandte Geologie **17**, 8, Berlin 1971.
SPENGLER, E.: Die nördlichen Kalkalpen, die Flyschzone und die helvetische Zone. In F. X. SCHAFFER: Geologie von Österreich. Wien 1951.
VIETE, G.: Geologische und hydrologische Untersuchungen im Gipskarst des östlichen Südharzrandes. Freiberg. Forsch.-Hefte, C 9, Freiberg 1954.

Zu Kapitel 1.3.

BALÁZS, D.: Comparative Morphogenetical Study of Karst Regions in the Tropical and Temperate Zones. The Transactions of the Cave Research Group of Great Britain **14**, 2, Leicester 1972.
BÖGLI, A.: Mischungskorrosion, ein Beitrag zum Verkarstungsproblem. Erdkunde 8, 2, Bonn 1964.
BÜDEL, J.: Fossiler Tropenkarst in der Schwäbischen Alb und den Ostalpen. Erdkunde **5**, Bonn 1951.
CORBEL, J.: Les phénomènes karstiques en Suede. Geografiska Annaler **34**, Stockholm 1952.
— Les karsts du nordouest de l'Europe. Inst. des Etudos Rhod. de l'Univ. Lyon, Mém. et Doc. **12**, Lyon 1957.
— Erosion et terrains calcaires. Ann. de Géogr. **366**, 1959.
— Nouvelles recherches sur les karsts arctiques Scandinaves. Ztschr. f. Geomorph. Suppl. Bd. 2, 1960.
GELLERT, J. F.: Der Tropenkarst in Südchina im Rahmen der Gebirgsformung des Landes. Tagungsbericht und wiss. Abhandlungen, Dt. Geographentag Köln, 1961.
GERSTENHAUER, A.: Der tropische Kegelkarst in Tabasco (Mexico). Ztschr. f. Geomorph. Suppl. Bd. 2, Berlin 1960.
— Beobachtungen über fossile Karsterscheinungen am Spessartrand bei Meerholz. Rhein-Mainische Forschungen **54**, Frankfurt a. M. (1963).
— Internationaler Karst-Atlas, Blatt 3 a, b, Nord-Puerto Rico, Beilage 1 a, b zu Erdkunde **18**, 2, Bonn 1964.
GILEWSKA, S.: Fossil Karst in Poland. Erdkunde **18**, 2, Bonn 1964.
GVOZDETSKIY, N. A.: Karstvyye yavlenija v Priangar'ye. (Karstphänomene im Gebiet der Angara). Uch. Zap., Mosk. Gos. Univ. **160**, 5, 1952). (In russischer Sprache).
— Karst. Znd ed., Geografizdat, Moskau 1954). (In russischer Sprache).
— O rasprostrane nii karstovykh yavlemiy v pustynyakh i gorakh Sredney Azii. (Die Verbreitung von Karstphänomenen in den Wüsten und Gebirgen Zentralasiens). Vopr. Geograf., Sb, 40, 1957. (In russischer Sprache.)
— K voprosu o rasprostrane nii i osobennostyakh karsta v gorakh Sredney Azii. (Das

Problem der Verbreitung und Charakteristika des Karstes in den Gebirgen Zentralasiens). Zemlevedeniye, Novaya Ser. **5**, 45, 1960. (In russischer Sprache.)
HERAK, M., und V. T. STRINGFIELD: Karst. Important Karst Regions of the Northern Hemisphere. Amsterdam—London—New York: Elsevier. 1972.
KAYSER, K.: Karstrandebene und Poljeboden. Erdkunde **9**, 1, Bonn 1955.
KNUTSSON, G., L. CARLSSON und M. NORD: Hydrogeological Investigation of a Karst Area at Björkliden, Lappland, Sweden. Teknik och Natur. Festskrift tillägrad professor Gunnar Beskow, Göteborg 1967.
KOCKERT, W.: Höhlenbildungen im Zechstein der DDR und einige grundsätzliche Bemerkungen zur Karsthydrologie der Zechsteinschichten. Ber. dt. Ges. geol. Wiss., A, Geol. Pal. **17**, 2 (1972).
LEHMANN, H.: Karstentwicklung in den Tropen. Die Umschau, Frankfurt 1953.
— K. KRÖMMELBEIN und W. LÖSCHERT: Karstmorphologische, geologische und botanische Studien in der Sierra de Los Organus auf Cuba. Erdkunde **10**, 3, Bonn 1956.
MAURIN, V., und J. ZÖTL: Ein fossiler semi-arider tropischer Karst auf Ithaka. Erdkunde **20**, 3, Bonn 1966.
MIOTKE, F.-D.: Development of Karst Plains in Puerto Rico. Cave and Karst **13**, 5, 1971.
PANOŠ, V.: Der Urkarst im Ostflügel der Böhmischen Masse. Ztschr. f. Geomorph. **8**, 2, Berlin 1964.
POPOV, I. V., N. A. GVOZDETSKIY, A. G. CHIKISHEV und B. I. KUDELIN: Karst of the U.S.S.R. In M. HERAK und V. T. STRINGFIELD: Karst. Important Karst Regions of the Northern Hemisphere. Amsterdam—London—New York: Elsevier. 1972.
SMYK, B., und D. DRZAL: Untersuchungen über den Einfluß von Mikroorganismen auf das Phänomen der Karstbildung. Erdkunde **18**, 2, Bonn 1964.
SWEETING, M. M.: Some Factors in the Absolute Denudation of Limestone Terrains. Erdkunde **18**, 2, Bonn 1964.
— und GERSTENHAUER: Zur Frage der absoluten Geschwindigkeit der Kalkkorrosion in verschiedenen Klimaten. Ztschr. f. Geomorph. Suppl. Bd. 2, 1960.
SZABÓ, P. Z.: Neue Daten und Beobachtungen zur Kenntnis der Paläokarsterscheinungen in Ungarn. Erdkunde **18**, 2, Bonn 1964.
VERSEY, H. R.: Karst of Jamaica. In M. HERAK und V. T. STRINGFIELD: Karst, Important Karst Regions of the Northern Hemisphere. Amsterdam—London—New York: Elsevier. 1972.
WILLIAMS, P. W.: Illustrating morphometric analysis of karst with examples from New Guinea. Ztschr. f. Geomorph. **15**, 1, Berlin—Stuttgart 1971.
WISSMANN, H.: Der Karst der humiden und sommerheißen Gebiete Ostasiens. In: Das Karstphänomen in verschiedenen Klimazonen. Erdkunde, Bonn 1954.
ZHUKOV, M. M.: „Thermokarst“ in the Southern Part of the Ukraine and the Black Storms of 1960. Earth Research, Collected Articles of the Moscow Society of Naturalists, N. S. VI, Moscow 1963. (In russischer Sprache mit engl. Zusammenfassungen).
ZÖTL, J.: Fossile Großformen im ostalpinen Karst. Erdkunde **18**, 2, Bonn 1964.

Zu Kapitel 2.1.

APEL, R.: Hydrogeologische Untersuchungen im Malmkarst der Südlichen und Mittleren Frankenalb. Geologica Bavarica **64**, München 1971.
BALLIF, PH.: Wasserbauten in Bosnien und der Herzegowina. I, Wien 1896.
BAUER, F.: Erfahrungen beim Uraninnachweis mit Aktivkohle. Steir. Beitr. z. Hydrogeologie **18/19**, Graz 1967.
— J. ZÖTL und A. MAYR: Neue karsthydrographische Forschungen und ihre Bedeutung für Wasserwirtschaft und Quellschutz. Wasser und Abwasser, Wien 1959.
BOCK, H.: Wasserverhältnisse in verkarsteten Gebieten. Höhlen im Dachstein, Graz 1913 a.
— Der Karst und seine Gewässer. Mitt. f. Höhlenkunde **6** (3) 1913 b.
— Charakter des mittelsteirischen Karstes. Mitt. f. Höhlenkunde **6** (4), Graz 1913 c.
CRAMER, H.: Höhlenbildung und Karsthydrographie. Zeitschr. f. Geomorph. **8** (6), Berlin 1935.
CVIJIĆ, J.: Das Karstphänomen. Geogr. Abh. hsg. A. PENCK **5** (3), Wien 1893.
— Bildung und Dislozierung der Dinarischen Rumpffläche. PM, **55**, Gotha 1909.

Cvijić, J.: Hydrographie souterraine et évolution morphologique du Karst. Rec. d. Trav. de l'Inst. de Géogr. Alp., Grenoble 1918.

Davis, W. M.: Origin of limestone caverns. Bull. Geol. Soc. America **41,** 1930.

Dosch, F.: Färbeversuch Hochschneeberg 1955. Gas/Wasser/Wärme **10,** 1/2, 1956.

Fiala, F.: Nekolik poznámek k morfologii Jihoslovenského Krasu. Vestnik **6,** 1930.

Forster, A. E.: Hydrographische Forschungen in Inner- und Unterkrain. Mitt. Geogr. Ges. Wien **65,** Wien 1922.

Gardner, J. H.: Origin and development of limestone caverns. Bull. Geol. Soc. America **46,** 1935.

Gruber, T.: Briefe hydrographischen und physikalischen Inhalts aus Krain an Ignaz Edler von Born, k. k. wirklicher Hofrat, Wien, J. P. Krauß, 1781.

Grund, A.: Die Karsthydrographie. Studien aus Westbosnien. Geogr. Abh. hsg. A. Penck **7** (3), Wien 1903.

— Beiträge zur Morphologie des Dinarischen Gebirges. Geogr. Abh. hsg. A. Penck **9** (3), Wien 1910 a.

— Zur Frage des Grundwassers im Karst. Mitt. Geogr. Ges. Wien **53,** Wien 1910.

— Nochmals zur Morphologie und Hydrologie des Karstes. PM **58**/2, Gotha 1912.

— Der geographische Zyklus im Karst. Zeitschr. Ges. Erdkde. Berlin 1914.

Katzer, Fr.: Zur Karsthydrographie. PM **54,** Gotha 1908.

— Karst und Karsthydrographie. Zur Kunde der Balkanhalbinsel **8,** Sarajevo 1909.

— Zur Morphologie des Dinarischen Gebirges. PM **58,** Gotha 1912.

Keilhack, K.: Lehrbuch der Grundwasser- und Quellenkunde. Berlin 1912.

Knebel, W. v.: Höhlenkunde mit Berücksichtigung der Karstphänomene. Die Wissenschaft **15,** Wien 1905.

Krebs, N.: Die Halbinsel Istrien. Geogr. Abh. hsg. A. Penck **9** (2), Wien 1907.

— Neue Forschungen zur Karsthydrographie. PM **54,** Gotha 1908.

— Zur Frage des Karstzyklus. Mitt. Geogr. Ges. Wien **52,** Wien 1909.

— Offene Fragen der Karstkunde. GZ **16,** Berlin 1910.

— Fragmente einer Landeskunde des Innerkrainer Karstes. Rec. Trav. (Festschrift f. M. J. Cvijić) Belgrad 1924.

Kyrle, G.: Grundriß der theoretischen Speläologie. Speläolog. Monogr. **1,** Wien 1923.

— Kombinierte Chlorierung von Höhlengewässern. Speläolog. Monogr. **12,** Wien 1928.

Lehmann, O.: Cvijić, Hydrographie souterraine ... Besprechung in Ztschr. Geomorph. **3,** Berlin 1928.

— Die Hydrographie des Karstes. Enz. Erdkde. **6** b, Leipzig—Wien 1932.

Lindner, H.: Die Wasserführung des Karstes. Mitt. u. Jahresber. Geogr. Ges. Nürnberg **2,** 1921/22.

Lozinski, W. v.: Die Karsterscheinungen in galizisch Podolien. Jahrb. k. k. geol. R.A. **57,** Wien 1907.

Martel, E. A.: La théorie de la „Grundwasser" et les eaux souterraines du Karst. La Géographie **21,** Grenoble 1910.

Maurin, V.: Ein Beitrag zur Hydrogeologie des Lurhöhlensystems. Mitt. Natw. Ver. Steiermark **81/82,** Graz 1952.

— und J. Zötl: Die Untersuchung der Zusammenhänge unterirdischer Wässer mit besonderer Berücksichtigung der Karstverhältnisse. Steir. Beitr. z. Hydrogeologie **1959,** 1/2, Graz 1959.

— — Karsthydrologische Aufnahmen auf Kephallenia (Ionische Inseln). Steir. Beitr. z. Hydrogeologie **1959,** 1/2, Graz 1959.

Mayr, A.: Blütenpollen und pflanzl. Sporen als Mittel zur Untersuchung von Quellen und Karstwässern. Anz. math.-natw. Kl., Öst. Ak. Wiss. Wien 1953.

Meinzer, O. E.: The occurence of ground water in the United States. U. S. Geol. Surv. Water-Supply Paper 489, Washington 1923.

Penck, A.: Über das Karstphänomen. Schriften d. Ver. z. Verbreitung natw. Kenntnisse in Wien **44,** 1904.

— Das unterirdische Karstphänomen. Rec. Trav. (Festschrift f. M. J. Cvijić), Belgrad 1924.

Perko, G. A.: Die Tropfstein- und Wasserhöhle „Dimnice“ (Rauchgrotte) bei Markovsina in Istrien. Mitt. Geogr. Ges. Wien **52,** Wien 1909.

Pfeiffer, D.: Zur Definition von Begriffen der Karsthydrologie. Ztschr. Dt. Geol. Ges. **113,** Hannover 1961.

— Die geschichtliche Entwicklung der Anschauungen über das Karstgrundwasser. Beihefte z. Geol. Jahrbuch **57,** Hannover 1963.

Piper, A. M.: Ground water in North-Central Tennessee. U. S. Geol. Survey, Water-Supply Paper 640, Washington, D. C. 1932.

Richter, E.: Beiträge zur Landeskunde Bosniens und der Herzegowina. Wiss. Mitt. aus Bosnien und Herzegowina **10,** 1907.

Sawicki, L. R. v.: Ein Beitrag zum geographischen Zyklus im Karst. GZ **15,** Berlin 1909.

Schardt, H.: Geologische und hydrologische Beobachtungen über den Mt. d'Or-Tunnel und dessen anschließende Gebiete. Schweiz. Bauzeitung **1917/II,** 70, Zürich 1917.

Schaufelberger, P.: Geologische und hydrologische Verhältnisse zwischen der Donauversickerung und der Aachquelle. Mitt. Bad. Geol. Landesanst. **X,** 2, 1929.

Schenkel, Th.: Karstgebiete und ihre Wasserkräfte. Wien—Leipzig 1912.

Soutter, F.: Entreprise du tunnel du Mont d'Or, Note sur la construction du raccourci Frasne-Vallorbe, ligne á double voie de 25 km de longueur. Bull. techn. de la Suisse romande **39,** 1913.

Stini, J.: Randbemerkungen zur Frage der Entstehung der Höhlen. Geologie und Bauwesen **18** (4), Wien 1951.

Swinnerton, A. C.: Origin of limestone caverns. Bull. Geol. Soc. America **43,** 1932.

Teppner, W.: Die Karstwasserfrage. Geol. Rundsch. **4,** 1913.

Terzaghi, K. v.: Beitrag zur Hydrographie und Morphologie des Kroatischen Karstes. Mitt. aus dem Jahrb. kg. ung. Geol. Reichsanst. **20,** 1912/13.

Trimmel, H.: Höhlenkunde. Die Wissenschaft **126,** Braunschweig 1968.

Waagen, L.: Die unterirdische Entwässerung im Karst. GZ **16,** Berlin 1910.

— Grundwasser im Karst. Mitt. Geogr. Ges. Wien **54,** Wien 1911.

White, W. B.: Modifications of Fluorescein Dye Groundwater Tracing Techniques. Steir. Beitr. z. Hydrogeologie **18/19,** Graz 1967.

Wiebel, K. W. M.: Die Insel Kephallenia und die Meermühlen von Argostoli. Hamburg 1873.

Zötl, J.: Neue Ergebnisse der Karsthydrologie. Erdkunde **9,** 2, Bonn 1957.

— Entwicklung und Anwendung der Sporentrift. Steir. Beitr. z. Hydrogeologie **18/19,** Graz 1967.

Zu Kapitel 2.2.1.

Apel, R.: Hydrogeologische Untersuchungen im Malmkarst. Geol. Bav. **64,** München 1971.

Batsche, H. et al.: Kombinierte Karstwasseruntersuchungen im Gebiet der Donauversickerung (Baden-Württemberg) in den Jahren 1967—1969. Steir. Beitr. z. Hydrogeologie **22,** Graz 1970.

Clar, E.: Zur Geologie des Schöckelgebietes bei Graz. Jahrb. Geol. BA **83,** Wien 1933.

— Die „Eggenberger Bresche“ und das Alter einiger Formengruppen im Bergland von Graz. Ztschr. Geomorph. **8,** Berlin 1935.

Flügel, H.: Geologische Wanderkarte des Grazer Berglandes 1 : 100.000. Wien 1960.

— Die Geologie des Grazer Berglandes. Mitt. Mus. Bergbau, Geol. u. Technik **23,** Graz 1961.

Habe, F.: Toplinski odnošaji na izvirih Ljubljanice. Geografskega Vestnika, Letnik **12/13,** Ljubljana 1937.

Hem, J. D.: Study and interpretation of chemical characteristics of natural water. Geol. Survey, Water-Supply Paper 1473, Washington, D.C. 1959.

Kerner, F.: Untersuchungen über die Abnahme der Quelltemperatur mit der Höhe im Gebiete der mittleren Donau und des Inns. Sitzber. Ak. Wiss. Wien, math.-natw. Kl., **112,** 2 a, Wien 1903.

— Über die Abnahme der Quellentemperaturen mit der Höhe. Meteorol. Ztschr. Wien 1905.

Kessler, H.: Lineare Meßwehre für Quellschüttungen. In V. Maurin und J. Zötl: Die

Untersuchung der Zusammenhänge unterirdischer Wässer mit besonderer Berücksichtigung der Karstverhältnisse. Steir. Beitr. z. Hydrogeologie **1959**, 1/2, Graz 1959.

KYRLE, G.: Kombinierte Chlorierung von Höhlengewässern. Spel. Monograph. **12**, Wien 1928.

LEHMANN, O.: Die Hydrographie des Karstes. Enzyklopädie d. Erdkunde **6 b**, Leipzig—Wien 1932.

MAURIN, V., und J. ZÖTL: Die Untersuchung der Zusammenhänge unterirdischer Wässer mit besonderer Berücksichtigung der Karstverhältnisse. Steir. Beitr. z. Hydrogeologie **1959**, 1/2, Graz 1959.

— — Salt Water Encroachment in the Low Altitude Karst Water Horizons of the Island of Kephallinia. Proc. UNESCO-Symp. of Dubrovnik **1965**, Brüssel 1967.

— — Der Andritzursprung. Meßergebnisse zur Charakteristik einer großen Karstquelle am Stadtrand von Graz. Steir. Beitr. z. Hydrogeologie **24**, Graz 1972.

PRINZ, E., und R. KAMPE: Handbuch der Hydrologie, II. Bd.: Quellen. Berlin 1934.

SCHAFFERNAK, F.: Hydrographie. Wien 1935.

SCHNEIDER, H.: Die Wassererschließung. 2. Aufl. Essen: Vulkan-Verlag. 1973.

STINY, J.: Die Quellen. Wien 1933.

TOUSSAINT, B.: Hydrogeologie und Karstgenese des Tennengebirges (Salzburger Kalkalpen). Steir. Beitr. z. Hydrogeologie **23**, Graz 1971.

TRAUB, F.: Zur Wasserversorgung der Stadt Ingolstadt. Geol. Bav. **64**, München 1971.

WIEBEL, K. W. M.: Die Insel Kephallenia und die Meermühlen von Argostoli. Hamburg 1874.

ZÖTL, J.: Die Hydrographie des nordostalpinen Karstes. Steir. Beitr. z. Hydrogeologie **1960/61**, 2, Graz 1961.

Zu Kapitel 2.2.2.

APEL, R.: Diskussionsbemerkungen zu W. A. SCHNITZER: Neue Methoden zur Erforschung des Karstes. Geol. Jahrbuch, Reihe C, H. 2, Hannover 1972.

— Hydrogeologische Untersuchungen im Malmkarst der Südlichen und Mittleren Frankenalb. Geol. Bav. **64**, München 1971.

BATSCHE, H., F. BAUER, H. BEHRENS, K. BUCHTELA, F. HRIBAR, W. KÄSS, G. KNUTSSON, J. MAIRHOFER, V. MAURIN, H. MOSER, F. NEUMAIER, L. OSTANEK, V. RAJNER, W. RAUERT, H. SAGL, W. A. SCHNITZER und J. ZÖTL: Vergleichende Markierungsversuche im Mittelsteirischen Karst 1966. Steir. Beitr. z. Hydrogeologie **18/19**, Graz 1967.

— — — — H. J. DOMBROWSKI, R. GEISLER, M. A. GEYH, H. HÖTZL, F. HRIBAR, W. KÄSS, J. MAIRHOFER, V. MAURIN, H. MOSER, F. NEUMAIER, J. SCHMITZ, W. A. SCHNITZER, A. SCHREINER, H. VOGG und J. ZÖTL: Kombinierte Karstwasseruntersuchungen im Gebiet der Donauversickerung (Baden-Württemberg) in den Jahren 1967—1969. Steir. Beitr. z. Hydrogeologie **22**, Graz 1970.

BAUER, F.: Erfahrungen beim Uraninnachweis mit Aktivkohle. Steir. Beitr. z. Hydrogeologie **18/19**, Graz 1967.

— Die Durchführung und Auswertung von Sporentriftversuchen. Steir. Beitr. z. Hydrogeologie **18/19**, Graz 1967.

— Karsthydrologische Untersuchungen im Schneealpenstollen in den steirisch-niederösterreichischen Kalkalpen. Steir. Beitr. z. Hydrogeologie **21**, Graz 1969.

— Weitere Erfahrungen beim Uraninnachweis mit Aktivkohle. Geol. Jahrbuch, Reihe C, H. 2, Hannover 1972.

— Untersuchungen über die Verwendbarkeit von zwei Fluoreszenzfarbstoffen im Rahmen eines Färbeversuches. Geol. Jahrbuch, Reihe C, H. 2, Hannover 1972.

BENDEL, L.: Ingenieurgeologie I, 1944; II, 1948. Wien: Springer.

BOCK, H.: Charakter des mittelsteirischen Karstes. Mitt. f. Höhlenkunde **6**, 4, Graz 1913.

BUCHTELA, K.: Aktivierungsanalytischer Nachweis von Markierungsstoffen zur Verfolgung unterirdischer Gewässer. Steir. Beitr. z. Hydrogeologie **18/19**, Graz 1967.

— Aktivierungsanalyse in der Hydrogeologie. Steir. Beitr. z. Hydrogeologie **22**, Graz 1970.

— und C. JOB: Vergleichende Markierungsversuche mit Indium-ÄDTE und Kalisalz in einem Bergsturzgelände bei Badgastein. Steir. Beitr. z. Hydrogeologie **22**, Graz 1970.

— J. MAIRHOFER, V. MAURIN, T. PAPADIMITROPOULOS und J. ZÖTL: Vergleichende Untersuchungen an neueren Methoden zur Verfolgung unterirdischer Wässer. Die Wasserwirtschaft **54,** 9, Stuttgart 1964.

CLASSEN, H. J.: Methodik und Beispiele von Färbeversuchen. Ztschr. Dt. Geol. Ges. **116,** Hannover 1964.

DECHANT, M.: Das Anfärben von Lycopodiumsporen. In MAURIN, V., und J. ZÖTL: Die Untersuchung der Zusammenhänge unterirdischer Wässer mit besonderer Berücksichtigung der Karstverhältnisse. Steir. Beitr. z. Hydrogeologie **1959,** Graz 1959.

— Die Färbung von Lycopodiumsporen. Steir. Beitr. z. Hydrogeologie **18/19,** Graz 1967.

DIMITROULAS, C., T. PAPADIMITROPOULOS und N. PAPAKIS: Groundwater investigation by the use of neutron activation analysis. Mem. de l'Association International des Hydrogéologues **5,** Neuchâtel 1962.

DOMBROWSKI, H.: Die Ergebnisse mit Serratia marcescens. In H. BATSCHE et al.: Kombinierte Karstwasseruntersuchungen im Gebiet der Donauversickerung (Baden-Württemberg) in den Jahren 1967—1969. Steir. Beitr. z. Hydrogeologie **22,** Graz 1970.

— Zur Problematik der Markierung mit Serratia marcescens. Geol. Jahrbuch. Reihe C, H. 2, Hannover 1972.

DOSCH, F.: Färbeversuch Hochschneeberg 1955. Gas, Wasser, Wärme **10,** 1/2, Wien 1956.

EISSELE, K.: Erfahrungen mit der Sporentriftmethode. Jh. geol. Landesamt Baden-Württemberg **5,** Freiburg i. Br. 1961.

— Über einige Färbversuche mit Uranin an Karstquellen der Schwäbischen Alb. Gas- und Wasserfach **98,** S. 84—87, München 1957.

ERDTMAN, G.: An Introduction to Pollen Analysis. Waltham, Mass., USA, 1954.

FISCHER, W. K.: Nachweismethoden für Detergentien. Münchener Beitr. z. Abwasser-, Fischerei- und Flußbiologie **9,** München 1962.

GROSCHOPF, P.: Der Färbversuch Dutzenbergschacht (Markung Nellingen, Kreis Ulm). Mitt. Verb. dt. Höhlen- und Karstforscher **12,** S. 7—10, München 1966.

HILBER, V.: Das Tertiärgebiet um Graz, Köflach und Gleisdorf. Jb. Geol. RA **43,** Wien 1893.

HOFER, A.: Das Mikroskopieren der Planktonnetzproben. In MAURIN, V. und J. ZÖTL: Die Untersuchung der Zusammenhänge unterirdischer Wässer mit besonderer Berücksichtigung der Karstverhältnisse. Steir. Beitr. z. Hydrogeologie **1959,** Graz 1959.

HOURS, R.: Les traceurs radioactifs en hydrologie. Mem. et Travaux de la Soc. Hydro-Technique de France **1,** Paris 1955.

JOB, C.: Ionenaustausch bei Salzungsversuchen. Geol. Jahrbuch, Reihe C, H. 2, Hannover 1972.

— G. MUTSCHLECHNER und J. ZÖTL: Vergleichende Markierungsversuche an Hangwässern in einem Bergsturzgelände. Steir. Beitr. z. Hydrogeologie **21,** Graz 1969.

KÄSS, W.: Salzung mit Lithiumchlorid (LiCl). In G. SCHULZ: Erprobung verschiedener Markierungsstoffe für unterirdische Wässer. Jh. geol. Landesamt Baden-Württemberg **5,** Freiburg i. Br. 1961.

— Die unmittelbare Bestimmung von Uraninspuren bei Färbversuchen. Steir. Beitr. z. Hydrogeologie **1963/64,** Graz 1964.

— Erfahrungen bei Färbversuchen mit Uranin. Steir. Beitr. z. Hydrogeologie **17,** Graz 1965.

— Erfahrungen mit Uranin bei Färbversuchen. Steir. Beitr. z. Hydrogeologie **18/19,** Graz 1967.

— Salzungsversuche mit Kalisalz. Steir. Beitr. z. Hydrogeologie **18/19,** Graz 1967.

— Schrifttum zur Versickerung der oberen Donau zwischen Immendingen und Fridingen (Südwestdeutschland). Steir. Beitr. z. Hydrogeologie **21,** Graz 1969.

KISSKALT, K.: Quantitative Bestimmungen bei Untersuchungen über die Strömung des Grundwassers mittels Färbung und Salzung. Archiv f. Hygiene und Bakt. **125,** 1, 1940.

— und M. KNORR: Die Gefährdung von Diluvialquellen und ihre Untersuchung mit Uranin und Kochsalz. Arch. f. Hygiene **103,** 1930.

KNAPP, W., und H. LOMMEL: Versuche mit Serratia marcescens (Bacterium prodigiosum). In SCHULZ, G.: Erprobung verschiedener Markierungsstoffe für unterirdische Wässer bei Oberndorf am Neckar. Jh. geol. Landesamt Baden-Württemberg **5,** Freiburg i. Br., 1961.

KLIR, S.: Untersuchungen über den Intensitätsabfall des Fluoreszeins. Geol. Jahrbuch, Reihe C, H. 2. Hannover 1972.

KOBILKA, J.: Diskussionsbemerkung zu W. A. SCHNITZER: Neue Methoden zur Erforschung des Karstes. Geol. Jahrbuch, Reihe C, H. 2, Hannover 1972.

KYRLE, G.: Kombinierte Chlorierung von Höhlengewässern. Speläolog. Monographien **12**, Wien 1928.

LALLEMAND, A., und H. PALOC: Possibilités offertes par la méthode de détection au charbon actif pours les expériences de coloration à la fluorescéine. Rapport B.R.G.M. Paris 1964.

LEHMANN, O.: Die Hydrographie des Karstes. Enzykl. d. Erdkde. **6** b, Wien 1932.

LONGWELL, J., und W. D. MANIECE: Determination of anionic detergents in sewage affluents and river water. Analyst. **80**, 1955.

LUKAS, G.: Die Färbemethoden. In MAURIN, V., und J. ZÖTL: Die Untersuchung der Zusammenhänge unterirdischer Wässer mit besonderer Berücksichtigung der Karstverhältnisse. Steir. Beitr. z. Hydrogeologie **1959**, Graz 1959.

— Die Triftung von Bakterien. In MAURIN, V., und J. ZÖTL: Die Untersuchung der Zusammenhänge unterirdischer Wässer mit besonderer Berücksichtigung der Karstverhältnisse. Steir. Beitr. z. Hydrogeologie **1959**, Graz 1959.

MAURIN, V.: Ein Beitrag zur Hydrogeologie des Lurhöhlensystems. Mitt. Natw. Ver. f. Stmk. **81/82**, Graz 1952.

— Vorbereitung und Organisation größerer Markierungsversuche zur Verfolgung unterirdischer Wässer. Steir. Beitr. z. Hydrogeologie **18/19**, Graz 1967.

— und J. ZÖTL: Die Untersuchung der Zusammenhänge unterirdischer Wässer mit besonderer Berücksichtigung der Karstverhältnisse. Steir. Beitr. z. Hydrogeologie **1959**, Graz 1959.

— — Karsthydrologische Untersuchungen im Toten Gebirge. Österr. Wasserwirtschaft **16**, 5/6, Wien 1964.

— — Der Andritzursprung. Steir. Beitr. z. Hydrogeologie **24**, Graz 1972.

MAYR, A.: Blütenpollen und pflanzliche Sporen als Mittel zur Untersuchung von Quellen und Karstwässern. Anz. math.-natw. Kl. Österr. Ak. Wiss., Wien 1953.

— Neue Wege zur Erforschung von Quellen und Karstwässern. Mitt. Höhlenkomm. **1953**, 1, Wien 1954.

MITTER, H.: Die Messung von Radioisotopen. In MAURIN, V., und J. ZÖTL: Die Untersuchung der Zusammenhänge unterirdischer Wässer mit besonderer Berücksichtigung der Karstverhältnisse. Steir. Beitr. z. Hydrogeologie **1959**, Graz 1959.

MONTENS, A.: Die Auswertung von Durchflußmessungen mit radioaktiven Isotopen. Wasserwirtschaft **1953/54**, **2**, Stuttgart 1954.

MOSER, H., und H. SAGL: Die Direktmessung hydrologischer Farbtracer im Gelände. Steir. Beitr. z. Hydrogeologie **18/19**, Graz 1967.

PALOC, H.: Carte hydrogéologique de la France, région karstique Nord-Montpellieraine, notice explicative. Mém. B. R. G. M. 50, Paris 1967.

— Carte hydrogéologique de la région Grands Causses 1 : 200.000, notice explicative. B. R. G. M., Montpellier 1972.

PAPP, A.: Fossilien aus der Bohrung Pirka bei Voitsberg (Steiermark) und Bemerkungen über die Altersstellung der durchteuften Schichten. Verh. Geol. BA, Wien 1953.

POLLAK, A., J. PERKOVAC, F. HRIBAR und F. BIDOVEC: Absorptive Ultramikromethode zur Bestimmung des Fluoreszeins im Wasser. Steir. Beitr. z. Hydrogeologie **18/19**, Graz 1967.

SCHÄFER, A.: Geologische Karte des Buchkogel-Florianibergzuges. Mitt. Natw. Ver f. Stmk. **74**, Graz 1937.

SCHNEIDER, H.: Die Wassererschließung. Essen: Vulkan-Verlag. 1973.

SCHNITZER, W. A.: Die Markierung unterirdischer Wasserwege mit Hilfe von Alkylbenzolsulfonaten (Detergentien). Geol. Bl. NO-Bayern **15**, Erlangen 1965.

— und W. WAGNER: Markierungsversuche mit Geruchsstoffen in der Karsthydrologie Geol. Bl. NO-Bayern **17**, Erlangen 1967.

— — Welche Anforderungen müssen Geruchsstoffe für Karstwassermarkierungen erfüllen? Vom Wasser **35**, Weinheim/Bergstr.: Verlag Chemie. 1969.

— Neue Methode zur Erforschung des Karstes. Geol. Jahrbuch, Reihe C, Heft 2, Hannover 1972.

SCHULZ, G.: Färb- und Salzungsversuche an unterirdischen Wässern in Südwestdeutschland. Jh. geol. Landesamt Baden-Württemberg **2**, Freiburg i. Br. 1957.

— Erprobung verschiedener Markierungsstoffe für unterirdische Wässer bei Oberndorf am Neckar. Jh. geol. Landesamt Baden-Württemberg **5**, Freiburg i. Br. 1961.

SONS, E.: Die Messung von Fließzeiten in Wasserläufen mit Hilfe von radioaktiven Stoffen. Wasserwirtschaft **1952/53**, 10, Stuttgart 1953.

STRAYLE, G.: Karsthydrologische Untersuchungen auf der Ebinger Alb. Jh. geol. Landesamt Baden-Württemberg **12**, Freiburg i. Br. 1970.

VILLINGER, E.: Karsthydrologische Untersuchungen auf der Reutlinger Alb (Schwäbischer Jura). Jh. geol. Landesamt Baden-Württemberg **11**, S. 201—277, Freiburg i. Br. 1969.

VORNATSCHER, J.: Einige Bemerkungen zur Sporentrift. Die Höhle **13**, 4, Wien 1962.

WINKLER-HERMADEN, A.: Geologisches Kräftespiel und Landformung. Wien 1957.

— Ergebnisse und Probleme der quartären Entwicklungsgeschichte am östlichen Alpensaum außerhalb der Vereisungsgebiete. Denkschr. Öst. Ak. Wiss., math.-natw. Kl. **110**, 1, Wien 1955.

WHITE, W. B.: Modifications of Fluorescein Dye Groundwater Tracing Techniques. Steir. Beitr. z. Hydrogeologie **18/19**, Graz 1967.

ZÖTL, J.: Die hydrogeologischen Verhältnisse im Raume des Buchkogelzuges bei Graz. Beitr. z. Hydrogeologie Steiermarks **6**, Graz 1953.

— Neue Ergebnisse der Karsthydrologie. Erdkunde **9**, 2, Bonn 1957.

— Die Hydrographie des nordostalpinen Karstes. Steir. Beitr. z. Hydrogeologie **1960/61**, Graz 1961.

— Entwicklung und Anwendung der Sporentrift. Steir. Beitr. z. Hydrogeologie **18/19**, Graz 1967.

— Die Untersuchung unterirdischer Wässer mittels künstlicher und natürlicher Tracer. Geol. Jahrbuch, Reihe C, H. 2, Hannover 1972.

Zu Kapitel 2.2.3.

AURAND, K., G. MATTHESS und R. WOLTER: Strontium-90, Ruthenium-106 und Caesium-137 in natürlichen Wässern. Notizbl. hess. L.-Amt Bodenforsch. **99**, Wiesbaden 1971.

BRINKMANN, R., K. O. MÜNNICH und J. C. VOGEL: Die Anwendung der ^{14}C-Methode auf Bodenbildung und Grundwasserkreislauf. Geol. Rundschau **49**, Stuttgart 1960.

BURGER, A.: Quelques applications possibles en Suisse de la mesure des isotopes naturels en hydrogéologie. Gas-Wasser-Abwasser **52**, 11, 1972.

CRAIG, H.: Standards for reporting concentrations of deuterium and oxygen-18 in natural waters. Science **133**, 1833—1834, 1961.

— L. I. GORDON und Y. HORIBE: Isotopic exchange effects in the evaporation of water: I. Low temperature experimental results. J. Geophys. Res. **68**, 5079—5087, 1963.

— — Deuterium and oxygen-18 variations in the ocean and marine atmosphere. In: „Stable Isotopes in Oceanographic Studies and Paleotemperatures" CNR-Laboratorio de Geologia Nucleare, 9—130, Pisa 1965.

DANSGAARD, W.: Stable isotopes in precipitation. Tellus **19**, 435—468, 1964.

DINÇER, T.: The use of oxygen-18 and deuterium concentrations in the water balance of lakes. Water Resources Research **4**, 1289—1306, 1968.

— und B. R. PAYNE: An isotope survey of lakes in the karst region of southern Turkey. Proc. Symp. Hydrology of Fractured Rocks, Dubrovnik. IASH, 1965.

— — An environmental isotope study of the south-western karst region of Turkey. Journal of Hydrology, **14**, Amsterdam 1971.

— — C. K. YEN und J. ZÖTL: Das Tote Gebirge als Entwässerungstypus der Karstmassive der nordöstlichen Kalkhochalpen (Ergebnisse von Isotopenmessungen). Steir. Beitr. z. Hydrogeologie **24**, Graz 1972.

DOMINICI, R., J. FLANDRIN und H. PALOC: Travaux en cours effectués dans le cadre de la délégation générale de la recherche scientifique et technique pour l'étude de la Fontaine de Vaucluse. Bull. du B. R. G. M., Deuxième série, 3, 1969.

DROST, W., H. MOSER, F. NEUMAIER und W. RAUERT: Isotopenmethoden in der Grundwasserkunde. EURISOTOP, Monograph. **16**, Brüssel 1972.

GEYH, M. A., und J. MAIRHOFER: Der natürliche Carbon-14- und Tritium-Gehalt der Wässer. In: H. BATSCHE et al.: Kombinierte Karstwasseruntersuchungen im Gebiet der Donauversickerung (Baden-Württemberg) in den Jahren 1966—1969. Steir. Beiträge z. Hydrogeologie 22, Graz 1970.

HANSHAW, B. B.: Adjustment of Radiocarbon Ages of Groundwater by Means of $^{13}C/^{12}C$. Technical Report, IAEA-116, Wien 1970.

IAEA/SM-129: Use of Isotopes in Hydrology, Vienna 1970.

INGERSONE, E., und F. J. PEARSON: Recent Researches in the Fields of Atmosphere and Nuclear Geochemistry. Maruzen Co., Tokyo 1964.

JOB, C.: Die Verwendung atmosphärischen Tritiums und anderer Radionuklide zu hydrogeologischen Untersuchungen. Steir. Beitr. z. Hydrogeologie **22**, Graz 1970.

MAIRHOFER, J.: Einige Beispiele zur Anwendung der Isotopendatierung in der Hydrologie. Gas-Wasser-Abwasser **52**, 11, 1972.

MARGRITA, R., J. EVIN, J. FLANDRIN und H. PALOC: Contribution des mesures isotopiques à l'étude de la Fontaine de Vaucluse. Isotope Hydrology, IAEA, Wien 1970.

MOSER, H.: Verwendung des Deuterium- und Sauerstoff-18-Gehaltes bei hydrologischen Untersuchungen. Gas-Wasser-Abwasser **52**, 11, 1972.

— und W. STICHLER: Die Verwendung des Deuterium- und Sauerstoff-18-Gehaltes bei hydrologischen Untersuchungen. Geol. Bav. **64**, München 1971.

MÜLLNER, J.: Die Seen des Salzkammergutes und die österreichische Traun. Geogr. Abh. hsg. A. PENCK **6**, 1, Wien 1896.

MÜNNICH, K. O., und W. ROETHER: Radioactive Dating and Methods of Low Level Counting. Proc. Symp. Monaco. IAEA- **93**, Wien 1967.

NIR, A.: Development of isotope methods applied to groundwater hydrology. Proc. Symposium on Isotope Techniques in the Hydrologic Cycle. A. G. U. Monograph Series no. **11**, 109, 1967.

PALOC, H.: La Fontaine de Vaucluse et son bassin d'alimentation. Ann. Soc. d'Horticulture et d'Histoire Naturelle de l'Herault **110**, 3, 1970.

RAUERT, W.: Über Messungen von Tritium und Kohlenstoff-14 bei hydrologischen Untersuchungen. Geol. Bav. **64**, München 1971.

RENZ, F. W.: Die Anwendung von Isotopen in der Hydrologie. Die Wasserwirtschaft **11**, Wiesbaden 1970.

SENTÜRK, F., S. BURSALI, Y. OMAY, I. ERTAN, S. GÜLER, H. YALCIN und E. ÖNHON: Isotope techniques applied to groundwater movement in the Konya Plain. Isotope Hydrology, Wien 1970.

SIEGENTHALER, U.: Die Bestimmung der Verweildauer von Grundwasser im Boden mit radioaktiven Umweltisotopen (^{14}C, Tritium). Gas-Wasser-Abwasser **52**, 9, 1972.

— H. OESCHGER und E. TONGIORGI: Tritium and Oxygen-18 in Natural Water Samples from Switzerland. Isotope Hydrology, IAEA, Wien 1970.

SUESS, H. E.: Tritium geophysics as an international research project. Science **1963**, 1969.

WENDT, I.: The ^{14}C-Water-Age Determination. Technical Report, IAEA-116, Wien 1970.

ZIMMERMANN, U., und J. ZÖTL: Deuterium- und Sauerstoff-18-Gehalt von Gasteiner Thermal- und Kaltwässern. Steir. Beitr. z. Hydrogeologie **23**, Graz 1971.

Zu Kapitel 2.2.4.

BENTZ, A., und H. J. MARTINI: Lehrbuch der Angewandten Geologie. Stuttgart: F. Enke. 1969.

DINÇER, T., B. R. PAYNE, C. K. YEN und J. ZÖTL: Das Tote Gebirge als Entwässerungstypus der Karstmassive der nordöstlichen Kalkhochalpen (Ergebnisse von Isotopenmessungen). Steir. Beitr. z. Hydrogeologie **24**, Graz 1972.

PRESS, H.: Anwendung elektronischer Rechenverfahren in Hydrologie, Wasserwirtschaft und Wasserbau. Berlin—München: W. Ernst & Sohn. 1968.

HARBAUGH J. W., und G. BONHAM-CARTER: Computer Simulation in Geology. New York—London—Sydney: J. Wiley. 1970.

ZOJER, H., und J. ZÖTL: Die Bedeutung von Isotopenmessungen im Rahmen kombinierter Karstwasseruntersuchungen, dargestellt an einem Beispiel aus dem Mittelsteirischen Karst. Österr. Wasserwirtschaft **26**, 3/4, Wien 1974.

Zu Kapitel 2.3.1.

BAUER, F.: Karsthydrologische Untersuchungen im Schneealpenstollen in den steirisch-niederösterreichischen Kalkalpen. Steir. Beitr. z. Hydrogeologie **21**, Graz 1969.
— und J. ZÖTL: Karst of Austria. In: Karst, Important Karst Regions of the Northern Hemisphere. Amsterdam: Elsevier. 1971.
— — und A. MAYR: Neue karsthydrographische Forschungen und ihre Bedeutung für die Wasserwirtschaft und den Quellschutz. Wasser und Abwasser, Wien 1959.
BÖGLI, A.: Das Hölloch und sein Karst. Stalaktite, Suppl. No. 4 a, Neuchâtel 1970.
BRANDECKER, H., V. MAURIN und J. ZÖTL: Hydrogeologische Untersuchungen und baugeologische Erfahrungen beim Bau des Dießbach-Speichers (Steinernes Meer). Steir. Beitr. z. Hydrogeologie **17**, Graz 1965.
DOSCH, F.: Färbeversuch Hochschneeberg 1955. Gas/Wasser/Wärme **10**, 1/2, Wien 1956.
LEHMANN, O.: Die Hydrographie des Karstes. Enzyklopädie der Erdkunde **6** b, Leipzig—Wien 1932.
MACHATSCHEK, F.: Morphologische Studien in den Salzburger Kalkalpen. Ostalp. Formenstudien, Abt. 1, Heft 4, Berlin 1922.
MAURIN, V., und J. ZÖTL: Die Untersuchung der Zusammenhänge unterirdischer Wässer mit besonderer Berücksichtigung der Karstverhältnisse. Steir. Beitr. z. Hydrogeologie **10/11**, Graz 1959.
— — Karsthydrologische Untersuchungen im Toten Gebirge mit besonderer Berücksichtigung der versorgungswasserwirtschaftlichen Belange im Tauplitzgebiet. Österr. Wasserwirtschaft **16**, 5/6, Wien 1964.
SCHAUBERGER, O.: Über die vertikale Verteilung der nordalpinen Karsthöhlen. Mitt. Höhlenkomm. **1955**, 1, Wien 1956.
SEEFELDNER, E.: Das alpine Jungtertiär und seine Bedeutung für die Alpenmorphologie. Veröff. Haus d. Natur Salzb., Arb.-Gr. Geol. Min., Höhlenkde. **3**, Salzburg 1952.
— Salzburg und seine Landschaften. Salzburg 1961.
TOLLMANN, A.: Die Hallstätterzone des östlichen Salzkammergutes und ihr Rahmen. Jb. geol. Bundesanst. **103**, Wien 1960.
TOUSSAINT, B.: Hydrogeologie und Karstgenese des Tennengebirges (Salzburger Kalkalpen). Steir. Beitr. z. Hydrogeologie **23**, Graz 1971.
WINKLER-HERMADEN, A.: Ergebnisse über zeitliche Gliederung und Ablauf jungtertiärer tektonischer Vorgänge und ihrer Beziehungen zur Landformung. Congr. geol. int., C. R, 19. Session. Alger 1952, Sect. 13, **14**, Algier 1954.
— Geologisches Kräftespiel und Landformung. Wien 1957.
ZÖTL, J.: Hydrologische Untersuchungen im östlichen Dachsteingebiet. Mitt. Natw. Ver. f. Steiermark **87**, Graz 1957.
— Neue Ergebnisse der Karsthydrologie. Erdkunde **11**, Bonn 1957 a.
— Die Hydrographie des nordostalpinen Karstes. Steir. Beitr. z. Hydrogeologie **13**, Graz 1961.

Zu Kapitel 2.3.2.

ANDRES, G.: Die Landschaftsentwicklung der südlichen Frankenalb im Gebiet Hofstetten—Gaimersheim—Wettstetten nördlich von Ingolstadt. Geol. Bav. **7**, 57 S., München 1951.
— und G. CLAUS: Das Karstwasser in der Südlichen und Mittleren Frankenalb. Geol. Bav. **53**, S. 194—208, München 1964.
— — Erläuterungen zu Blatt Regensburg der hydrologischen Übersichtskarte 1 : 500 000, 137 S., Remagen 1956.
APEL, R.: Hydrogeologische Untersuchungen im Malmkarst der Südlichen und Mittleren Frankenalb. Geol. Bav. **64**, München 1971.
BINDER, H.: Die Wasserführung der Lone. Jh. Karst- u. Höhlenkde. **21**, 1, Stuttgart 1960.
— Niederschlag, Abfluß und Verdunstung im Gebiet des Blautopfes in den 35 Abflußjahren von 1925—1959. Jber. Mitt. oberrh. geol. Ver., N.F. **42**, S. 63—75, Stuttgart 1960.
BIRZER, F.: Verwitterung und Landschaftsgeschichte in der südlichen Frankenalb. Z. dt. geol. Ges. **91**, S. 1—57, Berlin 1939.

CRAMER, H.: Untersuchung über die morphologische Entwicklung des fränkischen Karstgebirges. Abh. Naturhist. Ges. Nürnberg **22**, 7, Nürnberg 1928.

CRAMER, P.: Schichtstufenland Nordbayerns: Tektonik. In: Erl. z. Geol. Karte von Bayern 1 : 500 000, 2. Aufl., S. 162—177, München 1964.

DEHM, R.: Über tertiäre Spaltenfüllungen im Fränkischen und Schwäbischen Jura. Abh. Bayer. Akad. Wissensch., Math.-naturwiss. Abt. **96**, München 1935.

DONGUS, H.: Die Oberflächenformen der mittleren Schwäbischen Alb (östlicher Teil). Jh. Karst- u. Höhlenkde. **4**, S. 21—43, München 1963.

EDLINGER, G. v.: Faziesverhältnisse und Tektonik der Malmtafel nördlich von Eichstätt/Mfr. Mit feinstratigraphischer und paläogeographischer Bearbeitung der Eichstätter Schiefer-Vorkommen. Nebst geologischer Spezialkarte 1 : 25 000, Gradabteilungsblatt Titting. Erlanger geol. Abh. **56**, Erlangen 1964.

EISSELE, K.: Über einige Färbeversuche mit Uranin an Karstquellen der Schwäbischen Alb. Gas- und Wasserfach **98**, S. 84—87, München 1957.

— und P. GROSCHOPF: Zur Karsthydrologie der Schwäbischen Alb. Jh. Karst- u. Höhlenkde. **4**, 81—92, München 1963.

ENDRISS, G.: Die Karsterscheinungen der Schwäbischen Alb. Zeitsch. f. Erdkunde **4**, 14, Berlin 1936.

FREYBERG, B. v.: Karst- und Grundwasser auf der Albhochfläche südlich Eichstätt. Geol. Bl. NO-Bayern **12**, S. 165—171, Erlangen 1962.

— Geologie des Weißen Jura zwischen Eichstätt und Neuburg/Donau (Südliche Frankenalb). Erlanger geol. Abh. **54**, Erlangen 1964.

— Der Faziesverband im Unteren Malm Frankens. Ergebnisse der Stromatometrie. Erlanger geol. Abh. **62**, Erlangen 1966.

— Übersicht über den Malm der Altmühlalb. Erlanger geol. Abh. **70**, Erlangen 1968.

— Tektonische Karte der Fränkischen Alb und ihrer Umgebung. Erlanger geol. Abh. **77**, Erlangen 1969.

GERSTENHAUER, A.: Die Karstlandschaften Deutschlands. Abh. z. Karst- u. Höhlenkde. **17**, 5, München 1969.

GEYER, O. F., und M. P. GWINNER: Der Schwäbische Jura. Sammlung Geol. Führer **40**, Berlin 1962.

GROSCHOPF, P.: Das Karstwasser der Schwäbischen Alb und seine Nutzung. Die Schulwarte **22**, 6, Stuttgart 1969.

— Der Färbversuch Dutzenbergschacht (Markung Nellingen, Kreis Ulm). Mitt. Verb. dt. Höhlen- und Karstforscher **12**, S. 1—70, München 1966.

— Geologie der Karstquellen im Gebiet Geislingen-Weißenstein (Landkreis Göppingen). Jh. Karst- u. Höhlenkde. **6**, Jg. 1965, S. 65—71, München 1966 (1966 a).

GUERICKE, G., und H. AUCHTER: Gutes Trinkwasser aus der Schwäbischen Alb. Gas- und Wasserfach **108**, S. 1316—1318, München 1967.

GWINNER, M. P.: Geologie des Weißen Jura der Albhochfläche (Württemberg). N. Jb. Geol. Paläont. Abh., **115**, S. 137—221, Stuttgart 1962.

HUBER, F.: Der Höhlenkataster Fränkische Alb. Geol. Bl. NO-Bayern **9**, S. 67—81, Erlangen 1959.

KÄSS, W.: Erfahrungen bei Färbeversuchen mit Uranin. Steir. Beitr. z. Hydrogeol., N.F. **1965**, S. 21—65, Graz 1965.

KERN, H.: Niederschlags-, Verdunstungs- und Abflußkarten von Bayern (Jahresmittel 1901/1951). Veröff. a. d. Arbeitsbereich d. Bayer. Landesst. f. Gewässerkunde in München. München 1954.

LEMCKE, K., und W. TUNN: Tiefenwasser in der süddeutschen Molasse und in ihrer verkarsteten Malmunterlage. Bull. Ver. Schweiz. Petrol.-Geol. u. Ing. **23**, 64, S. 35—56, Basel 1956.

MUTSCHMANN, J.: Die Wasserversorgung des fränkischen Wirtschaftsraumes. Gas- und Wasserfach **107**, S. 549—557, München 1966.

PANTLE, R.: Der Einfluß der Verkarstung auf die Gewässer am Nordrand der Schwäbischen Alb bei Geislingen. Jh. Karst- u. Höhlenkde. **6**, Jg. 1965, S. 73—78, München 1966.

PATZELT, W. J.: Verbreitung, Gliederung und Lagerung des Malm auf den Kartenblättern Kösching und Vohburg (Südliche Frankenalb). Erlanger geol. Abh. **50**, Erlangen 1963.

PFEIFFER, D., und J. HAHN: Karst of Germany. In M. HERAK und V. T. STRINGFIELD: Karst, Important Karst Regions of the Northern Hemisphere. Amsterdam—London—New York: Elsevier. 1972.

RUTTE, E.: Karst- und Überdeckungsbildungen im Gebiet von Kehlheim-Donau. Quartär **14**, 1962.

SCHMIDT-KALER, H., und W. TREIBS: Exkursionsführer zur Geologischen Übersichtskarte des Rieses 1 : 100 000. Bayer. Geol. Landesamt, München 1970.

SCHNITZER, W. A.: Geologischer Aufbau und Karsterscheinungen der Altmühlalb östlich Eichstätt (verbunden mit einer Karstwassermarkierung). Geol. Bl. NO-Bayern **18**, S. 112—120, Erlangen 1968.

— Die Landschaftsentwicklung der südlichen Frankenalb im Gebiet Denkendorf-Kösching nördlich von Ingolstadt. Geol. Bav. **28**, 47 S., München 1956.

— Geologie des Weißen Jura auf den Blättern Kipfenberg und Gaimersheim (Südliche Frankenalb). Erlanger geol. Abh. **57**, Erlangen 1965.

— Ergebnisse und Erfahrungen bei Markierungsversuchen im Karst der nördlichen Frankenalb. Jh. Karst- u. Höhlenkunde, **7**, München 1967.

SCHREIBER, S.: Geologische Aufnahme der Umgebung von Berching (Südliche Frankenalb). Erlanger geol. Abh. **28**, Erlangen 1958.

SCHRÖDER, B.: Zur Morphogenese im Ostteil der Süddeutschen Scholle. Geol. Rdsch. **58**, S. 10 bis 32, Stuttgart 1968.

— Fränkische Schweiz und Vorland. Sammlung Geol. Führer **50**, Berlin—Stuttgart 1970.

SPÖCKER, R. G.: Der Karst des oberen Pegnitzgebietes und die hydrographischen Voraussetzungen für die Wassererschließung bei Rama. Abh. Naturhist. Ges. Nürnberg **25**, Nürnberg 1935.

— Dolinen in der Altmühlalb bei Pappenheim. Die Fränkische Alb **9**, Nürnberg 1936.

— Kluftmessungen-Dolinen Ingolstadt-Denkendorf. Ein Beitrag zum Dolinenproblem der Frankenalb. Cbl. Min. usw. **1937**, Abt. B, Stuttgart 1937.

— Das obere Pegnitzgebiet. Die geologischen und hydrologischen Voraussetzungen für eine Wassererschließung im fränkischen Karst. Mitt. dt. Ges. f. Karstforschung, Sonderbeilage, Nürnberg 1950.

— Zur Landschafts-Entwicklung im Karst des oberen und mittleren Pegnitz-Gebietes. Forsch. z. dt. Landeskde. **58**, Remagen 1952.

— Die geologischen und hydrologischen Voraussetzungen für eine Wassererschließung im fränkischen Karst. Textband und Tafelband, Nürnberg 1950.

STRAYLE, G.: Karsthydrologische Untersuchungen auf der Ebinger Alb. Jh. geol. Landesamt Baden-Württemberg **12**, Freiburg i. Br. 1970.

STREIT, R.: Karstwasservorräte in der Fränkischen Alb. Geol. Bav. **64**, München 1971.

TILLMANN, H.: Kreide. Erläuterungen zur Geologischen Karte von Bayern 1 : 500 00, Abschnitt B, Schichtstufenland Nordbayerns, München 1964.

TRAUB, F.: Zur Wasserversorgung der Stadt Ingolstadt. Geol. Bav. **64**, München 1971.

TRAUTWEIN, S.: Die Erd- und Landschaftsgeschichte des Brenz-Lone-Gebietes. Jh. Karst- u. Höhlenkde. **21**, 1, Stuttgart 1960.

— Die Flußgeschichte der Brenz. Jh. Karst- u. Höhlenkde. **21**, 1, Stuttgart 1960.

TREIBS, W.: Überblick über die geographische und geologische Situation des Nördlichen Rieses. Geol. Bav. **61**, München 1969.

— Schichtstufenland Nordbayerns: Jura. In: Erl. z. Geol. Karte von Bayern, 1 : 500 000, 2. Aufl., S. 121—141, München 1964.

TROSSBACH, G.: Wasserwirtschaftliches über Lone und Nau. Gesch. Mitt. v. Geislingen u. U. **11**, Geislingen 1948.

VILLINGER, E.: Karsthydrologische Untersuchungen auf der Reutlinger Alb (Schwäbischer Jura). Jh. geol. Landesamt Baden-Württemberg **11**, S. 201—277, Freiburg i. Br. 1969.

— Seichter, Tiefer und überdeckter Karst. Jh. Karst- u. Höhlenkde. **11**, 1973.

WAGNER, G.: Einführung in die Erd- und Landschaftsgeschichte. 3. Aufl., Öhringen 1960.

— Zur Flußgeschichte der Lone. Jh. Karst- u. Höhlenkde. **21**, 1, Stuttgart 1960.

— und A. KOCH: Raumbilder zur Erd- und Landschaftsgeschichte Südwestdeutschlands. Veröff. d. Landesbildstellen Baden und Württemberg **3**, Stuttgart 1961.

WEIDENBACH, F.: Trinkwasserversorgung aus Karstwasser in der östlichen Schwäbischen Alb. Jh. Karst- u. Höhlenkde. **21**, 1, Stuttgart 1960.
— Über einige Wasserbohrungen im Jura. Jber. u. Mitt. oberrh. geol. Ver., N.F. **36**, Stuttgart 1954.
ZEISS, A.: Geologie des Malm auf Gradabteilungsblatt Dollnstein (Südliche Frankenalb). Erlanger geol. Abh. **55**, Erlangen 1964.

Zu Kapitel 2.3.3.

AVIAS, J.: Karstphenomena of the Grands Causses, in: Karst of France, in M. HERAK und V. T. STRINGFIELD: Karst, Important Karst Regions of the Northern Hemisphere. Amsterdam—London—New York: Elsevier. 1972. (Mit umfangreicher Literaturangabe).
— und P. DUBOIS: Sur la nappe aquifère des karsts barrés par failles du Bas-Languedoc. Spelunca, Méin. **3**, 1963.
BAULIG, H.: Le plateau central de la France et sa bordure méditeranéenne. Paris: Ed. A. Colin. 1928.
CORBEL, J.: Les phénomènes karstiques dans les Grands Causses. Rév. Géograph. Lyon **29**, 4, 1954.
DUBOIS, P.: Les circulations souterraines dans les calcaires de la région de Montpellier. Bull. B.R.G.M. **1964/2**, 1964.
PALOC, H.: Carte hydrogéologique de la France, Région karstique Nord-Montpellieraine, 1 : 80.000, B.R.G.M. 1964.
— Carte hydrogéologique de la France, région karstique Nord-Montpellieraine, notice explicative. Mém. B.R.G.M. **50**, Paris 1967. (Mit umfangreicher, nahezu lückenloser Literaturangabe).
— Carte hydrogéologique de la région des Grands Causses 1 : 200.000 (mit Erläuterungen „Notice explicative"). B.R.G.M. Montpellier 1972.
SCHWARZ, R.: Die Schichtstufenlandschaft der Causses. Tübinger Geograph. Studien **39**, Tübingen 1970. (Umfangreiche Literaturangabe).
SMALL, R. J.: The Study of Landforms. Cambridge 1970.

Zu Kapitel 2.3.4.

ALFIREVIĆ, S.: Adriatic submarine springs in the water system of the Dinaric karst littoral and their problems. Carsus Jugoslaviae. Zagreb 1969.
ARONIS, G.: Karstwasseruntersuchungen im Gebiet von Argos (Peloponnes). Steir. Beitr. z. Hydrogeologie **14**, Graz 1963.
AUBERT, D.: Phénomènes et formes du Karst jurassien. Ecl. Geol. Helvetiae **62**, 2, Bern 1969.
BALLIF, PH.: Die Wasserbauten in Bosnien und der Herzegowina, I, Wien 1896, II, Wien 1900.
BAUČIĆ, I.: Hydrological characteristics of the Dinaric in Croatia with a special regard to the underground water connections. Naše Jame **7**, 1965.
BOCK, H.: Der Karst und seine Gewässer. Mitt. f. Höhlenkunde **6**, 3, 1913.
BÜDEL, J.: Reliefgenerationen der Poljenbildung im Dinarischen Raum. Geograph. Zeitschrift, Beihefte, Wiesbaden 1973.
BURDON, D. J.: Hydrogeology of some karstic areas of Greece. Dubrovnik Symp. Paper Nr. 11, Paris 1965.
— und N. PAPAKIS: Research into the hydrogeology of the limestones of the Argos-Tripolis region. Notes for field study tour. Athens 1963.
COTECCHIA, V.: Gli aspetti idrogeologici del Tavoliere delle Puglie. L'Aqua **34**, 1956.
— G. S. TAZIOLI undG. MAGRI: Isotopic Measurements in Research on Sea Water Ingression in Carbonate Aquifer of Salentine Pennisula (Southern Italy). IAEA/SM-182/38, Wien 1974.
CUBRILOVIC, C. P.: La resurgence de la rivière Dubrovacka reka et ses liaisons fixées avec des abimes à Popovo polje. Colloque sur l'hydrologie du karst, Dubrovnik 1965.
CVIJIĆ, J.: Das Karstphänomen. Geogr. Abh. hsg. A. PENCK, Wien 1893.
— Morphologische und glaziale Studien aus Bosnien, der Herzegowina und Montenegro, 2. Die Karstpoljen. Abh. Geogr. Ges. **3**, 2, Wien 1901.

Étude Géologique de l'Epire. Editions Technip, Paris 1966.

GAMS, I.: Aperçu sur l'hydrologie du karst slovène et ses communications souterraines. Naše Jame 7, 1965.

GRUND, A.: Die Karsthydrographie. Studien aus Westbosnien. Geogr. Abh. hsg. A. PENCK 7, Wien 1903.

— Beiträge zur Morphologie des dinarischen Gebirges. Geogr. Abh. hsg. A. PENCK 9, Wien 1910.

HABE, F.: Das Pivkabecken als hydrographisches Dach des Innerkrainer Karstes. Festschr. f. H. TOLLNER, Salzburg 1971.

HERAK, M.: Karst of Yugoslavia. In M. HERAK und V. T. STRINGFIELD: Karst, Important Karst Regions of the Northern Hemisphere. Amsterdam—London—New York: Elsevier. 1972.

— Geologische Übersicht des dinarischen Karstes. Naše Jame 7, 1/2, 1965.

JENKO, F.: Hidrogeologija in vodno gospodarstvo krasa (The hydrogeology and water economy of karst). Ljubljana 1959.

— L'hydrographie du karst. Proc. Symp. on Hydrology in Fractured Rocks, Dubrovnik. AIHS-UNESCO, 1965.

JEVREMOVIC, M.: Hydraulic characteristics and classification of brackish springs in the Adriatic zone of the Dinaric karst. Assoc. Intern. Hydrogéol., Congr. Belgrade 1963, 1966.

KATZER, F.: Karst und Karsthydrographie. Zur Kunde der Balkanhalbinsel 8, Sarajevo 1909.

— Die Braunkohlenablagerungen der großen Poljen Westbosniens. Belgrad 1918, 1921.

KAISER, K.: Karstrandebene und Poljeboden. Erdkunde 9, 1, Bonn 1955.

KERNER, F.: Quellengeologie von Mitteldalmatien. Jahrb. Geol. RA 66, Wien 1917.

KOBER, L.: Leitlinien der Tektonik Jugoslawiens. Posebna Izd. Sop. Akad. Nauka 189, 1952.

KREBS, N.: Die Halbinsel Istrien. Geogr. Abh. hsg. A. PENCK 9, 2, Wien 1907.

— Neue Forschungsergebnisse zur Karsthydrographie. PM 54, Gotha 1908.

KRULC, Z.: Geophysikalische Untersuchungen unterirdischer Wasserwege im jugoslawischen Karst. Steir. Beitr. z. Hydrogeologie 18/19, Graz 1967.

LAHNER, G.: Der westmontenegrinische Karst und sein hydrologischer Zusammenhang mit der Bucht von Cattaro. PM 63, Gotha 1917.

LEHMANN, Ø.: Hydrographie des Karstes. Enzyklopädie d. Erdkunde 6 b, Leipzig—Wien 1932.

LOUIS, H.: Geomorphologie. 3. Aufl., Berlin 1968.

MARTEL, E. A.: L'origine des polje du karst. La géograph. Bull. Soc. Géograph. 4, 1901.

MAULL, O.: Handbuch der Geomorphologie. 2. Aufl. Wien: F. Deuticke. 1958.

MAURIN, V., und J. ZÖTL: Karsthydrologische Aufnahmen auf Kephallinia. Steir. Beitr. z. Hydrogeologie 12, Graz 1960.

— — Saltwater encroachment in the low altitude karst water horizons of the island of Kephallinia. Proc. Dubr. Symp. 1965, Pub. 73, Int. Ass. Sci. Hydrology 1, 1967.

MIJATOVIĆ, B.: Phénomènes karstiques dans le Imotsko polje. AIH, Comm. de l'hydrologie du karst, Réunion de Split, Split 1973.

MILANOVIĆ, P.: An attempt of defining the routes of the karst system of Ponikva in Popovo polje. Bull. scient, Section A 16, 3/4, Belgrad 1971.

MILOVANOVIĆ, B.: Les problèmes de la paléokarstification dans les Dinarides externes. Assoc. Intern. Hydrogéol. Congr. Belgrade 1963, 1966.

MOJSISOVICS, E., E. TIETZE und A. BITTNER: Grundlinien der Geologie von Bosnien und Hercegovina. Jahrb. Geol. RA 30, Wien 1880.

PAPAKIS, N.: Problèmes hydrogéologiques de la Grèce. Mém. de l'Ass. Int. des Hydrogéol. 5, Athènes 1962.

PAPEŠ, J., und R. SRDIĆ: General hydrogeological characteristics of the area of Bosnia and Herzegowina (Yugoslavia). In: Carsus Jugoslaviae. Zagreb 1969.

PAVLIN, B.: Le bassin d'accumulation Peruca-karst Dinarique. Colloque sur l'hydrologie du karst, Dubrovnik 1965.

— Kruščica storage basin in the cavernous karst area. Comm. Int. des Grands Barrages, Dix. Congr. des Grands Barrages, Q. 37, R. 13, Montreal 1970.

PETRIK, M.: Hidrografska mjerenja u okolici imotskoga. Jugosl. Akad. Znanosti 64, Zagreb 1960.

PETROVIĆ, K.: Neue Erkenntnisse über den Bau der Dinariden. Jahrb. Geol. BA **101**, Wien 1958.

— und B. PRELEVIĆ: Hydrologic characteristics of the karst area of Bosnia and Herzegowina and a part of Dalmatia with special consideration of underground water connections. Naše Jame **7**, 1965.

PHILIPPSON, O.: Die griechischen Landschaften. II/2, 1892.

RENZ, C.: Die Tektonik der Griechischen Gebirge. Prak. d'Acad. d'Athènes **8**, Athen 1940.

ROGLIĆ, J.: Das Verhältnis der Flußerosion zum Karstprozeß. Ztschr. f. Geomorph. **4**, 2, Berlin—Stuttgart 1960.

— Les poljes du karst dinarique et les modifications climatiques du Quaternaire. Rev. Belge Géograph. **80**, 1964.

— The depth of the fissure circulation of water and the evolution of subterranean cavities in the Dinaric karst. Problems of the Speleological Research, Int. Spel. Conf. Brno **1964**, 1965.

RŽEHAK, V.: Speleological curiosities of the Bosnian and Herzegovinian karst. Naše Jame **7**, 1965.

SAVNIK, R.: Beitrag zur Kenntnis der Karsthydrographie in Slowenien. Congr. Int. Spél. 1re, Paris 1965.

SCHUBERT, R.: Balkanhalbinsel. A. Die Küstenländer Österreich-Ungarns. Handbuch der Regionalen Geologie, V, 1 a, 16, Heidelberg 1914.

SIKOŠEK, B., und W. MEDWENITSCH: Neue Daten zur Fazies und Tektonik der Dinariden. Verh. Geol. BA, Wien 1965.

STINI, J.: Wasserspeicherung in Karsthohlformen. Geologie und Bauwesen **19**, 4, Wien 1952.

STRINGFIELD, V. T., und H. E. LEGRAND: Relation of sea water to fresh water in carbonate rocks in coastal areas with special reference to Florida, U.S.A. and Cephalonia, Greece. Journal of Hydrology **9**, Amsterdam 1969.

TERZAGHI, K.: Beiträge zur Hydrographie und Morphologie des kroatischen Karstes. Mitt. Jahrb. Ungar. RA **20**, 1913.

TREIBS, W.: Im Karst von Adelsberg und Triest. Ztschr. Dt. Geol. Ges. **105**, 1954.

TRUMIK, A., und S. MIKULEC: Problemi izravanja oticaja vode na Dinarskom kršu. RADOVI **11**, Sarajevo 1972.

WAGNER, G.: Einführung in die Erd- und Landschaftsgeschichte. 3. Aufl., Öhringen 1960.

ZOGOVIĆ, D.: Petrogenetic properties of dolomites as a factor of their different hydrogeological role in Dinaric karst. Assoc. Int. Hydrogeol. Congr. Hannover 1965, 1967.

ZÖTL, J.: Bemerkungen zum Poljenproblem. Geogr. Zeitschrift, Beihefte, Wiesbaden 1973.

Zu Kapitel 2.3.5.

CROSBY, F. W., und W. O. CROSBY: The Sea Mills of Cephalonia. Technology Quarterly and Proc. Society of Arts **9**, 1, Mass. Institute of Technology, Boston 1896.

FELS, E.: Kephallenia. Mitt. Geogr. Ges. Mü. **20**, 1927.

FOUQUE, F.: Rapport sur les tremblements de terre de Céphalonie et de Mételin en 1867. Archives des missions scientifiques et littéraires, publié sous les ausp. du ministère de l'instruction publique **4**, Paris 1867.

FULLER, M. L.: Conditions of circulation at the Sea Mills of Cephalonia. Geol. Soc. America Bull. **18**, 1906.

GALANOPOULOS, G. A.: Erdbebengeographie von Griechenland. Ann. Géol. d. Pays. Helléniques **6**, 1955.

GLANZ, TH.: Das Phänomen der Meermühlen von Argostolion. Eine hydraulisch-physikalische Betrachtung. Steir. Beitr. z. Hydrogeologie **17**, Graz 1965.

HAGN, H.: Mikropaläontologische Untersuchungen an Gesteinen der Insel Kephallinia. Ann. Géol. d. Pays Helléniques 1958.

KRITIKOS, N.: Die Schlinger der Meermühlen von Argostoli. Geogr. Anz. **8**, 1939.

LEHMANN, O.: Die Hydrographie des Karstes. Enz. Erdkunde **6 b**, Wien 1932.

MAURIN, V., und J. ZÖTL: Karsthydrographische Aufnahmen auf Kephallinia. Steir. Beitr. z. Hydrogeologie **1960**, 1, Graz 1960.

— — Salt water encroachment in the low altitude karst water horizons of the island

of Kephallinia (Ionian Island). Proc. of the Dubrovnik Symp. „Hydrology of fractured rocks", 1965, Pub. 73, Int. Ass. Sci. Hydrology **1**, 1967.
MÜLLER-MINY, H.: Beiträge zur Morphologie der mittleren Ionischen Inseln (I). Ann. Géol. d. Pays Helléniques **8**, 1956.
— Beiträge zur Morphologie und Geologie der mittleren Ionischen Inseln. II. Beobachtungen auf Kephallenia. Ann. Géol. d. Pays Helléniques 1958.
PARTSCH, J.: Kephallenia und Ithaka. Pet. Mitt. Erg.-H. **98**, Gotha 1890.
PETROCHILOS, J.: Recherches spéléologiques à Céphalonia. Bull. de la Soc. Spél. de Grèce **1**, 3, Athen 1952.
— Recherches spéléologiques dans l'île Céphalonia. Bull. de la Soc. Spél. de Grèce **5**, 2/3, Athen 1959.
PHILIPPSON, O.: Die Griechischen Landschaften, II/2, 1892.
RENZ, C.: Die Entwicklung des Juras auf Kephallenia. Mitt. aus dem Jahrb. d. Ungar. geol. RA. **21**, 2, 1913.
— Die Tektonik der griechischen Gebirge. Mémoires de l'Acad. d'Athènes **8**, 1940.
— Beiträge zur Stratigraphie und Paläontologie des ostmediterranen Jungpaläozoikums und dessen Einordnung im griechischen Gebirgssystem. I. u. II. Teil: Geologie und Stratigraphie. Eclogae Helv. **38**, 1945.
— Die vorneogene Stratigraphie der normalsedimentären Formationen Griechenlands. Athen 1955.
— N. LIATSIKAS und I. PARASKEVAIDIS: Geologic Map of Greece, 1 : 500.000, Athen 1954.
STRINGFIELD, V. T., und H. E. LEGRAND: Relation of sea water to fresh water in carbonate rocks in coastal areas, with special reference to Florida, U.S.A., and Cephalonia (Kephallinia), Greece. Journal of Hydrology **9**, Amsterdam 1969.
TRIKKALINOS, J. K.: Beiträge zur Erforschung des tektonischen Baues Griechenlands. Über die hydrogeologischen Verhältnisse Griechenlands. Ann. Géol. des Pays Helléniques **8**, 1957.
WIEBEL, K. W. M.: Die Insel Kephallenia und die Meermühlen von Argostoli. Hamburg 1874.

Zu Kapitel 2.3.6.

BRINK, A. B. A., und T. C. PARTRIDGE: Transvaal Karst. South African Geograph. Journal **47**, 1965.
ENSLIN, J. F.: Dolomitic Water Supplies in the Transvaal, Republic of South Africa. Mem. of the Intern. Ass. of Hydrogeologists, VIII-Congress of Istanbul 1967.
— Surface Subsidence and Sinkholes in the Dolomitic Area of the Far West Rand, Transvaal, Republic of South Africa. Int. Symposium on Land Subsidence, Tokyo, 1969.
JENNINGS, J. E., A. B. A. BRINK, A. LOUW und G. D. GOWAN: Sinkholes and Subsidences in the Transvaal Dolomite of South Africa. Proc. 6th Intern. Conf. of Soil Mech. and Found. Eng., Montreal 1965.
ROGERS, A. W.: The Geological Structure of the Union. Guide Book, Intern. Geol. Congress, XV Sess., South Africa, 1929.

Zu Kapitel 2.3.7.

BATSCHE, H., F. BAUER, H. BEHRENS, K. BUCHTELA, H. J. DOMBROWSKI, R. GEISLER, M. A. GEYH, H. HÖTZL, F. HRIBAR, W. KÄSS, J. MAIRHOFER, V. MAURIN, H. MOSER, F. NEUMAIER, J. SCHMITZ, W. A. SCHNITZER, A. SCHREINER, H. VOGG und J. ZÖTL: Kombinierte Karstwasseruntersuchungen im Gebiet der Donauversickerung (Baden-Württemberg) in den Jahren 1967—1969. Steir. Beitr. z. Hydrogeologie **22**, Graz 1970.
HASENMAYER, J.: Tauchvorstoß von 300 m in die „unterirdische Donau". Mitt. Verb. dt. Höhlen- und Karstforscher, München 1968.
HÖTZL, H.: Zur Hydrologie des Donau-Aach-Gebietes. In H. BATSCHE et al.: Kombinierte Karstwasseruntersuchungen im Gebiet der Donauversickerung (Baden-Württemberg) in den Jahren 1967—1969. Steir. Beitr. z. Hydrogeologie **22**, Graz 1970.

Käss, W.: Schrifttum zur Versickerung der oberen Donau zwischen Immendingen und Fridingen (Südwestdeutschland). Steir. Beitr. z. Hydrogeologie **21**, Graz 1969.

Schreiner, A.: Zur Geologie des Donau-Aach-Gebietes. In H. Batsche et al.: Kombinierte Karstwasseruntersuchungen im Gebiet der Donauversickerung (Baden-Württemberg) in den Jahren 1967—1969. Steir. Beitr. z. Hydrogeologie **22**, Graz 1970.

Zu Kapitel 3.1.

Bauer, F.: Karsthydrologische Untersuchungen im Schneealpenstollen in den steirisch-niederösterreichischen Kalkalpen. Steir. Beitr. z. Hydrogeologie **21**, Graz 1969.

— Aufgaben der karsthydrologischen Forschung in Österreich. Österr. Wasserwirtschaft **22**, 5/6, Wien 1970.

Broili, L.: Studio geologico-geotecnico per il progetto del traforo di Monte Groce Carnico. Tricesimo 1970.

Cantelli, C., M. Manzoni und G. B. Vai: Ricerche geologiche preliminari sui terreni paleozoici attraversati dalla galleria del passo di M. Croce Carnico (Ploecken). Nota I, dalla progressiva O alla progressiva 1000 del tratto italiano. Bull. Soc. geol. ital. **84**, 1965, Rom 1966.

Clar, E.: Geologisches vom Ennskraftwerk Altenmarkt. Österr. Wasserwirtschaft **13**, 5/6, Wien 1961.

Damm, G.: Der Vortrieb des Albstollens. Teufen der Bau- und Betriebsschächte und Versorgungsbohrung des Wasserschlosses. Baupraxis **22**, 3, Stuttgart 1970.

Ferrari, A., und G. B. Vai: Ricerche stratigrafiche e paleoecologiche al Monte Zermula (Alpi Carniche). Giorn. Geol. Ann. Mus. Geol. Bologna **2a**, 33, 1965, Bologna 1966.

Fischer, E.: Der Triebwasserstollen des Ennskraftwerkes Altenmarkt. Geologie u. Bauwesen **24**, Wien 1959.

Gaertner, H. R. von: Geologie der Zentralkarnischen Alpen. Denkschr. Akad. Wiss., math.-naturwiss. Kl. **102**, Wien 1931.

Gattinger, T. E.: Geologie und Baugeschichte des Schneealpenstollens der I. Wiener Hochquellenleitung (Steiermark—Niederösterreich). Abh. Geol. B. A. **30**, Wien 1973.

Gortani, M., und A. Desio: Carta geologica delle Tre Venezie, Foglio 14 (Pontebba), 1 : 100.000. Firenze 1927.

Heritsch, F.: Die Karnischen Alpen. — Graz (Stiasny) 1936.

Koerner, U.: Der Albstollen. — Geologische Grundlagen und Voruntersuchungen beim Bau der zweiten Leitung der Bodenseewasserversorgung. Hohenzollerische Heimat **19**, 1, Sigmaringen 1969.

Müller, K.: Auffahrung des Albstollens. Baupraxis **21**, 12, Stuttgart 1969.

Pölsler, P.: Geologie des Plöckentunnels der Ölleitung Triest—Ingolstadt. Carinthia II, **77**, Klagenfurt 1967.

Schmidt, F.: Der weitere Ausbau der Bodenseewasserversorgung. Erhardberichte, Mitteilungen aus Entwicklung, Betrieb und Praxis **2**, Heidenheim a. d. Brenz 1969.

— Die Bodensee-Wasserversorgung. Die Wasserwirtschaft 1970.

Steinwender, P., und J. Donner: Das Wasserleitungsprojekt der Stadt Wien: Fassung und Einleitung der „Sieben Quellen im Karlgraben" in die I. Wiener Hochquellenwasserleitung. gwf-Wasser/Abwasser **111**, 1. Teil, H. 11 (S. 623—630), 2. Teil, H. 12 (S. 716—722), München 1970.

Zötl, J.: Die Hydrographie des nordostalpinen Karstes. Steir. Beitr. z. Hydrogeologie **1960/61**, 2, Graz 1961.

Zu Kapitel 3.2.

Borelli, M., und B. Pavlin: Approach to the problem of the underground water leakage from the storages in karst regions. Karst storages Buško Blato, Peruća and Kruščica. Symp. on Hydrology of Fractured Rocks, Dubrovnik 1965.

Brandecker, H., V. Maurin und J. Zötl: Hydrogeologische Untersuchungen und baugeologische Erfahrungen beim Bau des Dießbach-Speichers (Steinernes Meer). Steir. Beitr. z. Hydrogeologie **17**, Graz 1965.

BRÜDERLIN, H.: Das Pumpspeicherwerk Glems der Technischen Werke der Stadt Stuttgart A.G. Elektrizitätswirtschaft, **64**, 10, 1965.

DROST, W., H. MOSER, F. NEUMAIER und W. RAUERT: Isotopenmethoden in der Grundwasserkunde. EURISOTOP, 61, Brüssel 1972.

DUTTA, D. N., und K. C. THOMAS: Investigations of karstic limestone in proposed reservoires in Kopli valley. Comm. Int. des Grands Barrages, Dix. Congr. des Grands Barrages, Q. 37, R. 54, Montreal 1970.

FEINER, A., und G. HORSTMANN: Neueste Ausführungen von bituminösen Dichtungen an Talsperren und Speicherbecken. Bitumen, **28**, 5, 1966.

Forces Motrices du Nord-Est de la Suisse S. A.: Les voiles d'injection du barrage de Limmernboden. Comm. Int. des Grands Barrages, Dixieme Congr. des Grands Barrages, Q. 37, R. 6, Montreal 1970.

GROUPE DE TRAVAIL DU COMITE FRANÇAIS DES GRANDS BARRAGES: Réalisation des barrages et des retenues en pays karstique. Tendances françaises actuelles. Comm. Int. des Grand Barrages, Dixième Congr. des Grands Barrages, Q. 37; R. 23, Montreal 1970.

GUZINA, B.: Some methods and problems pertaining to the investigation of permeability of karst reservoirs. Comm. Int. des Grands Barrages, Dixième Congr. des Grands Barrages, Q. 37, R. 14, Montreal 1970.

HALLENBACH, F., und O. RÜLKE: Bohrlochmessungen. In A. BENTZ: Lehrbuch der angew. Geologie, I, Stuttgart 1961.

KAESSARIS, N. S., A. FALCONNIER und E. v. GOTTSTEIN: Die Wasserverluste im Stauraum von Perdikkas (Griechenland) — ihre Ursachen und Möglichkeiten ihrer Behebung. Felsmechanik und Ingenieurgeologie III, **1**, Wien 1965.

LIECHTI, W. und E. WULLIMANN: Voile d'étanchéité à travers l'écoulement souterrain du lac de Sfundau pour l'augmentation de sa retenue. Comm. Int. des Grands Barrages. Dix. Congr. des Grands Barrages, Q. 37, R. 5., Montreal 1970.

LINK, H.: The upper basis of the Glems pumped-storage scheme sited in cavernous Jurassic limestone. Comm. Int. des Grands Barrages, Dix. Congrès des Grands Barrages, Q. 37, R. 17, Montreal 1970.

MAIRHOFER, J.: Bestimmung der Strömungsrichtung des Grundwassers in einem einzigen Bohrloch mit Hilfe radioaktiver Elemente. Atompraxis **9**, 1963.

— Die Bestimmung der Fließrichtung in einem einzigen Bohrloch mittels radioaktiver Isotope. Steir. Beitr. z. Hydrogeologie **18/19**, Graz 1967.

MEINHOLD, R.: Geophysikalische Meßverfahren in Bohrungen. Leipzig 1965.

MOSER, H., und F. NEUMAIER: Über Arbeiten der Forschungsstelle für Radiohydrometrie in München. Steir. Beitr. z. Hydrogeologie **18/19**, Graz 1967.

— — und W. RAUERT: Die Anwendung von radioaktiven Tracern in der Grundwasserkunde. In H. SCHNEIDER: Die Wassererschließung. Essen 1973.

PAVLIN, B.: Réalisation du bassin d'accumulation de Peruća dans le karst Dinarique. Comm. Int. des Grands Barrages. Sept. Congr. des Grands Barrages, Q. 25, R. 85, Rome 1961.

— Le bassin d'accumulation Peruća-karst Dinarique. Colloque sur l'hydrologie du karst, Dubrovnik 1965.

— Krušžica storage basin in the cavernous karst area. Comm. Int. des Grands Barrages, Dixième Congr. des Grands Barrages, Q. 37, R. 13, Montreal 1970.

POPOV, I. V., N. A. GVOZDETSKIY, A. G. CHIKISHEV und B. I. KUDELIN: Karst of the U.S.S.R. In M. HERAK und V. T. STRINGFIELD: Karst, Important Karst Regions of the Northern Hemisphere. Amsterdam—London—New York 1972.

SILVESTRI, T., und S. PENATI: Two recent examples of reservoirs created on difficult soils. Comm. Int. des Grands Barrages, Dix. Contr. des Grands Barrages, Q. 37, R. 46, Montreal 1970.

STINI, J.: Wasserspeicherung in Karsthohlformen. Geologie und Bauwesen **19**, 4, Wien 1952.

VURAL SELCEN, C. E.: Karstic studies for OYMAPINAR dam. Comm. Int. des Grands Barrages, Dix. Congr. des Grands Barrages, Q. 37, R. 42, Montreal 1970.

ZICHNER, G., und H. HAAS: Über die Entwicklung von Asphaltdichtungen für außergewöhnliche Beanspruchungen. STRABAG-Schriftenreihe **7**, 1, 1964.

Zu Kapitel 3.3.

BATSCHE, H. et al.: Vergleichende Markierungsversuche im Mittelsteirischen Karst 1966. Steir. Beitr. z. Hydrogeologie **18/19**, Graz 1967.

FLÜGEL, H.: Die jungtertiäre Entwicklung des Grazer Feldes (Steiermark). Mitt. Österr. Geogr. Ges. **102**, 1, Wien 1960.

HILBER, V.: Taltreppe. Graz 1912.

JÄCKLI, H., und L. WISSLING: Die Grundwasserverhältnisse im aargauischen Rheintal zwischen Wallbach und Rheinfelden. Wasser- und Energiewirtschaft **6**, Baden 1972.

NIEDERL, H.: Überraschende Ergebnisse von Grundwasserentnahmen im südlichen Grazer Feld. Steir. Beitr. z. Hydrogeologie **24**, Graz 1972.

OBERHAUSER, R.: Zur Hydrogeologie des Vorarlberger Rheintales zwischen Feldkirch und Hohenems-Klien mit besonderer Berücksichtigung der Bergwasserzuflüsse. Verh. Geol. BA **1970**, 2, Wien 1970.

SEELMEIER, H.: Baugeologie, Kühlwasserpumpenhaus. Unveröff. Gutachten, Graz 1967.

STUNDL, K.: Untersuchungen von Wasseraustritten und Brunnen. Unveröff. Gutachten, Graz 1967.

ZÖTL, J.: Hydrographie des nordostalpinen Karstes. Steir. Beitr. z. Hydrogeologie **1960/61**, 2, Graz 1961.

— Bericht über die Ergebnisse eines Färbeversuches. Unveröff. Gutachten, Graz 1968

Zu Kapitel 3.4.

ARONIS, G.: Karstwasseruntersuchungen im Gebiet von Argos (Peloponnes). Steir. Beitr. z. Hydrogeologie **14**, Graz 1962.

BAUER, F.: Karsthydrologische Untersuchungen im Schneealpenstollen in den steirisch-niederösterreichischen Kalkalpen. Steir. Beitr. z. Hydrogeologie **21**, Graz 1969.

BRANDECKER, H.: Die Hydrogeologie des Salzburger Beckens. Steir. Beitr. z. Hydrogeologie **26**, Graz 1974.

DEL NEGRO, W.: Salzburg, Geologie in Einzeldarstellungen. Geol. BA., 2. Aufl., Wien 1970.

DONNER, J.: Die Errichtung des Grundwasserwerkes der Stadt Wien in der Unteren Lobau. Gas-Wasser-Wärme **6**, Wien 1966.

DOSCH, F.: Färbeversuch Hochschneeberg 1955. Gas-Wasser-Wärme **10**, 1/2, Wien 1956.

DRENNING, A., und J. DONNER: Fassung und Einleitung der Sieben Quellen im Karlgraben in die I. Wiener Hochquellenleitung. Gas-Wasser-Wärme **4/5**, 1966, 1, Wien 1967.

GEILHOFER, F.: Die Entwicklung der Wiener Wasserversorgung seit 1935. Gas-Wasser-Wärme **11/12**, Wien 1965.

PERIĆ, J.: Grundwasserspeicher als hydrotechnische Objekte zwecks Regulierung des Wasserhaushaltes von Karstquellen und anderen Quellen. VESNIK, Beograd 1963.

— Groundwater Accumulations Constructed for Water Catchment to Solve Local Water Supply in the Karst. 2. Jugosl. Symp. f. Hydrogeol. u. Ingenieurgeol., Sarajevo 1972, Bd. 1, Hydrogeologie, Beograd 1972.

PRINZ, E., und R. KAMPE: Handbuch der Hydrogeologie. 2 Bde. Wien 1934.

SCHNEIDER, H.: Die Wassererschließung. Essen: Vulkan-Verlag. 1973.

SEEFELDNER, E.: Salzburg und seine Landschaften. Salzburg 1961.

SPENGLER, E.: Zur Stratigraphie und Tektonik der Hochschwabgruppe und der Lassingalpen. Jb. Geol. BA **72**, Wien 1922.

— Beiträge zur Geologie der Hochschwabgruppe und der Lassingalpen II. Jb. Geol. BA **75**, Wien 1925.

— und J. STINI: Erläuterungen zur geologischen Spezialkarte der Republik Österreich, Blatt Eisenerz, Wildalpe und Aflenz. Geol. BA, Wien 1926.

ZÖTL, J.: Die Hydrographie des nordostalpinen Karstes. Steir. Beitr. z. Hydrogeologie **1960/61**, 2, Graz 1961.

Das neue Trinkwasserwerk und Kraftwerk Mühlau. Stadtwerke Innsbruck, 2. Aufl. (keine Jahresangabe).

Die Wiener Wasserversorgung. Wien—München: Verlag f. Jugend u. Volk. 1967.

Die Zweite Kaiser-Franz-Josef-Hochquellenleitung der Stadt Wien. Eine Gedenkschrift zum 2. Februar 1910. Wien 1910.

Sach- und Ortsverzeichnis

Aachquelle 45, 65, 66, 67, 86, 87, 89, 154, 164, 203, 204, 205
Abfluß 134, 147, 160, 220, 236
Abflußfaktor 147, 160
Abflußmessung 36, 37, 52, 54, 220, 252
Abkühlungskorrosion 17
Abpreßversuche 231, 233, 238
Absorption 52, 53, 54, 62, 69, 83, 94
Abwässer 58, 66, 67, 151
Adelsberger Becken 26
Adelsberger Grotte 174
Adriatisches Meer 257, 258
Aenos 193, 196, 197
Ag. Evphemia 194
Ag. Georgios 192
Aitrach 205
Aksu 111
Aktivierungsanalytischer Tracer 47, 62 ff.
Aktivkohle 51, 52
Aktivkohledetektoren 29, 52, 53
Albstollen 221
Al Hasa 20
Alkalien 39
Alkylbenzolsulfonat 65, 66, 80, 81, 82, 84, 86
Allgäuer Alpen 3
Alm-See 104
Altaussee 103, 104
Altausseer-See 106, 254
Altenmarkt 211, 212, 213, 214, 215, 221
Altersbestimmung 97
Altmühl 157, 158, 162
Altmühltal 66, 155
Ammoniumbromid 62, 73, 80, 83, 86, 87, 90
Analysenquarzlampe 51
Anatolien 97, 111
Anavalos 190, 192
Andritzursprung 33, 34, 35
Angara-Lena-Becken 13, 16
Angerbachtal 217, 218
Anhydrit 9, 10, 11, 12, 208, 210
Anilinrot 50
Anionen 39, 43, 47, 53
Anreicherungsverfahren 51, 52
Antalya 110 ff.
APL 140
Apt 115
Apulien 188, 257, 259
Arachthos 190
Aragonit 2
Argos 190, 191
Argostolion 28, 192, 193, 194
Arta 190
Ätherextraktion 51
Australien 15, 20
Avant-Causses 165, 166
Aven 165, 171
Aven de Hures 165, 171
Avignon 115

Bacterium prodigiosum 64, 78
Bad Nauheim 13, 14
Baikalgebiet 13
Bakhadda 234
Bakterien 64, 66, 78, 85, 86, 89, 92
Bakterientriftung 64 f.
Balkanhalbinsel 174 ff.
Barcis 235
Bärlappsporen 56, 77 ff.
BASIC 136, 140, 141
Bedeckter Karst 1, 25
Beobachtungsstellen 68, 69, 70
Betonaggressivität 215
Beuren a. Aach 89, 204
Beuron 205
Beyşehir-See 97, 111, 112, 113
Bistra 36
Björkliden 17
Blauer See 183, 184, 185
Blautopf 162
Bleichequelle 86, 87
Blyvooruitzicht Township 202
Bodensee 112, 241
Bodenseewasserleitung 221
Böhmische Masse 22
Bohrlochmessungen 238
Bonheur 168, 169
Bosnien 175, 177, 178
Bou Hanifia 234
Brackwasserquellen 28, 35, 42, 46, 187, 194, 196
Bramabiau 25, 168, 170
Brasilien 22
Breg 86, 203, 205
Brenzquelle 162
Brigach 86, 203, 205
Brillantsulfoflavin 55
Brom 62
Brühl 86, 87, 91, 203, 204, 205

Bründlquelle 50, 75 ff.
Brunngrabenquelle 146, 147
Buchheim 86, 87, 91
Buchkogel (bei Graz) 46, 50, 61, 64, 65, 73, 75 ff., 256
Buchweißbachgraben 228, 229, 231
Burdur-See 97, 111, 112
Buško Blato 178, 180, 188
But-Tal 217, 218

Calcium 39, 40, 43, 47, 48, 49
Calciumionen 40, 41
CALL 122, 124, 136
Camarasa 234
Cancano II 235
Čaprazlije 177
Carboi 235
Causse de Severac 166
Causse du Larzac 20, 166, 169, 171
Causse Mejean 166, 171
Causse Noir 166, 168
Causse Rouge 165, 166
Causse Souveterre 165, 166
Cerkniško Polje 174
Cetina 176, 180, 189, 190, 236
Cevennen 164
Chemismus 28, 36, 69, 147 f., 211, 216, 218, 220, 228
Chlorid 10, 39, 43, 47, 48, 53, 80, 81 ff., 148
Chloridbestimmung 43, 50
Cholera 247
Chrom-51 61, 80, 81, 82, 83, 86, 87, 90, 158
Cirque de Navacelles 166, 168
Cockpit 18
Connate water 26

Dachsteinhöhlen 144, 145
Dachsteinmassiv 20, 32, 35, 57, 70, 85, 92, 141, 142, 144 ff., 149 f.
Dalmatien 175, 185, 186, 187
Dateneingabe 120
Datenerfassung 120
Datenstation 119, 121, 122
Dauerfrostzone 15 ff.
De Castillon 233, 234
Detergentien 65 ff., 86, 87, 91
Deuterium 30, 69, 94 ff., 146, 160
Diatomeenerde 78
Dichte des Wassers 258
Dichtungsschürze s. Injektionsschleier
Dießbach 226, 228, 229
Dießbachbecken 226, 228, 230, 231
Dießbachspeicher 5, 226 ff., 234
Diffusionszone 259
Dinarischer Karst 174 ff., 236
Dipenten 86, 87, 90
Dispersionsmodell 100
Dolinen 9, 11, 22, 23, 50, 67, 73, 90, 171, 194, 249
Dolomitverkarstung 2, 3, 24, 25, 147, 198
Donau 65, 86, 87, 157, 160, 161, 164, 203, 205
Donau-Aachgebiet 46, 63, 65, 67, 85, 256
Donauschwinden 45, 65, 86, 87, 90, 154
Donauversickerung 203 ff.
Dourbie 2, 168, 169
Driefontein Mine 202
Dubrovnik 253
Duftstoffe 65 ff.
Durance 115
Durchgangszeiten 61, 68, 69, 82
Duvanjsko Polje 178, 179, 180

Ebinger Alb 163
Echaztal 164
EDV (elektronische Datenverarbeitung) 119 ff., 257
Egridir-See 111, 112, 113
Ehingen 89
Eichstätt 43
Einspeisung 54, 57, 69, 71, 73, 148 ff., 194, 214
Einstürze 200, 202
Einzugsgebiet 30, 35, 89, 146, 148, 205, 206, 238, 251, 252
Eisgrube 73
Eisriesenwelt 20, 144
Elektrolytische Leitfähigkeit 35, 50, 240
Elm-See 151, 152
Engen 86, 87, 89, 90
Enns 211 ff., 217
Ennskraftwerke 211 ff.
Ennstal 103, 145, 233
Ennstaler Alpen 142
Entlastungsklüfte 5
Environmental Isotopes 94 ff.
Eosin 50
Erdfälle 22, 198 ff.
Ergiebigkeit 54
Erisos 192, 193
Erosionsbasis 16, 20, 23, 25, 26, 27, 28, 144, 145, 162, 167 f., 174, 186 ff., 233, 260
Erosionsniveau 26, 221, 228, 261,
Estavelle 176, 177, Tafel II, 188, 257
Eustatische Meeresspiegelschwankungen 186, 193, 196
Evapotranspiration 34, 200
Ewige Gefrornis 15, 16, 22
Exponentialmodell 100, 101, 102, 113, 114

Fachtagungen 255, 256
Faludrigenbach 93
Färbeversuche 28, 45, 50 ff., 77 ff., 92, 116, 230, 231, 243, 246
Far West Rand 198, 199

Feldkirch 241
Feldmethoden 147
Feliferhof 50, 76, 77
Feneos 188
Fließgeschwindigkeit 52, 61, 82, 83, 85, 86, 87, 89, 90, 92, 93, 153, 194, 196, 243, 246
Fließrichtung 238
Fließzeit 64, 83, 86, 87
Flint Mammouth Cave System 262
Florida 100, 196, 258
Fluoreszenz 51 ff.
Fluoreszenzfarben 51 ff., 60, 92
Folgequelle 32, 116
Fontaine de Vaucluse 115, 116, 117
Formarin-See 92
Forschungsmethoden 255
Foum El Cherza 234
Frankenjura 26, 85
Fränkische Alb 36, 41, 42, 43, 44, 66, 67, 154 ff.
Frauenmauer-Langstein-Höhle 144
Fridingen a. D. 86, 87, 90
Fuchsin 50, 71
Fulda 13, 14
Fürstenbrunn 249, 250, 251

Gačka 181
Gastein 48, 94
Gebirgsdurchlässigkeit 4
Gela 235
Geoelektrische Untersuchungen 225, 238
Gesamtionenkonzentration 40, 43
Gesteinsdurchlässigkeit 4
Ghrib 234
Ghyben-Herzberg-Theorie 185, 258
Gipskarst 9 ff., 148
Glamočko Polje 176, 178
Glaneck 250
Glems 236
Grands Causses 2, 9, 20, 21, 25, 35, 92, 164 ff., 177
Granitkarst 22
Grazer Feld 73, 75, 76, 242 ff.
Griechenland 174 ff., 181, 222
Grimming 145
Groß-See 151, 152
Grundl-See 104, 105
Grundwasser 23, 24, 25, 26, 27, 94, 148, 149, 173, 239 ff.
Grüner-See 239 ff.
Gußwerk 248

Hagengebirge 1, 141, 142
Halbwertszeiten 61, 62, 96, 97, 100
Hammerbach 31, 32, 46, 64, 68, 71 ff., 80, 83, 84, 139, 242
Härte des Wassers 39, 40, 41, 147
Haselgebirge 11, 41, 42, 148, 209, 210, 215
Häufigkeitsdiagramm 124
Hegau 36, 90, 205
Herault 164, 168, 173
Herzegowina 175, 177, 178
Histogramm 124, 125
Hochkönig 141, 142
Hochschneeberg 29, 84, 141, 142, 148, 247, 248
Hochschwab 2, 32, 35, 141, 142, 144, 146 f., 239, 248, 252
Hochwasser 34, 68, 70, 71, 78, 86, 92, 160, 194
Höheneffekt 94
Hohenems-Klien 241
Hohe Tauern 5
Höhlenbildung 1, 2, 7, 9, 27
Höhlenfluß 24, 25, 26, 44, 71, 169
Höhlenflußtheorie 25, 26
Höhlenkunde 8 (s. auch Speläologie)
Höhlenstockwerke 261
Hohlraumvolumen 4, 222
Hölloch 262
Höttinger Berg 250
Huttlabach 93
Hydrochemie 39 ff.
Hydrogencarbonationen 39, 40, 41, 43, 44, 98
Hydrogenese 20
Hydrographische Wegsamkeit 5, 27
Hydraulischer Gradient 258

Igoumenitza 175, 190
Immendingen 45, 46, 65, 87, 90, 164, 203, 205
Imotski 182, 183
Imotsko Polje 178, 180, 183, 261,
Indium 63, 64
Ingolstadt 36, 217
Injektionsaufwand 222, 231, 232, 234 f.
Injektionsgut 14, 231, 233, 234 f., 236
Injektionsschleier 231, 236
Innsbruck 250 ff., 254
Intramontane Ebene 18
Ioannina 175, 188
Ionenaustausch 39, 40, 43, 45, 47, 62, 69, 83, 84
Ionische Inseln 28, 192 ff.
Ionisches Meer 257, 258
Isoamylsalicylat 66
Isobornylazetat 66, 86, 87, 90
Isotope 60 ff.
Isotopenfraktionierung 94
Isotopenmessung 30, 92, 94 ff., 102 ff., 146, 256 f.
Istock 253
Istrien 25, 174
Ithaka 20, 192, 194

Jakljan 253
Jassing 239, 240, 241
Jenissei 16, 17
Jod-131 61, 73, 80, 83, 84, 158
Johannisburg 198
Jonte 168
Jugoslawien 174 ff.

Kaiserbrunn 148, 247
Kaiserwald 242
Kalamas 190
Kalisalz 45, 46, 50, 64, 80, 81, 86 ff., 90, 158
Kalium 10, 39, 43, 47, 49, 50, 82 ff.
Kalk 1, 2
Kalkhochalpen 2, 70, 85, 102 ff., 141 ff., 176, 206, 226, 239, 247
Kalklösung 1, 2, 3, 8, 9, 15, 147
Kalksinter 15
Kalkumsatz 15, 17
Kalkvoralpen 11, 92, 102, 212
Kalzit 2
Kalzium s. Calzium
Karbonatgestein 1, 2
Karnische Alpen 217
Karren 3, 9, 11, 22, 73
Karsthydrographie 23, 24, 25, 26, 27, 28, 29, 93, 147, 176 ff.
Karstphänomene 24, 28
Karstquelle 89
Karstrandebene 17
Karstwasser 23, 25, 83, 89, 92, 114, 149, 228, 239 ff., 246 ff.
Karstwasserkörper 25, 32, 39, 87, 114, 146, 148 f., 155, 160, 180, 188, 197, 205, 206, 211, 215, 220, 221, 233, 238, 239 ff., 251, 252, 254, 258
Karstwasserscheide 92, 178, 190
Karstwasserscheitel 89, 149, 153
Karstwasserspiegel 24, 25, 162, 168, 171, 176, 188, 194, 199, 206, 220, 226, 232, 236, 237, 253
Karstwasserzirkulation s. Wasserzirkulation
Kaskadenbach 71
Kationen 39, 43, 47, 53
Katzenbach 73
Kentucky 27, 262
Kephalari 190, 191
Kephallinia 28, 35, 186, 192, 193 ff.
Kestel-See 111
Kipfenberg 43
Kläfferquellen 146, 147, 249
Klausbach 228, 231
Klima 15 ff.
Klüftung 1, 4, 5, 6, 12, 23, 24
Kluftwasser 3, 12, 23, 25, 26, 211
Kochsalz 10, 46, 49, 50, 64, 77 ff., 91
Kohlendioxyd 1, 3, 97
Kondensation 94
Kongorot 50
Konya 110 ff.
Köprüçay 111, 112, 113
Korrosion 1, 6
Korrosionsbasis 20, 162, 189, 190
Korrosionsebene 17
Kötschach-Mauthen 218
Kovači 178, 179
Krain 174
Kreuz-Teiche 239, 240, 241
Kruščica 181, 236
Kunststoffpulver 78
Kupresko Polje 178, 180
Küsten 2, 257
Küstenquellen 185, 192

Labeckbach 228, 229, 230, 231
Laber 157, 158
Laibach 36
Laibachquellen 174, 256
Lake Tarpon 196
Lamingbach 239, 240, 241
Lanthan 63, 86, 87
Lappland 17
Lauchert 162, 163, 164
Laurinsquelle 31, 71
Lauter 163, 164
Lech 93
Lechtaler Alpen 92
Lena 16
Lerniquellen 119
Leuca 257
Lévézou 164
Lez-Quelle 173
Lika 181, 236
Limmernbodendamm 236
Lineare Regression 130
Liptingen 65, 86, 87, 90
Literaturdokumentation 121
Lithiumchlorid 49, 85
Livadibusen 192, 194, 195
Livanjsko Polje 176, 177, 178, 179, 180, 181, 188, 236
Livno 178
Ljubljanica 36, 174
Lochkarte 120
Logs 238
Lonetal 162, 174
Lösungsgleichgewicht 1, 147
Lot 168
Lumiei 235
Lurbach 32, 46, 71 ff., 139, 242
Lurgrotte 31, 71 ff.
Lurhöhlensystem 31, 61, 64, 71 ff., 83
Lycopodiumsporen 29, 56 ff., 65, 72, 73, 77 ff., 86, 87, 91, 149 ff., 230
Lysimeter 259

Magnesium 3, 39, 40, 41, 43, 47
Magnesiumgehalt 3, 41
Mährischer Karst 261
Mammuthöhlen 144
Manavgat 11, 112, 113
Mangan 62, 73, 84
Mariazell 248
Markierung unterirdischer Wässer 29, 44 ff.
Markierungsmittel 29, 46 ff., 68 ff., 85 ff.
Markierungsversuche 30, 32, 45 ff., 68 ff., 85 ff., 102, 146, 148 ff., 157 ff., 174, Tafel II, 188, 194 ff., 203, 221, 230 f., 236, 242, 243, 246, 248, 256
Meeresspiegel 186, 187, 194, 196
Meermühlen 193 ff.
Meerwasser 2, 42, 94, 96, 187, 258
Meerwasserschwinden 28, 192, 193 ff.
Melissani 196, 197
Meßwehr 36, 37, 38
Methodik 30 ff., 256
Methylenblaumethode 65, 66
Mexiko 18, 19
Mignano 235
Milisa 190
Mindestschüttung 252
Mischungskorrosion 6, 7, 8, 17
Mitteldeutschland 11
Mittelmeerbereich 96, 253
Mittelsteirischer Karst 46, 61, 62, 68, 71 ff.
Modelle (EDV) 92, 119 ff.
Mogoten 18, 19, 20, 21
Möhlin 242
Montagne de la Margerita 164
Montagne de Lure 115
Montagne du Luberon 115
Mont Aigoual 162, 165, 168
Montpellier 164, 173
Montpellier le Vieux 169, 171, 172
Monts d'Aubrac 164
Morphogenese 20, 142, 164, 197, 199, 260
Movi River 198
Mühlau 250 f., 254
Muotatal 1
Mur 75, 77, 242, 243, 246
Myloi 190

Naab 157, 160, 161
Nackter Karst 1, 25, 47
Natrium 39, 40, 43, 47, 48, 49, 50, 80, 81 ff.
Natriumchlorid s. Kochsalz
Natriumfluoreszein 45, 46, 51 ff.
Natriumnitrat 47
Naturlysimeter 260
Nauplion 192
Neretva 181, 182, 190
Nesque 115
Nestani 190
Neuburg a. D. 43
Neuhausen ob Ech 86, 87, 89, 91
Neu-Mexiko 27
Niagarafälle 3
Nichtkarbonatgesteine 47
Niederschlag 94, 95, 103, 104, 110, 211, 220
Niederschlagsmenge 15, 24
Niederschlagssummen 147
Niederwasser 34, 71, 87, 92, 93, 160, 253
Nikšićko Polje 236
Nitrat 43, 47, 48, 116
Niveaugebundenheit 143, 144
Nordkette 250, 251
Nördliche Kalkalpen 6, 10, 11, 45, 93, 141
Nördlinger Ries 162
Nordostalpiner Karst 3, 4, 41, 141 ff.
Nordöstl. Kalkhochalpen 29, 84, 102, 141 ff., 175, 213, 248

Obendorf a. Neckar 64, 85
Oberflächenverkarstung 2, 16
Ofanto 257
Offensee 106
Ölleitung 217
Otavibergland 3
Otranto 257
Ötscher 142
Ottawa 95
Ouvéze 115
Oxygen-18 30, 69, 94 ff., 146, 160
Ozon 53, 250
Ozonisierung 250

Paläoklima 16, 17
Palikki 192, 193, 194, 195
Paß Lueg 153
Paß Stein 145
Peć 253
Pegel 57, 160, 220
Peggau 63, 71, 83, 242
Peloponnes 187, 188, 190
Perdikkas 183, 222 ff., 233
Permafrost 15 ff., 22, 255
Permeabilität 224, 233, 238
Peruća 178, 234, 236, 237
Phreatische Zone 6
pH-Wert 40, 53, 84
Piston-Modell 99, 100, 101, 102, 105, 110
Plabutsch 73, 75
Planina 256
Planktonnetz 56, 57, 58, 59, 89
Planktonnetzproben 58, 59, 60, 78, 92
Pleistozän 5
Plöckenmassiv 217, 221
Plöckentunnel 217 ff., 221
Point-dilution-Methode 238
Poljen 17, 18, 23, 28, 174 ff., 177 ff.
Pollen 13, 14
Polynomiale Regression 128

Ponore 17, 76, 110, 112, 177, Tafel II, 236
Popovo Polje 181, 182
Porenvolumen 3, 160
Porosität, nutzbare, sekundäre 3, 4
Postojna 256
Postojnska jama 174
Potchefstroom 198
Pretoria 198
Probennahme 58, 59, 60, 69, 70, 84, 98, 99
Programme 121, 122, 126
Pseudokarst 22
Ptolemais 224
Puerto-Rico 20

Quellenaufnahme 31, 146, 212 f., 221, 228 f.
Quellenschüttung 34 ff.
Quellentypen 28, 31, 32, 252
Quellwassertemperatur s. Wassertemperatur

Radioaktive Stoffe 60 ff.
Raxalpe 141, 142, 148, 206, 247, 252
Regenspende 134
Reka 45, 180
Reutlinger Alb 163
Rheinfelden 241
Rheintal 11, 241, 242
Rhodamin-B 53, 54, 55, 80, 158
Rhonetal 115
Roter See 182, 183, 184, 185
Rücklage 259
Rumer Stollen 251

Saalachtal 226, 227, 228, 229, 231
Safranin 50
Salto 235
Salza 145, 153, 248
Salzasperre 233, 234
Salzburg 249, 250, 251
Salzburger Kalkvoralpen 63, 64
Salzkammergut 11, 254
Salzgehalt 187
Salzlösung 9, 12, 16, 50
Salzungsversuche 28, 45, 46, 71, 72, 73, 77 ff.
Sami 194
Sarki 190
Säurefuchsin 51
Seichter Karst 25, 43, 100, 102, 105, 110, 119, 145, 155 ff., 171, 211, 220, 247, 252
Semriach 63, 71, 242
Serratia marcescens 64, 65, 78, 86, 87, 88, 89, 91
Sibirien 13, 16
Siebenquellen 147, 206 ff.
Sigmaringen 164
Silikatgesteine 22
Simulationsmodelle 132
Sinjsko Polje 178, 180, 183
Siphon 56
Škocjanska jama 174
Sole 12, 13, 85
Solequelle 12, 46
Solewanderung 12,
Solifluktion 17
Sölle 22
Sorgente Fontanon 218, 220
Source de la Foux 167, 168
Source du Cernon 165, 169
Source du Durzon 169
Spaltquelle 32
Sperrenbau 206, 232
Speicher 29, 206, 222 ff.
Speicher, unterirdische 253 f.
Speläologie 8, 23, 261
Spektralfluorometer 51 ff.
Sporenfärbung 56, 57, 58
Sporenproben 57, 58
Sporentrift 56 ff., 77 ff., 89, 92, 213 f., 230, 231
Submarine Quellen 185, 186, 187, 257
Südharz 9, 12
Sujica 178
Sujičko Polje 178, 180
Sulfat 39, 43, 148, 216, 240, 241
Sulforhodamin-B-extra 55,
Sulforhodamin-G-extra 47, 53, 54, 55, 80, 81, 83, 90, 158
Süßwasser 2, 187

Schacht 9, 50, 67, 73
Schallimpulse 65, 67, 68
Schareckgruppe 5
Schaumstoffe 65 ff.
Schichtgrenzquelle 32
Schladminger Gletscher 149
Schlotten 11
Schluckstelle 16, 225, 230
Schmelzbach 31, 64, 68, 71 ff., 139
Schmelzwasser 17, 103, 105, 107, 110, 217
Schneealpe 141, 142, 144, 147, 153, 206, 247, 252
Schneealpenstollen 153, 206 ff., 220, 222, 248
Schneeberg s. Hochschneeberg
Schneebergalpen 141, 145, 146, 206
Schneeschmelze 17, 34, 36, 103, 151, 211, 220, 239
Schuttquelle 32
Schüttung 34, 35, 36, 37, 50, 70, 71, 82, 83, 92, 93, 115, 134, 146, 211, 217, 220, 251
Schutzgebiet 6, 252
Schwäbische Alb 86, 154, 162 ff., 203, 205, 221, 236
Schwäbischer Jura 85
Schwankungsbreite 34, 35, 36, 68, 251, 252
Schwarza 148

Schwarze Laber 157, 158
Schwarzen-See 151
Schwarzwald 86
Schweizer Jura 176, 177, 181
Schwinden 46, 50, 57, 65, 69, 76, 77, 148 f., 174 ff., 228, 230, 231

Stalagmit 9
Stalaktiten 9, 17, 187, 196
Stapelbetrieb 121
Starkregen 34, 35, 71, 103, 171
STATPAKD 124
Stauraum 223, 225, 228
Steinernes Meer 141, 142, 145, 228, 239
Steinfeldterrasse 242
Steinsalz 85
Steyr 103, 106
Steyrer-See 151
Steyrquellen 105
Steyrtal 151
St. Kanzian 174
Stollen 70, 250
Stollenbau 29, 45, 206 ff.
Stollenscheitel 222
Strahlungsgefahren 60, 62
Streuungsdiagramm 126, 130
Strimitzbach 105, 147
Stržany 180
Stymfalia 188

Tabasco (Mexico) 18 f.
Tafoni 22
Tagungsberichte 256
Talgrundwasser 83, 206, 228, 239 ff.
Talzuschub 5
Tannebenstock 71, 73, 242
Tantalhöhle 144
Tarn 2, 165, 167, 168, 169, 173
Tasmanien 15
Tauplitz-Alm (-Seenplateau) 102, 149 ff.
Taurus-Gebirge 110, 111, 112
Teilnehmerbetrieb 119, 121
Temperatur 1, 2, 15, 32, 94, 146, 211, 220
Temperatureffekt 94
Temperaturlog 238
Temperaturschwankungen 31, 32, 34, 35, 146
Tennengebirge 6, 7, 41, 70, 141, 142, 144 ff., 153
Tennessee 26
Thermokarst 22
Tiefer Karst 25, 28, 43, 98, 102, 105, 116, 119, 146, 155 ff., 171, 221, 252
Timau 217, 218
Timavo 45
Titration 40, 47
Toplitz-See 106
Totes Gebirge 28, 36, 69, 70, 85, 92, 102 ff., 141, 142, 144, 145, 147, 149 ff., 153, 254
Totes Meer 9
Tracer 29, 45 ff., 68 ff.
Tragößtal 239
Transvaal 198 ff.
Travertin 15
Trebišnjica 182
Trevezel 168, 170
Triebwasserstollen 211 ff., 221, 237, 231
Triest 217, 252
Triftkörper 56, 57, 88, 89, 92, 109
Trinkwasserversorgung 53, 64, 212 ff., 246 ff.
Tripolis 188, 190
Tritium 30, 61, 69, 73, 80, 81, 82, 84, 94 ff., 114 ff., 160
Tropischer Karst 17 ff., 255
Tunnelbau 45, 206 ff.
Turano 235
Türkei 110 ff.
Tuttlingen 46, 88, 91
Typhus 247

Überdeckter Karst 1, 25, 36, 86, 155 f.
Überfallquelle 116, 145, 214, 216, 250, 252
Ukraine 22
Ultraviolettes Licht 53
Umläufigkeit 232, 236
Umweltisotope 29, 37, 69, 94 ff., 102 ff., 162
Umweltschutz 66, 119, 206
Untersberg 3, 249, 250
Uranin 29, 51 ff., 61, 64, 73, 77 ff., 84, 85, 86, 87, 91, 148, 153, 158, 230, 243, 246
Uran-Isotopen-Disequilibrium 119
Urhohlräume 5, 6, 7, 27, 28
Uvala 18
UV-Lampe 51

Vadose Zone 6
Vagli 235
Vale di Cadore 235
Valentbach 218, 220
Valentinbach 218
Vajont 236
Vaucluse 115 ff.
VELFNCS 122, 123
Verdünnungsverfahren 54, 238
Verdunstung 94, 96
Versickerung 236
Versickerungsprozentsatz 259
Versorgungswasserwirtschaft 29, 206, 249
Vertikalströmung 238
Verweildauer 30, 114
Vidourle 164
Viehsalz 71
Vikostal 176
Visquelle 167
Vissec 167, 168
Vistal 166, 167, 168, 173

Vogelsberg 14
Vollanalyse 39
Voralpe 212 ff.
Vorflut 12, 160, 162, 195, 205, 233, 236
Vorflutniveau 17, 20, 145, 153, 155, 172, 180, 182, 188, 189, 196, 205, 220, 221, 222, 231, 233, 247, 260
Vortriebsleistung 207, 208, 222,
Voruntersuchungen 212, 221, 222, 238, 255

Waldbachursprung 149
Wallbach 241
Warscheneck 70, 141, 142
Wasseralmquelle 209, 211
Wasserbilanz 160, 259
Wasserhaltung 207, 212, 243
Wasserhaushalt 23, 37, 61, 102, 236, 259
Wasserprobe 39, 40, 51, 53, 62, 65, 96, 98, 99
Wasserstoffionenkonzentration 53
Wasserstoffisotope 30, 94 ff.
Wassertemperatur 30, 31, 32, 34, 35, 36, 39, 146, 213, 214, 216, 220, 228, 229
Wasserthermometer 31
Wasserverluste 203, 224, 225, 226, 231, 233, 236
Wasservolumen 83, 160
Wasserwirtschaft 29
Wasserzirkulation 5, 12, 16, 23, 27, 46, 147, 186, 220, 221, 222
Weißbach 226, 230, 231
Welschingen 89
Wien 95, 246 ff.
Wiener Hochquellenleitung (I., II.) 146, 149, 206, 209, 247 ff.
Wildalpen 146, 248
Wildoner Berg 242
Wimbachtal 228, 230
Windischgarsten 103
Witwatersrand 198, 200
Wonderfonteinspruit 198
Würmlach 217, 218, 220
Würmlacher Alm 220

Zakynthos 192, 194
Zentralalpen 141
Zirknitz 256
Zirknitzer Polje 24, 174

GPSR Compliance

The European Union's (EU) General Product Safety Regulation (GPSR) is a set of rules that requires consumer products to be safe and our obligations to ensure this.

If you have any concerns about our products, you can contact us on ProductSafety@springernature.com

In case Publisher is established outside the EU, the EU authorized representative is:

Springer Nature Customer Service Center GmbH
Europaplatz 3
69115 Heidelberg, Germany

Batch number: 10584556

Printed by Printforce, the Netherlands